送给宝宝的

# 手编毛衣0~3岁

张 翠 主编 朴智贤 审编

## Baby's Sweater

辽宁科学技术出版社

·沈阳·

主　　编：张　翠

编组成员：柏雅惠　伍嘉云　曹芷若　李颖慧　史晓莉　韦红云　李秀筠　吕红英　苗嘉歆　沈清霁　马蕴秀　薛梦菲　韩欣艳
　　　　　安怀玉　郝欣笑　殷若兰　王雅容　彭红云　范娟秀　诸英卫　屠绍钧　诸乐贤　包文翰　欧英悟　鞠高昂　方锐翰
　　　　　祖涵容　盍哲瀚　贯高扬　章彬彬　余修然　贡巍然　吉斯伯　田华容　燕智勇　滕同济　柴弘和　刘子濯　谭弘伟
　　　　　禄宏胜　华信然　能歌吹　滑雅丽　石慧秀　贾雅惠　鱼歌韵　祝古韵　井慧英　陆慧云　乌傲晴　桓心怡　那兰芝
　　　　　羿雪曼　计依美　金梦露　车雪萍　蓝葛菲　邹婉容　桂家馨　雍念文　家晓凡　东飞雪　滑芳菲　魏嘉志　乐彦博
　　　　　殷伟诚　魏高俊　章明旭　潘俊哲　柳德厚　史明旭　吕宣朗　彭伟博　袁宣朗　鄞建功　范熙泰　郝熙华　任凯泽
　　　　　许心怡　殷鸿涛　俞德馨　赵　芳　赵　锋　赵福涛　赵海建　赵海鹏　赵海云　孙　雪　张　帆　徐　宁　佟　琳

## 图书在版编目（CIP）数据

送给宝宝的手编毛衣0~3岁 /张翠主编. —沈阳：辽宁科学
技术出版社，2012.1（2013.9重印）

　ISBN 978－7－5381－7217－1

Ⅰ.①送… Ⅱ.①张… Ⅲ.①童服 — 毛衣 — 编织 — 图集
Ⅳ.①TS941.763.1—64

中国版本图书馆CIP数据核字（2012）第228535号

出版发行：辽宁科学技术出版社
　　　　　（地址：沈阳市和平区十一纬路29号　邮编：110003）
印 刷 者：利丰雅高印刷（深圳）有限公司
经 销 者：各地新华书店
幅面尺寸：210mm×285mm
印　　张：13
字　　数：200千字
印　　数：11001~14000
出版时间：2012年1月第1版
印刷时间：2013年9月第2次印刷
责任编辑：赵敏超
封面设计：幸琦琪
版式设计：幸琦琪
责任校对：李淑敏

书　　号：ISBN 978－7－5381－7217－1
定　　价：39.80元

联系电话：024－23284367
邮购热线：024－23284502
E-mail：473074036@qq.com
http://www.lnkj.com.cn
本书网址：www.lnkj.cn/uri.sh/7217

敬告读者：
本书采用兆信电码电话防伪系统，书后贴有防伪标签，全国统一防伪查询电
话16840315或8008907799（辽宁省内）

# 目录 contents

3

编织做法 P81

# Baby's Knit
## 优 雅 小 外 套

外套用不同针法织出略显蓬松的灯笼袖，腰部则收缩成束腰款式，宝贝穿上它，仿佛是童话里那坠落凡间的小仙女，美丽优雅，纯真烂漫。

配上一顶带褶皱花边的帽子，有效增加童话般的美丽浪漫。

01

♥loves

favorite taste

🍓宝宝基本资料对比

| 月份 | 0个月 | 3个月 | 6个月 | 12个月 |
|------|------|------|------|------|
| 身长 | 50cm | 60cm | 70cm | 75cm |
| 体重 | 3kg | 6kg | 9kg | 10kg |

■资料只作基本参考，根据宝宝的实际情况。

# Baby's Knit

粉色与白色的搭配，柔美温馨。小背心束腰的款式，突显小姑娘的清新可爱。系起的中国结增加典雅精致的美。一只五彩的小蝴蝶，让衣服显得更轻盈柔美。

07

编织做法
P82

03

编织做法
P81~82

小外套和背心的衣边都有铃铛似的花边，有风的时候，仿佛能听见清脆悠扬的风铃声。

5

# Baby's Knit

## 时尚宝贝五件套

整套装备颜色纯净、款式简洁，穿出宝宝洒脱不羁、随性潇洒的运动感和时尚感。简约而细致的款式，加上清爽的蓝白搭配，轻轻松松让宝宝在人群中脱颖而出。

grow up...

we make it sweet...

04

编织做法 P83

favorite taste

🍓 宝宝基本资料对比

| 月份 | 0个月 | 3个月 | 6个月 | 12个月 |
|------|------|------|------|------|
| 身长 | 50cm | 60cm | 70cm | 75cm |
| 体重 | 3kg | 6kg | 9kg | 10kg |

■ 资料只作基本参考，根据宝宝的实际情况。

# Baby's Knit

## 超可爱蓝色套装

编织做法
P83~86

蓝色的套装，明净爽朗，配上点点的白色，如同蓝天上有白云浮动，更显干净清新。护耳帽上的两个大绒球，带着夸张的可爱，宝宝的淘气憨厚让人忍俊不禁。

Cute

05

Grow up

# Baby's Knit

## 小辣椒连身衣

衣身的主体花样像是吊挂着的一串串小辣椒，饱满而清香。宝宝穿着，更显精神干练，有着辣妹子的爽快利索，更有着她们的美丽聪慧。

grow up

we make it sweet...

06

连身衣的款式，简洁明快，橙色的衣边更添几分阳光和热情。

### 编织做法 P86~87

loves

favorite taste

🍓 宝宝基本资料对比

| 月份 | 0个月 | 3个月 | 6个月 | 12个月 |
|------|-------|-------|-------|--------|
| 身长 | 50cm | 60cm | 70cm | 75cm |
| 体重 | 3kg | 6kg | 9kg | 10kg |

■资料只作基本参考，根据宝宝的实际情况。

# Baby's Knit

## 柔美小披肩

粉嫩的颜色，公主的款式，穿出宝贝的纯真可爱。再搭配上钩织的小帽子，更觉得柔美动人。长长的系带是不可或缺的装饰，增加了衣服的动态美和飘逸感。

○编织做法 P87~88

07

🍓宝宝基本资料对比

| 月份 | 0个月 | 3个月 | 6个月 | 12个月 |
|------|-------|-------|-------|--------|
| 身长 | 50cm | 60cm | 70cm | 75cm |
| 体重 | 3kg | 6kg | 9kg | 10kg |

■资料只作基本参考，根据宝宝的实际情况。

# Baby's Knit

## 清爽吊带衫

蓝色和黄色的条纹组合，简简单单、清清爽爽，简约的吊带款式，宝宝穿起来不牵绊不束缚，显得轻松活泼。很容易织的小吊带，新手妈妈绝对可以大胆尝试哦。

08

编织做法
P89

# Baby's Knit

## 清爽小披肩

浅浅的绿色看起来清爽宜人，对襟的款式又显得端庄大方，细节的设计则突出精致典雅，这样的一款披肩，宝宝穿起来可庄可谐，自然为可爱加分。

编织做法
P89~90

09

火红的颜色，鲜艳夺目，中间夹以
金线，更添几分闪亮，穿出光彩照人的
明艳小公主。

10

编织做法
p90

# Baby's Knit
# 明艳公主套裙

翻领的桃心结披肩，显得大气而优雅，一股麻花花样贯穿衣
间，更添几分大方，三角形的衣边精致柔美。简洁的裙子则显端
庄大方。

# Baby's Knit

## 古典风连衣裙

黑色的长毛衣，棕色线勾勒出衣边，朴实而温暖。坚挺的肩部，收缩的腰身，蓬蓬的下摆，有着古典的欧洲淑女风。配上一顶白色小帽，宝宝似乎带我们走进了童话世界。

**编织做法**
**P90~91**

可爱的小公主，有着幸福美好的生活，也有着纯洁善良的快乐和美丽。

♥loves

favorite taste

🍓宝宝基本资料对比

| 月份 | 0个月 | 3个月 | 6个月 | 12个月 |
|------|-------|-------|-------|--------|
| 身长 | 50cm | 60cm | 70cm | 75cm |
| 体重 | 3kg | 6kg | 9kg | 10kg |

■资料只作基本参考，根据宝宝的实际情况。

连身衣的款式，穿起来显得整齐贴身，便于宝宝活动自如。

编织做法
p91~93

favorite taste

loves

🍓 宝宝基本资料对比

| 月份 | 0个月 | 3个月 | 6个月 | 12个月 |
|------|------|------|------|------|
| 身长 | 50cm | 60cm | 70cm | 75cm |
| 体重 | 3kg | 6kg | 9kg | 10kg |

■ 资料只作基本参考，根据宝宝的实际情况。

# Baby's Knit
# 梅花鹿连身衣

衣身前片和后片各有一只梅花鹿，生动可爱，让衣服在简洁中富有童趣。心形口袋也有效地增加了衣服的可爱感。

# Baby's Knit

## 清凉连身衣

轻轻薄薄的连身衣，穿起来凉爽又舒适，给宝宝一个轻松
又清凉的美好夏日。

编织做法
P93

13

偏襟系带的款式，舍去了扣扣子
的麻烦，方便穿脱，不必再用扣子考
验宝宝的耐心。

♥loves

Favorite
taste

🍓 宝宝基本资料对比

| 月份 | 0个月 | 3个月 | 6个月 | 12个月 |
|------|-------|-------|-------|--------|
| 身长 | 50cm | 60cm | 70cm | 75cm |
| 体重 | 3kg | 6kg | 9kg | 10kg |

■资料只作基本参考，根据宝宝的实际情况。

编织做法
P94~96

14

♥loves

🍓 宝宝基本资料对比

| 月份 | 0个月 | 3个月 | 6个月 | 12个月 |
|------|-------|-------|-------|--------|
| 身长 | 50cm | 60cm | 70cm | 75cm |
| 体重 | 3kg | 6kg | 9kg | 10kg |

■资料只作基本参考，根据宝宝的实际情况。

# Baby's Knit

## 柔美娃娃裙

柔柔的粉色，温馨甜美，娃娃裙的款式，更是将宝宝的甜
美可爱完美演绎。衣边和袖口的小花，精致优美，为衣服添一
些变化和童趣。

e make it sweet...

grow

编织做法
P96~99

15

16

18

17

20

19

favorite taste

21

22

# Baby's Knit

## 柔美宝宝装

温馨的桃红色配上白色，清新雅致，有着春的芬芳和温暖。独特的衣领像是荷叶，又像是一袭华丽的披肩，穿出柔美优雅的气质。

编织做法
P99~100

73

24

# Baby's Knit

## 蝶舞宝宝裙

枚红色与白色拼接的连衣裙，玫红色的背心简洁鲜亮，白色的裙摆宽宽的，宝宝活动间，如一只白蝴蝶翩翩起舞。

编织做法
P100~101

favorite taste

17

# Baby's Knit

甜美公主系列毛衣

编织做法 P101~103

grow up

25

26

27

28

29

30

favorite taste

31

32

# Baby's Knit
## 大翻领女孩裙

　　圆圆的大翻领，是这件衣服最与众不同的地方，圆润的线条，清新而柔美，覆盖肩膀的款式，则又显得高贵大气。腰间的黑色系带，调节衣服单一色彩，同时也突出裙摆，更显柔美飘逸。

编织做法 P103~105

# Baby's Knit
## 小蜘蛛侠套装

　　白色的线条从领口一圈一圈地在红色的背景上蔓延开来，让人不禁联想到热情又充满正义感的蜘蛛侠，宝宝穿上它，一定会成为众人眼中的明星。

编织做法 P105~106

34

# Baby's Knit

## 花朵背心裙

紫色与灰色搭配，低调而优雅。简洁的款式，落落大方。胸前的立体花和衣摆的花朵很有质感，带来低调的美丽。

35

腰间有细小的褶皱，将裙身上下分开，又不会束缚宝宝的行动。

编织做法 P106

grow up...

🍓 宝宝基本资料对比

| 月份 | 0个月 | 3个月 | 6个月 | 12个月 |
|------|-------|-------|-------|--------|
| 身长 | 50cm | 60cm | 70cm | 75cm |
| 体重 | 3kg | 6kg | 9kg | 10kg |

■资料只作基本参考，根据宝宝的实际情况。

# Baby's Knit
## 多色连身衣

编织做法 P107

# Baby's Knit
## 条纹男孩套装

如斑马的条纹让整套衣服充满了健康和运动的活力。
贴身的款式加配套的小帽和鞋子，保暖效果也不错哦。

编织做法 P107

36

颜色的组合是这套
衣服的重点，深沉的黑色
为底，配上散落在各处的
红色、黄色、蓝色、白色
等，用色彩营造出憨厚而
不失大气的感觉。

sweet...

37

21

# Baby's Knit
## 可爱女孩系列毛衣

编织做法 P107~110

grow up...

39

38

40

41

42

44

43

46

happy

47

45

Fa...

48

# Baby's Knit
## 卡通宝宝装

鲜艳的色彩与卡通图案的完美结合，将童装可爱、活泼的特点发挥得淋漓尽致。

49

帽子上的米奇图案俏皮可爱，红红的蝴蝶结和两个小绒球更是有效地增添了天真无邪的童趣。

编织做法
P111~112

# Baby's Knit

## 娇美公主装

艳丽而柔美的玫红色，衬得宝宝更加柔嫩白皙。毛绒绒的粉蓝色衣边，再加上一顶精致的钩织帽，宝宝就是那娇美又略显高傲的小公主。

Hello

衣服上无所不在的"心"形图案，如同妈妈的爱一般，无微不至。

50

编织做法
P112

🍓 宝宝基本资料对比

| 月份 | 0个月 | 3个月 | 6个月 | 12个月 |
|------|-------|-------|-------|--------|
| 身长 | 50cm | 60cm | 70cm | 75cm |
| 体重 | 3kg | 6kg | 9kg | 10kg |

■资料只作基本参考，根据宝宝的实际情况。

# Baby's Knit

活力宝宝系列毛衣

编织做法 P113~114

52

51

54

53

56

favorite taste

55

57

🍓 宝宝基本资料对比

| 月份 | 0个月 | 3个月 | 6个月 | 12个月 |
|------|-------|-------|-------|--------|
| 身长 | 50cm | 60cm | 70cm | 75cm |
| 体重 | 3kg | 6kg | 9kg | 10kg |

■资料只作基本参考，根据宝宝的实际情况。

favorite taste

编织做法 P115

鲜艳明亮的橘红色加简洁的款式，
穿出宝宝的活力和纯真的快乐。

# Baby's Knit
# 简洁带帽小马甲

简洁的竖纹排列，带来整齐干净的视觉效果。大大的帽子，不仅有保暖效果，而且也是必不可少的点缀。

we make it sweet...

# Baby's Knit

## 彩 虹 披 肩

渐变的色彩，仿佛雨后那一弯彩虹，明丽而清爽。
宝贝穿上这款披肩，更显天真烂漫、娇俏可人。

领口玉米棒子形的
系带，以及衣摆精致的
细小花边，都是不可忽
略的独特小细节。

编织做法
P115

58

# Baby's Knit

## 优雅圆披肩

圆圆的衣领，圆圆的衣摆，圆润而柔和的结构加大方的黑色，使得小披肩穿起来优雅而沉静。黑色中加一丝金线，添一些光彩跳跃的生动。

*we make it sweet...*

59

编织做法
P116

编织做法
P116～117

60

# Baby's Knit

## 优雅淑女裙

V领、短袖、束腰的淑女裙款式，配上灰色的衣边，更显优雅。特别是领口的褶皱花边效果，很有立体感。

*we make it sweet...*

# Baby's Knit

## 运动系列毛衣

编织做法 P117～118

61

62

favorite taste

63

64

# Baby's Knit

## 特色方块宝宝装

颜色的搭配是这套衣服最吸引人眼球之处，不论是上衣肩部的线条还是整套衣服充满个性特色的各色方块组合，都让人过目难忘。

编织做法 P119

65

## 小白兔背心

深绿的底色上，白色的小兔子明亮抢眼，它是奔着那些小花小草来的吧，一边嗅着花香，还一边转着它的红眼睛，机灵而可爱。

编织做法 P120

66

# Baby's Knit

休闲舒适系列毛衣

编织做法 P120~125

67

69

68

70

71

72

73

74

sweet

♥loves

编织做法
P125~127

🍓 宝宝基本资料对比

| 月份 | 0个月 | 3个月 | 6个月 | 12个月 |
| --- | --- | --- | --- | --- |
| 身长 | 50cm | 60cm | 70cm | 75cm |
| 体重 | 3kg | 6kg | 9kg | 10kg |

■ 资料只作基本参考，根据宝宝的实际情况。

# Baby's Knit
## 树叶纹开衫

树叶纹从领口开始，一路散射下来，有着花朵绽放般的美丽。下部分的花样，则像小蝴蝶般飞舞着，小巧精致。

we make it sweet

# Baby's Knit 🍒

## 实用两穿衣

衣服的扣子从领口一直排到衣脚边，正是这些扣子主导着衣服的多变。衣服下部分是前后片中心分别开衩的款式，将开衩前后扣合，则衣服变成连身衣，适合宝宝小一些的时候穿着；将下片扣子解开，衣服又可以当时尚大衣来穿。

🌼 编织做法
P127~128

76

非常新颖的思路，非常实用的一款衣服，让宝宝的衣着多变而时尚。

# Baby's Knit

## 淘气小猫毛衣

灰色为底色，红色和白色织成横纹或方块，充满着健康的运动活力。衣身前的小猫，是一只故作老成的淘气猫，它自顾自吹胡子瞪眼，却不被理睬。

编织做法 P128

77

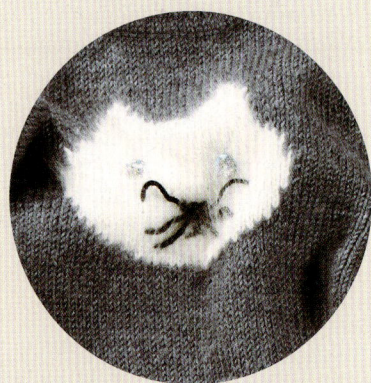

宝宝基本资料对比

| 月份 | 0个月 | 3个月 | 6个月 | 12个月 |
| --- | --- | --- | --- | --- |
| 身长 | 50cm | 60cm | 70cm | 75cm |
| 体重 | 3kg | 6kg | 9kg | 10kg |

■资料只作基本参考，根据宝宝的实际情况。

# Baby's Knit
## 小兔子拼色毛衣

衣服用四种颜色拼出四个方块，分别用两种颜色编织两边衣袖，多彩而不杂乱，打造出个性的休闲风。

编织做法
P128~129

78

# Baby's Knit
## 大气两色披肩

红白两色搭配，色彩鲜明而亮丽，将宝宝衬得愈加出众。大气的宽大摆款式，显得落落大方而又温暖舒适，是宝宝出行时必不可少的装备。

编织做法
P129

79

# Baby's Knit

## 简 约 连 衣 裙

连衣裙线条简约流畅，颜色含蓄不张扬，穿出宝宝文静乖巧的一面。裙子上部分的黑色线条，增加了变化感，同时也是对单一针法的有效调节。

编织做法 P130

80

# Baby's Knit
## 稻草人套裙

绿色和黄色是田野里两种主打色，衣服将这两种颜色自然结合，有着田野的清新和香甜。遍布在衣服各处的小辫子或流苏，像是饱满的稻穗或随风轻舞的细叶，淘气惹人爱。

编织做法 P129~130

81

82

# Baby's Knit
## 特色小毛衣

这件衣服的特色，不在于系扣的领口，也不在于横纹的袖子，而在于口袋。口袋加黑色背带就像是一副带挂线的手套，带来冬天的温暖感觉。

编织做法 P131

# Baby's Knit

## 裙式宝宝装

白色的扭花纹紧致而修身，渐宽的红色像裙子一样轻盈柔美，穿出小女孩的甜美和活力。袖口和衣摆的波浪纹精致有质感，带来起伏的飘逸感和动态美。

编织做法 P131~132

83

♥loves

favorite taste

🍓宝宝基本资料对比

| 月份 | 0个月 | 3个月 | 6个月 | 12个月 |
| --- | --- | --- | --- | --- |
| 身长 | 50cm | 60cm | 70cm | 75cm |
| 体重 | 3kg | 6kg | 9kg | 10kg |

■ 资料只作基本参考，根据宝宝的实际情况。

38

# Baby's Knit
## 流氓兔特色披肩

披肩背后一幅大大的"流氓兔编织忙"图案，心思独特，将卡通形象和编织联系起来，形象生动，让人看后不禁会心一笑。

编织做法 P132

84

# Baby's Knit
## 两用式短裙

很实用的短裙，宝宝小的时候可以作为披肩，等宝宝稍大一点又可以当裙子穿，一物两用，同样的清爽可爱。

85

编织做法 P132~133

这款吊带裙子，可以给大一点的宝宝钩来做吊带衫穿哦。

编织做法
P133~134

*favorite taste*

🍓 宝宝基本资料对比

| 月份 | 0个月 | 3个月 | 6个月 | 12个月 |
|------|-------|-------|-------|--------|
| 身长 | 50cm | 60cm | 70cm | 75cm |
| 体重 | 3kg | 6kg | 9kg | 10kg |

🔲 资料只作基本参考，根据宝宝的实际情况。

86

*grow up...*

# Baby's Knit

## 粉 嫩 小 吊 带

柔美的粉色，像宝宝的肌肤一样娇嫩可爱，吊带的样式则
显得简单利落，宝宝穿起来也比较轻松自在。

*we make it sweet...*

# Baby's Knit
## 裙 式 大 衣

编织做法 P135

深秋时给宝宝准备这样一件裙式大衣，既不会太厚重，又可以有效保暖避寒。

87

# Baby's Knit
## 淑女风小外套

编织做法 P135~136

88

简约的对襟款式，打扮出温柔的小淑女，柔嫩的颜色搭配，更添宝宝的温顺可人。袖口和衣摆的花边，显得精致优雅，有效地为营造淑女风加分。

# Baby's Knit

## 菱形花纹套装

菱形的花纹使衣服看起来帅帅的，在寒冷的秋冬季节，也
能穿出个性十足的酷宝宝。

编织做法
P136~137

编织做法
P137~138

90

*grow up~*

♥*loves*

# Baby's Knit

## 气质小背心

大方的灰色，加上得体的花样组合和简约的款式设计，使
这款小背心大气中不乏精致，宝贝穿上它当然气度不凡。

# Baby's Knit
## 休闲小套装

始终如一的花样带来一目了然的清晰明净美，宽松的对襟款
式则营造出自然随意的休闲风。

编织做法
P138~139

91

# Baby's Knit
## 个性女孩装

妩媚的玫红色，令人惊艳的独特款式，打扮不一样的个性小
女生，让宝宝在这个秋天里成为一朵最明艳最与众不同的花。

编织做法
P139~140

92

# Baby's Knit

## 文静女生套装

蓝和白是蓝天与白云的颜色，以蓝色为底，织几道白色横纹，似乎是蓝蓝的天空上白云在飘动，宁静而柔美，自然打扮出文静的小女生。

编织做法 P140～141

裤子上的系扣设计比较贴心，给宝宝的关怀周到细致。

93

🍓 宝宝基本资料对比

| 月份 | 0个月 | 3个月 | 6个月 | 12个月 |
|------|-------|-------|-------|--------|
| 身长 | 50cm | 60cm | 70cm | 75cm |
| 体重 | 3kg | 6kg | 9kg | 10kg |

■资料只作基本参考，根据宝宝的实际情况。

# Baby's Knit

柔美系列毛衣

编织做法 P142~144

94

95

96

98

97

99

编织做法 P145

100

# Baby's Knit

## 甜美小公主披肩

纯洁的白色披肩，显得高贵而美丽，给可爱的小公主再合适不过了。桃心形的围巾样式和扇形的花边，增添了柔和而甜美的感觉。

🍓 宝宝基本资料对比

| 月份 | 0个月 | 3个月 | 6个月 | 12个月 |
| --- | --- | --- | --- | --- |
| 身长 | 50cm | 60cm | 70cm | 75cm |
| 体重 | 3kg | 6kg | 9kg | 10kg |

■资料只作基本参考，根据宝宝的实际情况。

# Baby's Knit

## 褶皱花边小外套

铺张的褶皱花边，将衣服的甜美表现到极致，让简单也能别具一格。围绕在衣服周围的花边，像朵朵花儿一样绽放，将宝宝的笑容映衬得更加明媚动人。

编织做法
P145～146

101

*Favorite taste*

# Baby's Knit

秀雅系列毛衣

编织做法 P146~151

105

103

102

104

grow up...

107

106

109

favorite

108

110

111

48

# Baby's Knit

## 简洁拼色连衣裙

整齐的竖形花样，流畅的线条，连衣裙有着简洁大方的美感。镂空的花样比较适合夏季，有很好的透气效果。

编织做法
P151~152

112

# Baby's Knit

## 卡通两件套

整套大红色显得喜庆欢乐，衣身上点缀着不同的卡通图案，却并不零乱复杂，体现出童装鲜艳、明净、可爱的特点。

编织做法
P153

113

# Baby's Knit
## 文静系列毛衣

编织做法 P153~158

grow up

114

115

116

117

118

119

121

120

122

# Baby's Knit
## 蓝色套装

全套的蓝色明朗纯净，像湛蓝如洗的天空，恰配宝宝的纯真无邪。竖排的扭花和横排的辫子构成一个个的方框，简洁清晰又不落俗套。

123

🌼 编织做法
P159

# Baby's Knit
## 扭花纹男孩装

大扭花纹往往可以使衣服显得很大气，这套童装则用两组扭花纹交叉重叠，既大气又不失童装的活泼感。无处不在的细小花样又显示着编织者独特细致的用心。

🌼 编织做法
P159~160

124

# Baby's Knit
## 青翠宝宝装

青翠的绿色充满生命的希望，将它送给初生的宝宝，表达一份对于新生命的无限欢喜和祝福，让这青翠伴着宝宝茁壮成长。

编织做法 P160~161

125

# Baby's Knit
## 柔美蝴蝶衣

腰部的大大镂空蝴蝶轻盈通透，在阳光中展翅飞舞，领口的蝴蝶结则乖巧柔美。温馨的粉色，衬得宝宝愈加柔美可爱。

126

编织做法 P161~162

favorite taste

# Baby's Knit

编织做法
P162~163

韩版淑女装

花样看起来很复杂，却带来一种精致的美感。略微微开的袖口和下摆，有着韩版美衣的味道，柔和的白色则穿出宝宝文静甜美的淑女气质。

127

53

# Baby's Knit

## 乖巧娃娃小披肩

披肩的款式很简单，颜色也很温和，宝宝穿起来显得温顺而乖巧。配上一顶同色的帽子，使人不禁想起了外婆，每个娃娃都是外婆的好宝宝。

we make it sweet...

✿ 编织做法
P163

🍓 宝宝基本资料对比

| 月份 | 0个月 | 3个月 | 6个月 | 12个月 |
|------|-------|-------|-------|--------|
| 身长 | 50cm | 60cm | 70cm | 75cm |
| 体重 | 3kg | 6kg | 9kg | 10kg |

■资料只作基本参考，根据宝宝的实际情况。

178

编织做法
P163~164

🍓 宝宝基本资料对比

| 月份 | 0个月 | 3个月 | 6个月 | 12个月 |
| --- | --- | --- | --- | --- |
| 身长 | 50cm | 60cm | 70cm | 75cm |
| 体重 | 3kg | 6kg | 9kg | 10kg |

■资料只作基本参考，根据宝宝的实际情况。

# Baby's Knit
## 气质套装

灰黑色套装，穿出宝宝儒雅、沉静的气质，肩部的黑色条纹和面前的黑纹口袋，则又增添了一些可爱和调皮的感觉。

179

# Baby's Knit

## 柔美小女生披肩

披肩针法和款式都很简单，也许就是这种简单才能最好地诠释宝宝的纯真无邪。散落在衣服上的绣花，随意地散发着柔美恬静地气质。

*grow up*

*we make it sweet...*

130

编织做法
P165~166

🍓 宝宝基本资料对比

| 月份 | 0个月 | 3个月 | 6个月 | 12个月 |
| --- | --- | --- | --- | --- |
| 身长 | 50cm | 60cm | 70cm | 75cm |
| 体重 | 3kg | 6kg | 9kg | 10kg |

■资料只作基本参考，根据宝宝的实际情况。

# Baby's Knit

## 小淑女套装

清新的桃红色，带来春暖花开般的温暖和柔美感觉。翻领对襟的端庄款式，穿出小淑女落落大方的美丽。

131

编织做法 P164~165

# Baby's Knit

## 蓝精灵宝宝套装

上衣的各种花样精致，而且搭配和谐。领口的一圈双叶子花纹，如同一队整齐前进的鱼儿，欢快而有力量。衣摆的波浪纹连绵起伏，仿佛是被鱼儿的快乐感染，也跟着欢畅起来。

grow up...

132

编织做法 P166~167

# Baby's Knit
## 纯色小套装

纯色使套装显得简单和谐，花样的变换过渡则避免了单一颜色的单调乏味。领口一圈波浪形的花纹，增加了视觉的跳跃感，使整套衣服都生动活跃起来。

编织做法 P167~168

133

# Baby's Knit
## 小淑女套裙

背心裙加小外套的款式，穿出端庄文静的小淑女。背心裙上，针法勾勒出的线条明晰而优美，带来与众不同的时尚美感。

编织做法 P168~170

134

favorite taste

we make it sweet...

编织做法 P170~171

🍓 宝宝基本资料对比

| 月份 | 0个月 | 3个月 | 6个月 | 12个月 |
|------|-------|-------|-------|--------|
| 身长 | 50cm | 60cm | 70cm | 75cm |
| 体重 | 3kg | 6kg | 9kg | 10kg |

■资料只作基本参考，根据宝宝的实际情况。

happy

135

# Baby's Knit

## 古典风连衣裙

漂亮的连衣裙，蓬蓬的下摆，朴实而温暖。可爱的小公主，有着幸福美好的生活，也有着纯洁善良的快乐和美丽。

# Baby's Knit 🍒
## 小蜗牛宝宝装

枣红色的衣服显得深沉而内敛，虽耐脏，但难免会显得有些老成，小蜗牛图案的加入，就有效地带来可爱稚嫩的童趣。

🌼 编织做法 P171~172

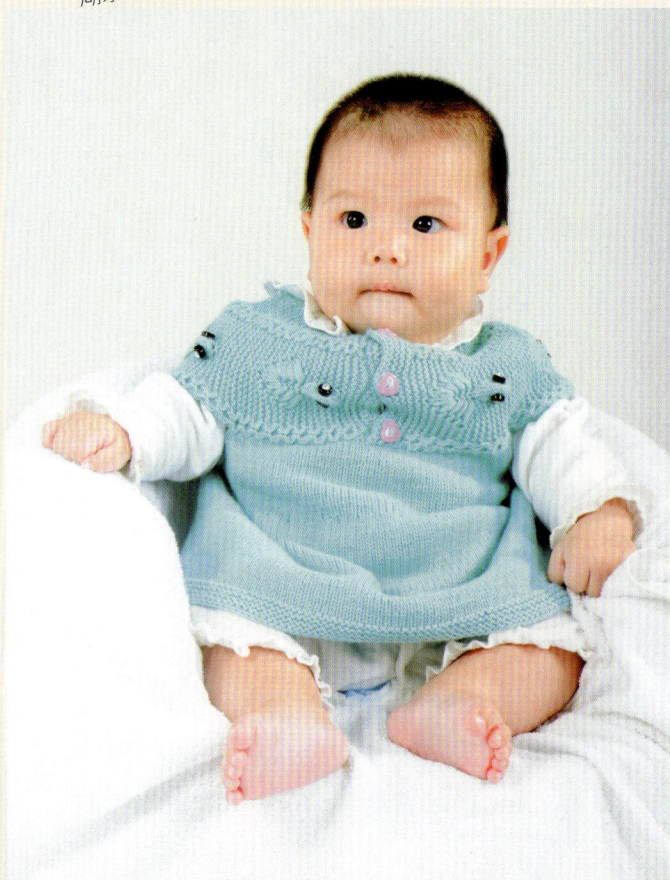

# Baby's Knit 🍒
## 蓝色金鱼衣

蓝色的衣身仿佛是一弯清澈的湖水，衣领上有快乐的金鱼在湖水中悠游，金鱼黑色的眼睛如宝宝的眸子一样澄净清明。

🌼 编织做法 P172

137

# Baby's Knit 🍒
## 波浪纹女孩装

这是春秋微凉时的必备款，薄薄的、轻轻的、软软的，给宝贝的只有温暖没有负担。波浪纹的连绵起伏，增添了衣服的动态美。

编织做法
P172~173

# Baby's Knit 🍒
## 拼色两件套

两种颜色过渡得是那么和谐自然，整套衣服从上往下看上去层次分明又浑然一体。颜色的衔接处，像是有朵朵小郁金香绽放，细节也精彩。

编织做法
P174~175

139

# Baby's Knit 🍒
## 帅气运动装

连帽的款式，配上沉静的咖啡色，这样一套休闲的运动套装，小女生穿上显得帅气而潇洒，充满健康和活力。

140

编织做法 P175

# Baby's Knit 🍒
## 黄色玫瑰开衫

简洁的开衫，没有复杂的结构和花样，却因为几朵玫瑰花的加入而显得与众不同。立体的玫瑰花仿佛还带着露水，围绕着花的亮片像是环绕着玫瑰的满天星，晶莹闪亮。

141

编织做法 P175~176

147

# Baby's Knit

## 可爱金鱼套装

衣领一圈金鱼，栩栩如生，这是一群养尊处优的金鱼，它
们摇摆着胖胖的身体追逐嬉戏，简单快乐，充满童趣。

编织做法 P176~177

# Baby's Knit

## 金鱼圆肩衣

纯白的底色上，粉红色的金鱼亮丽夺目，仿佛是一群准备去
赴晚宴的金鱼公主，美丽优雅又天真烂漫。

编织做法 P177~178

143

happy

# Baby's Knit

## 柔美翻领毛衣

温馨柔美的颜色，给人暖暖的易亲近的感觉。衣身的花样整
齐精致，体现对宝宝细致又耐心的爱护。

144

编织做法 P178

# Baby's Knit

## 韩版提花裙

145

黑色与红色搭配，大方优雅又亮丽抢眼。裙摆一圈的提花图案，像雪花也像枫叶，轻盈而绚丽。

编织做法 P178~179

# Baby's Knit

## 温暖背带裤

146

白色与棕色结合，温暖又不会显得太沉闷，裤腿上粗粗的波浪纹带来厚实暖和的感觉，胸片上的卡通小房子图案，更给人如家般的温暖。

编织做法 P179

# Baby's Knit

## 小狗背带裤

衣服巧妙地将小狗图案与衣服完美结合，小狗的身体就成了裤子的形状，形象生动。花朵形的耳朵和红红的鼻子更添可爱感。

编织做法 P180

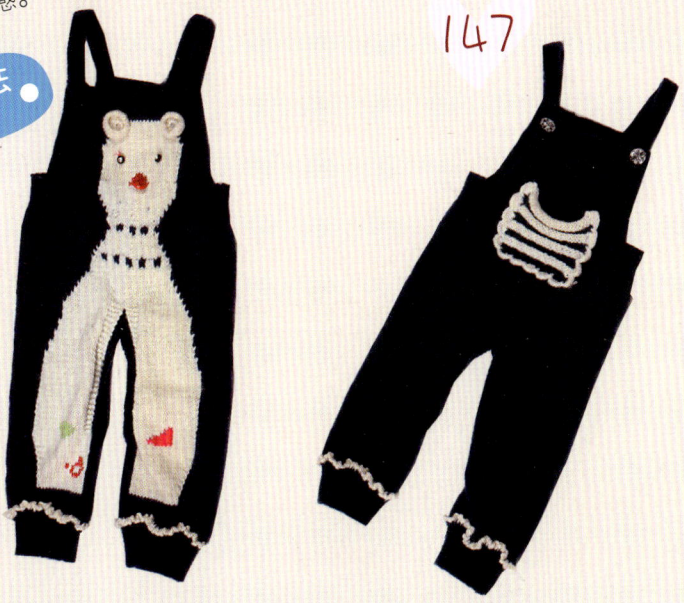

147

# Baby's Knit
## 如画娃娃装

天鹅在湖面飘游，水边芦苇随晚风轻扬，夕阳映照水面，暖柔美。一幅美丽温馨的风景，让衣服也显得如画般优美恬静。

编织做法
P180~181

148
happy

# Baby's Knit
## 快乐金鱼装

精致细密的圆衣领，像是饱满的荷叶，上面还滚动着清晨的露水。可爱的金鱼们在莲叶间嬉戏，微风抚过，不知是风吹莲动，还是鱼使莲动。

149

编织做法
P181~182

favorite taste

# Baby's Knit
## 民族风小背心

浅蓝、红、黄、黑、深蓝等多色的组合，以及复杂的提花花样，让人感觉到浓浓的民族风，醇厚质朴。

编织做法 P182

150

# Baby's Knit
## 太阳花短袖衫

热情的红色为底色，加上绿色、黄色等鲜艳色彩搭配编织的太阳花，整件衣服亮丽夺目，带着明艳的异域风情。

151

编织做法 P182~183

# Baby's Knit
## 田园风针织衫

淡淡的蓝色，如同山林间高远的天空。衣服上的花朵，不是什么名贵的花草，而是田野里自由生长的"无名小卒"，带来清新自然的田园风。

编织做法 P183~184

152

# Baby's Knit

## 秀气系列毛衣

亮黄色闪亮抢眼，宝贝穿上它，自然成为众人瞩目的焦点，衣摆一圈白色钩边更显明丽动人。

# Baby's Knit

## 火红金鱼衣

火红的毛衣，火红的金鱼，带来喜庆热闹的感觉，仿佛春节里人们关于年年有余的希望和祝福，有着祥和富足的美好。

编织做法 P184

153

156

编织做法 P185~186

155

编织做法 P184~185

编织做法 P185

154

# Baby's Knit

简约小背心系列

编织做法 P186~190

157

159

158

162

161

160

163

164

165

# Baby's Knit

## 可爱熊猫插肩衣

憨厚的胖熊猫打着红领结，在草地上吹出五颜六色的泡泡，
滑稽可爱，童趣盎然，宝宝看到定会爱不释手。

*grow up*

*happy*

166

编织做法
P191

# Baby's Knit

## 裙式娃娃装

整件衣服渐宽的裙摆款式，仿佛是一片完整圆润的荷叶，带
着清香和柔美。领口一圈金鱼在荷叶间无忧地游动着，胸前樱桃似
的系带是荷叶上滚动的大水珠，晶莹生动。

167

编织做法
P191~192

*favorite taste*

*make it sweet...*

# Baby's Knit

## 蓝色两件套

淡蓝如天空的颜色，有着清新的阳光味道，给人美好舒适的感觉。衣身上部分的扭花纹精致贴身，腰间小绒球系带则显可爱，增加衣服的动态美。

编织做法 P192~193

168

# Baby's Knit

## 文雅男孩装

简洁的对襟小开衫款式，以及门襟和袖口的小菱形花样，使衣服显得大方得体、文雅稳重。橘红色和沙黄色的加入，明亮的色调让衣服显出几分稚气和可爱感。

编织做法 P193~194

169

# Baby's Knit
## 清爽小背心

简洁的款式，精致的花样，让衣服看起来清清爽爽。宝宝穿起来也觉轻松凉爽。

编织做法
P194~195

170

# Baby's Knit
## 明艳十花衣

大大的十字形花交叉在衣身上，简洁大气，新颖独特。小叶子图案饱满立体，又显出精致优雅的美感。

171

编织做法
P195~196

# Baby's Knit
## 小白兔上衣

衣身上遍布着小兔子，让人以为误闯了小兔子们的家园。它们悠闲地吃草、游戏，生动而快乐。

172

编织做法
P196

# Baby's Knit 🍒🍒

## 温暖小套装

套头的毛衣比较厚实而且贴身，给小宝宝穿着，有很好的实用效果，任他摸爬滚打，始终给他如影随形的温暖。

**编织做法 P197~198**

# Baby's Knit 🍒🍒

## 黄色两件套

黄色永远是童装中的主打色，它的柔嫩、清爽、明净，似乎是专为儿童的天真、纯洁、无邪而存在。

174

**编织做法 P198~199**

# Baby's Knit

## 温暖三件套

浅浅的橙色，看起来柔柔的暖暖的，穿起来一定舒适又温暖。黑色、蓝色的加入，则避免了颜色的单调，而且与浅橙色深搭配适宜。

175

编织做法
P199~200

happy

# Baby's Knit

## 柔美短袖衫

鹅黄色如宝宝一样娇嫩柔美得可爱。腰间系带上的两个大绒球，有效增加衣服的活泼可爱感。

编织做法
P200

176

# Baby's Knit
## 拼色女孩毛衣

黄色、白色、蓝色，三种颜色拼接，柔和又鲜亮，有着童装
多彩可爱的特点。白色上几个小女孩图案简洁可爱，为衣服增添几
分俏皮。

编织做法
P200～201

177

# Baby's Knit
## 清爽插肩毛衣

清清爽爽的蓝白配，让人的心情都跟着明媚起来。三朵小花
则添几分秀气可爱。

178

编织做法
P201～202

# Baby's Knit
## 阳光女孩小外套

充满活力的橙色，打扮出健康向上的阳光女孩。橙色搭配纯净的白色，热情鲜亮中不失娟秀柔美。白色上形态不一的小女孩形象，给衣服添几分稚气可爱。

编织做法 P202~203

179

编织做法 P203~204

180

# Baby's Knit
## 可爱圆肩毛衣

橙色明亮抢眼，总是与健康和阳光相联系。鸭妈妈推着鸭宝宝出行，温馨可爱，充满童趣。衣身上的图案，

happy

# Baby's Knit
## 文静女生开衫

深深的枚红色，有着低调文静的优雅。腰放的绣，和肩部的花样，则给衣服增添一份轻松活跃的美感。

编织做法 P204

181

# Baby's Knit
## 喇叭袖女孩装

渐宽的树叶纹织成喇叭袖和裙摆的效果，给女孩子添几分飘逸秀美。领口用带子穿过，系出褶皱的效果，更显女孩子的秀气可爱。

182

编织做法 P205

# Baby's Knit

## 春暖花开小背心

衣身上的几根花枝美丽优雅，下边有整…小花朵开放，两只燕子正往这边…整件衣服带来浓浓的春日气息，清新而温暖。

183

favorite taste

编织做法 P205

# Baby's Knit

## 波浪纹偏襟毛衣

全身的波浪纹很有质感，带来波浪起伏的生动美，波浪之间的小花样精致优美，衣服的每一步都是那么用心，传达着对宝宝无微不至的呵护和关怀。

编织做法 P205～206

184

# Baby's Knit

## 可爱小猫毛衣

柔嫩的粉红色衣身上，用黑色线绣出大大的可爱小猫图案，小猫耳朵边的红色花朵则使整件衣服的颜色显得充满天真的童趣，更加和谐统一。

编织做法 P207

185

# Baby's Knit

## 甜美小开衫

柔美的颜色，简洁整齐的花样，带来明净爽朗的视觉美感。背后的小小蝴蝶结更添甜美可爱感。

编织做法 P207

186

**187**

编织做法 P208

# Baby's Knit
## 清雅系列毛衣

**188**

**189**

**190**

**191**

**192**

**193**

## 作品01

【成品规格】衣长36cm, 胸围54cm, 袖长13cm
【工　　具】12号环针和棒针
【编织密度】25针×30行=10cm²
【材　　料】宝宝绒线250g, 纽扣4枚

### 袖片

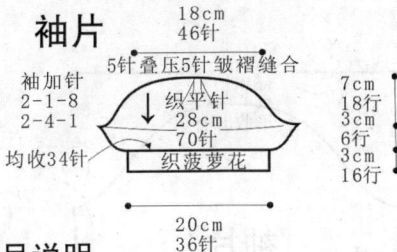

18cm
46针
5针叠压5针皱褶缝合
袖加针
2-1-8
2-4-1
织平针
28cm
70针
7cm 18行
3cm 6行
3cm 16行
均收34针
织菠萝花

20cm
36针

### 符号说明:

☐ = □
◯ = 加针
λ = 右上2针并1针
◢ = 右上3针并1针
Ⅵ = 1针放3针
⤬⤬⤬ = 6针左上交叉

## 制作说明:

1. 先起13针织单罗纹腰带部分, 织50cm, 待用。
2. 前后身片起216针, 织菠萝花样, 织3组。菠萝花上下各织4行平针。织13cm平针, 平收。分出前后片和单罗纹腰带部分缝合, 前后片打褶, 用5针叠压5针。后片在单罗纹上挑出74针, 织8行平针袖窿减针。前片挑36针, 织花样A, 两侧各织10针平针。前片比后片多织2cm。
3. 领: 沿领窝挑80针织菠萝花, 织8cm, 然后挑起领子两侧的针数织全平针。
4. 门襟: 沿前片挑针织单罗纹, 分别开扣眼和钉扣子。
5. 袖: 织泡泡袖, 袖山多起10针, 打褶, 缝合方式同后片。完成。

## 领、门襟

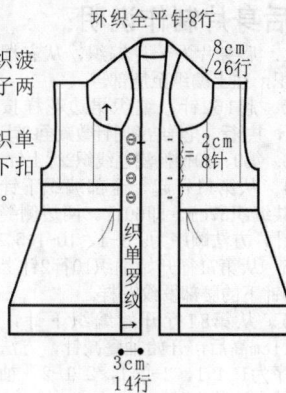

环织全平针8行
8cm
26针
2cm
8针
织单罗纹
3cm
14行

领沿领窝挑80针织菠萝花9组, 再挑领子两侧织8行全平针。
门襟沿前片挑针织单罗纹, 在一侧留下扣眼, 另一侧缝扣子。

### 花样A

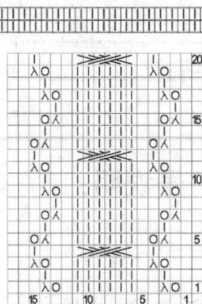

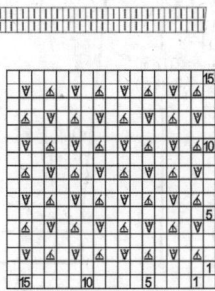

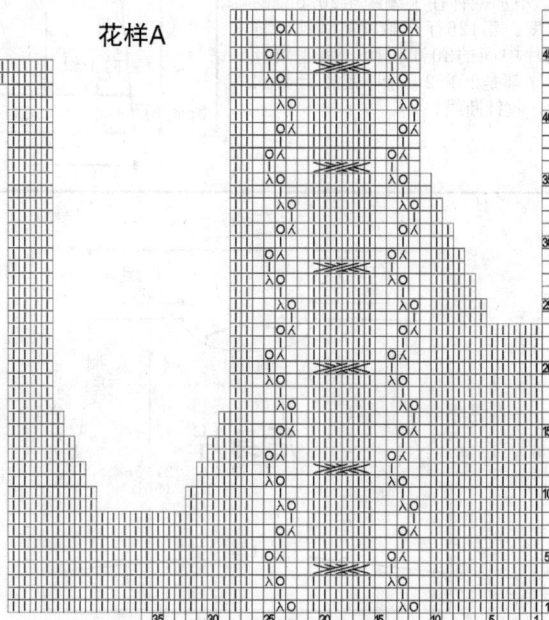

### 底边、袖边及领边

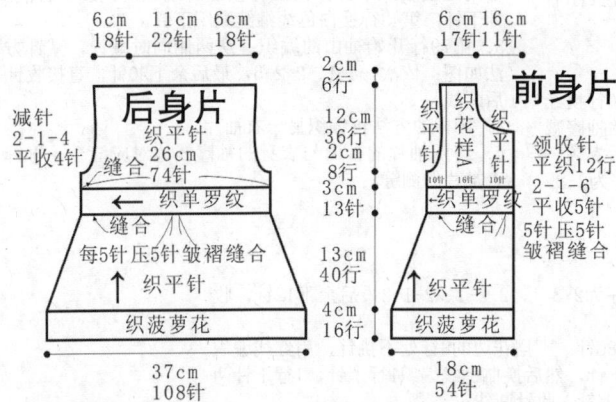

---

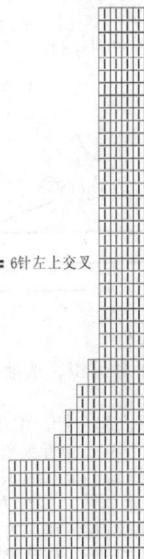

6cm 11cm 6cm
18针 22针 18针

6cm 16cm
17针 11针

**后身片**
减针
2-1-4
平收4针
织平针
26cm
74针
缝合
织单罗纹
缝合
每5针压5针皱褶缝合
织平针
织菠萝花

37cm
108针

2cm 6行
12cm 36行
2cm 8行
3cm 13针
13cm 40行
4cm 16行

**前身片**
织平针
织花样A
织平针
领收针
平针12行
2-1-6
5针压5针皱褶缝合
织单罗纹
缝合
织平针
织菠萝花

18cm
54针

### 编织符号说明:

⊟ 上针
⊡ 下针
⟋ 左上2针并1针
⟍ 右上2针并1针
⋔ 中上3针并1针
⤬ 左上1针交叉(上针)
⤬ 右上1针交叉(上针)

2-1-3 行-针-次

## 领边、袖窿边钩织示意图

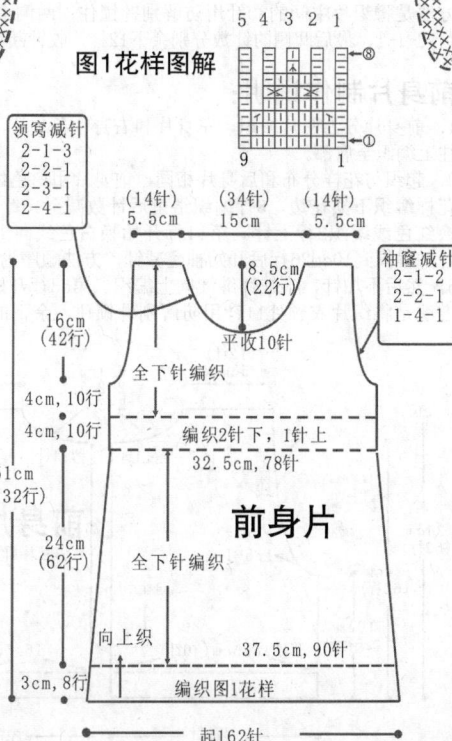

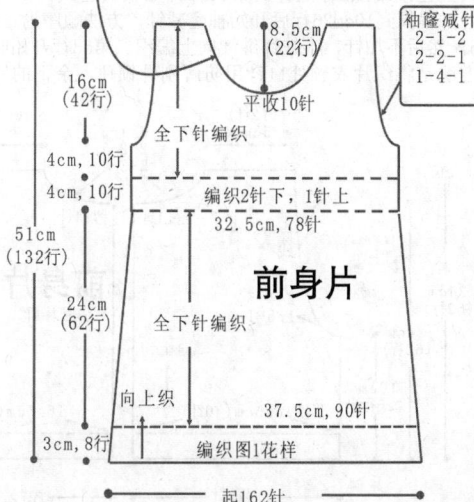

领窝减针
2-1-3
2-1-1
2-3-1
2-4-1

图1花样图解
9 1
5 4 3 2 1

(14针) (34针) (14针)
5.5cm 15cm 5.5cm

袖窿减针
2-1-2
2-2-1
1-4-1

16cm
(42行)

4cm,10行
4cm,10行

8.5cm
(22行)
平收10针

51cm
(132行)

24cm
(62行)

3cm,8行

全下针编织
编织2针下, 1针上
32.5cm,78针
全下针编织
向上织
37.5cm,90针
编织图1花样
起162针

**前身片**

## 作品02

【成品规格】衣长51cm
【工　　具】7号棒针, 3mm钩针
【编织密度】24针×26行=10cm²
【材　　料】棉线300g, 装饰线少许

### 钩织符号说明:

× 短针
✕ 变化的扭转短针

×××××××××××× ← ③
×××××××××××× ← ②
×××××××××××× ← ①

### 背心裙下摆花样

162 152 142 27 18 9 1

## 前身片制作说明:

1. 前身片为一片编织, 从衣摆起织, 往上编织至肩部。
2. 起织与后身片相同, 前身片起162针后, 按后身片制作说明的2、3、4、5、6进行编织。
3. 不加减针往上编织至20.6cm的高度。第110行开始领窝减针, 将织片中间的10针收针, 两侧减针顺序是2-4-1、2-3-1、2-2-1、2-1-3, 余下肩部针数14针, 收针断线。将前身片的侧缝与后身片的侧缝对应缝合, 再将两肩部对应缝合。缝合后用钩针在领边及袖窿边先钩织2行短针, 再钩织1行变化的扭转短针。编织腰带, 在裙上绣装饰花样。

## 后身片制作说明：

1. 后身片为一片编织，从衣摆起织，往上编织至肩部。
2. 起162针，编织裙边花样按图1，共8行，花样结束时针数减至90针。
3. 第9、10行换浅色线织2行上针。
4. 从第11行起，全部编织下针，共编37cm，即60行。两边侧缝减针，方法顺序为9-1-1，10-1-5。
5. 从第71行开始编织10行2针上、1针下的腰部罗纹花样。
6. 从第81行开始编织下针，织11cm高后，开始袖窿减针，方法顺序为1-4-1，2-2-1，2-1-2，袖窿减少针数为8针。
7. 不加减针往上编织至20.6cm的高度。第126行开始领窝减针，将织片中间的30针收针，两侧减针顺序都是2-1-2，余下肩部针数14针，收针断线。

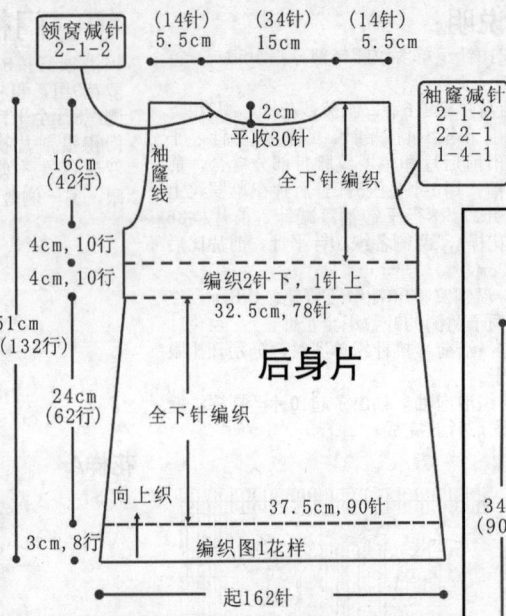

## 作品03

【成品规格】衣长24cm，下摆宽33cm，袖长34cm

【工　　具】7号棒针，缝针

【编织密度】24针×26行=10cm²

【材　　料】白色兔毛线200g，红色线20g

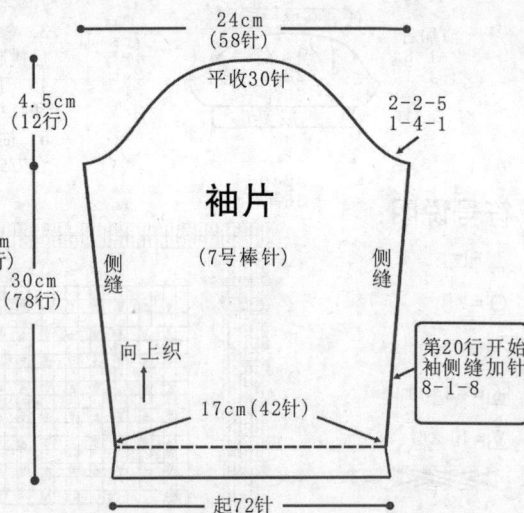

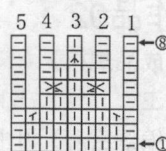

## 符号说明：

- □　　上针
- □=□　下针
- ☑　　左上2针并1针
- ☒　　右上2针并1针
- ☒　　中上3针并1针
- 2-1-3 行-针-次

## 领边制作说明：

沿领圈边挑针。用红线编织1行上针，1行下针，然后换白色线编织1行上针，1行下针2次，收针断线。

## 衣袖片制作说明：

1. 两片衣袖片，分别单独编织。从袖口起针往上编织至肩部。
2. 用白色线从袖口起针，起72针，编织花样，8行编织结束后针数减至42针。第9、10行换红色线编织2行上针。第11行开始换白色线向上全部编织下针，不加减针织19行后，两侧同时开始加针，加针方法为8-1-8。织到第40行时按图解同时编织双色线，方法是白色线编织2针下针，红色线编织2针下针，交替编织整行，第41行用红色线编织下针，第42行按图解编织两色线交替的2针下针，第43行换白色线继续编织下针。
3. 第79行开始袖山的编织：从两侧同时减针，减针方法如图：依次1-4-1、2-2-5，最后余下30针，直接收针后断线。
4. 同样的方法再编织另一衣袖片。
5. 将两袖片的袖山与衣身的袖窿线边对应缝合，再缝合袖片的侧缝。

## 后身片制作说明：

1. 后身片为一片编织，从衣摆起织，往上编织至肩部。
2. 用白色线起144针，按花样编织下摆花边，8行编织结束后针数减至80针。第9、10行换红色线编织2行上针。第11行开始换白色线向上全部编织下针。编织到10cm26行后开始袖窿减针，方法顺序为1-5-1、2-1-5，然后不加针，不减针继续向上编织。第57行开始收后衣领，方法是将织片中间的30针用防解别针锁住，两侧余下的针数，在衣领侧减针，顺序为2-2-1、2-1-1，最后两侧的针数分别余下12针，收针断线。

## 前身片制作说明：

1. 前身片分为两片编织，左身片和右身片各一片，从衣摆起针往上编织至肩部。
2. 起织与花样分布和后身片相同，前身片用白色线起72针，按花样编织下摆花边，8行编织结束后针数减至40针。第9、10行换红色线编织2行上针。第11行开始换白色线向上全部编织下针。编织到10cm26行后开始袖窿减针，方法顺序为1-5-1、2-1-5，然后不加针，不减针继续向上编织。第53行开始收前衣领，方法是将织片衣领处11针用防解别针锁住，余下的针数，在衣领侧减针，顺序为2-3-1、2-2-1、2-1-2最后余下12针，收针断线。
3. 沿门襟边挑86针。下摆花边的8行处不挑针，用红线编织1行上针，1行下针，然后换白色线编织1行上针，1行下针两次，再编织1行上针，收针断线。
4. 同样的方法再编织另一前身片，左身片门襟均布留出3个扣眼。完成后，将两前身片的侧缝与后身片的侧缝对应缝合，再将两肩部对应缝合。然后对应缝合两个衣袖和衣袖侧缝。

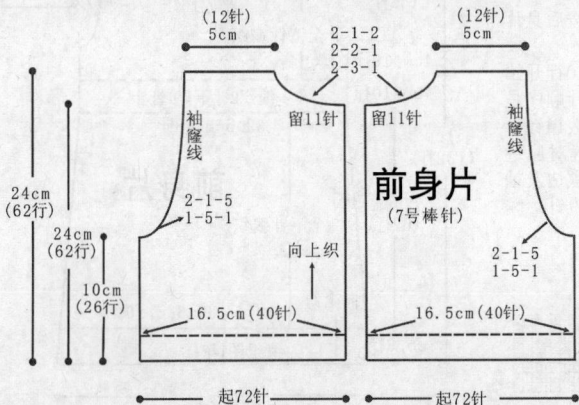

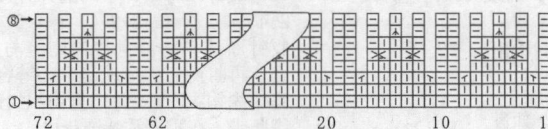

下摆花样

门襟图解

编织方向

**作品04** （请加QQ群57465478见更详细图解）

【成品规格】上衣衣长31cm，上衣下摆宽28cm，裤子全长57cm，围巾长96cm，帽子高17cm，帽围42cm，手套长13cm，宽6cm

【工　具】12号棒针，12号环形针，1.75mm钩针

【编织密度】27针×39行=10cm²

【材　料】宝宝绒线共250g，白色宝宝绒线50g，蓝色宝宝绒线共200g，上衣用80g，裤子60g，帽子30g，围巾50g，手套30g

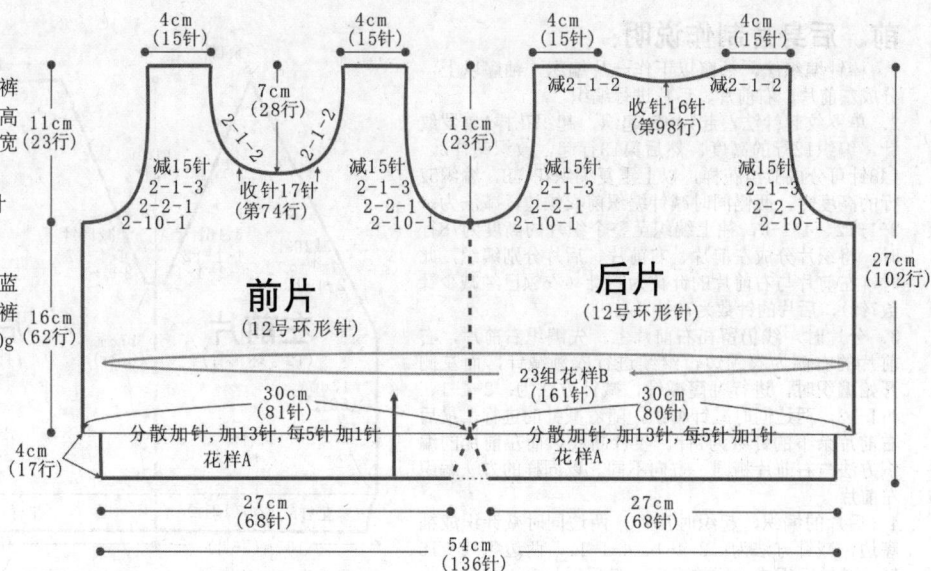

（示意图区域）

4cm（15针）　4cm（15针）　4cm（15针）　4cm（15针）

7cm（28行）2-1-2

11cm（23行）　11cm（23行）

减2-1-2　收针16针（第98行）　减2-1-2

减15针 2-1-3 2-2-1 2-10-1　收针17针（第74行）　减15针 2-1-3 2-2-1 2-10-1　减15针 2-1-3 2-2-1 2-10-1　减15针 2-1-3 2-2-1 2-10-1

**前片**（12号环形针）　　**后片**（12号环形针）

27cm（102行）

16cm（62行）

23组花样B（161针）

30cm（81针）　30cm（80针）

分散加针，加13针，每5针加1针 花样A　分散加针，加13针，每5针加1针 花样A

4cm（17行）

27cm（68针）　27cm（68针）

54cm（136针）

## 符号说明：

□ 上针　　＋ 短针

□=□ 下针　　（长针符号）长针

2-1-3 行-针-次　　∞∞∞ 锁针

**领片**

1.5cm（7行）　挑98针　1.5cm（7行）

挑80针　　挑80针

花样C　花样C　花样C

**袖片**（12号棒针）

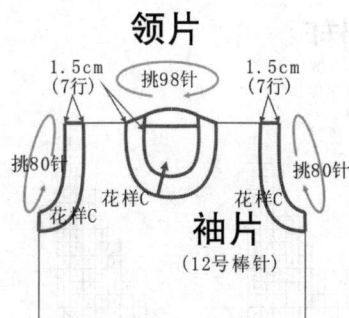

## 领片／袖片制作说明：

1. 棒针编织法，蓝色和白色搭配编织。
2. 先编织衣领，沿着衣身缝合后形成的衣领边，挑针起织单罗纹针，共挑98针编织，共编织7行的高度。后用单罗纹收针法进行收针。
3. 接着编织袖片，沿着袖窿边挑针起织单罗纹针，共挑出80针编织，共编织7行的高度，后用单罗纹收针法进行收针。

## 前片、后片制作说明：

1. 棒针编织法，白色与蓝色线搭配编织。从衣摆起织，环织。
2. 起织，单罗纹起针法，先用蓝色线编织，起136针，编织花样A配色图案，单罗纹针，先用蓝色线编织6行单罗纹，再用白色线编织第7行，第8行至第12行，用蓝色线编织，第13行用白色线编织，最后4行用蓝色线编织，在编织最后一行时，分散加针，将136针加成161针，共加26针，每5针加1针。第18行起，身身全织下针，再搭配白色线编织，每个配色组由7针10行组成，第18行起，用蓝色线编织下针，织成8行后，即织片的25行，第26行将136针分配成23个配色组，共2行配色，然后就是配色组的重复编织，往上编织成62行，即6层花样B后，再用蓝色线编织2行下针，完成袖窿下的衣身编织。下一行起，将织片分成两半编织，一半作前片，一半作后片。
3. 将环织变为片织，将一半的针数移到棒针上，先作后片编织，后片的针数为80针，起织时，仍照花样B的配色编织下针，而两侧同时减针编织袖隆线，减针方法为：2-10-1，2-2-1，2-1-3，将两边的针数各减少15针，余下50针继续编织，织至衣片的98行时，在第99行的中间，选取16针收针掉，从中间向两侧减针，减2-1-2，各减少2针，最后两肩部余下15针，收针断线。
4. 将前片的针数移到棒针上，织法与后片相同，起织仍然两边同时减针织袖隆，减针方法与后片相同，不同的是衣领的编织，当织片织至衣身的74行时，下一行中间选取17针直接收针，向两侧减针编织，减针方法为：2-1-2，两边各减少2针，最后不加减针将前片织成102行的高度。
5. 将前片和后片的肩部对应缝合。

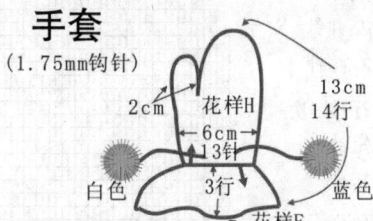

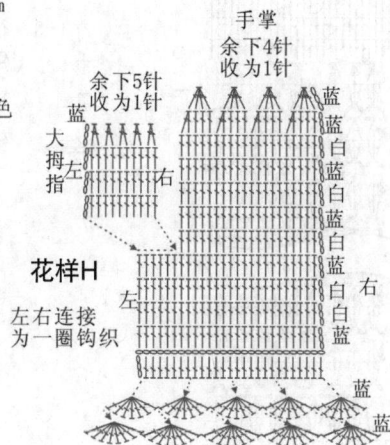

**手套**（1.75mm钩针）

2cm 花样H　13cm 14行

6cm 13针

白色　3行　蓝色

花样F

手掌 余下4针 收为1针

余下5针 收为1针

蓝 白 蓝 白 蓝 白 蓝

大拇指 左 右

花样H

左右连接为一圈钩织

左 白 蓝 右 白 蓝

## 手套制作说明：

1. 钩针编织法，蓝色与白色搭配编织，制作4个毛线球，白色两个蓝色两个，每只手套配一个白色一个蓝色。
2. 图解见花样H，用蓝色线起26针锁针起钩，首尾闭合，加钩3针锁针起高，钩织第1行长针行，一共26针长针，用蓝色线钩织，然后往上钩织2行白色线，再用蓝色线钩织1行，共钩织4行长针行，在第5行，取6针的宽度出来钩织大拇指，用蓝色线钩织，钩第1行时，将6针加成10针钩织，往上不加减针钩织3行，钩织第4行时，2针并1针的钩法，将10针钩织5针，收紧为1针。而手掌部分，依照花样H的配色方法去钩织长针行，无加减针钩织5行，下一行，每5针减1针，余4针一组，继续下一行时，将这4针一组并成1针。最后将并合形成的4针收紧为1针。
3. 手套口边缘，以相反方向钩织一行长针行，针数与手套第1行相同，共26针，然后第2行钩织7针一组的长针组花样，可以挑紧密点的针眼钩织，然后下一行钩织8针一组的长针组花样，最后钩织一行狗牙拉针锁边。这部分用蓝色线钩织。
4. 系带是钩锁针辫子形成，小球每只手套2个，一个蓝色，一个白色。

---

# 作品05

【成品规格】上衣衣长31cm，上衣下摆宽28cm，裤子全长57cm，围巾长96cm，帽子高17cm，帽围42cm，手套长13cm，宽6cm

【工　具】12号环形针，12号棒针，1.25mm钩针

【编织密度】28针×38行=10cm²

【材　料】宝宝绒线350g，其中上衣100g、裤子100g、帽子50g、围巾60g、手套40g、纽扣9枚

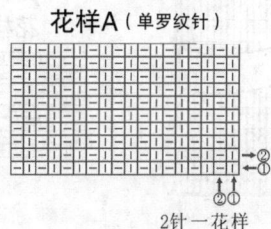

**花样A**（单罗纹针）

←②

→②

2针一花样

## 前、后身片制作说明：

1. 棒针编织法，袖窿以下作一片编织，袖窿以上，分成左前片、右前片、后片进行编织。

2. 单罗纹起针法，起148针起织，起织花样A单罗纹针，编织12行的高度，然后第13行起，改织花样B，148针可分成37组花样，以上重复编织花样B，编织52行的高度时，两侧同时减针编织前衣领边，减法为：2-1-12、4-1-8，往上编织至整个织片的高度为78行时，将织片分成左前片、右前片、后片分别编织，此时，左前片与右前片的针数为29针（衣领已经减少针数7针），后片的针数为76针。

3. 分片时，线仍留在右前片上，先编织右前片，右前片的右侧为衣领边，继续进行衣领减针，而左侧开始编织时，进行袖窿减针，减针方法为：2-4-1、4-1-12，两边同时减针编织，随着减针的进行，最后右前片余下的针数为1针。收针断线。而左前片的编织方法与右前片相同，方向不同。以同样的方法编织左前片。

4. 后片的编织，起织时76针，两边同时减针织成袖窿边，减针方法为：2-4-1、4-1-12，两边各减少16针，减针行织成42行的高度，最后后片余下44针，收针断线。完成衣身片的编织，下一步进行袖窿片编织。

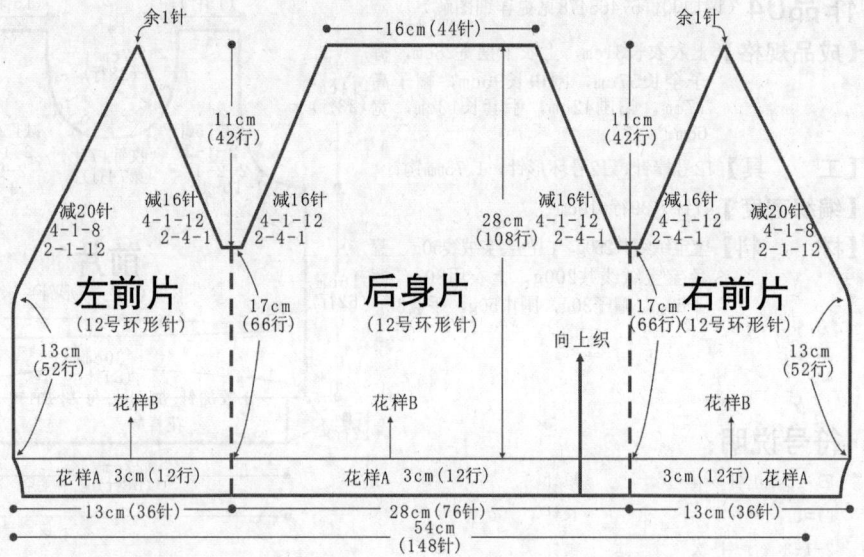

### 花样D（单罗纹针）
（裤腰配色图解）

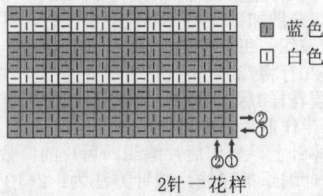

- ■ 蓝色
- □ 白色

2针一花样

### 花样F
（帽子图解）
（一共8等份）

- ■ 粉色线
- □ 白色线

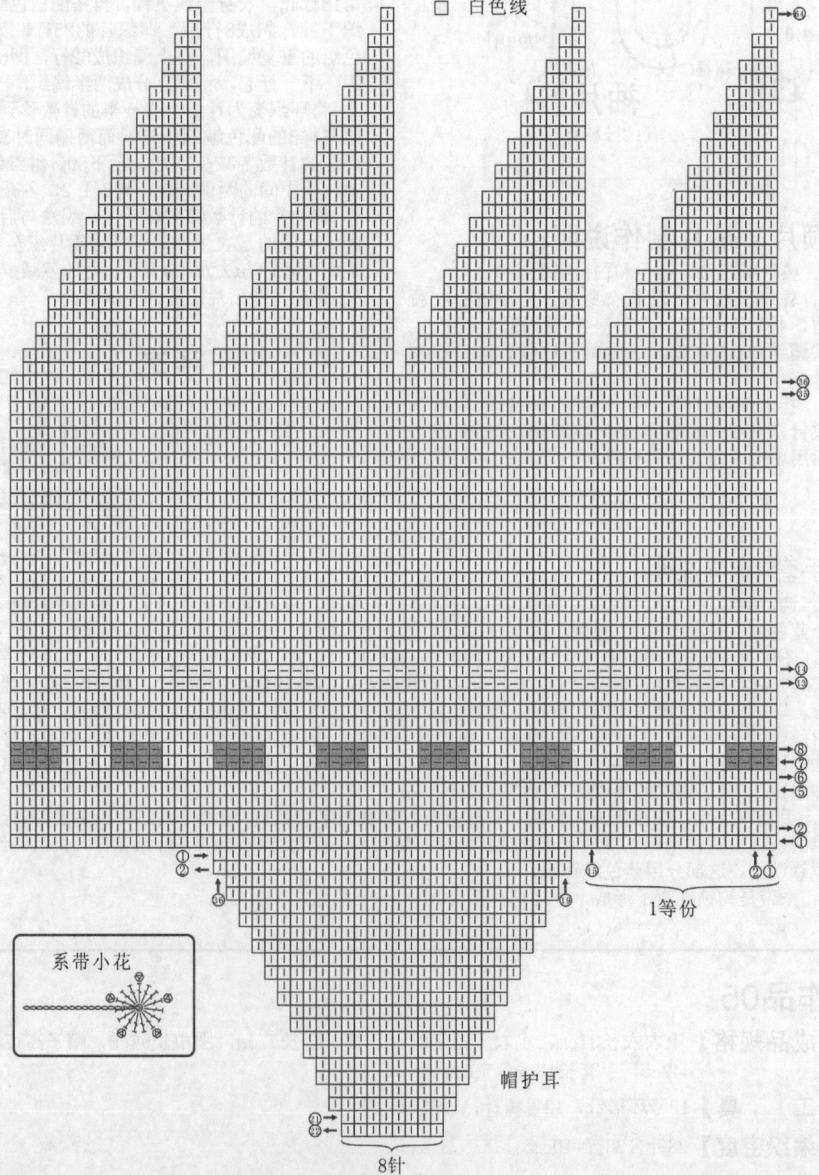

系带小花

帽护耳

8针

1等份

### 花样E

狗牙拉针

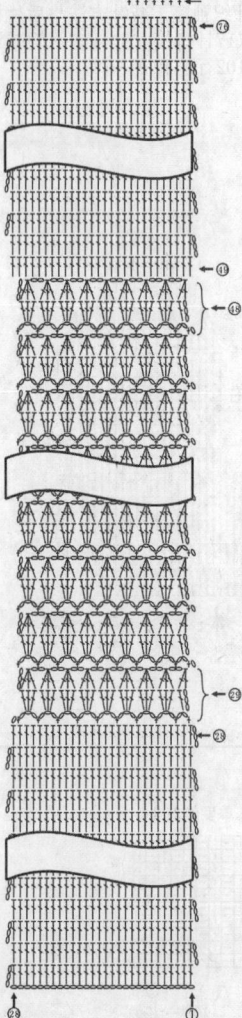

### 符号说明：

| 符号 | 说明 |
| --- | --- |
| □ | 上针 |
| □=□ | 下针 |
| ⊙ | 空针 |
| ⊠ | 左并针 |
| ⊠ | 右并针 |
| 2-1-3 | 行-针-次 |
| + | 短针 |
| ┃ | 长针 |
| ∞ | 锁针 |

### 花样B

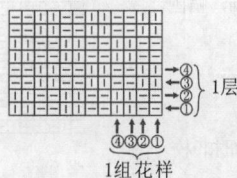

1层

1组花样

## 前、后裤片制作说明：

1. 棒针编织法，两个裤管各作一片编织，裤裆以上进行环织。蓝色和白色线搭配编织。
2. 单罗纹起针法，用蓝色线起针，起44针起织裤管，环织，编织花样A单罗纹，织38行的高度，在编织第38行时，分散加针，加20针，即每行2针加1针的距离，将裤管加成42针一圈，第39行起，全织下针，先用蓝色线编织2行下针，织成40行，从第41行起，分配针数编织花样C配色图案，每组配色由8针和10行组成，裤管配色图案织成14行的高度时，暂停编织。
3. 完成第2步的编织后，暂停这片裤管的编织，以同样的方法再编织另一裤管片，完成至前一裤管的高度后，见裤片的侧面视图，结构图中所示，将两裤管片分别取16针，对应拼接，以拼接后的两端作裤裆中线，以两中线对应对折，成中间部分，而两边成裤侧边，拼接后，裤侧边进行加针编织，在裤侧边的两边进行加针，一圈加成4针，加针方法为6-1-8，加针行织成48行的高度，然后不加减针编织46行的高度，然后改织花样C配色单罗纹花样，共织10行的高度，将前裤片的84针收针，后裤片在结构图中所示的位置，各选出16针继续编织背带，用蓝色线编织，编织花样A单罗纹，共织32cm长122行的高度，但在编织最后10行时，将16针分成两半编织，每一半各8针，继续编织单罗纹针。完成后，收针断线，将系带与前裤片用扣子连接。

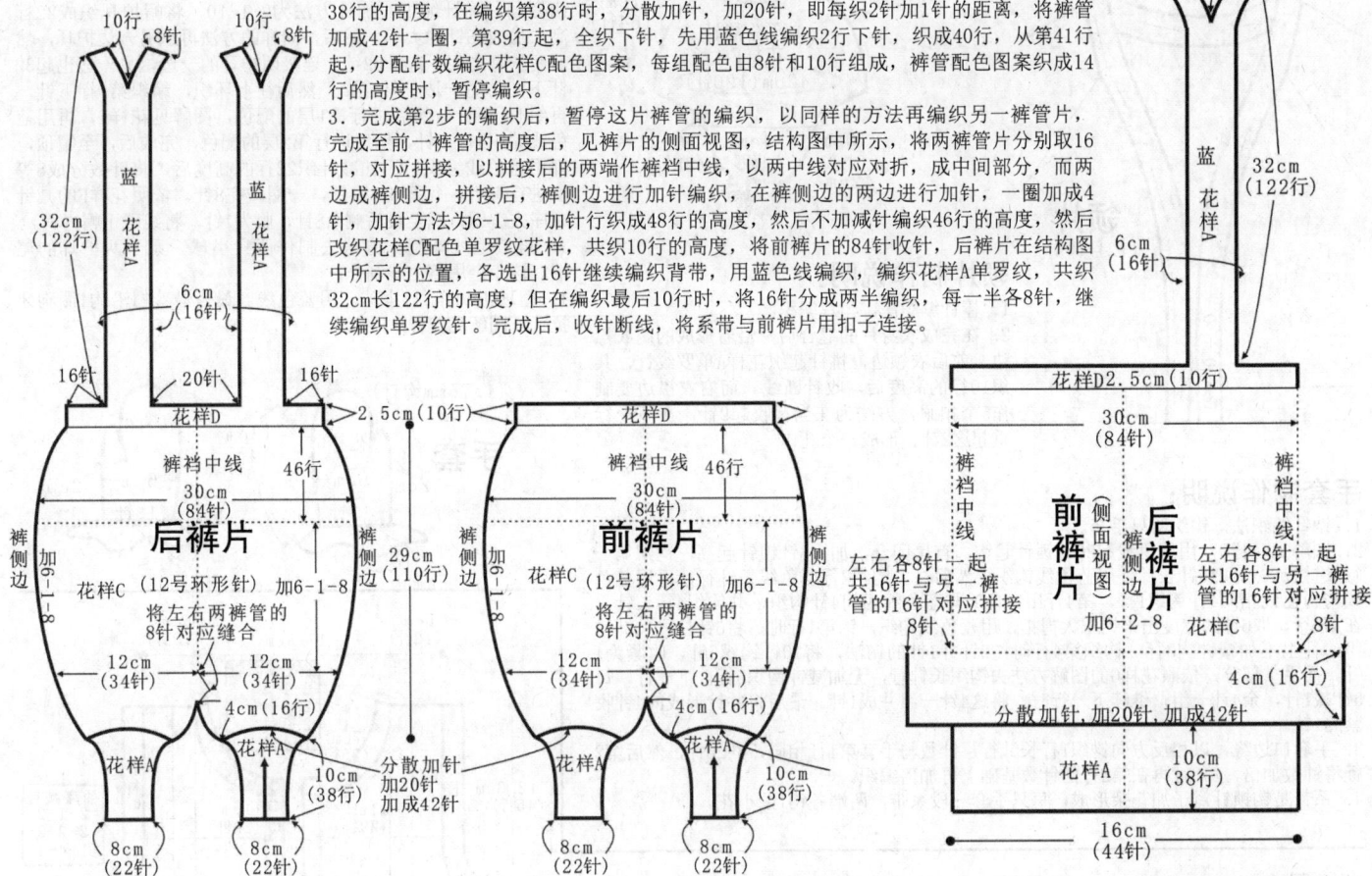

### 后裤片

10行 8针
32cm（122行）
蓝 花样A
6cm（16针）
16针　20针　16针
2.5cm（10行）
花样D
裤裆中线
30cm（84针）　46行
后裤片
花样C（12号环形针）
将左右两裤管的8针对应缝合
裤侧边 加6-1-8
29cm（110行）
裤侧边
12cm（34针）　12cm（34针）
4cm（16行）
花样A
分散加针 加20针 加成42针
10cm（38行）
8cm（22针）　8cm（22针）

### 前裤片

花样D
裤裆中线
30cm（84针）　46行
前裤片
花样C（12号环形针）
将左右两裤管的8针对应缝合
裤侧边 加6-1-8
12cm（34针）　12cm（34针）
4cm（16行）
花样A
分散加针 加20针 加成42针
10cm（38行）
8cm（22针）　8cm（22针）

### 前裤片 后裤片（侧面视图）

蓝 花样A　32cm（122行）
6cm（16针）
花样D2.5cm（10行）
30cm（84针）
裤裆中线
左右各8针一起 共16针与另一裤管的16针对应拼接 8针
加6-2-8
花样C
4cm（16行）
8针
分散加针，加20针，加成42针
花样A
10cm（38行）
16cm（44针）

## 围巾制作说明：

1. 钩针编织法和毛线球制作方法结合。
2. 围巾呈长方形，用蓝色线钩织，起28针锁针起钩，再钩3针锁针起高，钩织第1行长针，共28针长针，返回再钩1行长针，重复钩织至28行的高度，然后改钩花样F中的第29行的花样组。共10层花样，然后再钩织与起始长针行一样高度的长针花样，共28行，完成后，沿着长方形围巾边缘，沿边钩织狗牙拉针1行。断线。完成。
3. 根据毛线球制作方法，制作2个小球，然后分别将围巾两短边用线扎紧，分别系上2个毛线球。

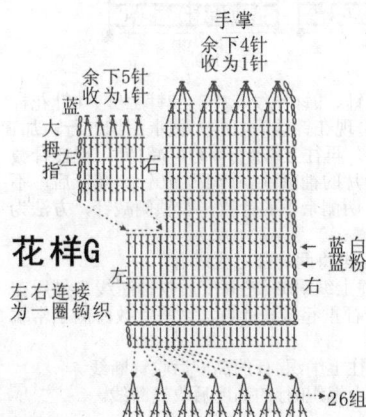

### 围巾
（1.75mm钩针）

花样F
12cm（24针）
96cm
28行
收缩扎紧两端 系上毛线球

## 袖片制作说明：

1. 棒针编织法，编织两片。
2. 单罗纹起针法，起44针起织，编织花样A单罗纹针，织14行的高度，然后改织花样B，可分配成11组花样B编织，在两侧进行加针编织，方法6-1-9，两侧的针数各增加9针，织片织至58行，针数为62针，而后袖山进行减针，减针方法2-4-1、4-1-12，两侧的针数同时减少16针，最后袖肩部余下30针，收针断线。
3. 同样的方法再编织另一袖片，再将两袖片与衣身片的袖隆边对应缝合。

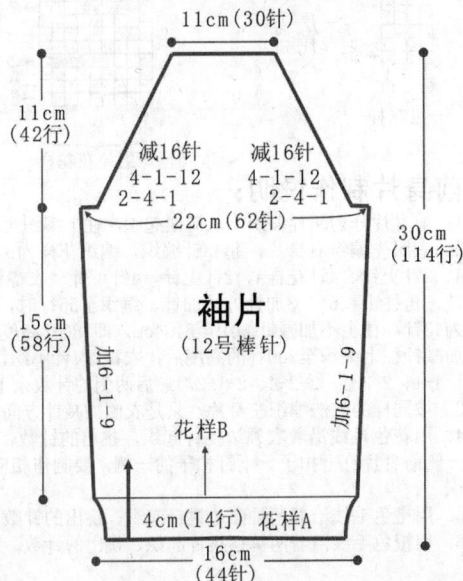

### 袖片（12号棒针）

11cm（30针）
11cm（42行）
减16针 4-1-12 2-4-1
22cm（62针）
30cm（114行）
15cm（58行）
加6-1-9
花样B
4cm（14行）花样A
16cm（44针）

### 花样G

手掌 余下4针 收为1针
余下5针 收为1针
蓝 大拇指
左　右
蓝白相间4针
蓝粉相间4针
左右连接为一圈钩织
左　右
→26组

### 花样C（裤子配色图解）

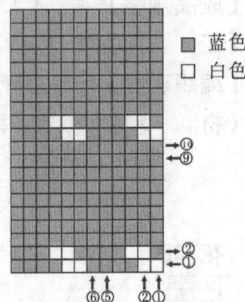

■ 蓝色
□ 白色

85

2.6cm
(10行)

**领片**
（12号棒针）

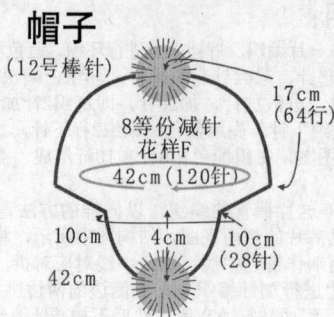

**帽子**
（12号棒针）

8等减针
花样F

17cm
(64行)

42cm（120针）

10cm　4cm　10cm
42cm　　　（28针）

**帽子制作说明：**

1. 棒针编织法与毛线球制作方法结合。

2. 从帽护耳编织，用蓝色线起针，下针起针法，起8针下针，两侧同时加针编织，加针方法为2-1-10，将帽护耳织成22行高，加成28针的大小，然后，同样的方法再织另一边护耳，然后两护耳之间，起针32针，连接两护耳的一边，另一边也起32针下针与另一边护耳连接。然后往上环织，编织第1行下针，再织4行下针，再进行第1层的配色，图解见花样F，再用蓝色线编织4行下针，然后进行第2层的配色，至帽顶，都用蓝色线编织，不加减针织22行的高度后，将针数分成8等份进行减针，每等减针1针，一圈减完8针，依照花样F的减针顺序去编织，织至最后剩余8针，收为1针，将线藏于帽内。

3. 再按毛线球制作方法去制作两只小球。系于两护耳的尾端。这步全用蓝色线制作。

4. 帽顶也制作1只小球。用蓝色线。最后沿着帽沿钩1圈狗牙拉针，图解见花样E中图解。

**领片制作说明：**

1. 棒针编织法，一片编织。

2. 在完成衣身片的缝合后，沿着形成的两衣襟边，前后衣领边，挑针起织花样A单罗纹针，共织10行的高度后，收针断线。而右衣襟边要制作5个扣眼，方法为在当行收起2针，在下一行重起这2针，形成一个孔。

**手套制作说明：**

1. 钩针编织法，钩织两只手套。

2. 图解见花样G，用蓝色线起26针锁针起钩，首尾闭合，加钩3针锁针起高，钩织第一行长针行，一共26针长针，用蓝色线钩织，然后往上钩织2行蓝色线长针行，再用蓝色线与粉色线相间4针钩织1行，第4行用白色线与蓝色线相间4针钩织，共钩织4行长针，在第5行，取6针的宽度出来钩织大拇指，用蓝色线钩织，钩第1行时，将6针加成10针钩织，往上不加减针钩3行，钩织第4行时，2针并1针的钩法，将10针钩织5行，收紧为1针。而手掌部分，依照花样G的图解方法去钩织长针行，无加减针钩织5行，下一行，每5针减1针，余4针一组，继续下一行时，将这4针一组合成1针。最后将并针形成的4针收紧为1针。

3. 手套口边缘，以相反方向钩织1行长针行，针数与手套第1行相同，共26针，然后第2行将针数加倍，第3行再在第2行的针数基础上再加倍编织。

4. 系带是钩锁针辫子加花朵形成，每只手套一段系带，两端各钩1朵小花。

**手套**
（1.75mm钩针）

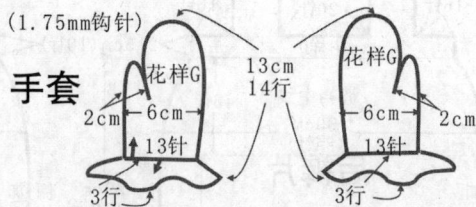

花样G　13cm　花样G
　　　14行
2cm ← 6cm → ←6cm → 2cm
13针　　　　　　13针
3行　　　　　　　3行

## 作品06

**【成品规格】** 衣长64.2cm，下摆宽29.2cm

**【工　　具】** 11号环形针

**【编织密度】** 28针×35行=10cm²

**【材　　料】** 棕色宝宝中粗羊毛线400g，橙色毛线少许，黑色纽扣14枚

**符号说明：**

□ 上针

□=□ 下针

右上3针与左下3针交叉

左上3针与右下3针交叉

2-1-2　行-针-次

**花样B**

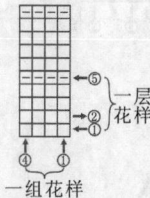

⑤一层花样

一组花样

**花样A**

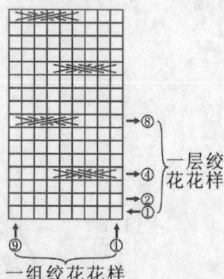

⑧一层绞花花样

⑤
③
①
⑨
一组绞花花样

**花样C**
（单罗纹针）

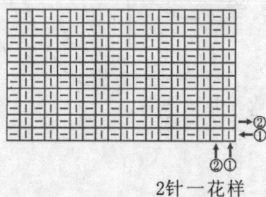

②
①
2针一花样

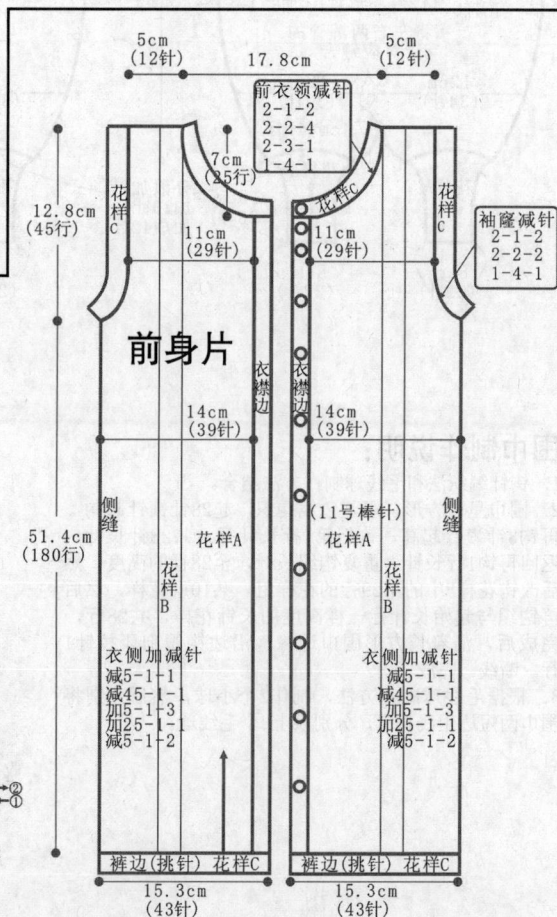

5cm　　　17.8cm　　　5cm
(12针)　　　　　　(12针)

前衣领减针
2-1-2
2-2-4
2-3-1
1-4-1

7cm
(25行)

12.8cm
(45行)

11cm　　11cm
(29针)　(29针)

袖隆减针
2-1-2
2-2-2
1-4-1

花样C　　花样　　花样C

**前身片**

14cm　　14cm
(39针)　(39针)

51.4cm
(180行)

侧缝　　花样A　花样A　　侧缝

（11号棒针）

花样B　花样B

衣侧加减针　　　衣侧加减针
减45-1-1　　　减45-1-1
加5-1-3　　　　加5-1-3
减5-1-2　　　　减5-1-2

裤边（挑针）花样C　　裤边（挑针）花样C

15.3cm　　　　15.3cm
(43针)　　　　(43针)

**前身片制作说明：**

1. 前身片分为两片编织，从裤摆起织，往上编织至肩部。

2. 衣服先编织右身片，起43针编织，编织花样为：2针下针、2针上针、4针花样A、2针上针、4针花样A、2针上针、9针棒绞花样B、2针上针、4针花样A、2针上针、4针花样A、2针上针、4针下针（衣襟边），往上编织，先按5-1-2减针方法减针，织10行减了2针，现在针数为41针，往上编织25行，加1针，再往上按5-1-3加针方法加针，编织到55行时，针数为45针，加的针为花样A编织，再往上编织45行时减1针，再往上编织5行时再减1针，现在针数为43针。往上不加减针编织至51.4cm，即180行高度后，开始袖隆减针，方法顺序为1-4-1、2-2-2、2-1-2，前身片的袖隆减少针数为10针。减针后，不加减针往上编织至200行的高度后，衣襟边4针不织，可以收针，亦可以留作编织衣领连接，可用防解别针锁住，两侧余下的针数，衣领侧减针，方法为1-4-1、2-3-1、2-2-4、2-1-2，最后两侧的针数余下12针，收针断线。完成右身片的编织。

3. 按同样的方法编织左身片，只是衣服加减针方向相反。完成后，将两前身片的侧缝与后身片的侧缝对应缝合，再将两肩部对应缝合。

4. 用花色毛线沿着衣领边挑针起织，挑出的针数，要比衣领沿边的针数稍多些，按单罗纹针（花样C）编织，往上编织6行的高度后收针断线。最后在一侧前身片钉上扣子。不钉扣子的一侧，要制作相应数目的扣眼，扣眼的编织方法为，在当行收起数针，在下一行重起这些针数，这些针数两侧正常编织。

5. 用橙色毛线沿着两袖隆边挑针起织，挑出的针数，要比袖隆沿边的针数稍多些，按单罗纹针（花样C）编织，往上编织4行的高度后收针断线。

6. 用橙色毛线沿着两裤摆挑针起织，挑出的针数，要比裤摆沿边的针数稍多些，按单罗纹针（花样C）编织，往上编织6行的高度后收针断线。

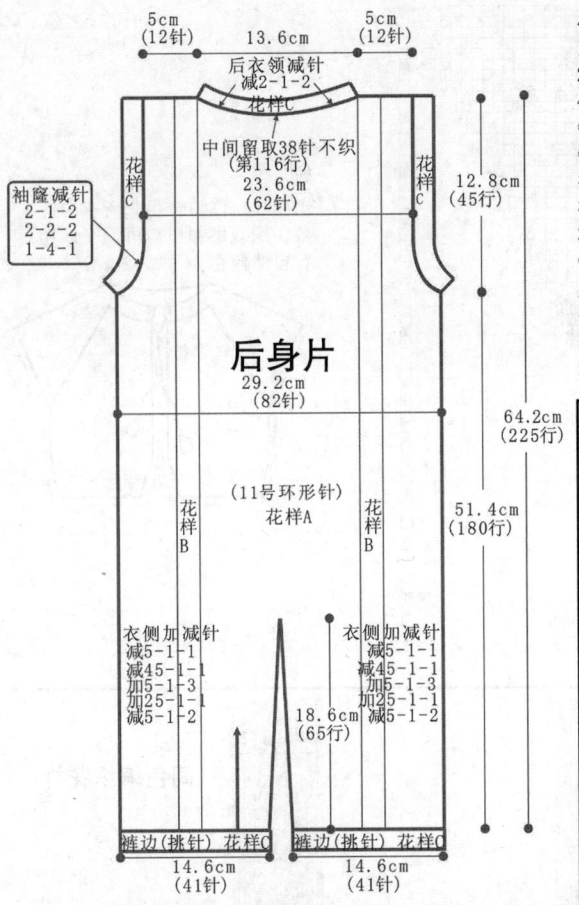

## 后身片制作说明：

1. 后身片为除裤片为两片编织，往上衣身为一片编织，从裤摆起织，往上编织至肩部。

2. 衣服先编织后身片，先编织左裤腿，起41针编织，编织花样为：2针下针、2针上针、4针花样A、2针上针、4针花样A、2针上针、9针棒绞花样B、2针上针、4针花样A、2针上针、4针花样A、2针上针、2针下针，往上编织，先按5-1-2减针方法减针，织10行减了2针，现在针数为39针，往上编织25行，加1针，再往上按5-1-3加针方法加针，编织至55行时，针数为43针，加的针为花样A编织，然后编织18.6cm，65行。同样的方法编织右裤腿，只是衣侧加减针的方向相反。

3. 66行时，将左、右裤腿串为一块编织，中间4针按花样A编织。往上编织35行时，减1针，再往上编织5行减1针，现在针数为41针。往上不加减针编织至51.4cm，即180行高度后，开始袖窿减针，方法顺序为1-4-1、2-2-2、2-1-2，后身片的袖窿减少针数为10针。减针后，不加减针往上编织至116行的高度后，从织片的中间留38针不织，可以收针，亦可以留作编织衣领连接，可用防解别针锁住，两侧余下的针数，衣领侧减针，方法为2-1-2，最后两侧的针数余下12针，收针断线。完成后身片的编织。

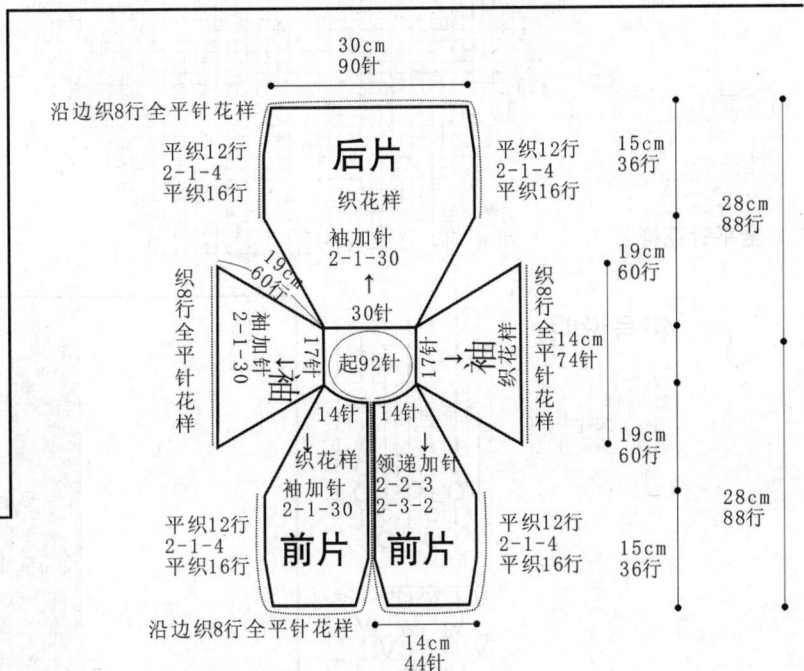

## 作品07

【成品规格】衣长28cm，下摆宽30cm

【工　　具】11号棒针

【编织密度】22针×40行=10cm²

【材　　料】粉色宝宝绒线250g

## 制作说明：

1. 由领口起92针往下织，后片为30针，两袖各为17针，前片各为14针。

2. 开始按图示织，在领的两边第2行各加1针，第2行织纽针，形成实心。前片每起始按2、2、2、3、3递加出领窝。

3. 织第24行时开始织花样，间隔24行再织一组。此时袖片完成，编织8行全平针花样，平收。

4. 继续织身片，共3片。各织16行后开始收边，按图解，前两片两侧均收。

5. 织领带，起6针织空心针花样织一定长度后，按图解织铃铛花样。织好后缝合在领口，完成。

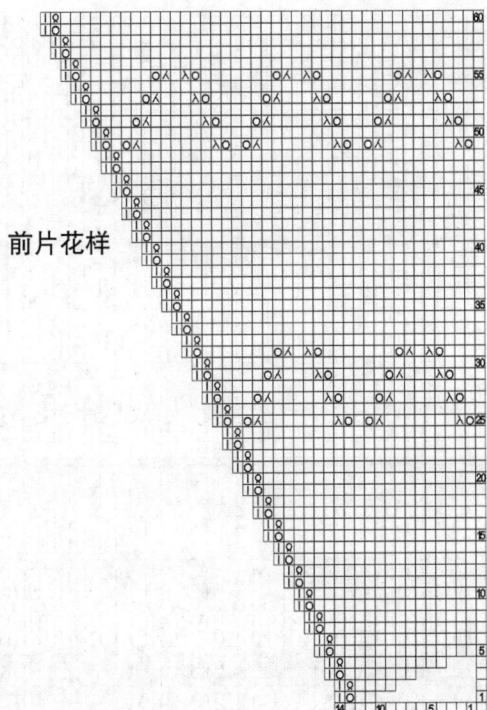

前片花样

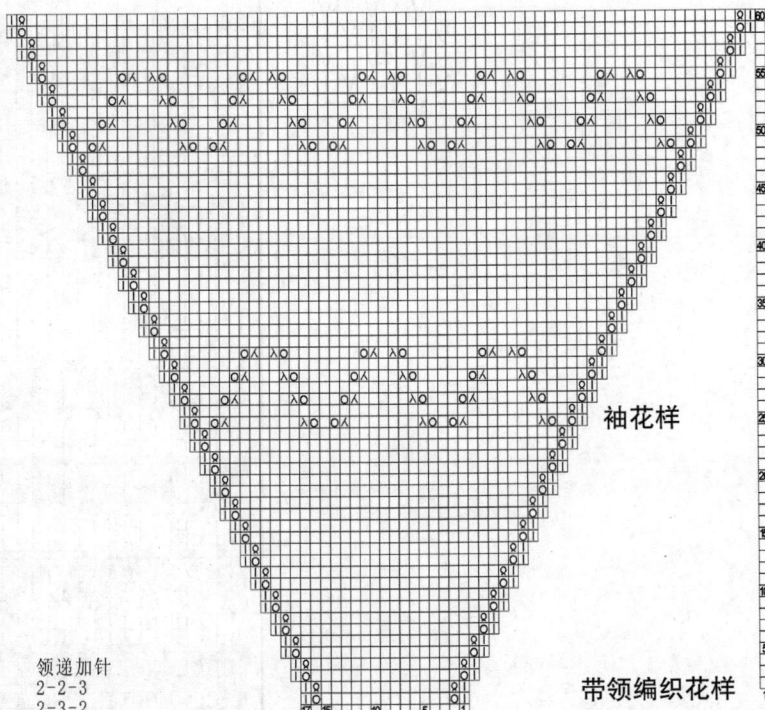

袖花样

带领编织花样

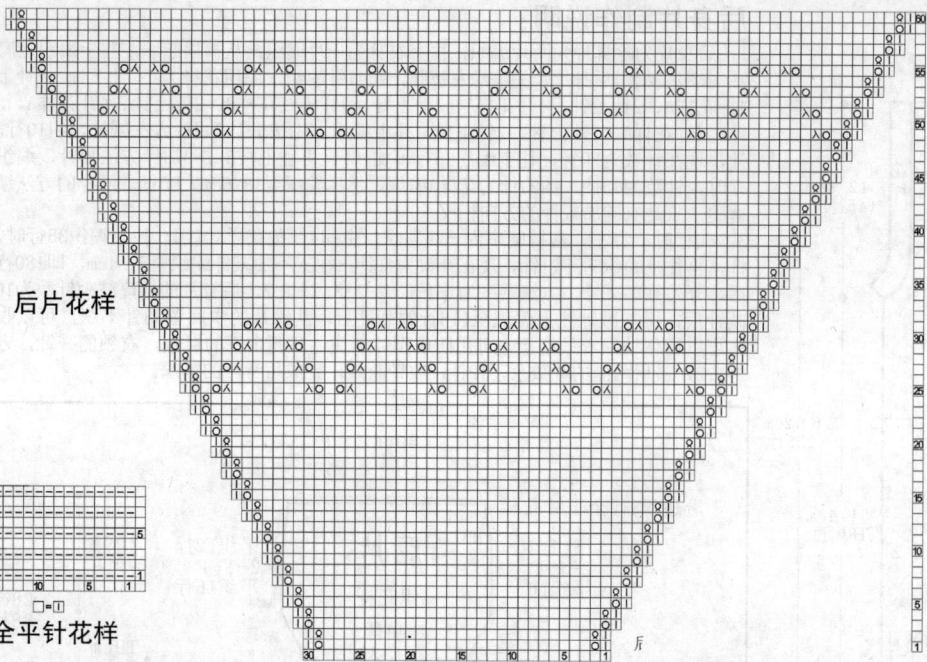

后片花样

全平针花样

沿领口1针对1针挑起所有的针
数,织双层领口,再织平针10
行自然翻卷

缝领结

符号说明:

□=□
○=加针
=卷针
=左上2针并1针
=右上2针并1针

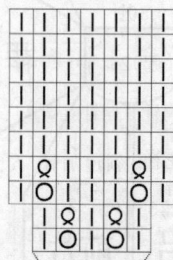

间色编织花样

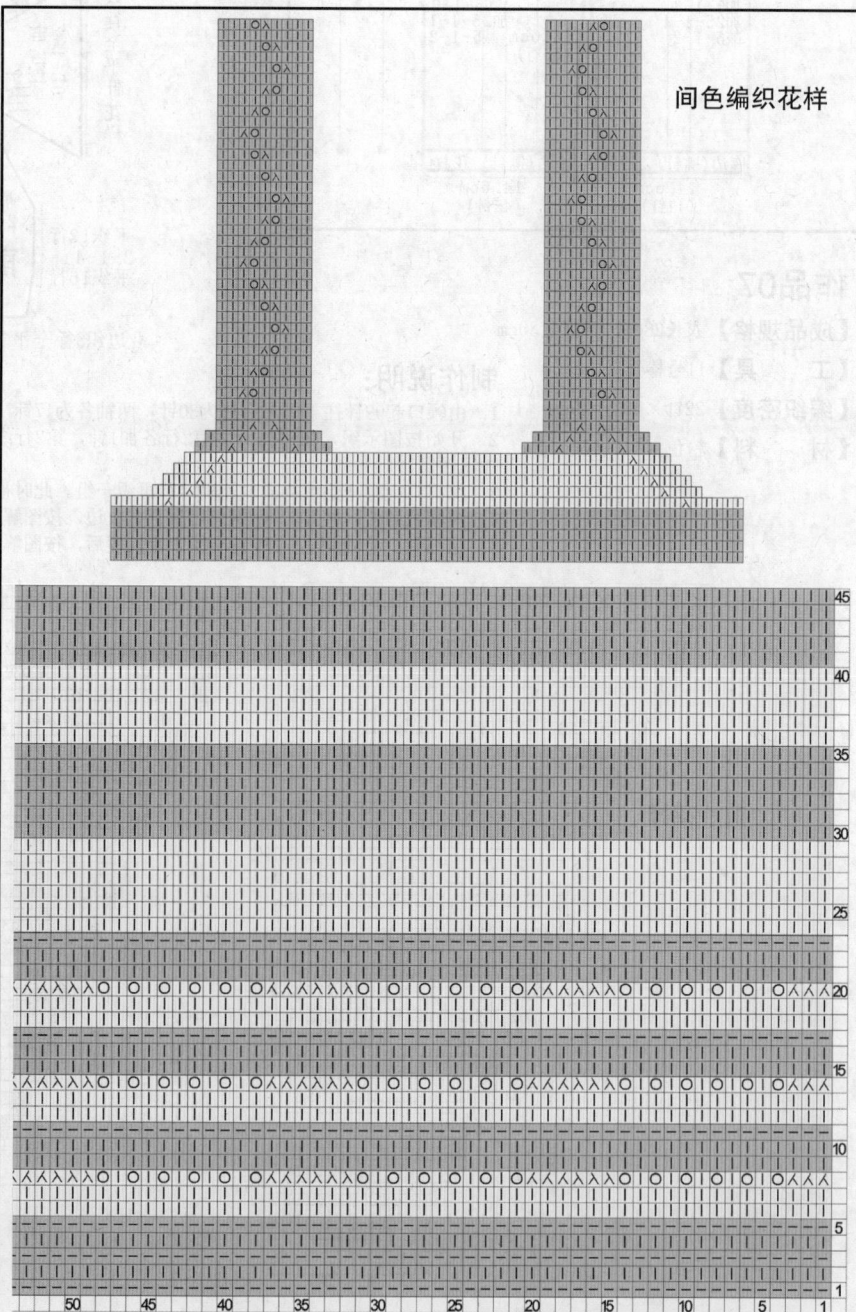

88

## 作品8

【成品规格】衣长36cm，下摆宽23cm

【工　　具】13号棒针

【编织密度】30针×43行=10cm²

【材　　料】蓝色宝宝绒线250g，黄色宝宝绒线50g

### 制作说明：

整件小衣服圈织，肩带片织。

1. 用环针或4根针起136针织全平针6行为底边，再织凤尾花6组。织间色花样。

2. 织完后开始织平针，每5行换一色。

3. 织肩带，平收两侧袖窝的针数，肩带两侧织每2行减1针，直至肩带的针数，织够长度即可。

## 作品09

【成品规格】衣长24cm，下摆宽27cm，袖长8cm

【工　　具】12号环形针和棒针

【编织密度】28针×33行=10cm²

【材　　料】宝宝棉线250g

### 编织要点：

一片连织，总针数为146针。

1. 后片：分74针织花样，平织至袖窿减针，袖窝先平收4针，4行收2针收1次，4行3针并1针1次，平织至完成。

2. 前片：各为33针织法同后片。前片门襟边角每2行加1针加3次形成圆角。前侧领收以中间针为径，直至收14针。

3. 门襟：前后片织好后挑针织边缘花样，底边1针对1针挑，门襟部分每2针挑3针，织4cm。

4. 袖：从袖山起针织袖，织花样。织好后缝合。

肩带10针平织　里侧留3针边针平收
外侧留3针边针平收

领减针
2-1-3
平收19针

减针
2-1-8
平收4针

织5行蓝色
织5行黄色

织3行黄色
织3行黄色

底边织蓝色全平针6行

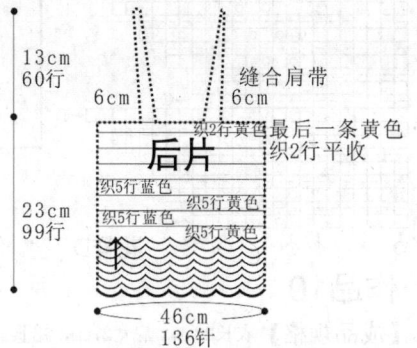

前片
织5行蓝色　织5行黄色
织5行蓝色　织5行黄色

13cm 60行
23cm 99行

13cm 60行

6cm　缝合肩带　6cm

后片
织2行黄色　最后一条黄色
织2行平收

织5行蓝色　织5行黄色
织5行蓝色　织5行黄色

23cm 99行

46cm
136针

### 符号说明：

□=下针

△=左上2针并1针

○=加针

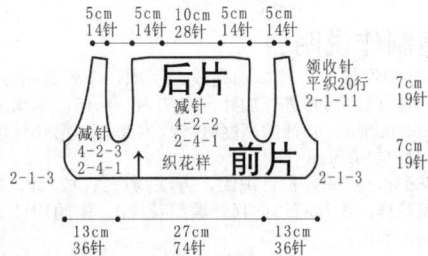

5cm 14针　5cm 14针　10cm 28针　5cm 14针　5cm 14针

后片

领收针
平织20针
2-1-11

7cm 19针

减针
4-2-2
2-4-1

7cm 19针

减针
4-2-3
2-4-1

前片

2-1-3　2-1-3

13针 36针　27针 74针　13针 36针

### 领、门襟

各片完成后，沿边挑针织边缘花样12行。

底边及后领窝1针对1针挑起，门襟每2个辫子里挑3针。

### 袖

7cm 19针

袖加针
2-4-1
2-3-1
2-2-6
2-4-2

6cm 20行
2cm 8行

20cm 60针

### 前片、后片编织花样

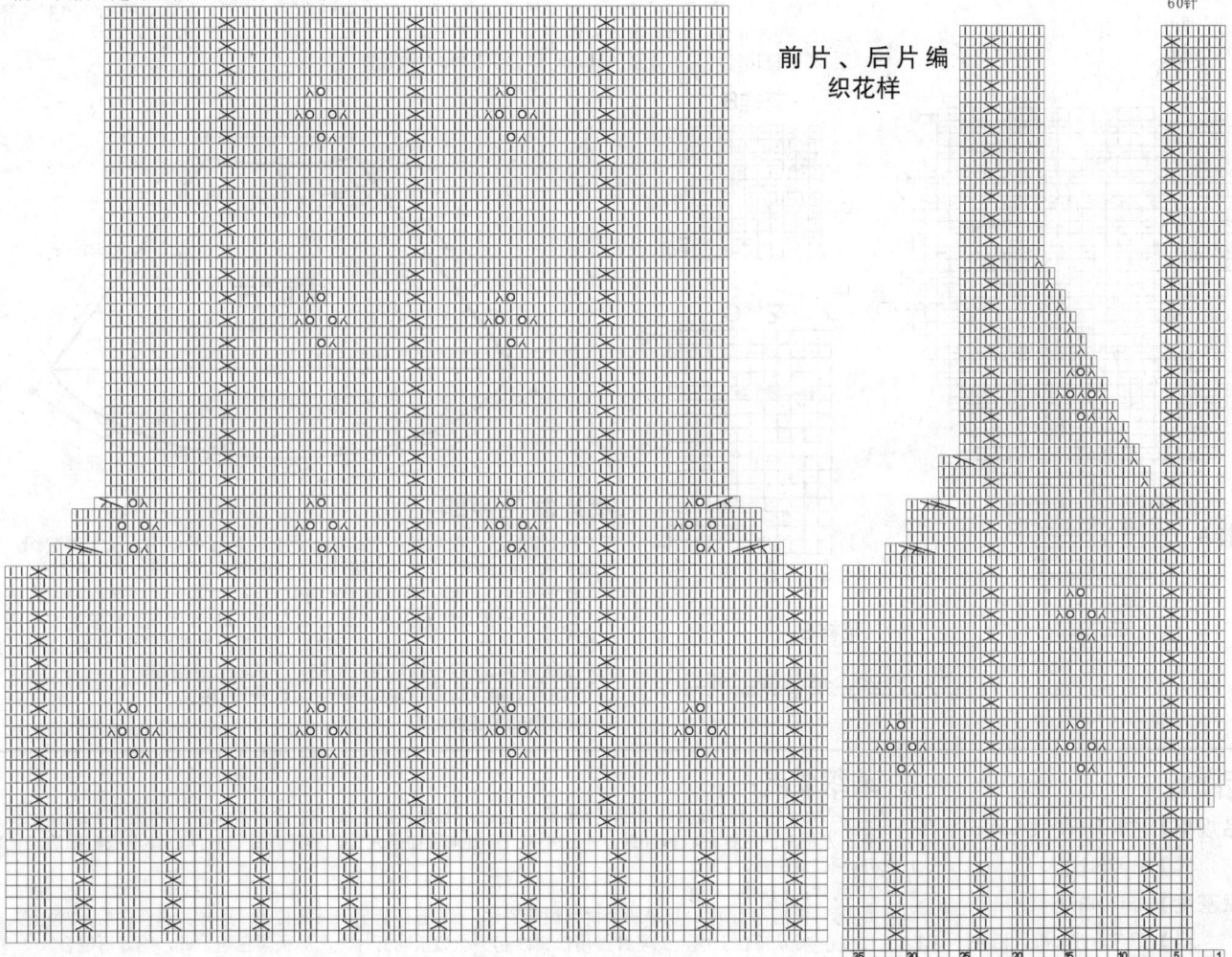

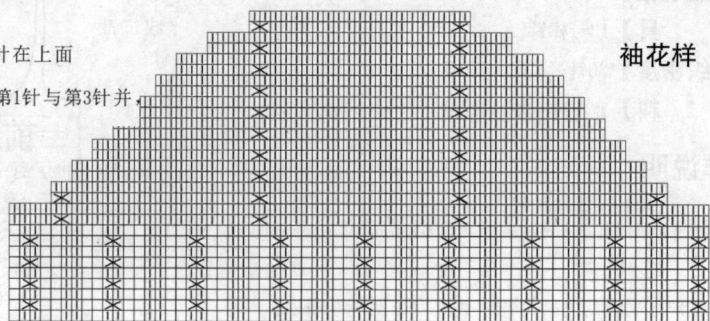

□=⊟
⋏= 左上2针并1针
◦= 加针
⋈= 2针交叉，左边1针在上面
右上3针并1针
2针并1针，右边第1针与第3针并，第2针与第4针并

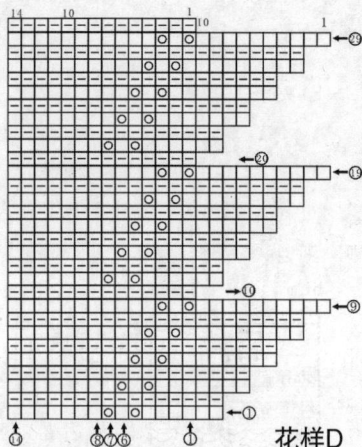

花样D

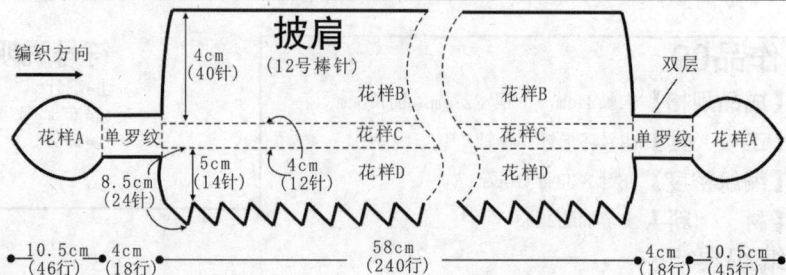

袖花样

披肩
（12号棒针）

花样A　单罗纹　花样B　花样B　单罗纹　花样A
花样C　花样C
花样D　花样D

编织方向
4cm（40针）
5cm（14针）　4cm（12针）
8.5cm（24针）
双层

10.5cm（46行）　4cm（18行）　58cm（240行）　4cm（18行）　10.5cm（45行）

# 作品10

【成品规格】衣长22cm，肩宽27cm，裙长25cm，裙腰围26cm

【工　　具】12号棒针，12号环形针，1.75mm钩针

【编织密度】28针×42行=10cm²

【材　　料】红色绒线500g

符号说明：

□　　上针
□=□　下针
◎　　镂空针
右上4针交叉
左上4针交叉
十　　短针
￨　　长针

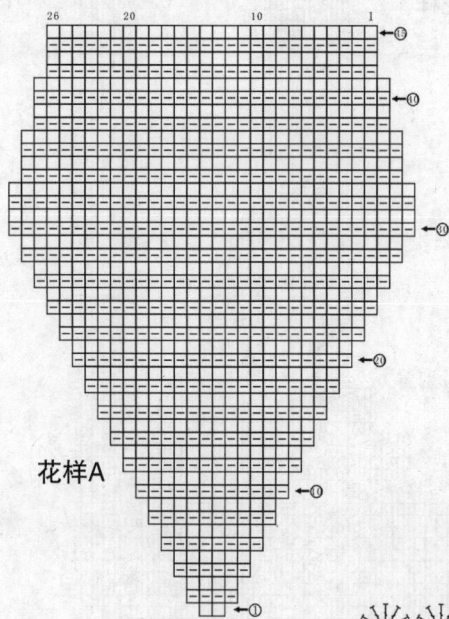

花样A

花样B

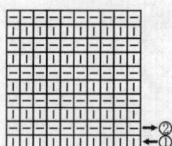

花样C

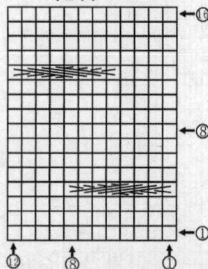

花样E

披肩制作说明：

1. 棒针编织法，一片编织完成，起织，下针起针法起2针，起针后往返都编织下针，花样织法按花样A，在织片两边同时进行加针，方法为2-1-15，编织至30行时针数加至32针，随后进行减针，方法为4-1-3，编织10.5cm，45行的高度时针数为26针，第46行进行缩针，方法是散减10针，剩余16针，继续编织单罗纹18行至14.5cm，64行。

2. 第65行，第66行扩编织，方法为每1针放2针，第66行多加放2针，总针数放成66针，第67行分配针数编织花样，织片右边的14针编织花样D，中间12针编织花样C，剩余40针编织花样B，按照此花样分布编织58cm，240行。

3. 第305行、第306行进行缩针编织，方法是2针并1针，针数减为16针，编织单罗纹18行，针数留在针上。另拿线从16针单罗纹的起针处对应挑出16针，此16针也编织单罗纹18行，与前面的16针单罗纹等长对齐，上下2针并1针，将针数并为16针。

4. 第325行将16针均匀加针至26针，对称编织花样A，收针断线。

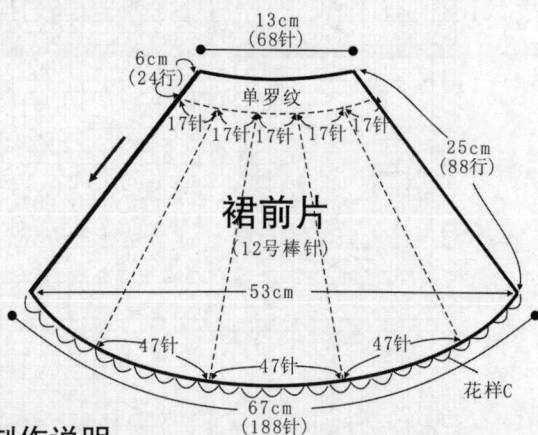

13cm（68针）
6cm（24行）
单罗纹
17针　17针　17针　17针　17针
25cm（88行）

裙前片
（12号棒针）

53cm

47针　47针　47针
67cm（188针）
花样C

裙片制作说明：

1. 棒针编织法，前后裙一起编织。用12号环形针编织，从裙腰起织，下针起针法，起136针，首尾对接环织，不加针不减针编织单罗纹24行。

2. 第25行改织下针，将136针分成8个17针的单元，按裙片编织图解织，每个单元裙片的起针是17针，取右边的1针作为筋，在筋的左右两边加针，方法是4-1-15，加至60行时单元针数为47针，总针数为376针，继续不加减针编织4行平针，总行数88行，25cm收针断线。

3. 另用线沿裙摆边钩织花样E一圈完成收针断线。

4. 编织腰带绳装饰。

# 作品11

【成品规格】衣长39cm，袖长30cm

【工　　具】11号棒针

【编织密度】28针×36行=10cm²

【材　　料】黑色毛线400g，松树纱少许

编织要点：

1. 后片：用松树纱起138针织4行单罗纹为边，上边换黑色线织平针，共织17cm为裙。上面开始织衣身，先每3针并1针共收掉46针。不加不减平织6cm后袖隆减针，袖隆减针每行4行收2针形成机织边，同时开V领。肩平收。

2. 前片：同后片。

3. 领：前后都为V形，用松树纱挑织针单罗纹，织4行。后另织一条带子，连接。缝合在后片V领上。

4. 袖：袖从下往上织，织平针。用松树纱起头织边，同身片。上面换黑色织平针，织好后缝合。

## 领制作说明：

沿领窝挑针织单罗纹，前后片相同黑色线织12行，松树纱织4行。

### 袖收针法

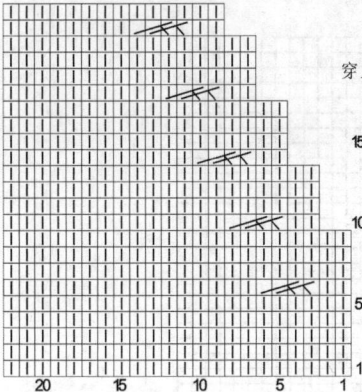

 = 第4针与2针并收，第3针与第1针并收

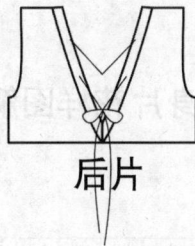

**后片**

穿上带子打结调整宽度

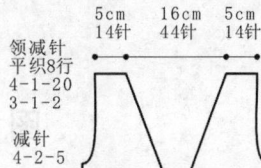

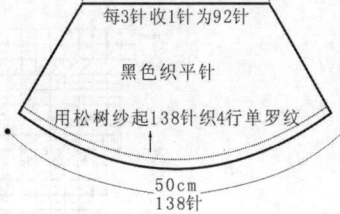

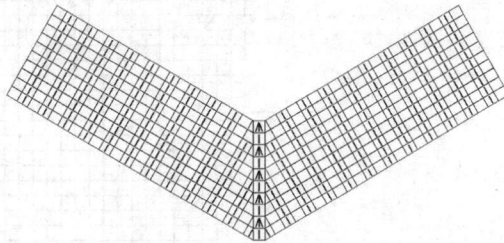

| 5cm | 16cm | 5cm |
|---|---|---|
| 14针 | 44针 | 14针 |

领减针
平织8行
4-1-20
3-1-2

减针
4-2-5

每3针收1针为92针

黑色织平针

用松树纱起138针织4行单罗纹

50cm
138针

| 5cm | 16cm | 5cm |
|---|---|---|
| 14针 | 44针 | 14针 |

16cm
58行

6cm
22行

17cm
60行

**前片**

领减针
平织8行
3-1-6
2-1-16

绣上花儿装饰

每3针收1针为92针

黑色织平针

用松树纱起138针织4行单罗纹

50cm
138针

7cm
20针

**袖**
72针

袖减针
4-2-12
平收2针

袖加针
4-1-2
5-1-12
4行平

黑色织平针

松树纱织
4行单罗纹

10cm
48行

20cm
72行

16cm

V领中心

V领收针简示图

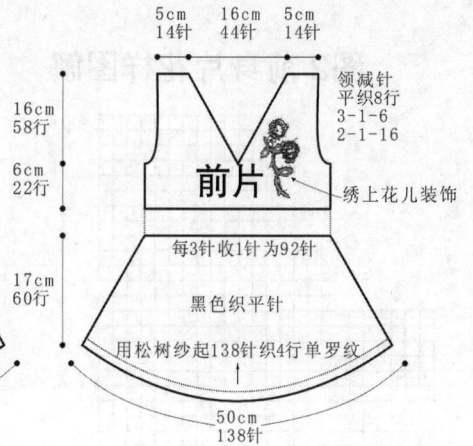

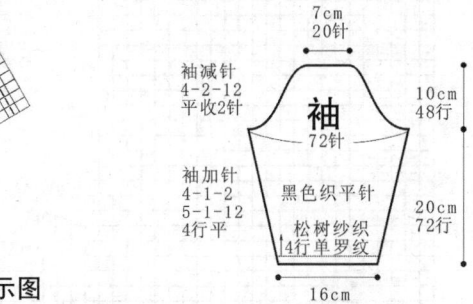

**前片**

101针
织单罗纹

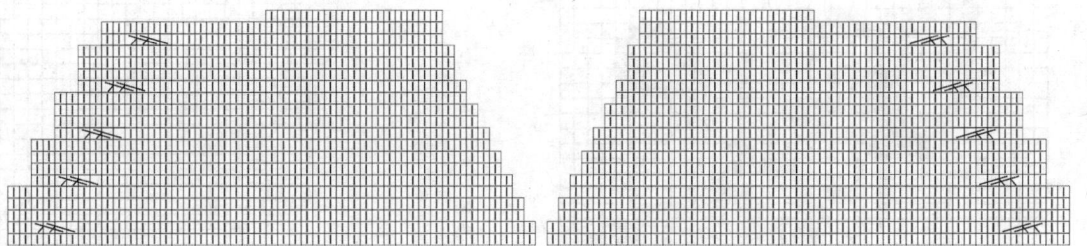

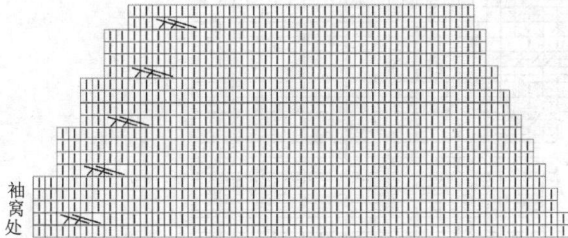

袖窝处

腰部收针示意图

---

# 作品12

**【成品规格】** 衣长48cm，袖长29cm

**【工　　具】** 11号棒针，8号棒针

**【编织密度】** 28针×40行=10cm²

**【材　　料】** 红色宝宝绒线400g，红色大扣子13枚

## 前身片制作说明：

1. 前身片分为两片编织，左身片和右身片各一片，花样相同。
2. 起织与后身片相同，左前身片起26针后，和后身片一样编织完裤脚边，11行开始编织下针（裤边为2行上2行下），并开始裤腿加针，方法顺序为4-1-4、5-1-4、6-1-4，织至31cm，不加减针往上编织至106行，开始按减针顺序2-1-3，两边各减3针。然后不加减针往上编织至114行，开始换色编织花样，编织至51cm，即151行。第152行开始袖窿减针，方法顺序为1-4-1、2-3-1、2-2-1、2-1-2，编织至154行，完成小鹿花样的编织，袖窿减11针后，不加减针往上编织8cm，开始前衣领减针，减针方法顺序为：1-7-1、3-1-1、2-2-1、2-1-3，最后余下11针，衣长至48cm，共192行。
3. 同样的方法再编织右身片（不需配色编织花样），完成后，将两前身片的侧缝与后身片的侧缝对应缝合，再将两肩部对应缝合。最后在一侧前身片钉上扣子。不钉扣子的一侧，要制作相应数目的扣眼，扣眼的编织方法为，在当行收起数针，在下一行重起这些针数，这些针数两侧正常编织衣襟处。
4. 沿着衣领边挑针起织，挑出的针数，要比衣领沿边的针数稍多些，先织3行上针，再织7行下针，收针断线。
5. 按图解3织好口袋片，按图解1用8号棒针织好口袋边，将口袋边与口袋片缝合好后，一起缝在左前身片上。

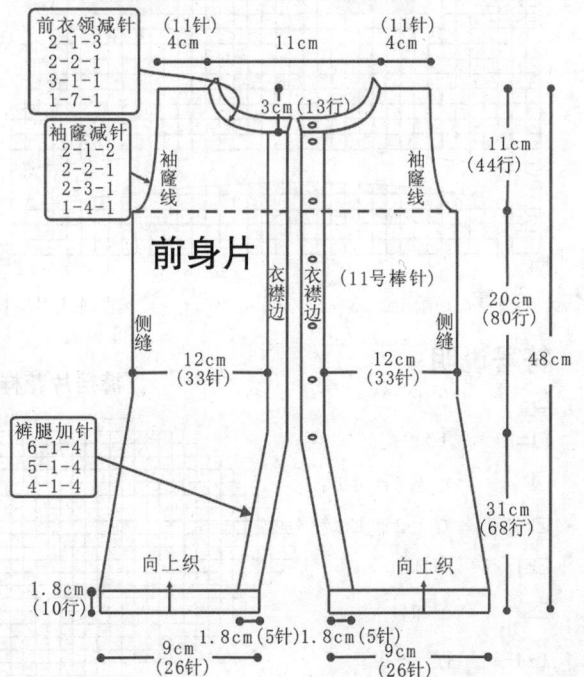

前衣领减针
2-1-3
2-2-1
3-1-1
1-7-1

袖窿减针
2-1-2
2-2-1
2-3-1
1-4-1

| (11针) | | (11针) |
|---|---|---|
| 4cm | 11cm | 4cm |

3cm（13行）

11cm
（44行）

**前身片**

（11号棒针）

侧缝

衣襟边
衣襟边

侧缝

12cm
（33针）

12cm
（33针）

20cm
（80行）

48cm

裤腿加针
6-1-4
5-1-4
4-1-4

31cm
（68行）

1.8cm
（10行）

向上织

向上织

9cm
（26针）

1.8cm（5针）1.8cm（5针）

9cm
（26针）

## 图2 前身片花样图解

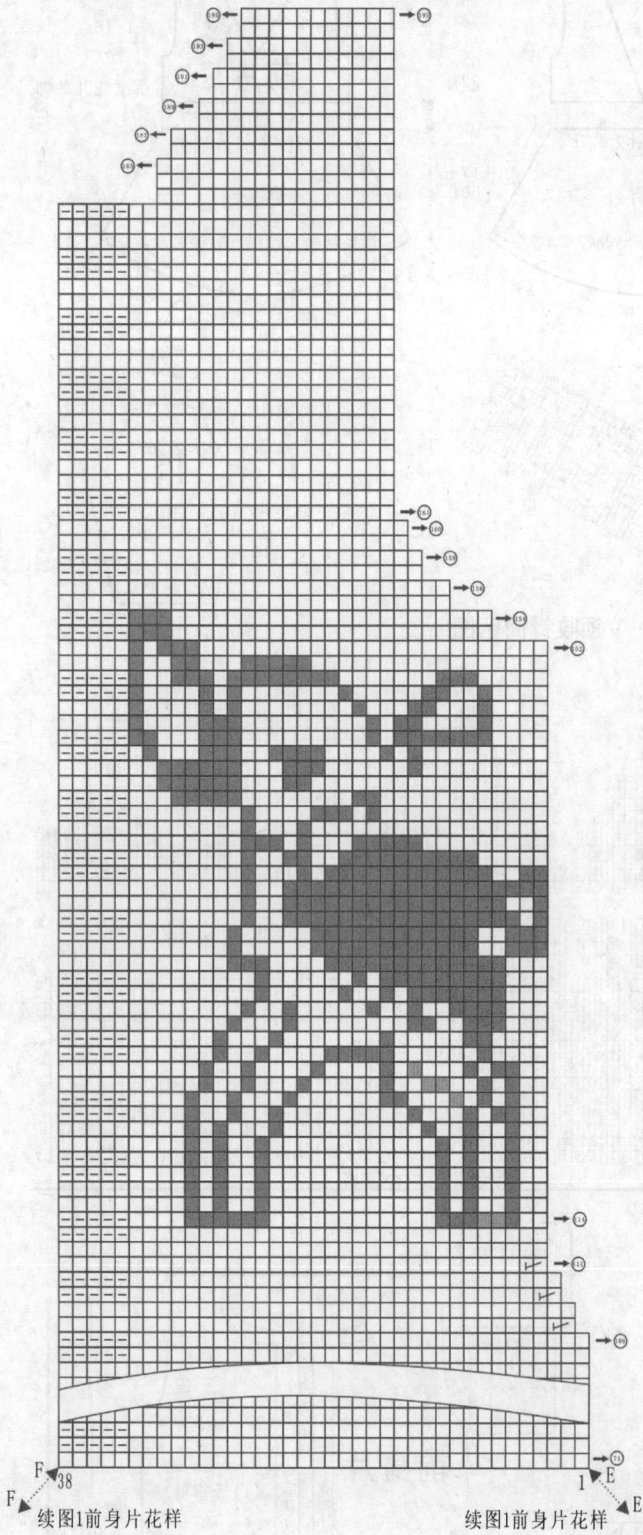

## 图1 后身片花样图解

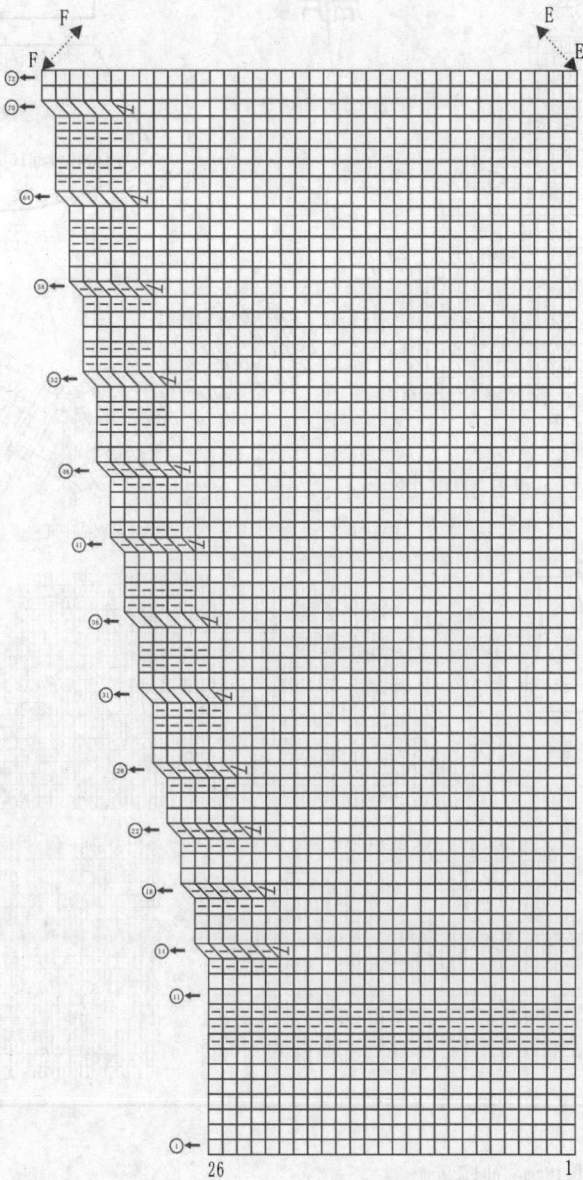

续图1前身片花样

续图1前身片花样

**符号说明：**

| 符号 | 说明 |
|---|---|
| ⊟ | 上针 |
| □=⊡ | 下针 |
| ⊠ | 左上2针并1针 |
| ⊠ | 右上2针并1针 |
| ⊞ | 右加针 |
| ⊞ | 左加针 |
| 1-4-1 | 行-针-次 |

裤裆片花样图解2

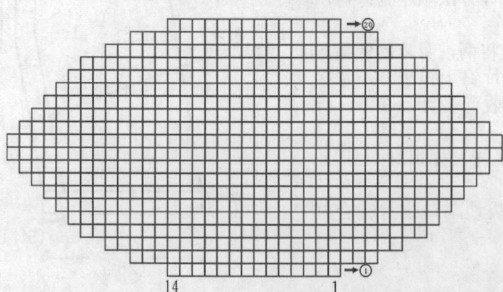

口袋片花样图解3

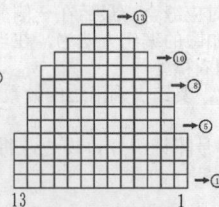

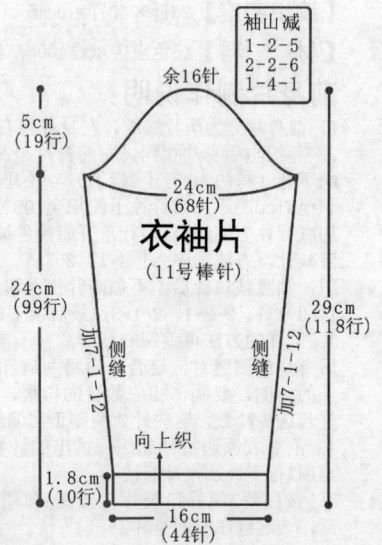

袖山减
1-2-5
2-2-6
1-4-1

余16针

5cm
(19行)

24cm
(68针)

衣袖片
(11号棒针)

24cm
(99行)

加7-1-12

侧缝

侧缝

加7-1-12

29cm
(118行)

向上织

1.8cm
(10行)

16cm
(44针)

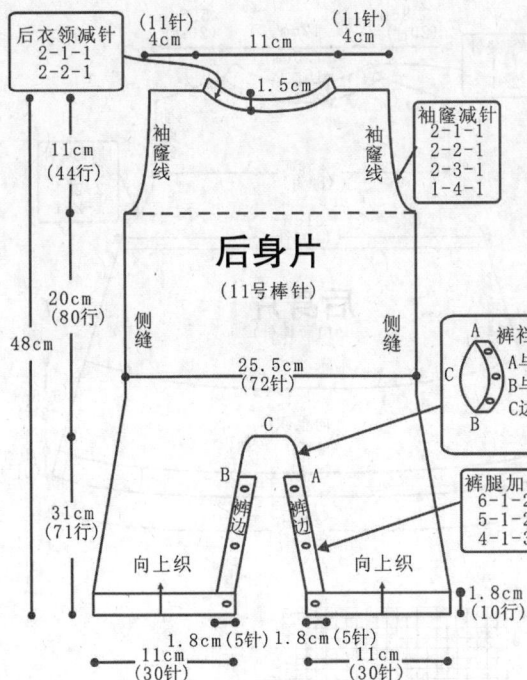
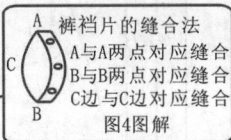

后衣领减针
2-1-1
2-2-1

(11针)
4cm
11cm
(11针)
4cm

1.5cm

袖隆减针
2-1-1
2-2-1
2-3-1
1-4-1

11cm
(44行)

袖隆线
袖隆线

后身片
（11号棒针）

20cm
(80行)

48cm

侧缝
侧缝

25.5cm
(72针)

C

A 裤裆片的缝合法
A与A两点对应缝合
B与B两点对应缝合
C边与C边对应缝合
图4图解

B
A

31cm
(71行)

裤腿加针
6-1-2
5-1-2
4-1-3

向上织
向上织

1.8cm
(10行)

1.8cm(5针) 1.8cm(5针)
11cm
(30针)
11cm
(30针)

口袋边花样图解1

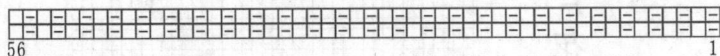

56
1

## 后身片制作说明：

1. 后身片为一片编织，从裤脚起织，往上编织至肩部。
2. 连裤衣先编织后身片，用红色毛线起一只裤脚30针编织下针7行，第8、9、10行编织上针，完成裤脚边的编织。11行开始编织下针（裤边为2行上2行下），并开始裤腿加针，方法顺序为4-1-3、5-1-2、6-1-2，往上编织至51行。第52行开始裤裆的减针，方法顺序为2-2-3，编织至57行。第58行开始裤裆的加针，方法顺序为1-1-1、2-1-3、3-1-1、4-1-1、1-4-1，编织至31cm，即71行。
3. 按上面相同的方法编织另一只裤脚（注意方向相反），织至第一只裤腿同样高度后，在两裤腿之间加8针，将两裤腿连在一起往上编织：编织至106行，开始按减针顺序2-1-3，两边各减3针；从112行开始，不加减针往上编织至117行，开始换色编织花样，编织至51cm，即151行。第152行开始袖隆减针，方法顺序为1-4-1、2-3-1、2-2-1、2-1-1，编织至157行，完成小鹿花样的编织，袖隆减10针后，不加减针往上编织9.5cm的高度后，从织片的中间留16针不织，可以收针，亦可以留下编织衣领连接，可用防解别针锁住，两侧条下的针数，衣领侧减针，方法为2-2-1，最后两侧的针数余下11针，收针断线。
4. 织完后身片后，在裤裆上相应处钉上扣子。
5. 织完裤裆片，依图缝合后身裤裆片，缝合方法为：A与A两点对应缝合，B与B两点对应缝合，C边与C边对应缝合。

## 衣袖片制作说明：

1. 两片衣袖片，分别单独编织。
2. 从袖口起织，起44针编织7行下针，3行上针，再往上两侧同时加针编织，加针方法为7-1-12，加至89行，然后不加减针织至99行。
3. 袖山的编织：从第一行起要减针编织，两侧同时减针，减针方法如图：依次1-4-1、2-2-6、1-2-5，最后余下16针，直接收针后断线。
4. 同样的方法再编织另一衣袖片。
5. 将两袖片的袖山与衣身的袖隆线边对应缝合，再缝合袖片的侧缝。

花样A
（双罗纹针）

2针1行一花样

花样B
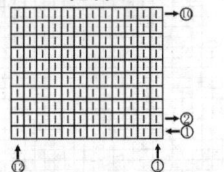

花样C
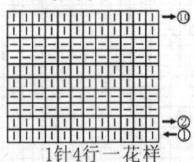
1针4行一花样

## 作品13

【成品规格】衣长50cm，下摆宽26cm，袖长18cm
【工　　具】11号棒针
【编织密度】20针×30行=10cm²
【材　　料】白色棉线400g

## 符号说明：

□　上针
□=□　下针
2-1-3　行-针-次

## 衣领制作说明：

棒针编织，起10针单罗纹针，编织一条长约130cm的织带，缝合于衣服左右衣襟及衣领边沿。缝合绑带。

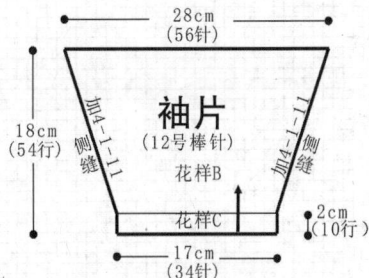

28cm
(56针)
袖片
（12号棒针）
花样B
18cm
(54行)
加4-1-11
侧缝
加4-1-11
侧缝
花样C
2cm
(10行)
17cm
(34针)

## 袖片制作说明：

1. 棒针编织法，编织两片袖片。从袖口起织。
2. 下针起针法，起34针，编织10行花样C，然后第11行起编织花样B全下针，一边织一边两侧加针，方法为4-1-11，共织54行，最后织片余下56针，收针断线。
3. 同样的方法再编织另一袖片。
4. 缝合方法：将袖山对应前片与后片的袖隆线，用线缝合，再将两袖侧缝对应缝合。

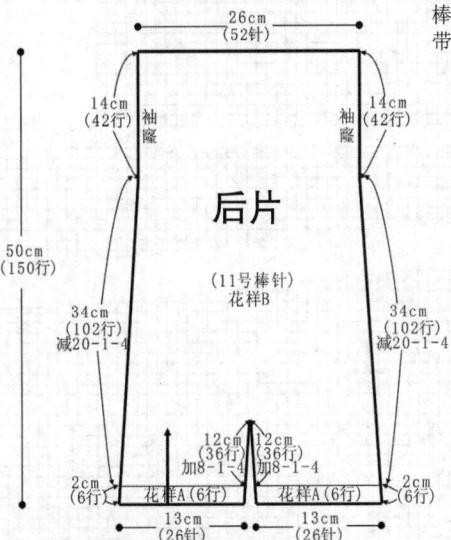

26cm
(52针)

14cm
(42行)
袖隆

14cm
(42行)
袖隆

后片
（11号棒针）
花样B

50cm
(150行)

34cm
(102行)
减20-1-4

34cm
(102行)
减20-1-4

12cm
(36行)
加8-1-4

12cm
(36行)
加8-1-4

2cm
(6行)
花样A(6行)
2cm
(6行)

13cm
(26针)
13cm
(26针)

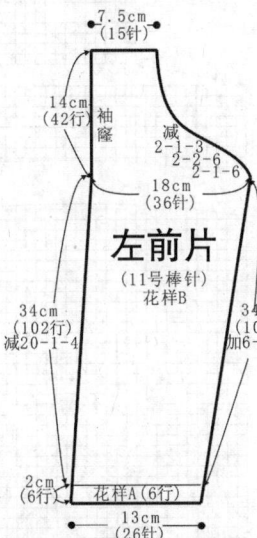

7.5cm
(15针)

14cm
(42行)
袖隆

减
2-1-3
2-2-6
2-1-6

18cm
(36针)

左前片
（11号棒针）
花样B

34cm
(102行)
减20-1-4

34cm
(102行)
加6-1-14

2cm
(6行)
花样A(6行)

13cm
(26针)

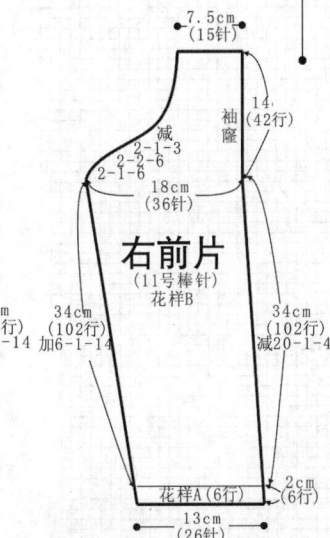

7.5cm
(15针)

14cm
袖隆

减
2-1-3
2-2-6
2-1-6

18cm
(36针)

右前片
（11号棒针）
花样B

34cm
(102行)
加6-1-14

34cm
(102行)
减20-1-4

2cm
(6行)
花样A(6行)
2cm

13cm
(26针)

## 前片、后片制作说明：

1. 棒针编织法，由前后片分别编织缝合完成。
2. 起织，先编织左后裤片，单罗纹起针法，起26针起织，起织花样A单罗纹针，共织6行，从第7行起编织花样B全下针，左侧开始裤侧减针，减针方法为20-1-4，右侧同时裤裆加针，方法为8-1-4，织至42行，留针待用。另起线，以相同的方法相反方向，编织另一裤管片，织至42行，然后与左片拼合起来一起编织，两片继续减针，织至108行，余下52针，然后不加减针往上再织42行，收针断线。
3. 左前片与右前片的编织，两者编织方法相同，但方向相反，以左前片为

例，左前片的右侧为衣襟边，单罗纹起针法，起26针起织，起织花样A单罗纹针，共织6行，从第7行起编织花样B全下针，左侧开始裤侧减针，减针方法为20-1-4，右侧同时裤裆及衣襟加针，方法为6-1-14，织至108行，余下36针，然后左侧不加减针往上织，右侧衣领减针，方法为2-1-6、2-2-6、2-1-3，共减21针，共织42行后，肩部余下15针，收针断线。
4. 相同方法，方向相反编织右前片。
5. 前片与后片的两肩部对应缝合，两侧缝对应缝合。

## 作品14

【成品规格】衣长35cm，下摆宽44cm，袖长22cm

【工　　具】11号棒针

【编织密度】35针×42行=10cm²

【材　　料】粉红色宝宝绒线300g

### 后身片制作说明：

1. 后身片为一片编织，从衣摆起织，往上编织至肩部。

2. 衣服先编织后身片，起154针编织8行下针，第9行织缕空花样，第10行至17行编织下针，第18行将第1行及第17行折叠并为一行，折叠后刚才的18行现在变为第10行，往上按图解编织花样，编织至31行，完成花样的编织。第32行继续往上编织下针，一直编织至83行，第84行将针数缩为105针，往上不加减针编织至22cm，即94行，第95行开始袖窿减针，方法顺序为1-2-1、2-2-1、3-2-4，后身片的袖窿减少针数为12针。减针后，不加减针往上编织11.5cm的高度后，从织片的中间留35针不织，可以收针，亦可以留作编织衣领连接，可用防解别针锁住，两侧余下的针数，衣领侧减针，方法为2-2-1、2-1-1，最后两侧的针数余下20针，收针断线。

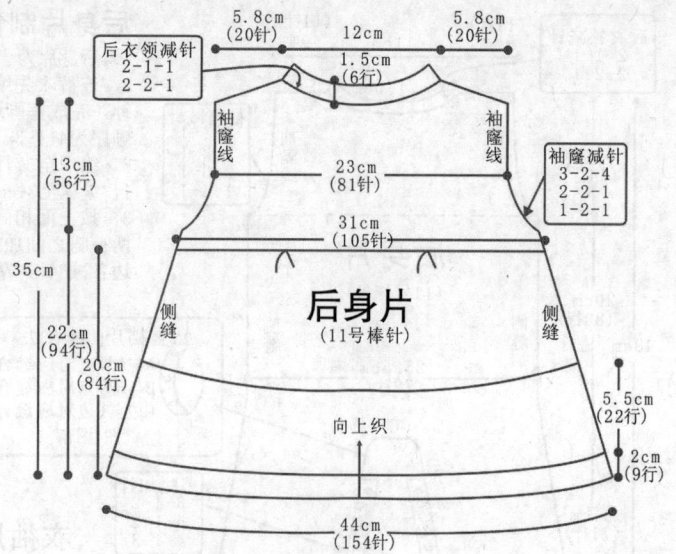

### 图3 衣袖花样图解

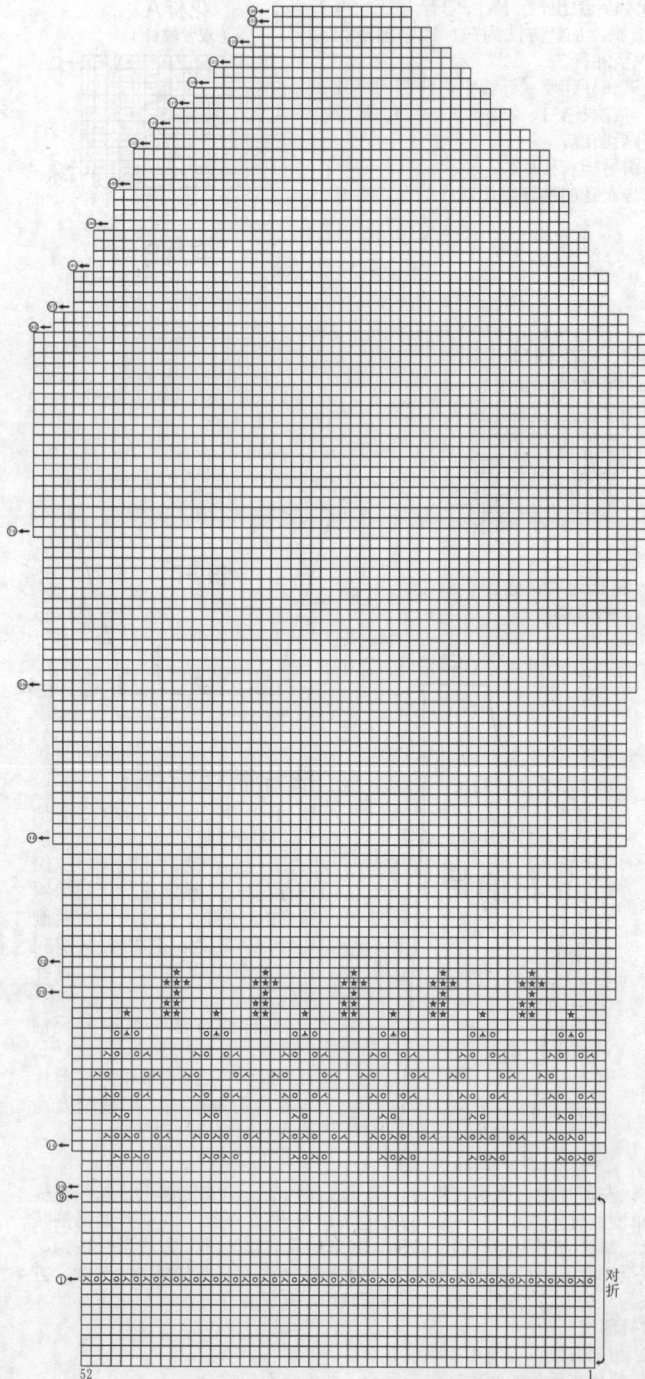

后身片

- 5.8cm（20针）
- 12cm
- 5.8cm（20针）
- 1.5cm（6行）
- 后衣领减针 2-1-1 2-2-1
- 袖窿线
- 袖窿线
- 袖窿减针 3-2-4 2-2-1 1-2-1
- 13cm（56行）
- 23cm（81针）
- 31cm（105针）
- 35cm
- 22cm（94行）
- 20cm（84行）
- 5.5cm（22行）
- 2cm（9行）
- 侧缝
- 侧缝
- **后身片**（11号棒针）
- 向上织
- 44cm（154针）

图1 前身片花样图解

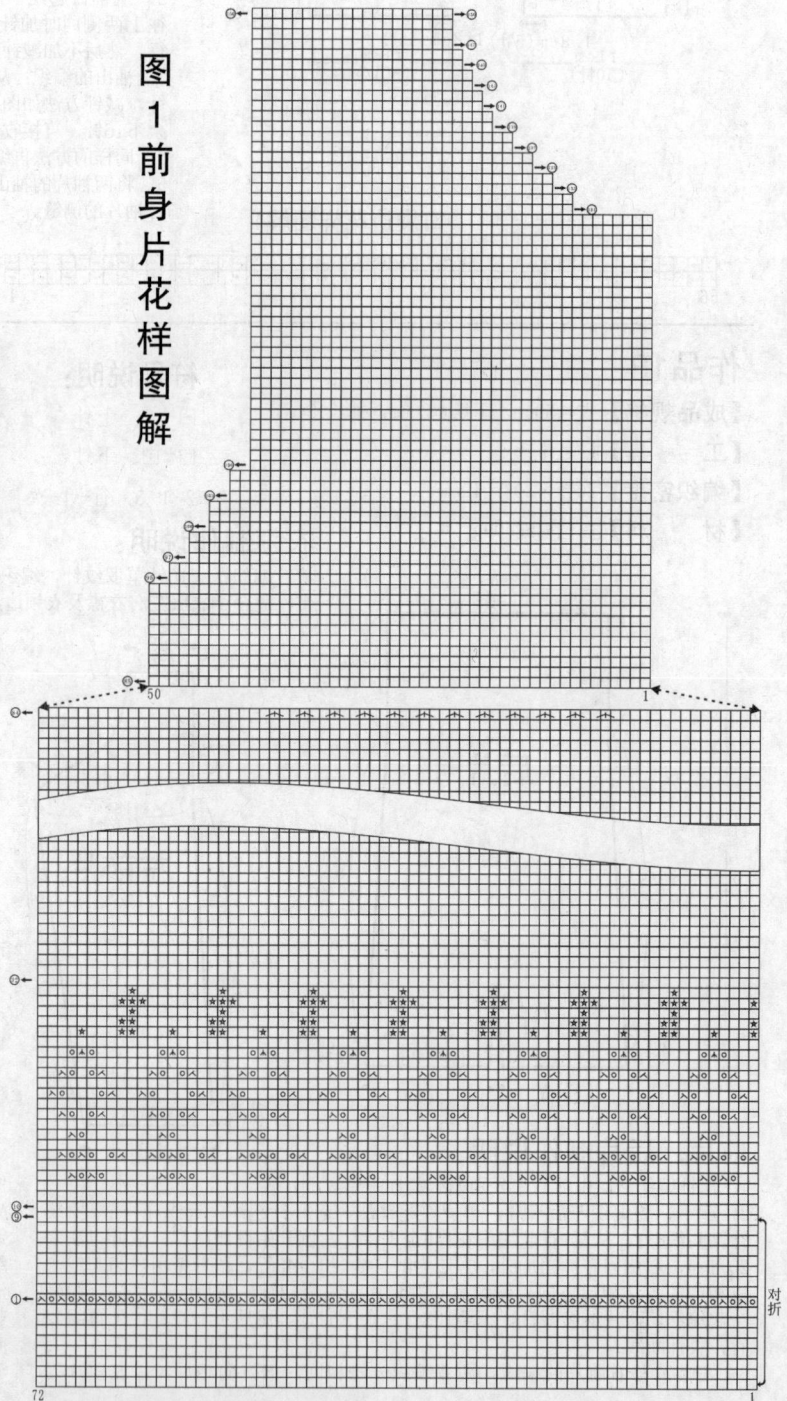

# 图2 后身片花样图解

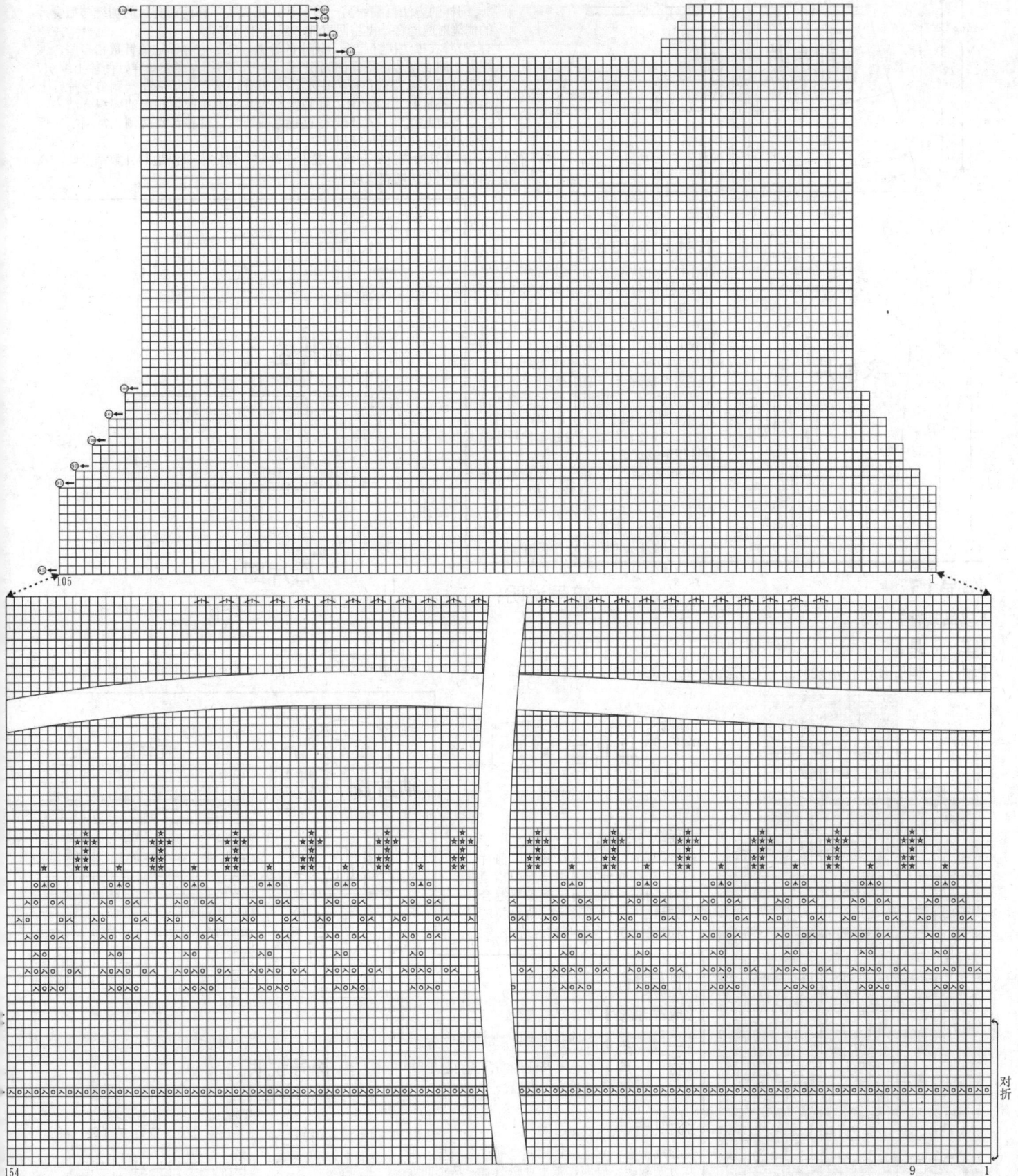

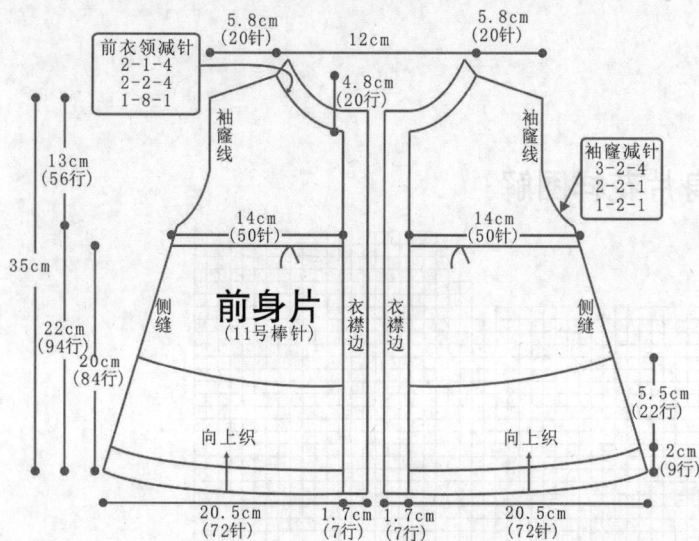

前衣领减针
2-1-4
2-2-4
1-8-1

5.8cm
(20针)

12cm

5.8cm
(20针)

4.8cm
(20行)

袖窿线

袖窿线

袖窿减针
3-2-4
2-2-1
1-2-1

13cm
(56行)

35cm

22cm
(94行)

20cm
(84行)

14cm
(50针)

14cm
(50针)

侧缝

前身片
(11号棒针)

衣襟边

衣襟边

侧缝

5.5cm
(22行)

2cm
(9行)

向上织

向上织

20.5cm
(72针)

1.7cm
(7行)

1.7cm
(7行)

20.5cm
(72针)

## 前身片制作说明：

1. 前身片分为两片编织，左身片和右身片各一片，花样相同。
2. 起织与后身片相同，前身片起72针后，往上编织，第1行至83行的编织方法同后身片，第84行将针数缩为50针，往上不加减针编织至22cm，即94行，第95行开始袖窿减针，方法顺序为1-2-1、2-2-1、3-2-4，前身片的袖窿减少针数为12针。减针后，不加减针往上编织8.2cm的高度后，衣领侧减针，方法为1-8-1、2-2-4、2-1-4，最后两侧的针数余下20针，收针断线。
3. 同样的方法再编织另一前身片，完成后，将两前身片的侧缝与后身片的侧缝对应缝合，再将两肩部对应缝合。
4. 沿着衣襟边挑针起织，挑出的针数，要比衣襟沿边的针数稍多些，编织方法同衣摆边，不同的为织7行下针，第8行为缕空花样，两往上编织7行下针后，以缕空花样为中心往内折叠，缝合。最后在一侧前身片钉上扣子。不钉扣子的一侧，要制作相应数目的扣眼，扣眼的编织方法为，在当行收起数针，在下一行重起这些针数，这些针数两侧正常编织，但需注意折叠两边需对应扣眼。
5. 沿着衣领边挑针起织，挑出的针数，要比衣领沿边的针数稍多些，衣领的编织方法同衣襟边。

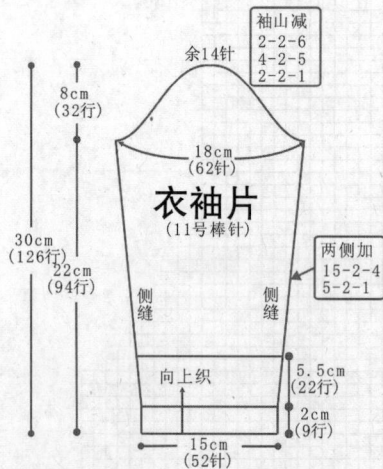

袖山减
2-2-6
4-2-5
2-2-1

余14针

8cm
(32行)

18cm
(62针)

衣袖片
(11号棒针)

两侧加
15-2-4
5-2-1

30cm
(126行)

22cm
(94行)

侧缝

侧缝

向上织

5.5cm
(22行)

2cm
(9行)

15cm
(52针)

## 衣袖片制作说明：

1. 两片衣袖片，分别单独编织。
2. 从袖口起织，起52针编织8行下针，第9行织缕空花样，第10行至17行编织下针，第18行将第1行及第17行折叠并为一行，折叠后刚才的18行现在变为10行，往上按图解编织花样，并注意两侧加针，编织至31行，完成花样的编织，第32行继续往上编织下针，两侧同时加针编织，加针方法为5-2-1、15-2-4，加至62针，然后不加减针织至92行。
3. 袖山的编织：从第一行起要减针编织，两侧同时减针，减针方法如图：依次为2-2-1、4-2-5、2-2-6，最后余下14针，直接收针后断线。
4. 同样的方法再编织另一衣袖片。

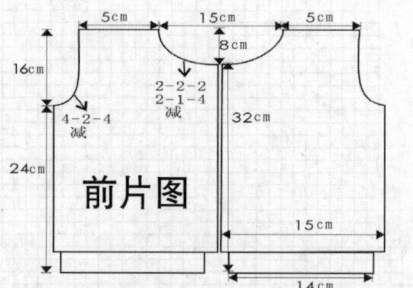

5cm  15cm  5cm

16cm

8cm

2-2-2
2-1-4
减

4-2-4
减

32cm

24cm

前片图

15cm

14cm

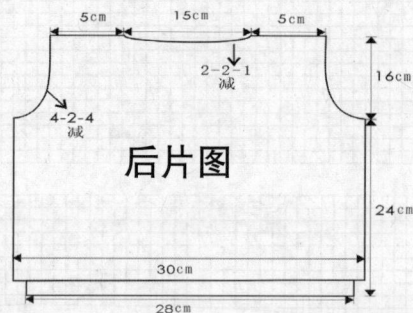

5cm  15cm  5cm

2-2-1
减

16cm

4-2-4
减

后片图

24cm

30cm

28cm

## 作品15

【成品规格】见图

【工　　具】6～7号毛衣针，缝衣针

【材　　料】红色混纺线200g，配色混纺线100g，拉链1根

## 符号说明：

下针

上针

单罗纹针

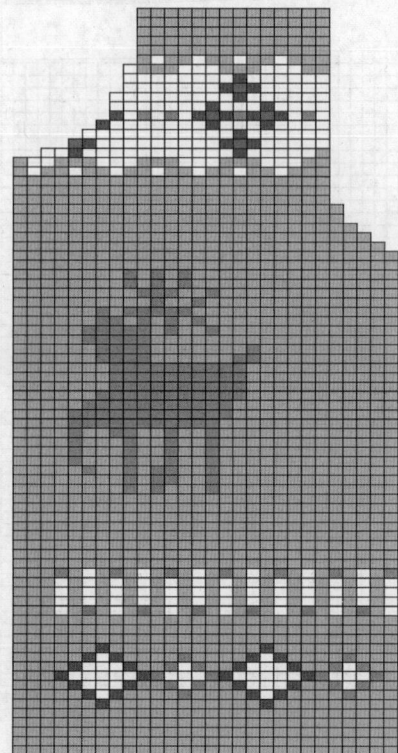

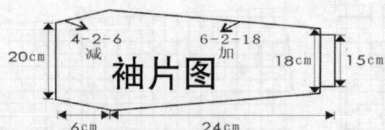

4-2-6
减

6-2-18
加

20cm

18cm

15cm

袖片图

6cm

24cm

## 编织要点：

单股线编织。双罗纹针边。前片、后片、袖片分别编织，前门襟边随前片同织，连接肩部、腋下缝合。另起针挑织双罗纹针领边。拉链拉直放在拉链边反面与前片缝实。

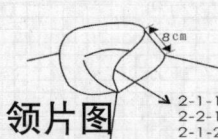

8cm

2-1-1
2-2-1
2-1-2

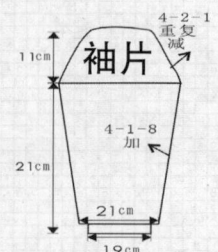

领片图

4-2-1
重复减

11cm

袖片

4-1-8
加

21cm

21cm

19cm

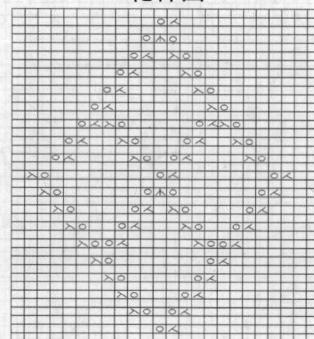

花样图

## 作品16

【成品规格】见图

【工　　具】7～8号毛衣针，缝衣针

【材　　料】红色毛腈线280g，乳白色毛腈线20g，绣花线，纽扣4枚

## 编织要点：

单股线编织。双罗纹针边起。前片、后片、袖片分别编织。肩部、腋下连接缝合，从正面连挑双罗纹针门襟边、领。在花样中绣好装饰图案，钉好纽扣。

## 符号说明：

下针：

上针：

加针：○

左上2针并1针：

双罗纹针

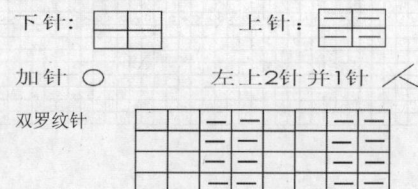

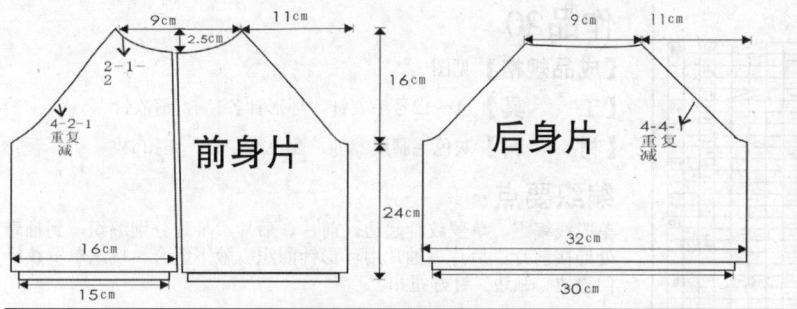

# 作品17

**【成品规格】** 衣长40cm，袖长32cm

**【工　　具】** 8～9号棒针1副，缝衣针，剪刀

**【材　　料】** 棒针羊毛线160g，配色毛线少许，装饰布料

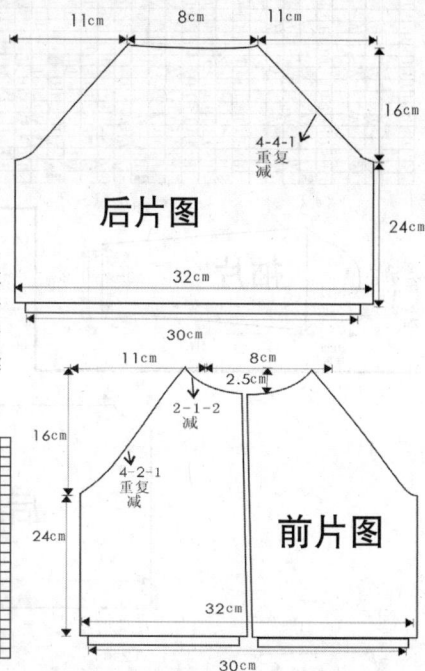

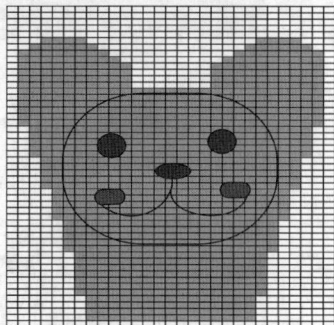

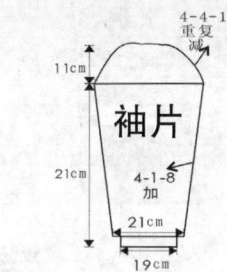

**花样图**

**编织要点：**

单股线编织。单罗纹针起边。前片、后片、袖片分别编织完成，缝合。另起单罗纹针边织前门襟边，不要断线，先与前衣片缝合，缝到领部时此线连挑单罗纹针领边，编织完成后缝合领边。口袋单独完成后贴前片缝实。裁出装饰图案缝实。

**符号说明：**

下针　　上针　　单罗纹针

下针左上4针交叉

花样图

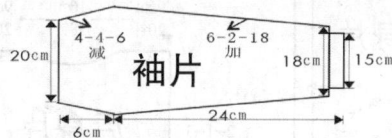

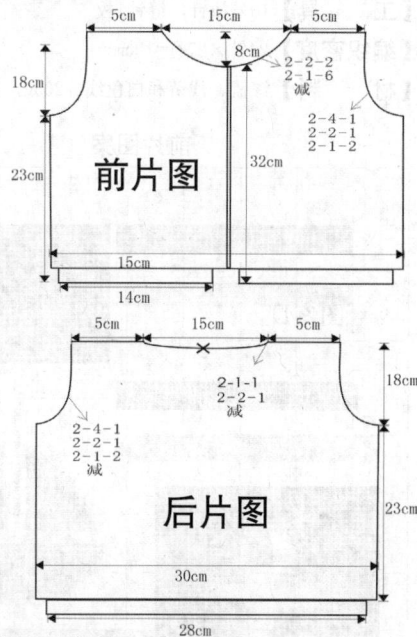

**后片图**

**前片图**

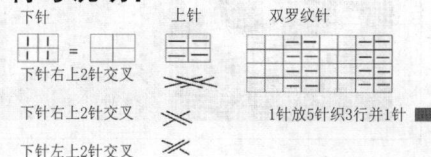

---

# 作品18

**【成品规格】** 衣长40cm，袖长30cm

**【工　　具】** 14号毛衣针，缝衣针

**【材　　料】** 紫色纯毛线260g，黄色纯毛线50g，红色、黑色纯毛线少许

**编织要点：**

单股线编织。上针起边，对折合并后织花样。前片、后片、袖片分别编织。缝合后从正面挑织单罗纹针、下针领边。整体完成后缝上小猴的眼、鼻、嘴。

**袖片**

**符号说明：**

下针：　　上针：　　单罗纹针：

下针＝上针

花样图

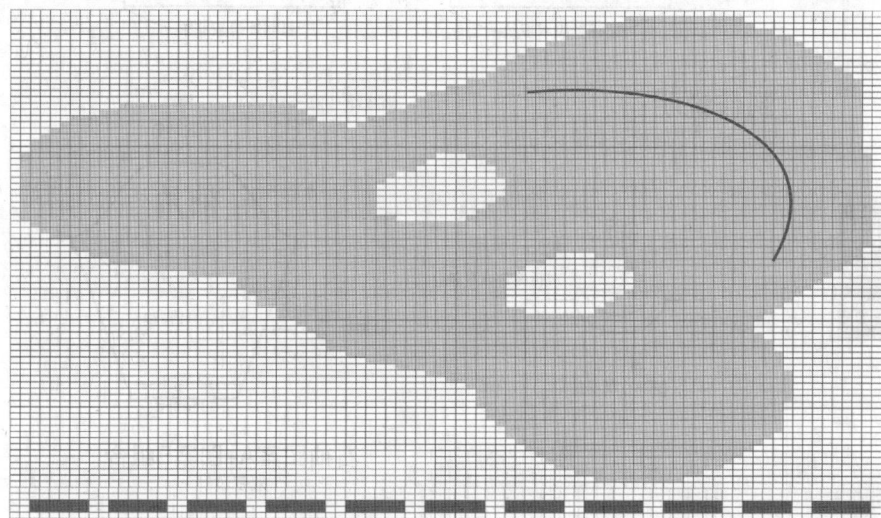

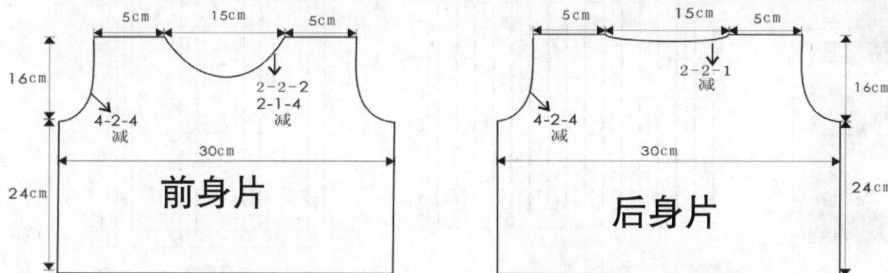

前身片　　　　后身片

---

# 作品19

**【成品规格】** 见图

**【工　　具】** 10～11号毛衣针1副，缝衣针

**【材　　料】** 蓝色纯羊毛线300g，纽扣5枚

**编织要点：**

单股线编织。前片、后片、袖片分别编织完成，连接肩部、腋下缝合。挑织单罗纹针门襟边、领边。钉好纽扣。

**符号说明：**

下针　　上针　　双罗纹针

下针＝上针

下针右上2针交叉

下针右上2针交叉

下针左上2针交叉

1针放5针织3行并织1针

97

花样图

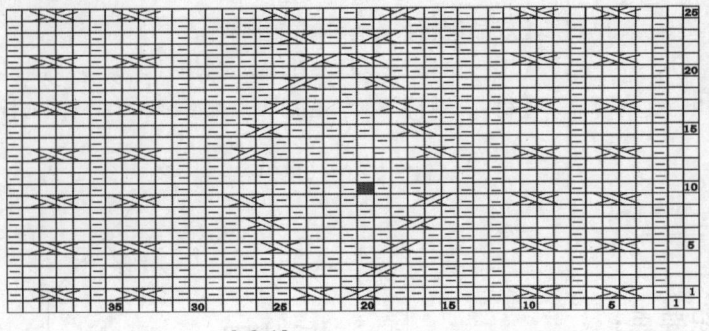

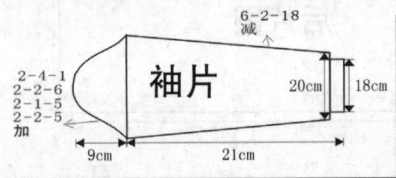

6-2-18
减

2-4-1
2-2-6
2-1-5
2-2-5
加

袖片

20cm  18cm

9cm  21cm

符号说明：

下针 ⊞  单罗纹针： ▦

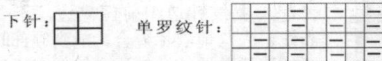

28cm

4-2-2
减

后身片

3cm

18cm

32cm

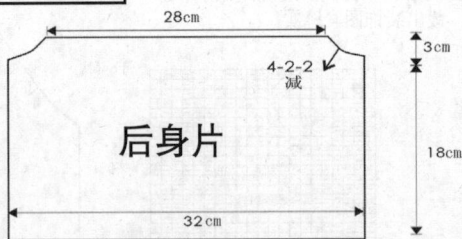

3cm
4-2-2
减
4-1-8
加

袖片

20cm

18cm

12cm

4-2-2
减

前片图

前身片

16cm

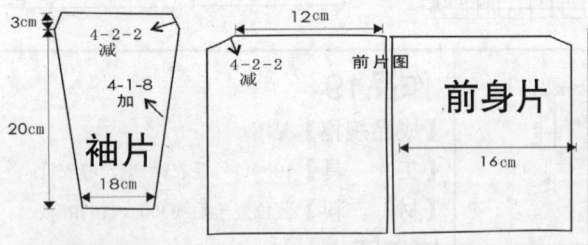

## 作品20

【成品规格】见图

【工　具】11～12号毛衣针，环形针各1副，缝衣针

【材　料】灰色毛腈线230g，配色线少许，纽扣5枚

### 编织要点：

单股线编织。单罗纹针起边。前片、后片、袖片分别编织，到袖窿处连接前片、后片、袖片用环形针圈织。腋下缝合。挑织单罗纹针门襟边、领边。钉好纽扣。

花样图

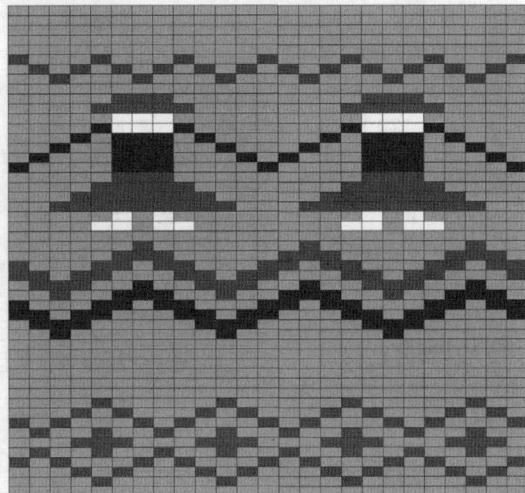

## 作品21

【成品规格】衣长42cm，下摆宽36cm，袖长40cm

【工　具】10号棒针，缝针1枚

【编织密度】24针×27行=10cm²

【材　料】深蓝、浅蓝和白色线各200g，其他色少许

前片图案

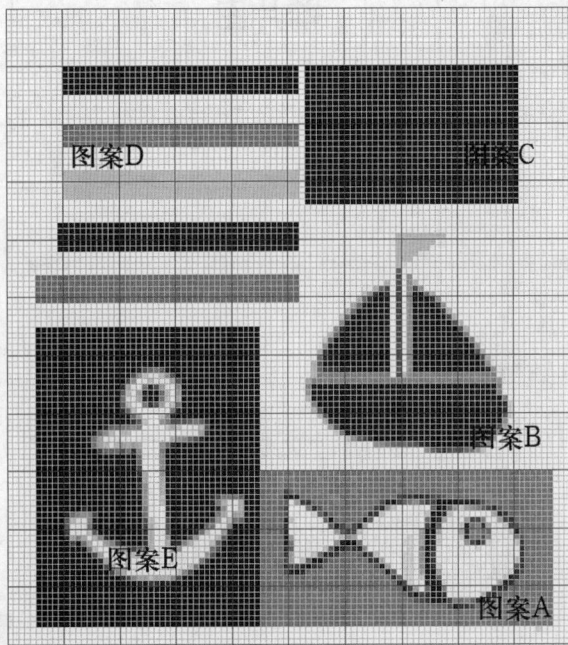

图案D
图案C
图案B
图案E
图案A

9cm  16cm  9cm
20针  38针  20针

减针
2-1-3
2-2-1

后身片

18cm
48行

10号针织

19cm
50行

36cm 88针

5cm
14行

双罗纹  10号针织

起88针织双罗纹

9cm  16cm  9cm
20针  38针  20针

领深5cm  领减针

2-1-2
2-2-4
2-3-1
平收12针

前身片
图案编织

18cm
48行

10号针织

19cm
50行

36cm 88针

10号针织  双罗纹

起88针织双罗纹

### 制作说明：

两只袖子不同的图案组合编织。

领

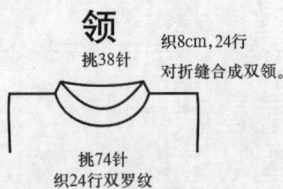

织8cm，24行
对折缝合成双领。

挑38针

挑74针
织24行双罗纹

15cm
36针

袖减针
2-3-1
2-2-5
1-1-2
2-2-7
平收2针

平收36针

袖片

18cm
48行

34cm 82针

10号针织

17cm
46行

袖加针
3行平
3-1-9
4-1-4

5cm
14行

双罗纹

起56针织双罗纹

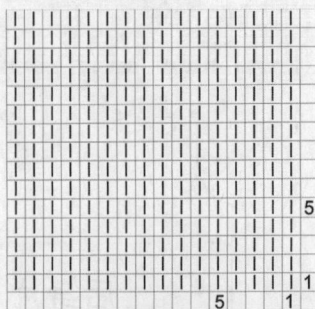

平针

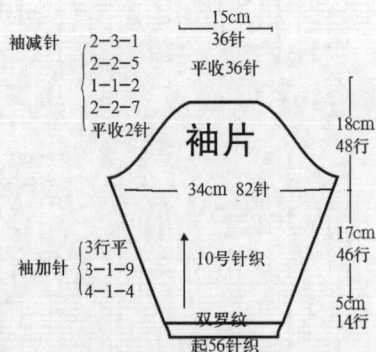

右袖图案A+图案B组合
（双罗纹针）

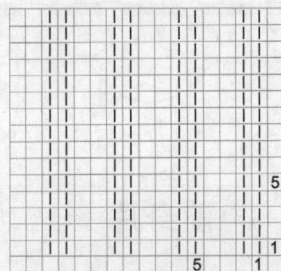

□=— 　双罗纹

## 作品22

**【成品规格】** 见图

**【工　　具】** 7～8号毛衣针，缝衣针

**【材　　料】** 粉色混纺线200g，蓝色混纺线60g，配色混纺线少许，拉链1条

### 编织要点：

单股线编织。单罗纹针起边。前片、后片、袖片分别编织，连接肩部、腋下缝合。另起针挑织单罗纹针门襟边、领边、口袋边。拉链拉直放在拉链边反面与前片缝实。

### 领片图

袖片

4-2-6减　6-2-18加　18cm　15cm

24cm　6cm

10cm　20cm　2-1- 2-2- 2-2- 2-1- 减

【花样图】

前身片

16cm　24cm　5cm　15cm　5cm　8cm　2-2-2　2-1-4减　4-2-4减　32cm　15cm　14cm

后身片

5cm　15cm　5cm　2-2-1减　4-2-4减　16cm　24cm　30cm　28cm

## 作品23

**【成品规格】** 衣长38cm，袖长22cm；裤长52cm，腰围66cm

**【工　　具】** 8号棒针，缝针

**【编织密度】** 平针：26针×30行=10cm²；花样B：26针×37行=10cm²

**【材　　料】** 毛线500g，纽扣5枚

### 圆肩编织说明：

1. 圆肩是从领圈处起针，向外圆方向扩张编织，成圆环形状，开前门襟。
2. 起144针，左右门襟各7针，编织1行上针，1行下针，其余按圆肩花样（每花16针）对称分布，详细见圆肩编织花样图解。从第2行到39行按图解花样加针至304针。第40行开始编织花样A至59行，第60行开始编织1行上针，1行下针两次，第63行后圆肩完成，不收针，全部留在针上待分片编织。

### 袖片编织说明：

1. 袖片为两片编织，各用圆肩分出的49针编织，先在袖片两边各加5针共59针，编织花样B。
2. 袖片用深浅两色线交替编织，方法是深色4行，浅色12行，深色16行，浅色12行，深色16行，浅色12行，再换深色织袖口边12行，袖片两边减针，方法为8-1-5，编织84行后收针断线。
3. 对称编织另一袖片。
4. 对准袖底缝缝合衣袖，缝合时袖片两边加针与身片腋下的加针对准。

### 领边编织说明：

1. 领边为一片编织，详细见领边花样。
2. 将领边对准圆肩的起针处均匀缝合即可。

### 后身片编织说明：

1. 沿圆肩的外圆对称分出前后身片及袖片针数，后身片为86针。
2. 后身片为一片编织，用圆肩分出的86针编织，在身片两边各加5针，共96针，编织花样B，身片用深浅两色线交替编织，方法是深色8行，浅色12行，深色16行，浅色12行，深色16行，浅色12行，再换深色织下摆边12行，共88行，收针断线。

### 前身片编织说明：

1. 前身片为两片编织，各用圆肩分出的50针编织，先在身片的腋下处加5针，共55针，编织花样B。
2. 前身片用深浅两色线交替编织，两色线变换行数同后身片一致。左门襟连续圆肩间隔32行开扣眼3个，编织88行后，收针断线。
3. 对称编织另一前身片。
4. 前后身片完成后对准衣侧缝缝合。

### 符号说明：

| □ | 下针 |
|---|---|
| ⊟ | 上针 |
| ◎ | 镂空针 |
| ☑ | 左上2针并1针 |
| ☒ | 右上2针并1针 |
| ▲ | 中上3针并1针 |
| ⧓ | 左上1针交叉 |
| ⧓ | 右上1针交叉 |
| ▽ | 浮针 |

行-针-次

**下针：** ⊞　**上针：** ⊟

### 后身片

36cm（96针）

花样C　3cm（12行）

后身片（8号棒针）　侧缝　侧缝

花样B　20cm（76行）

编织方向

### 圆肩

圆肩（8号棒针）圆肩花样图解

编织方向　编织方向

起144针

21cm（63行）门襟　4行　扣眼间距32行

### 右袖片

12行 16行 12行 16行 12行 4行　加5针　袖底缝

右袖片（8号棒针）花样B

20cm（49针）　23cm（59针）

花样C

编织方向　袖底缝

8-1-5　3cm（12行）　19cm（72行）　加5针

### 左袖片

加5针　袖底缝

左袖片（8号棒针）花样B

23cm（59针）　20cm（49针）

花样C

编织方向

8-1-5　19cm（72行）　3cm（12行）

### 右前身片 / 左前身片

8行　12行　16行　12行　16行　12行

编织方向　编织方向　侧缝　门襟　门襟　侧缝

20cm（76行）

右前身片（8号棒针）花样B　花样c

左前身片（8号棒针）花样B　花样c

21cm（55针）　21cm（55针）　3cm（12行）

□ 浅色线
□ 深色线

99

花样A
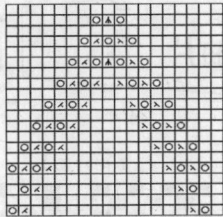

花样B
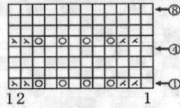
12　　　　　1

花样C
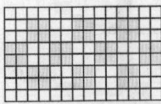
10　　　1

花样D
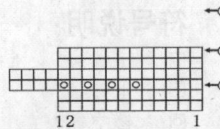

浅色线
深色线

领边花样
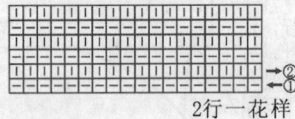
12　　　　　1

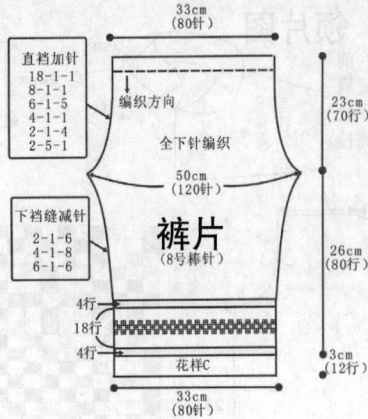

33cm
(80针)
直档加针
18-1-1
8-1-1
6-1-5
4-1-1
2-1-4
2-5-1

编织方向

全下针编织

23cm
(70行)

下档缝减针
2-1-6
4-1-8
6-1-6

**裤片**
(8号棒针)

50cm
(120针)

26cm
(80行)

4行
18行
4行

花样C

3cm
(12行)

33cm
(80针)

圆肩编织花样图解

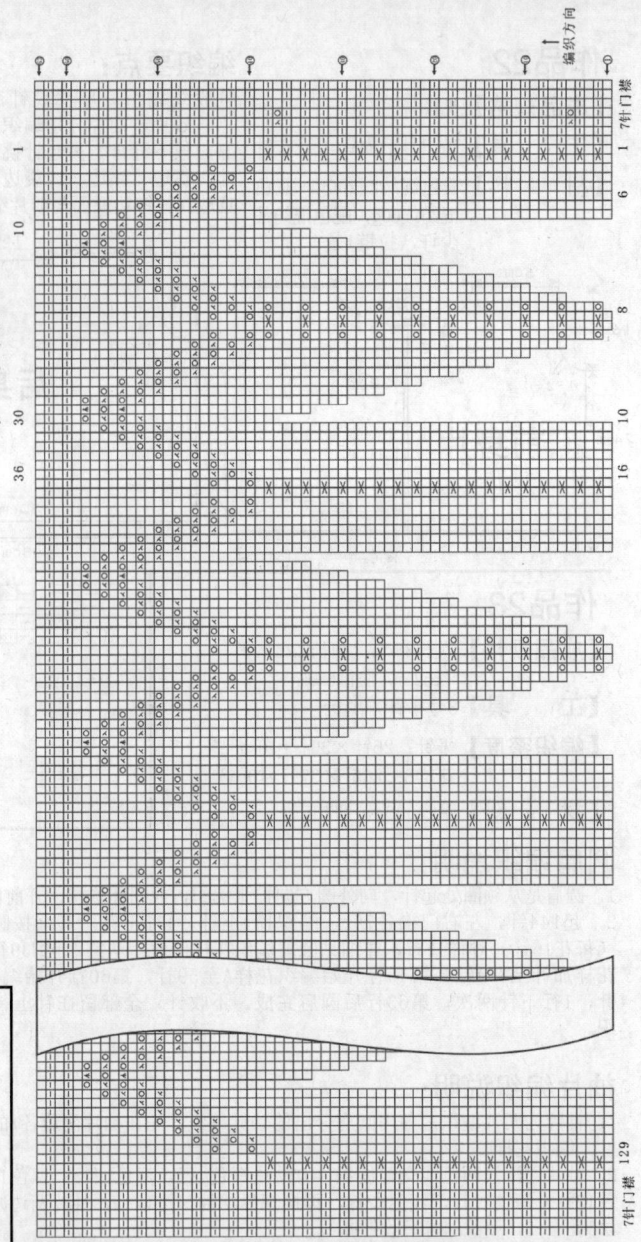

**裤片编织说明：**

1. 裤片为两片编织。
2. 起针80针，全下针编织，先编织下针10行作为裤腰内翻边，从第11行开始按结构图编织，裤片两边进行直档加针，方法为18-1-1、8-1-1、6-1-5、4-1-1、2-1-4、2-5-1。
3. 第71行开始编织裤腿并进行下档缝减针，方法为2-1-6、4-1-8、6-1-6。
4. 裤腿处用深浅两色线变换编织，方法是：第125行换浅色线编织4行，深色线编织6行，深浅交错编织花样D编织6行，深色线编织6行，浅色线编织4行，第151行换深色线开始编织裤腿边，按花样C编织12行，收针断线。
2. 对称编织另一裤片。
3. 裤片完成后，对准直档及下档缝缝合裤子，然后缝合裤腰内翻边。

## 作品24

【成品规格】连衣裙长51cm
【工　　　具】12号棒针
【编织密度】28针×37行=10cm²
【材　　料】宝宝绒线共350g，其中枚红色200g，白色150g

花样C
（搓板针）

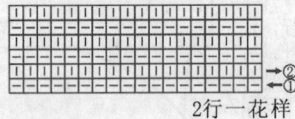
2行一花样

**前身片制作说明：**

1. 前身片也为一片编织，从裙摆起织，往上编织至肩部。
2. 衣领下的编织方法与后身片同，从袖窿往上编织12行后，从织片的中间留10针不织，可以收针，亦可以留着编织衣领连接，可用防解别针锁住，两侧余下的针数，衣领侧减针，方法为2-2-1、2-1-3、4-1-5，最后两侧的针数余下15针，收针断线。
3. 完成后，将两身片的侧缝对应缝合，再将两肩部对应缝合。
4. 沿着衣领边挑针起织，挑出的针数，要比衣领沿边的针数稍多些，按花样C编织1行上1行下，共编织10行后，以中间一行为中心往内折叠，缝合。
5. 沿着袖窿边挑针起织，挑出的针数，要比袖窿沿边的针数稍多些，按花样C编织1行上1行下，共编织8行后，以中间一行为中心往内折叠，缝合。
6. 用白色毛线在衣领及袖边的中间缝一圈。

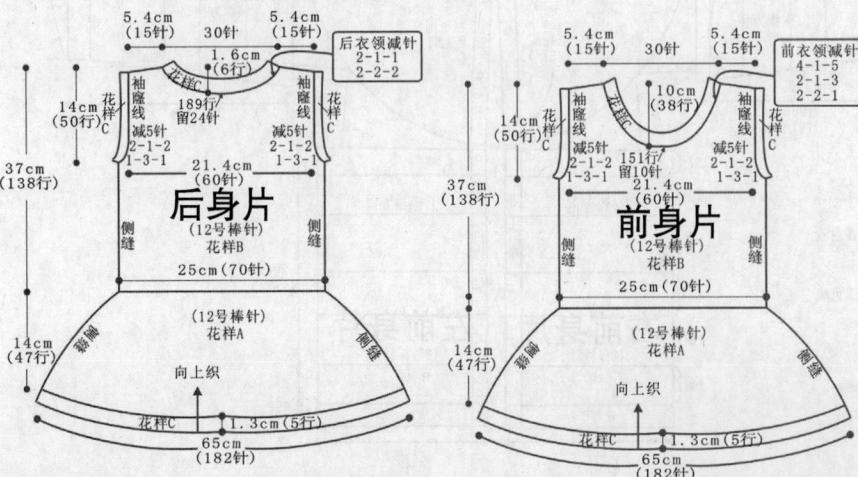

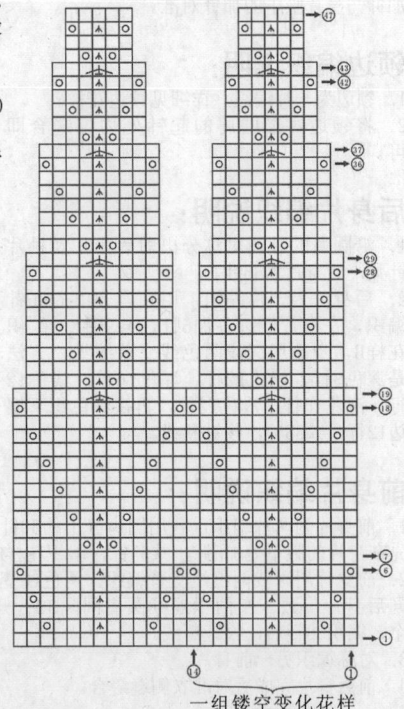

花样A
（裙摆花样图解）

一组镂空变化花样

100

## 后身片制作说明：

1. 后身片为一片编织，从裙摆起织，往上编织至肩部。

2. 衣服先编织后身片，用白色毛线起182针编织，按1行上针1行下针（见花样C）编织9行后，第10行以中间一行为中心对折，将起针行与第9行合并编织。编织好裙摆后按花样A往上编织，13针为一组花样，共编织14组花样。一直往上按花样A编织47行，现已将一组花样13针缩为仅5针，也就是一共将针数缩为70针。然后第53行换红色毛线编织，先编织18行下针，第70行先编织11针下针，从第12针起，根据花样B的镂空排列去编织，共编织4组镂空花样，最后余下的11针编织下针，往上织4行织完第一层镂空花样，至此分配好图案的针数，往上编织18行下针，第23行起，镂空花样要与第一层的镂空花样交错。见花样B排列，织成后，此后就按照这两层镂空花样重复编织。整件前片共4层镂空花样。红色毛线编织到第88行时开始袖窿减针，减针方法顺序为1-3-1，袖窿减少针数为5针。减针后，不加减往上编织下针，编织44行后，从织片的中间留24针不织，可以收针，亦可以留作编织衣领连接，可用防解别针锁住，两侧余下的针数，衣领侧减针，方法为2-2-2、2-1-1，最后两侧的针数余下15针，收针断线。

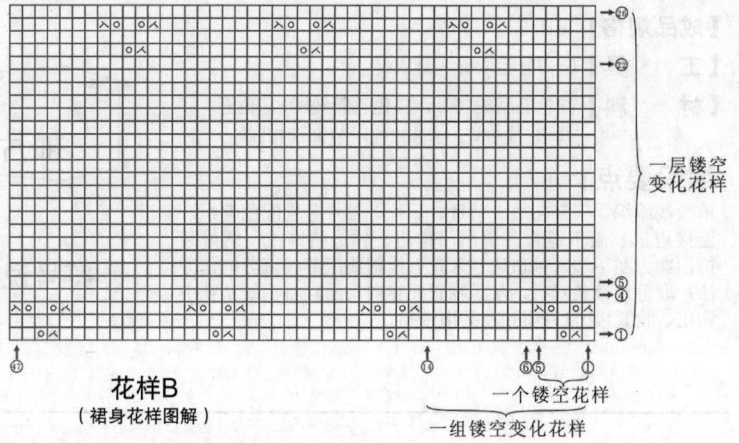

花样B
（裙身花样图解）

一层镂空变化花样

一个镂空花样
一组镂空变化花样

## 符号说明：

下针　　　上针　　　短针　辫子针

$\boxed{}$ = $\boxed{}$

花样图

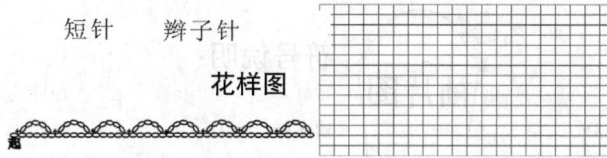

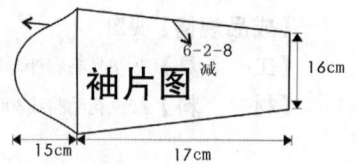

2-2-6
2-1-5
加

6-2-8
减

袖片图

16cm

15cm　　17cm

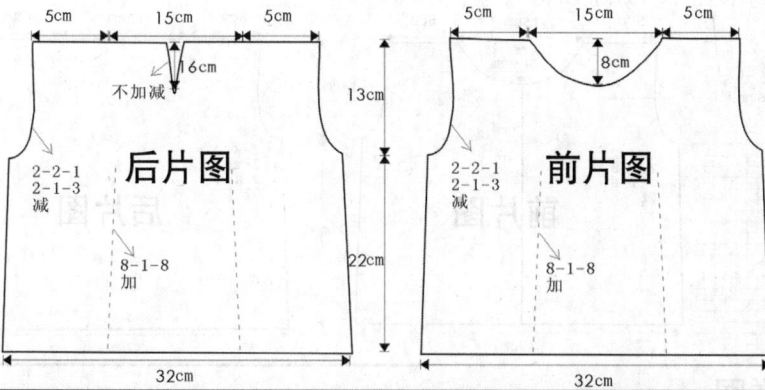

5cm　15cm　5cm

6cm

不加减

13cm

2-2-1
2-1-3
减

后片图

8-1-8
加

22cm

32cm

5cm　15cm　5cm

8cm

2-2-1
2-1-3
减

前片图

8-1-8
加

32cm

## 作品25

【成品规格】见图

【工　　具】7～8号毛衣针1副，钩针

【材　　料】红色细马海毛线20g，红色毛腈线100g，纽扣1枚

### 编织要点：

双股线合织。上针起边。前片、后片、袖片单独完成，腋下、肩部缝合。另起针钩织领边、下边、袖口边。单独钩织完成装饰花，贴领边缝好。

## 作品26、28

【成品规格】衣长36cm，下摆宽34cm，袖长30cm

【工　　具】14号毛衣针，缝衣针

【材　　料】绿色棉线300g，红、白、粉色棉线各30g，纽扣3枚

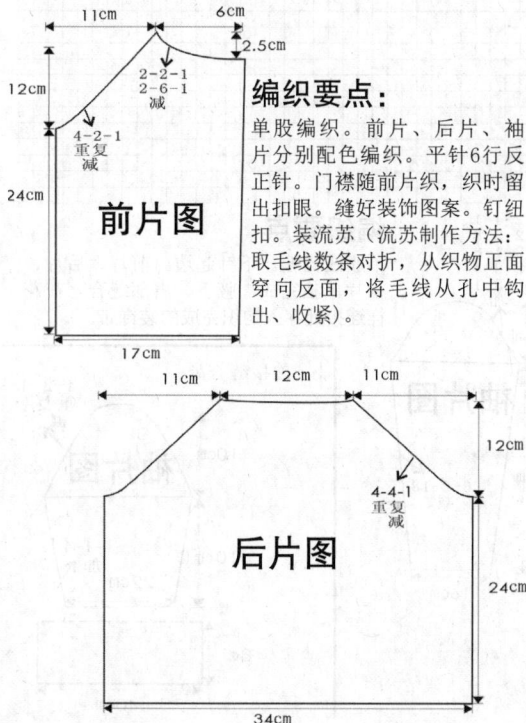

11cm　6cm
2.5cm

12cm

2-2-1
2-6-1
减

4-2-1
重复减

24cm

前片图

17cm

11cm　12cm　11cm

12cm

4-4-1
重复减

后片图

24cm

34cm

### 编织要点：

单股编织。前片、后片、袖片分别配色编织。平针6行反正针。门襟随前片织，织时留出扣眼。缝好装饰图案。钉纽扣。装流苏（流苏制作方法：取毛线数条对折，从织物正面穿向反面，将毛线从孔中钩出、收紧）。

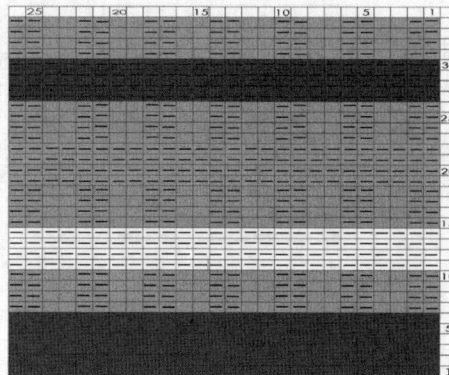

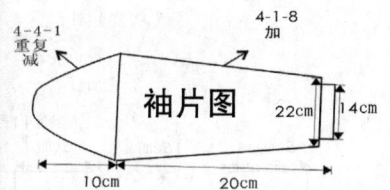

4-1-8
加

4-4-1
重复减

袖片图

22cm　14cm

10cm　20cm

### 符号说明：

下针　　　上针

$\boxed{}$ = $\boxed{}$

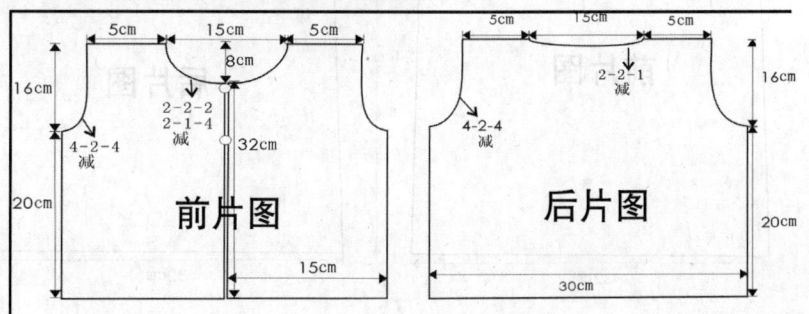

5cm　15cm　5cm

16cm

8cm

2-2-1
2-1-4
减

32cm

4-2-4
减

前片图

20cm

15cm

5cm　15cm　5cm

16cm

2-2-1
减

4-2-4
减

后片图

20cm

30cm

## 作品27

【成品规格】见图

【工　　具】6～7号毛衣针，缝衣针

【材　　料】红色毛腈线100g，白色毛腈线80g，花五线谱 线少许，纽扣2枚，装饰带扣2枚

**编织要点：**

单股线编织。下针起边。前片、后片、袖片分别配色编织，连接肩部、腋下缝合。缝出门襟边、领边装饰边，绣好装饰图案。在下边、袖口边穿入花五线谱线流苏（流苏制作方法：取毛线数条对折，从织物正面穿向反面，将毛线从孔中钩出、收紧）。钉好纽扣及装饰带扣。

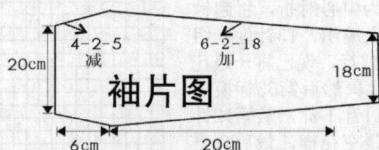

袖片图

4-2-5 减　6-2-18 加

20cm　18cm

6cm　20cm

花样图

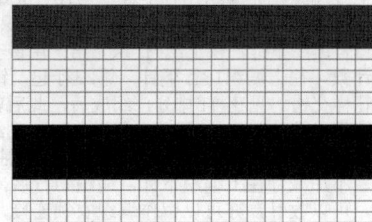

**符号说明：**

下针　　　上针

---

## 作品29

【成品规格】见图

【工　　具】7～8号毛衣针，钩针

【材　　料】红色花毛腈线300g，纽扣3枚

花样图

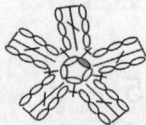

袖片图

2-4-1 / 2-2-8 / 2-1-8 / 2-8-1 加

15cm

17cm

6-2-18 减

16cm

**符号说明：**

短针：十　　长针：下　　加针：○

辫子针：　　下针：　　上针：

左上2针并1针：

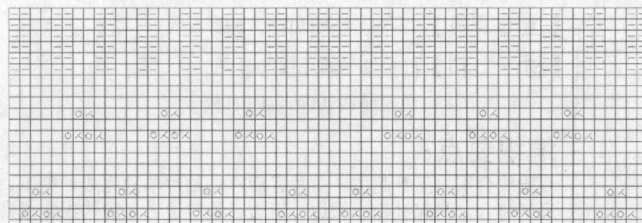

**编织要点：**

单股线钩编。下针起边。前片、后片、袖片单独完成，腋下、肩部缝合。前门襟边随前片同织。在花样交接处穿入钩织完成的装饰带。

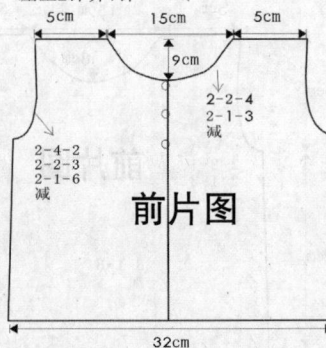

5cm　15cm　5cm

9cm

2-2-4 / 2-1-3 减

2-4-2 / 2-2-3 / 2-1-6 减

前片图

32cm

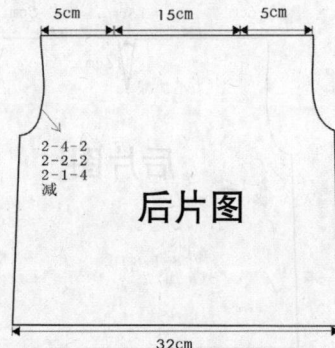

5cm　15cm　5cm

16cm

2-4-2 / 2-2-2 / 2-1-4 减

20cm

后片图

32cm

---

## 作品30

【成品规格】见图

【工　　具】11～12号毛衣针，钩针

【编织密度】25针×30行=10cm²

【材　　料】浅黄色花毛腈线300g

花样图

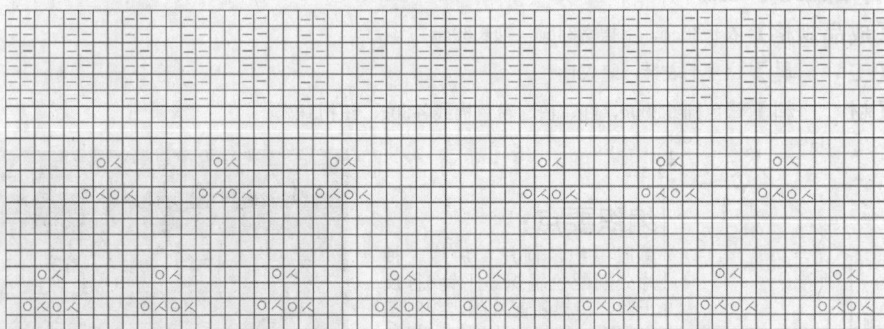

**符号说明：**

短针：十　　下针：

辫子针：　　上针：

加针：○

左上2针并1针：

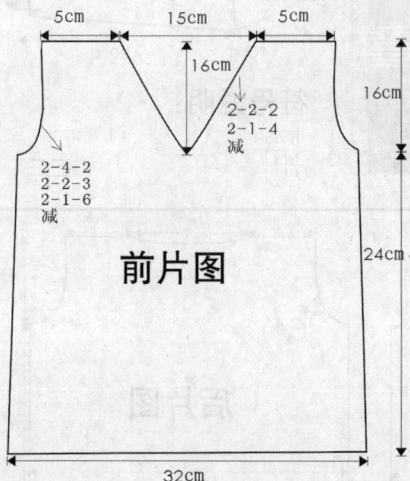

5cm　15cm　5cm

16cm

2-2-2 / 2-1-4 减

16cm

2-4-2 / 2-2-3 / 2-1-6 减

24cm

前片图

32cm

5cm　15cm　5cm

2-4-2 / 2-2-2 / 2-1-4 减

后片图

32cm

2-4-1 / 2-2-8 / 2-1-8 / 2-2-5 / 2-8-1 加

15cm

17cm

6-2-18 减

袖片图

16cm

**编织要点：**

单股线钩编。下针起边。前片、后片、袖片单独完成，腋下、肩部缝合。在花样连接处穿入钩织完成的装饰带。

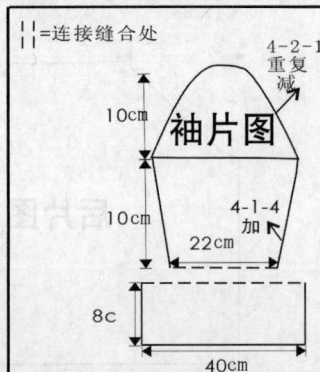

||=连接缝合处

4-2-1 重复 减

10cm

袖片图

10cm

4-1-4 加

22cm

8c

40cm

## 作品31

**【成品规格】**见图
**【工　　具】**9～10号毛衣针、环形针各1副，缝衣针
**【材　　料】**浅紫红色毛腈线300g，纽扣1枚

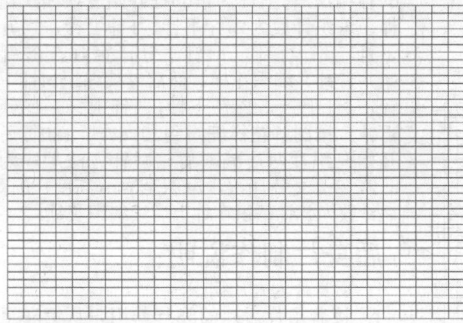

**符号说明：**

下针： ┆┆┆ = □□

双罗纹针：

**花样图**

**编织要点：**

单股线编织。双罗纹针起边。前片、后片、袖片分别编织。连接肩部腋下缝合。另起针连领、前门襟，下边挑起圈织双罗纹针边。袖口单独编织完成，拿大褶与袖片缝合。钉好纽扣。

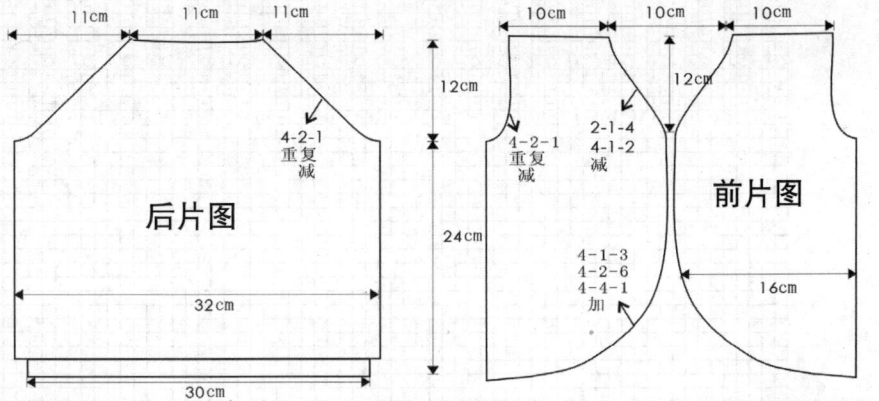

## 作品32

**【成品规格】**胸围58cm，衣长38cm，袖长23cm
**【工　　具】**5～6号毛衣针，缝衣针
**【材　　料】**蓝色毛线100g，白色毛线少许，纽扣2枚

**花样图**

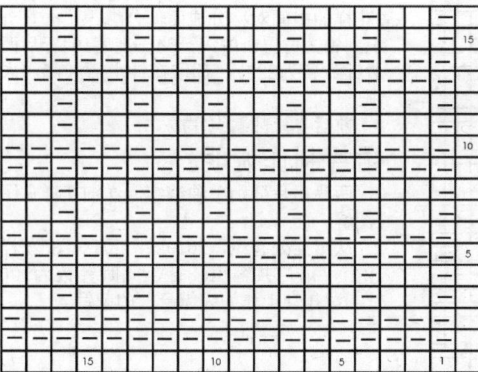

**编织要点：**

单股线编织。双罗纹边。前上片、前下片、后片、袖片分别编织，完成后缝合，前片缝合时下片的褶要均匀缝好。袖窿处缝装饰线。钉好纽扣。

**符号说明：**

下针： ┆┆┆ = □□

上针：

双罗纹针：

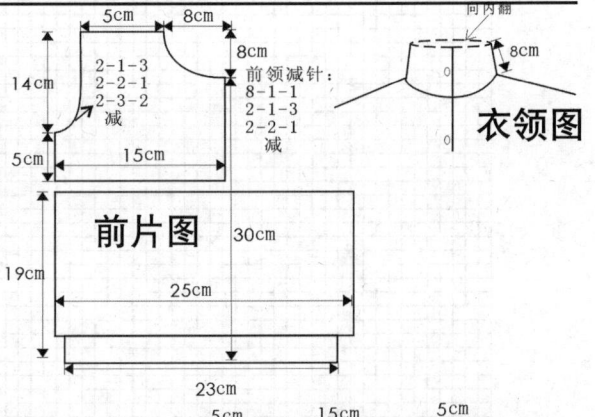

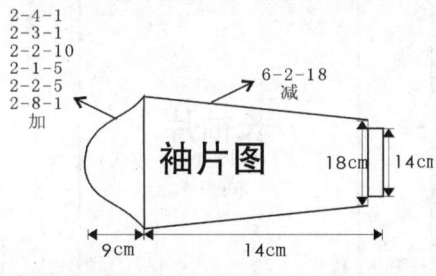

**袖片图**  18cm  14cm
2-4-1
2-3-1
2-2-10
2-1-5
2-2-5
2-8-1
加
6-2-18 减
9cm  14cm

## 作品33

**【成品规格】**连衣裙长53.3cm，下摆宽36cm，袖长18.6cm
**【工　　具】**10号棒针，2mm钩针
**【编织密度】**30针×30行=10cm²
**【材　　料】**枣红色棉线600g

**符号说明：**

- □　上针
- □=□　下针
- ◙　镂空针
- ⊠　左上2针并1针
- ⊠　右上2针并1针
- ⊼　中上3针并1针
- 2-1-3　行-针-次
- ○　辫子针　　× 短针

**图3 花样图解**

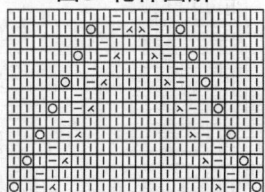

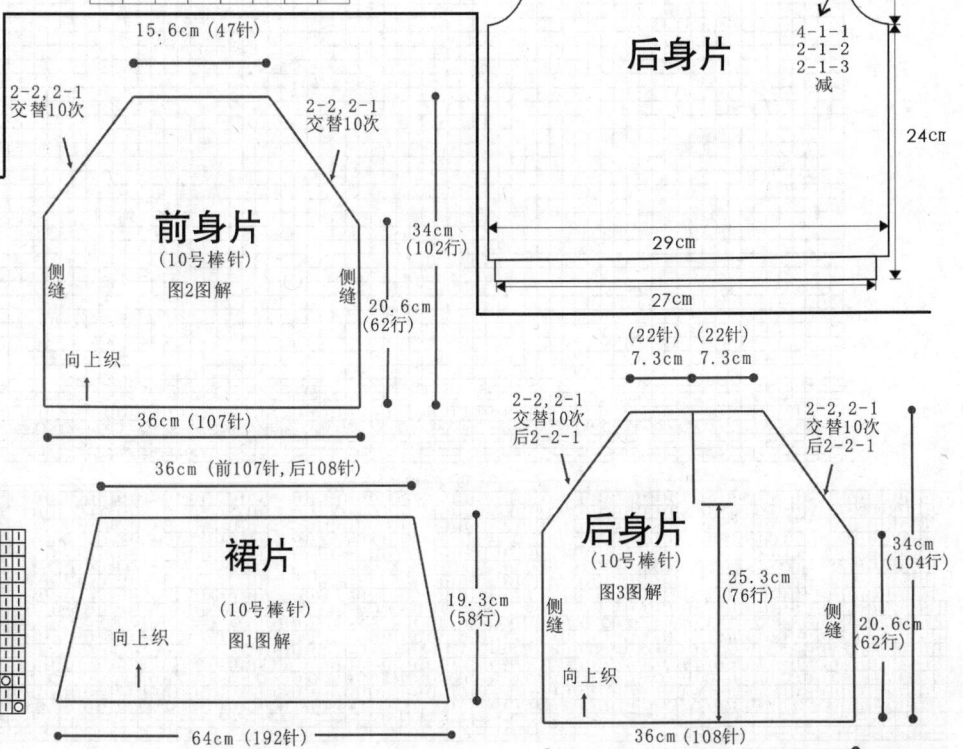

## 长袖片制作说明：

1. 两片袖片，分别单独编织，详细见图4图解。

2. 从袖口处起织，起82针，编织图6花样8个，花样共编织18行，图6花样完成后针数减去66针。第19、20行编织上针，第21行重复编织左上2针并1针，加1针镂空针，第22行编织1行下针，第23、24行编织2行上针。第25行开始全部编织下针，不加减针织至110行，第111行至114行编织2行下针，1针上针。第115行编织中上3针并1针，加1针镂空针。第116行至120行编织1针下针，1针上针单罗纹针法。收针结束。

3. 同样织法编织完成另一个袖片。

### 图4 分袖花样图解

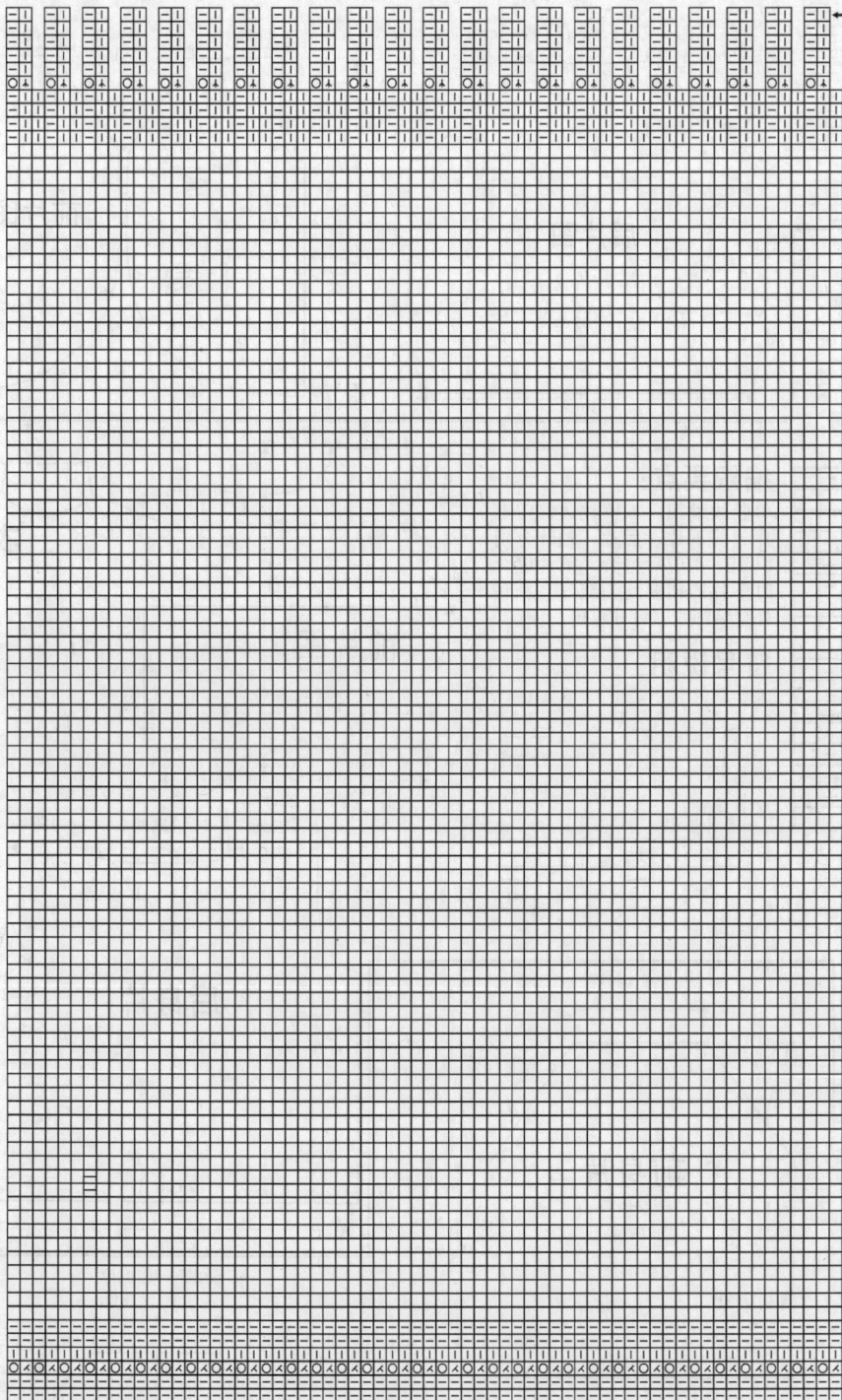

## 前身片制作说明：

1. 前身片为一片编织。

2. 接着裙片前片的58行起织，第59、60行编织上针，第61行重复编织左上2针并1针，加1针镂空针，第62行编织1行下针，第63、64行编织2行上针。第65行开始变换编织花样，编织针数为15针下针，1针上针，14针下针，1针上针，14针下针，第46至62针（共17针）编织花样，然后继续编织14针下针，1针上针，14针下针，1针上针，15针下针。按图解花样编织到20.6cm，120行后开始在织片两边减斜肩，减针方法顺序为2-2，2-1交替10次，编织至34cm高度160行后针数为47针，留在针上后续编织衣领。

## 后身片制作说明：

1. 后身片为一片编织。

2. 接着裙片后片的58行起织，从第59至64行同前身片编织相同。第65行开始变换编织花样，编织针数为11针下针，1针上针，14针下针，1针上针，17针下针，第45至64针（共20针）编织图3花样，然后继续编织17针下针，1针上针，14针下针，1针上针，11针下针。按图解花样编织到20.6cm，120行后开始在织片两边减斜肩，减针方法顺序为2-2，2-1交替10次后再2-2-1。编织至25.3cm高度76行后织片从图3花样的中间对称分成两部分编织，一直分织到领圈位置，编织至34cm高度104行后两边针数各为22针，都留在针上后续编织衣领。

3. 前后身片都编织完成。

## 裙片制作说明：

1. 两片裙片分别单独编织，详细花样见图1图解。

2. 从裙摆处起织，起192针，编织图5花样12个，裙片共编织58行，此时针数为108针，留在针上作为编织身片的起针。

45针

**长袖片**
（10号棒针）
图4图解

袖侧缝

袖侧缝

40cm
（120行）

22cm（66针）

向上织 ↑

6cm
（18行）

27.3cm（82针）

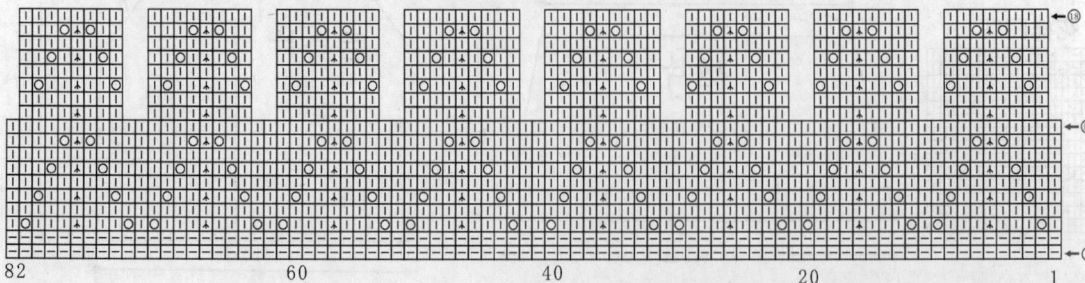

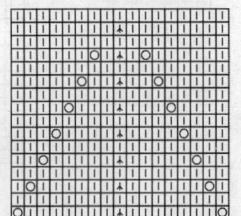

### 图2 花样图解

82 60 40 20 1

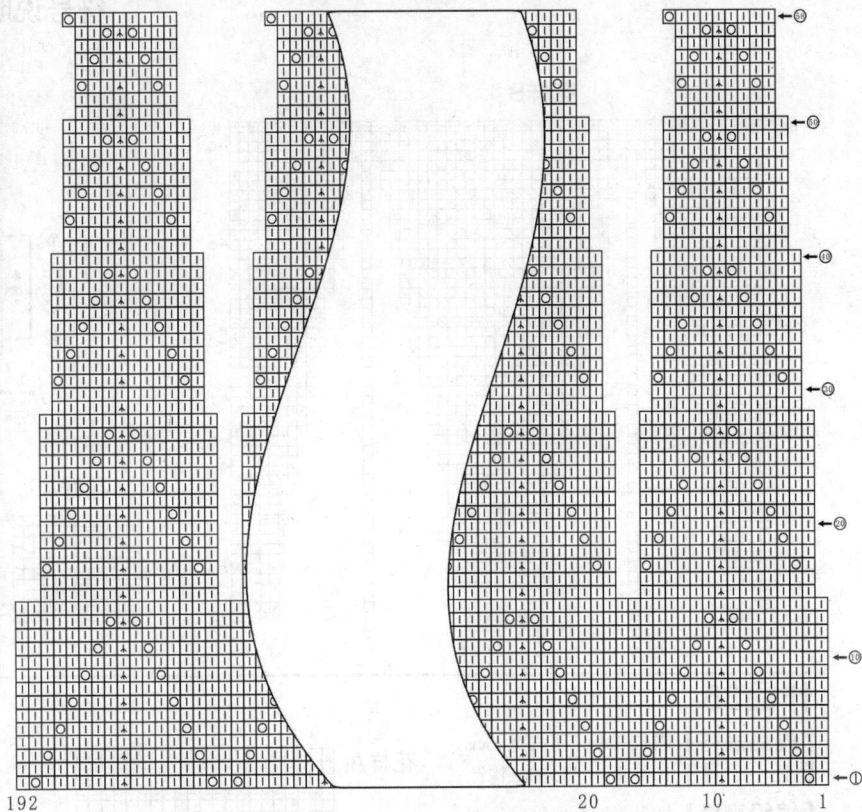

**图1 裙片花样图解**

衣领花样图解

图5 花样图解

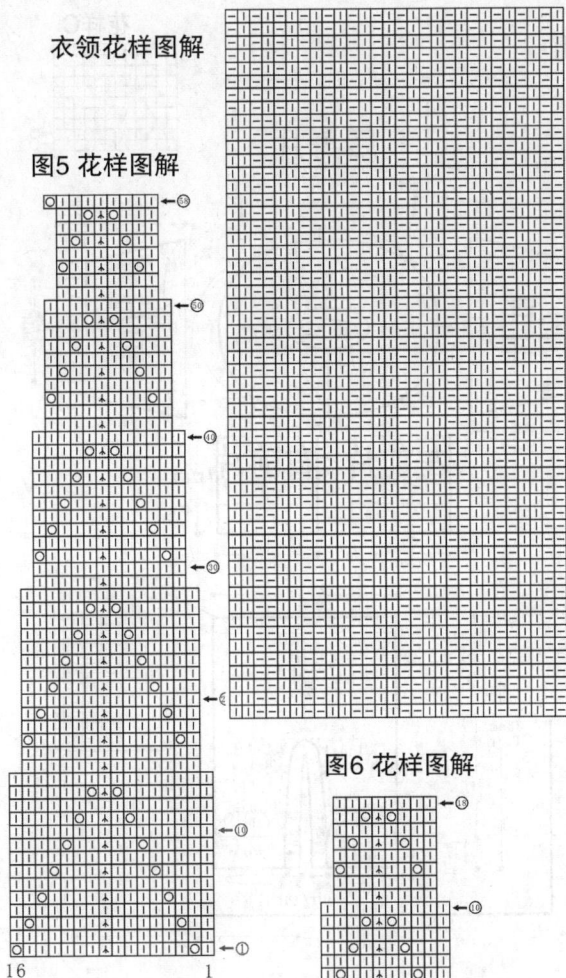

图6 花样图解

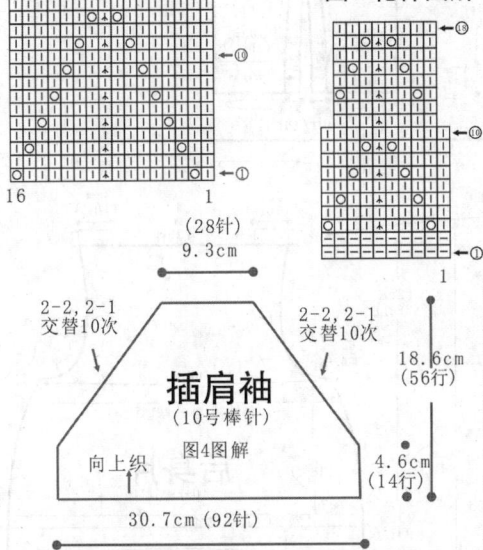

16　　　　　1

（28针）
9.3cm

2-2, 2-1
交替10次　　　　　2-2, 2-1
　　　　　　　　　交替10次

**插肩袖**
（10号棒针）
图4图解

向上织

18.6cm
（56行）

4.6cm
（14行）

30.7cm（92针）

192　　　　　　　　20　10　1

## 衣领制作说明：

1. 衣领是将前后身片、插肩袖片缝合后用身片、袖片的领窝留针编织的，领口与后身片的开口处一致，一片编织完成。

2. 将领窝的留针一起编织，先编织2针下针，2针上针双罗纹针法46行，然后从第47行开始编织1针下针，1针上针8行，共编织54行后，收针断线。

## 花边制作说明：

1. 用钩针在裙摆、插肩袖袖口、长袖袖口处分别钩织花边。

2. 花边钩法为：第1行沿钩边处平整钩织短针。第2行、第3行也钩织短针，但是这两行的短针要在前一行短针的下部辫子上钩织。第4行钩织3针短针，1个狗牙拉针，一圈钩完后锁针完成。

## 插肩袖片制作说明：

1. 两片插肩袖片，分别单独编织。

2. 从袖口处起织，起92针，第1、2行编织上针，第3行重复编织左上2针并1针，加1针镂空针，第4行编织1行下针，第5、6行编织2针上针。第7行开始全部编织下针，不加减针织完14行后，在织片两侧同时减针编织，减针方法为2-2、2-1交替10次，编织至18.6cm，56行后余下28针，留在针上后续编织衣领。

3. 同样织法编织完成另一个袖片。

## 作品34

【成品规格】上衣长30cm，下摆宽28cm；插肩连袖长34cm，裤子长33cm，裤子宽24.5cm

【工　　具】12号棒针

【编织密度】26针×36行＝10cm²

【材　　料】红色棉线共700g，白色棉线少量，其中上衣用400g，裤子用300g，纽扣13枚

## 裤子制作说明：

1. 棒针编织法，从腰间起织，用环形针编织，进行环织，自裤裆以下，分成左右两个裤管，分别环织而成。

2. 下针起针法，起128针环织，编织下针，编织13行后，将织片折回后缝合，形成空间作穿过松紧带所用。继续往下编织花样B，编织14行后，在织片前后裤裆线两侧同时加针，方法为8-1-5，前后各加10针，织至58行，将织片分为左右两个裤管，各取74针编织，先编织右裤管，而左裤管的针眼用防解别针扣住，暂时不织。

3. 分配右裤管的针数到棒针上，用12号针往返编织，靠裤裆线的侧缝处，一边织一边减针，方法为1-1-6、8-1-5，前后裤管侧各减11针，织46行，织余下52针，改织花样A，不加减针编织14行，收针断线。

4. 左裤管的编织方法与右裤管相同。

5. 沿后片袖管边挑针起织，挑起136针，编织花样A，织10行后收针断线。同样的方法挑织前片袖管边，在前片裤裆及袖管边制作8个扣眼，方法是在当行收起2针，在下一行重起这2针，形成一个扣眼。

## 前片、后片、袖片制作说明：

1. 棒针编织法，从上往下织，织至袖窿以下，分出两个衣袖，前后身片连起来编织完成。

2. 衣领起织，双罗纹针起针法，红色线起81针，起织花样A双罗纹针，织4行后，2行白色线，再织4行红色线，改织花样B，花样B颜色搭配如图解所示，每10针一组单元花，共8组花样，织52行，将织片织成225针，第67行起，改织花样C全下针，并将织片分为左前片、左袖片、后片、右袖片、右前片五部分，针数分别为32+49+63+49+32，左右袖片的针数留起不织，将左前片、后片、右前片连起来编织衣身。

3. 分配后片的63针到棒针上，织花样C，不加减针织10行后，与前片连起来编织，先织左前片32针，完成后加10针，然后织后片63针，再加10针，最后织右前片32针，往返编织，不加减针往下编织32行的高度，织片全部改织花样A，织14行后，收针断线。

4. 编织袖片，织花样B，分配袖片的49针到棒针上，袖片挑起10针，后片侧缝挑起7针，环织，选取袖底的2针作为袖底缝，一边织一边两侧减针，方法为8-1-5，织46行后，将织片减成56针，改织花样A，织14行后，收针断线。同样的方法编织另一衣袖片。

6. 挑织衣襟。沿左右前片挑针起织，先织左前片衣襟和帽襟，挑起100针，编织花样A双罗纹针，织10行后，收针断线。同样的方法挑织右前片的衣襟，在右边衣襟要制作6个扣眼，方法是在当行收起2针，在下一行重起这2针，形成一个扣眼。

花样B

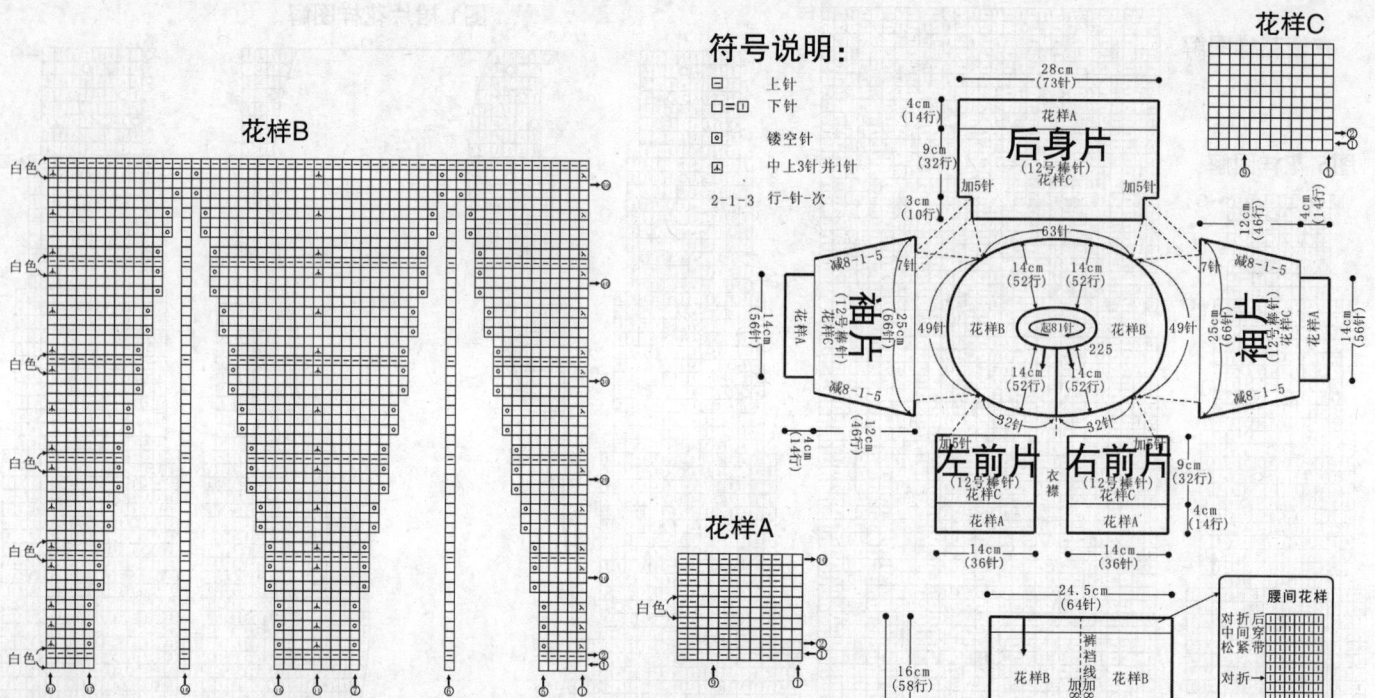

符号说明：
□ 上针
□=□ 下针
回 镂空针
△ 中上3针并1针
2-1-3 行-针-次

花样C

后身片（12号棒针）花样C

袖片（12号棒针）花样A花样C

左前片（12号棒针）花样C衣襟

右前片（12号棒针）花样C

腰间花样
对折后中间穿松紧带
对折

## 作品35

**【成品规格】** 衣长43cm，下摆宽35cm
**【工　　具】** 10号棒针，1.50mm钩针
**【编织密度】** 23针×31行=10cm²
**【材　　料】** 紫色腈纶线200g，灰色腈纶线80g

花样A

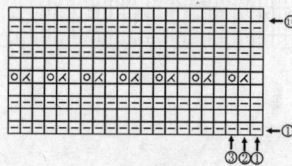

### 前片、后片、衣摆、袖片制作说明：

1. 棒针编织法与钩针编织法结合。胸前小花用钩针钩织。衣身用棒针编织。袖窿以下环织，袖窿以上片织。

2. 起针，用紫色线，下针起针法，起168针，首尾连接，环织。

3. 袖窿以下的编织。
（1）起织花样A，无加减针，共织10行。
（2）花样B编织。将168针分成7组花样B编织，用灰色线编织，无加减针，共织34行的高度。
（3）改用紫色线编织，先织4行花样C搓板针，此后全织下针，无加减针织38行的高度后，在第38行里，每6针的宽度并掉1针，一圈共减少28针。针数减为140针，再织8行下针后，完成袖窿以下的编织。

4. 袖窿以上的编织。将140针分成两半，每一半针数为70针，分成前片和后片编织。
（1）前片的编织。将70针两边各收针5针，再在两边倒数第3针的位置，两边每织2行减少2针，减1次，再每织2行减1针，减2次，针数余下52针，无加减针再织20行后，进入前衣领编织，在下一行的中间，选取22针收针掉，两边各分成两半编织，衣领减针，每织2行减2针，共减2次，然后每织2行减1针，共减1次，针数减少5针，织成6行，然后无加减针再织8行的高度后，至肩部余下10针，不收针，继续再织4行，这4行作为后衣领减针行。同样的方法编织另一半。
（2）后片的编织。两边减针收针与前片相同，减针行织成6行后，减针后的针数为52针，无加减针将后片织成30行的高度，将中间的32针收针掉，两边余下的10针，对应前片的肩部，1针对1针地缝合。衣身完成。

5. 用钩针钩织一朵立体花别于胸前。最内一层用紫色线钩织，外两层用灰色线钩织。

6. 袖片的编织，沿着袖窿边，挑60针，编织花样C搓板针，共织6行的高度后收针断线。

7. 领片的编织，前衣领边挑40针，后衣领边挑38针，编织花样C搓板针，共织6行的高度后收针断线。

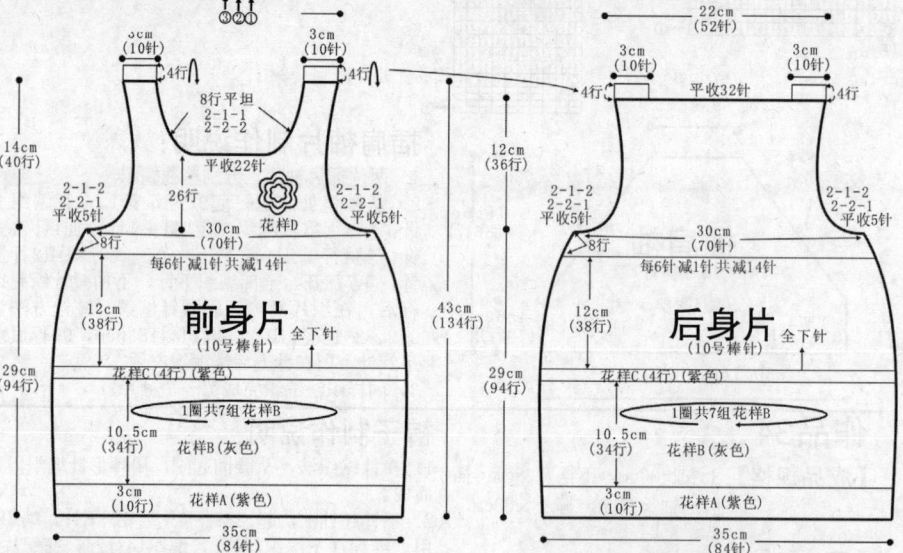

前身片（10号棒针）全下针
花样C（4行）（紫色）
1圈共7组花样B
花样B（灰色）
花样A（紫色）

后身片（10号棒针）全下针
花样C（4行）（紫色）
1圈共7组花样B
花样B（灰色）
花样A（紫色）

小球织法

领片（10号棒针）

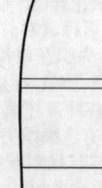

袖片

花样C（搓板针）
2针一花样

花样D
胸前小花图解

花样B

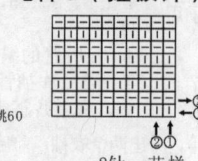

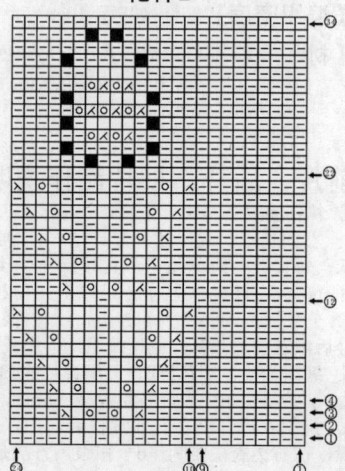

## 作品36、37

【成品规格】衣长54cm，下摆宽18cm；连身裤长52cm，宽30cm

【工　　具】12号环形针，12号棒针

【编织密度】24针×38行=10cm²

【材　　料】黑色宝宝绒线共500g，白色毛线200g，红色、黄色、冰蓝色、天蓝色毛线少许，黑色纽扣5枚。

### 花样A

□ 黑色线　□ 黄色线
■ 红色线　▨ 冰蓝色线
■ 白色线　■ 天蓝色线

一个配色图案
一组配色变化图案

### 花样B

一层配色变化图案

□ 黑色线　■ 白色线　■ 天蓝色线

### 符号说明：

□　上针
□=□　下针
▨　右上2针并1针
◙　镂空针
2-1-2　行-针-次

（右袖片图示）
减4针 2-1-2 2-2-1　25cm（58针）　减4针 2-1-2 2-2-1　1.7cm（6行）
27.5cm（66行）
**右袖片**（12号棒针）
袖侧缝　袖侧缝
花样A　5cm（18行）
加11针 2-1-1 2-2-5（14行）　3.8cm（14行）
花样C　3cm（12行）　黄色
18cm（44针）

（左袖片图示）
减4针 2-1-2 2-2-1　25cm（58针）　减4针 2-1-2 2-2-1　1.7cm（6行）
花样E 6行　4行
27.5cm（66行）
8.4cm（32行）
**左袖片**（12号棒针）
袖侧缝　袖侧缝
加11针 2-1-1 2-2-5（14行）　3cm（12行）
花样C　3cm（12行）　天蓝色
18cm（44针）
14.3cm（54行）

（领片图示）
2cm（8行）
**领片**（12号棒针）
花样C 红色
衣襟边（10行）天蓝色
花样C

### 连身衣右袖片制作说明：

1. 棒针编织法，编织右袖片。从袖口起织。黑色线为底色。

2. 单罗纹起针法，起44针，用黄色线编织12行单罗纹，图解见花样C，从第9行起两侧加针编织，两侧加针方法为2-2-5、2-1-1，各加11针，加完针后不加减针往上编织至26行，开始按花样A配色图案换线编织，往上编织18行配色图案后，不加减针编织至54行，开始袖山减针，减针方法为2-2-1、2-1-2，两侧针数各减少4针，最后余下58针的宽度，收针断线。

3. 缝合方法：将袖山对应前片与后片的袖窿线，用线缝合。

### 连身衣左袖片制作说明：

1. 棒针编织法，编织左袖片。从袖口起织。黑色线为底色。

2. 单罗纹起针法，起44针，用天蓝色线编织12行单罗纹，图解见花样C，从第9行起两侧加针编织，两侧加针方法为2-2-5、2-1-1，各加11针，加完针后不加减针往上编织32行，开始按花样E配色图案换线编织，往上编织6行配色图案后，不加减针编织至54行，开始袖山减针，减针方法为2-2-1、2-1-2，两侧针数各减少4针，最后余下58针的宽度，收针断线。

3. 缝合方法：将袖山对应前片与后片的袖窿线，用线缝合。

### 花样E

■ 白色线　□ 黄色线

一个配色图案
一组配色变化图案

### 花样C（单罗纹）

### 花样D

以这行为中心对折
2针一花样

### 连身衣制作说明：

1. 棒针编织法，袖窿以下一片编织完成，袖窿起分为左前片、右前片、后片来编织。往下分开编织左裤片和右裤片，织片较大，可采用环形针编织。从衣领起织。全部为下针编织。黑色线为底色。

2. 先织后身衣领以上部分，用黑色线下针起针法，起18针，衣领侧加针，加针方法为2-1-2。按相同方法编织右部分，注意加针侧相反。第7行将两片连成一片编织，但注意在两片中间加22针，往下不加减针编织至33行，开始袖窿加针，加针方法为2-1-1、1-2-1，共加3针。完成后身片袖窿以上编织。

3. 编织左右前片，先编织左前片，用黑色线下针起针法，起18针，不加减针往上编织10行，第11行开始衣领侧加针，加针方法为2-1-4、2-2-2、1-4-1，共加12针。往下不加减针编织至33行，开始袖窿加针，加针方法为2-1-1、1-2-1，共加3针。按相同方法编织右前片，注意衣领及袖窿加针侧相反。

4. 第43行将左前片、后片、右前片用12号环形针连成一片编织，不加减针往下编织至110行，第111行左前片和右前片如图示两侧各加4针，现在针数共136针。再不加减针往上编织至133行。完成上身片的编织。

5. 往下开始编织左右裤片，将上身片分为两片编织，针数相同，先编织左裤片，不加减针往下编织5cm，即18行，第19行开始按花样A配色图案换线编织图案，往下编织18行，完成花样A的编织。继续往下不加减针编织14行，最后换红色毛线往下编织14行单罗纹针，见花样C，收针断线。开始编织右裤片，往下不加减针编织4行，第5行按花样E配色图案换线编织图案，编织6行完成图案的编织，再往下不加减针编织41行，最后换天蓝色毛线往下编织14行单罗纹针，见花样C，收针断线。

6. 完成后，将两肩部对应缝合。

### 领片制作说明：

1. 棒针编织法，往返编织。

2. 用天蓝色毛线沿右前片衣襟边挑针起织下针，挑针的辐度不宜太大，挑完衣襟边后织10行的高度，然后收针断线。以同样方法，沿左前片衣襟边挑针，挑完同样织10行的高度，然后收针断线。最后在一侧前衣片上钉扣子。不钉扣子的一侧，要制作相应数目的扣眼，扣眼的编织方法为，在当行收起数针，在下一行重起这些针数，这些针数两侧正常编织。

3. 用红色毛线沿着前片、后片缝合后形成的衣领边及衣襟边，挑针起织下针，按花样C编织，挑针的辐度不宜太大，挑完衣领边后织8行的高度，然后收针断线。

（身片图示）
7.5cm（18针）　7.5cm（18针）　11cm　7.5cm（18针）　7.5cm（18针）
6cm（23行）　加12针 2-1-4 1-4-2 2-2-1 11cm（42行）　加2-1-2 中间加22针（第6行）　加2-1-2 11cm（42行）1-4-1 加18针　6cm（23行）
2-1-2 加3针 1-2-1 2-1-1　26cm（62针）　2-1-2 加3针 1-2-1 2-1-1
23cm（87行）　23cm（87行）
35cm（133行）　35cm（133行）
29cm（110行）　29cm（110行）
**左前片**（12号环形针）　**后片**（12号环形针）　**右前片**（12号环形针）
4针　56cm（136针）　4针
14cm（34针）　28cm（68针）　14cm（34针）
**左裤片**（12号环形针）　5cm（18行）4针　**右裤片**（12号环形针）
花样E 6行
17cm（65行）　花样B（18行）　5cm（18行）　10.8cm（41行）　17cm（65行）
14行
花样C 红线　3.7cm（14行）　3.7cm（14行）　花样C 天蓝线
30cm（72针）　30cm（72针）

（底部图示）
7cm　18cm　7cm
9cm
2-1-1 重复减
80cm
45cm　6-2-10 4-2-20 2-1-4 加
96cm

### 符号说明：

下针　　上针
┼┼┼=┼┼┼　┼┼┼

辫子针 ∽　　短针 ┼

　　　　　长针 ┼

双罗纹针

## 作品38

【成品规格】见图

【工　　具】10号毛衣针，钩针，缝衣针

【材　　料】墨绿色毛衣线200g，白色绒线100g，其他色线少许

### 编织要点：

单股线编织。连片编织。从领部开始编织。完成后从反面挑织领边，钩装饰边。先连接完成一边小圆球（制作方法：将毛线在30cm宽的硬纸板上绕50圈，抽出硬纸板后用线扎中间，用剪刀剪断两边，修整为圆球），将线带穿过领部后再连接完成另一边小圆球。

领装饰边

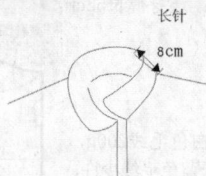

领图

长针

8cm

## 作品39

【成品规格】见图

【工　　具】11～12号毛衣针、环形针各1副，缝衣针

【材　　料】红色纯羊毛花线180g，配色线少许

### 编织要点：

单股线编织。下针起边。前片、后片分别编织，到袖窿处前片、后片连接，加出袖片尺寸，用环形针圈织。缝好单独钩编完成的小花装饰。钉好纽扣。

过肩示意图

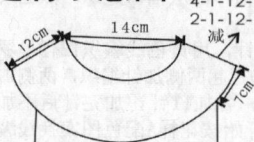

6-1-12-1
4-1-12-1
2-1-12-1 减

12cm　14cm

符号说明：

下针：

加针○　浮针V

左上2针并1针

短针　十

辫子针　长针

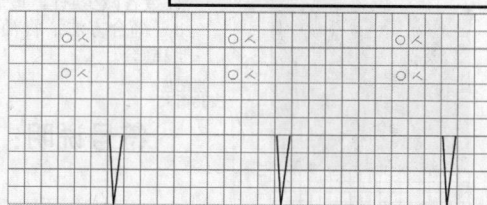

后片图

28cm

4-2-2 减

32cm

3cm

18cm

前片图

12cm

4-2-2 减

16cm

花样图

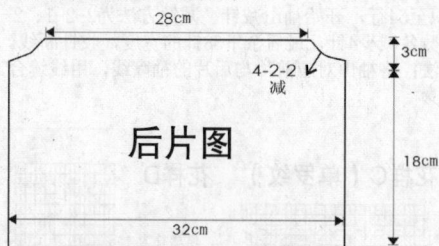

花样图

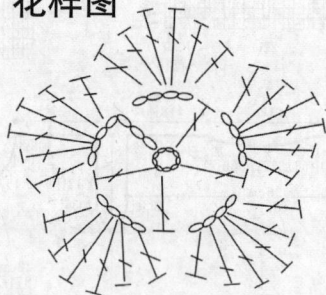

前片图

5cm　15cm　5cm

8cm

2-2-2
2-1-4 减

2-4-2
2-2-3
2-1-2 减

16cm

24cm

48cm

后片图

5cm　15cm　5cm

2-4-2
2-2-2
2-1-2 减

48cm

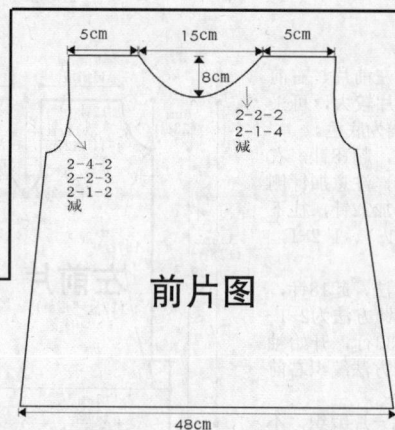

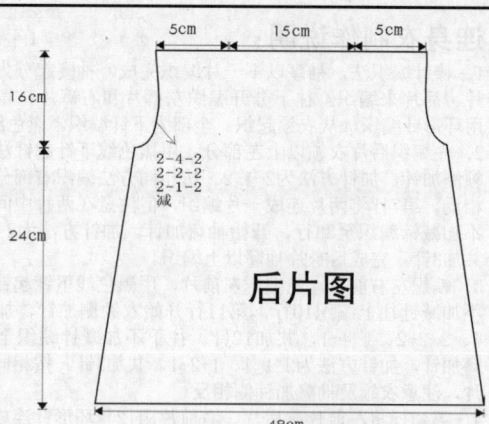

## 作品40

【成品规格】见图

【工　　具】7～8号毛衣针

【材　　料】粉色纯羊毛线120g，毛绒边

■ = 

符号说明：

下针右上2针交叉

下针左上2针交叉

下针右上三针交叉

下针　□

上针　

1针放5针织1行并1针

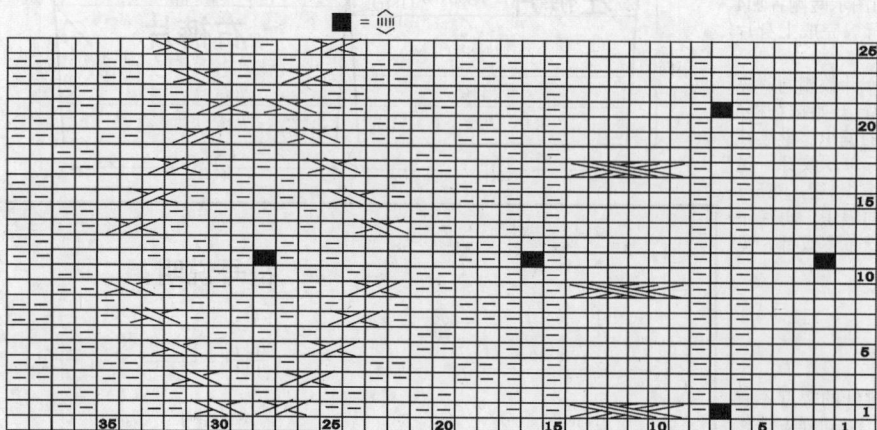

25
20
15
10
5
1
35　30　25　20　15　10　5　1

花样图

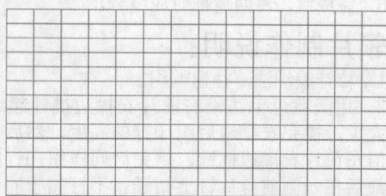

### 编织要点：

单股线钩编。下针起边。前片、后片分别完成，腋下、肩部缝合。在领口、袖口、下边缝好毛绒边。

## 作品41

【成品规格】衣长42cm，袖长8cm

【工　　具】8号毛衣针1副，缝衣针

【编织密度】25针×30行=10cm²

【材　　料】橙色马海毛线200g，装饰花

领样图

6-1-1
4-1-2 减

平收5针

**编织要点：**
双股线编织。双罗纹针起边。前片、后片、袖片分别编织，肩部、腋下缝合。从正面挑织双罗纹针领边，另起针挑织双罗纹针门襟边，注意门襟边挑至领边。缝好装饰花。

**符号说明：**
下针： 上针：

**袖片图**
2-4-2
4-2-1
减
24cm 22cm
8cm

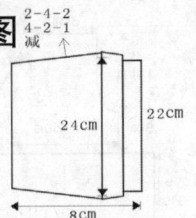

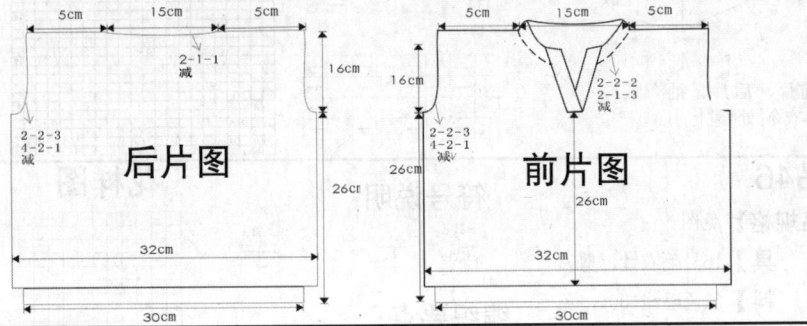

**后片图**
5cm 15cm 5cm
2-1-1
减
16cm
2-2-3
4-2-1
减
26cm
32cm
30cm

**前片图**
5cm 15cm 5cm
16cm
2-2-2
2-1-3
减
2-2-3
4-2-1
减
26cm
32cm
30cm

**符号说明：**
下针
上针
双罗纹针：
× =对接缝合中点

**花样图**

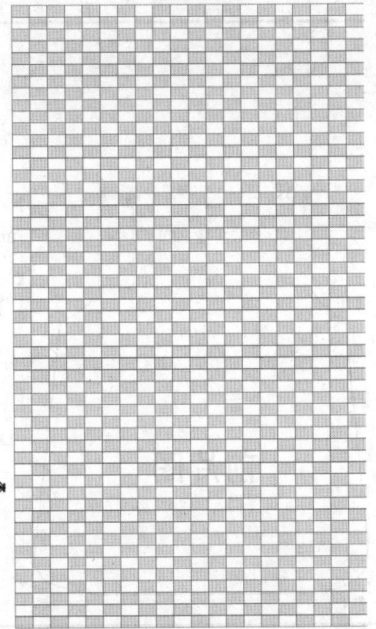

## 作品42

【成品规格】见图

【工　　具】7～8号毛衣针，缝衣针

【材　　料】粉色纯羊毛线140g，白色纯羊毛线140g

**编织要点：**
单股线编织。前片、后片分别完成，连接肩缝、领缝合。帽子单独完成，沿后领中心向两侧与领口缝实。另起针挑织单罗纹针帽边、下边。

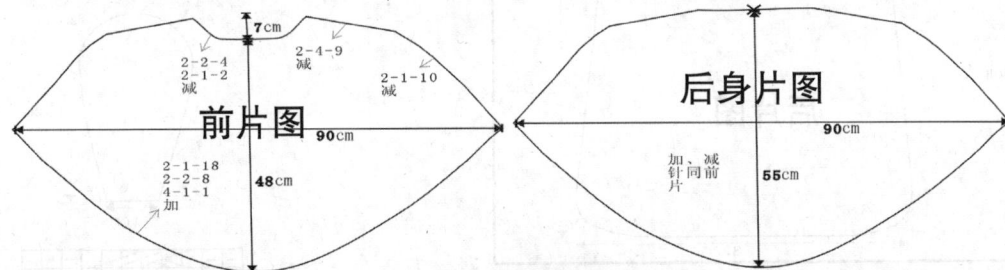

**前片图**
7cm
2-2-4
2-1-2
减
2-4-9
减
2-1-10
减
90cm
2-1-18
2-2-8
4-1-1
加
48cm

**后身片图**
90cm
加、减
针同前
片
55cm

**花样图**

**帽片图**
沿虚线向内
重叠缝合
1-1-4
2-1-5
4-1-2
减
24cm
32cm

## 作品43、44

【成品规格】见图

【工　　具】8～9号棒针衣服，缝衣针，剪刀

【材　　料】棒针羊毛线100g，配色毛线少许，装饰布料，纽扣1枚

**符号说明：**
下针 上针 单罗纹针
=
下针左上四针交叉

**花样图**

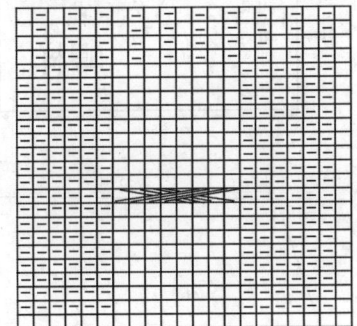

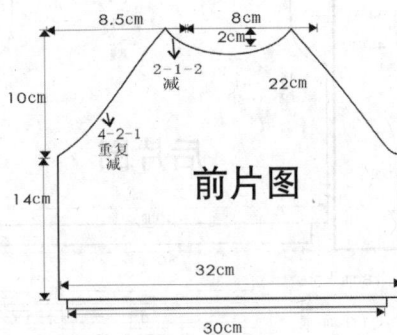

**前片图**
8.5cm 8cm
2cm
10cm
2-1-2
减
22cm
4-2-1
重复
减
14cm
32cm
30cm

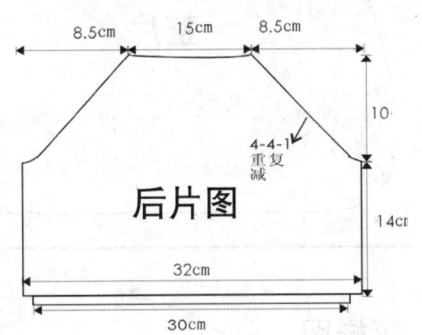

**后片图**
8.5cm 15cm 8.5cm
4-4-1
重复
减
10
14cm
32cm
30cm

**花样图**

**花样图**

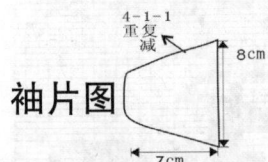

**袖片图**
4-1-1
重复
减
8cm
7cm

**编织要点：**
单股线编织。单罗纹针起边。前片、后片、袖片，分别编织完成，缝合。因不挑领边，缝合时要注意领的圆弧度。装饰好花样。

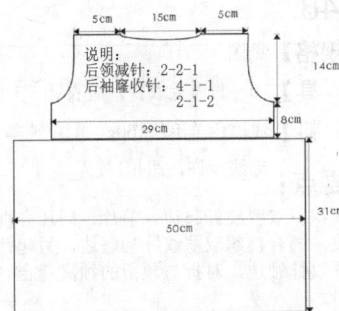

说明：
后领减针：2-2-1
后袖窿收针：4-2-1
2-1-2
5cm 15cm 5cm
14cm
29cm 8cm
50cm
31cm

**花样图**

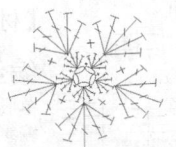

## 作品45

【成品规格】见图

【工　　具】11～13号毛衣针，缝衣针

【材　　料】开司米线500g，纽扣5枚，红、蓝、粉色毛线少许

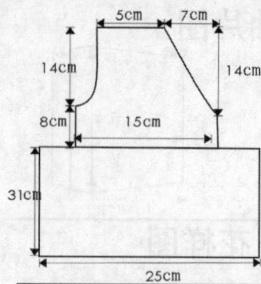

说明：
前领减针：3-1-1
重复

前袖窿减针：2-1-3
2-2-1
2-3-2

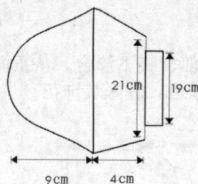

说明：
袖山加针：2-4-1
2-3-1
2-2-10
2-1-5
2-2-5
2-8-1
6-2-4

袖子收针：6-2-4

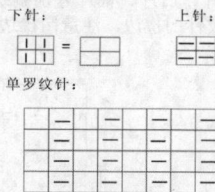

## 符号说明：

下针：　　　　　　　上针：

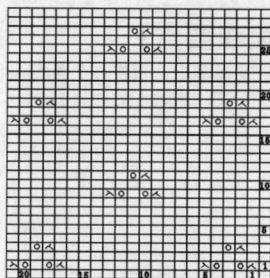

单罗纹针：

### 编织要点：

三股线编织。单罗纹针起边。前片、后片、袖片、裙摆分别编织，完成后在衣领处缝上小花。

---

## 作品46

**【成品规格】** 见图

**【工　　具】** 16号毛衣针，剪刀

**【材　　料】** 红色毛线100g，兔毛

## 符号说明：

下针：　　　　　　　上针：

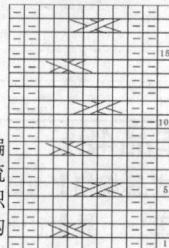

花样图

### 编织要点：

单股线编织。前片、后片分别编织。缝合后挑织肩带，缝兔毛。流苏边制作：取毛线数条对折，从织物正面穿向反面，将毛线从孔中钩出，收紧。

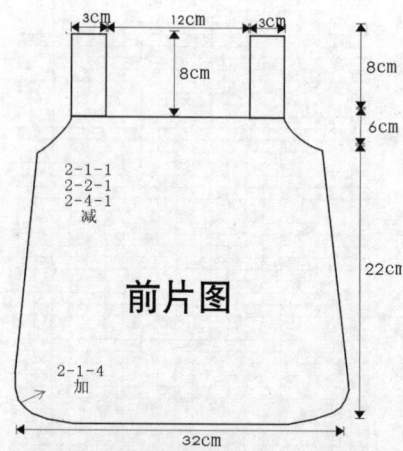

前片图

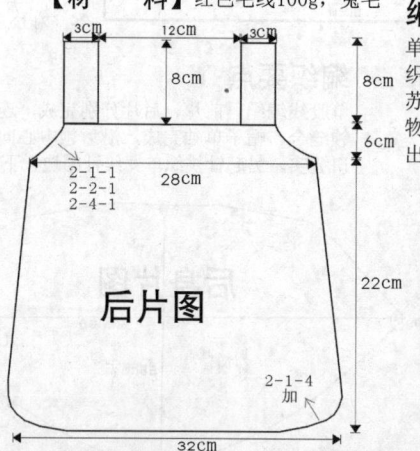

后片图

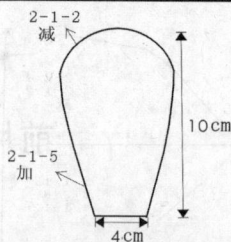

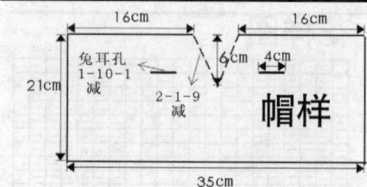

帽样

## 符号说明：

下针：　　　　　　　上针：

## 作品47

**【成品规格】** 衣长40cm，领围35cm，帽长21cm

**【工　　具】** 12号毛衣针，缝衣针

**【材　　料】** 白色马海毛400g，兔毛边，绒毛圆球，小装饰品

### 编织要点：

双股线编织。先织帽子，缝合后从领处挑织披风。分成均等7份从上向下编织。缝上兔儿、毛边、小装饰品。

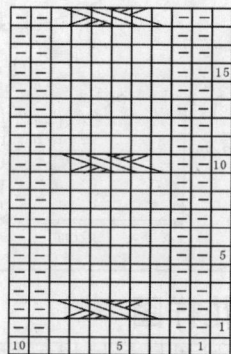

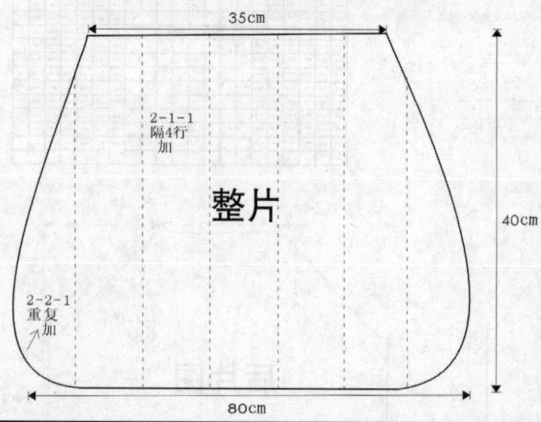

整片

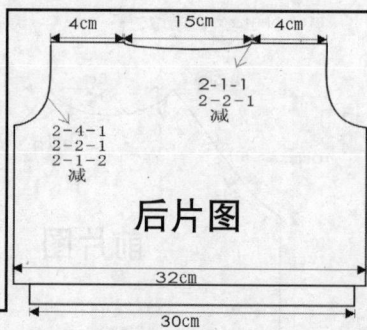

后片图

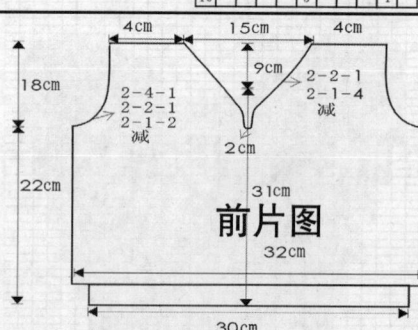

前片图

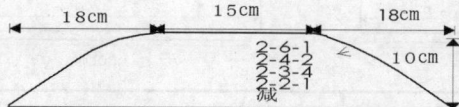

花样图

## 符号说明：

下针：

上针：

单罗纹针

## 作品48

**【成品规格】** 见图

**【工　　具】** 10～11号毛衣针，缝衣针

**【材　　料】** 浅棕色羊毛线160g，配色纯羊毛线少许，纽扣1枚

### 编织要点：

单股线编织。双罗纹针起边。前片、后片分别编织完成，缝合挑织双罗纹针袖窿边，另起针编织双罗纹针领边，对折与预留的领窝缝合。钉好纽扣。

## 作品49

【成品规格】上衣长33cm，下摆宽27cm，袖长22cm，裤长31cm，
　　　　　腰宽20cm；帽子高17cm，帽围30cm

【工　具】10号棒针，10号环形针

【编织密度】26针×35行=10cm²

【材　料】腈纶线共400g，上衣200g，裤子150g，帽子50g，纽
　　　　　扣2枚

### 领片制作说明：

1. 棒针编织法，往返编织，全用蓝色线。
2. 前领片与后领片分别编织。
3. 沿着前领片，挑针编织花样B搓板针，编织6行的高度后，收针断线。同样的方法，沿着后领片编织花样B搓板针，织6行的高度后收针断线。在两肩部内侧，各钉1枚扣子扣住。

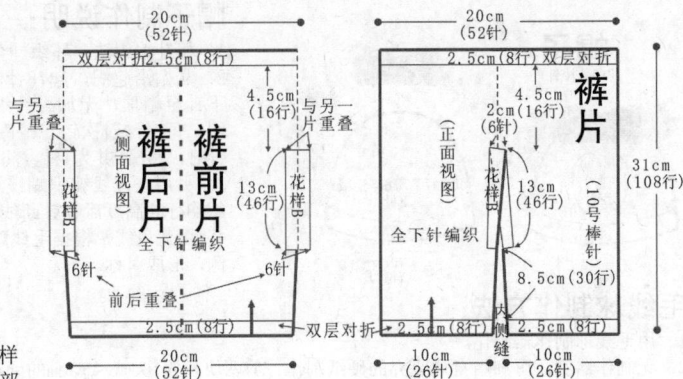

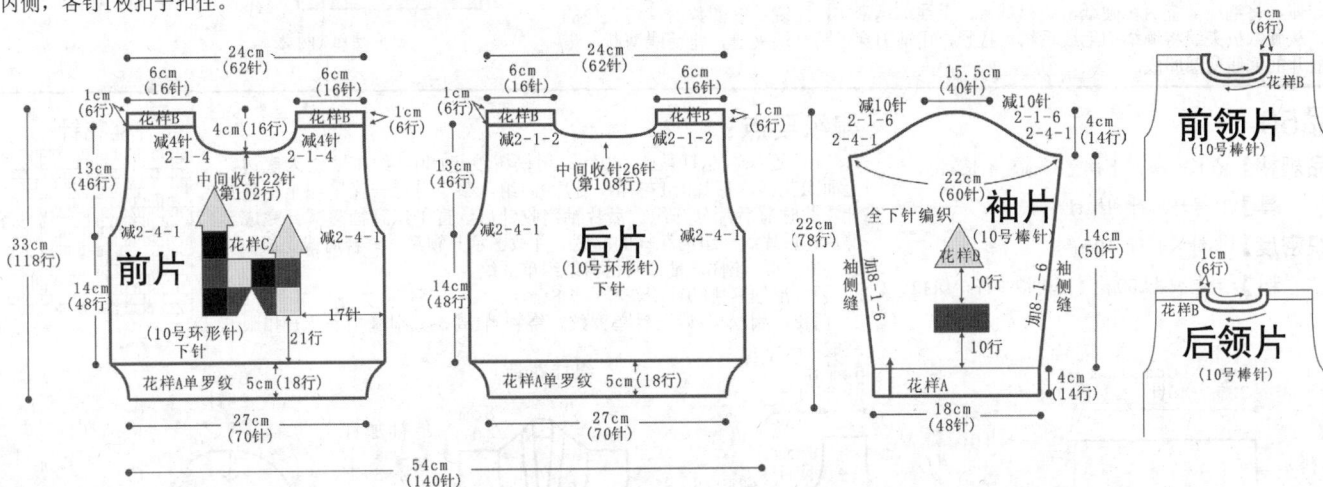

### 袖片制作说明：

1. 棒针编织法，编织两片袖片，从袖口起织。
2. 单罗纹起针法，起48针，起织花样A单罗纹针，织14行的高度后，从第15行起，全织下针，两袖侧缝同时加针编织，加8-1-6，将袖片织成64针，针数为60针，第65行起袖山减针，减14行，减针方法为2-4-1、2-1-6，两侧针数各减少10针，最后余下40针的宽度，收针断线。袖面上的图案见花样D，用毛线绣的方法，在结构图所示的位置，绣出图案。
3. 同样的方法再编织另一袖片。
4. 缝合方法：先将衣身片的肩部，前片的搓板针与后片的搓板针部分重叠，将袖山对应前片与后片的袖窿线，用线缝合，再将两袖侧缝对应缝合。

### 前片、后片制作说明：

1. 棒针编织法，袖窿以下一片环织，袖窿以上分成前片与后片编织。前片编织配色图案。
2. 起织，用环形针编织，用蓝色线起织，单罗纹起针法，起140针，编织花样A单罗纹针，共织18行的高度，第19行起至袖窿，全编织下针，共织48行的高度，然后将织片分成前片与后片编织，针数各一半，每面各70针。
3. 分配前片的针数至棒针上，共70针，两侧同时减针，减2-4-1，各减少4针，然后不加减针往上编织下针，织30行的高度，下一行从中间选取22针收针，两边相反方向减针，减针方法为2-1-4，各减少4针，织成10行的高度后，改织花样B搓板针，共织6行的高度，然后收针断线。
4. 后片的织法与前片相同，但是衣领的高度不同，当织片成36行的高度后，下一行从中间选取26针收针，两边相反方向减针，减2-1-2，各减少2针，织成4行高度，然后改织花样B搓板针，织6行后，收针断线。
5. 两肩部暂不缝合，先进入袖片的编织。
6. 前片图案的编织，图案采用毛线绣法，在如图中所示的位置，绣出花样E的图案。

### 前、后裤片制作说明：

1. 棒针编织法，两个裤管各作一片编织，裤裆以上进行环织，用黄色毛线编织。
2. 起52针起织裤管，环织，起织下针，先织16行的高度，然后将第16行与第1行一起缝合成双层，然后往上编织下针，织成30行高度后，将裤管对折，取一侧作内侧缝，织第31行时，选取内侧缝的左右各3针，共6针，编织花样B搓板针，织完一行后，仍沿着起始搓板针下的6针挑出6针，编织搓板针，将织片加宽6针，这样，将环织变成片织，即左右两侧6针编织搓板针，中间全织下针，重复编织，织成46行的高度。
3. 完成第2步的编织后，暂停这片裤管的编织，以同样的方法再编织另一裤管片，完成至前一裤管的高度后，将两片的搓板针部分针数重叠，一片的左侧对应另一片的右侧，重叠编织，将两只裤管的针数连接在一起，作一片进行环织，全织下针，再织高32行的高度，然后选取8行的高度往裤内对折缝合。穿过松紧带。

花样A（双罗纹针）

2针一花样

花样B（搓板针）

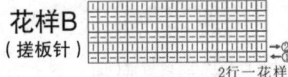

2行一花样

花样E

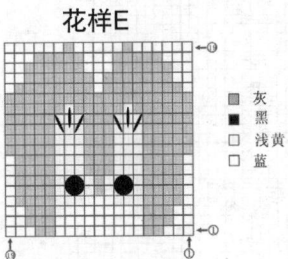

灰　黑　浅黄　蓝

花样C（前片图案）

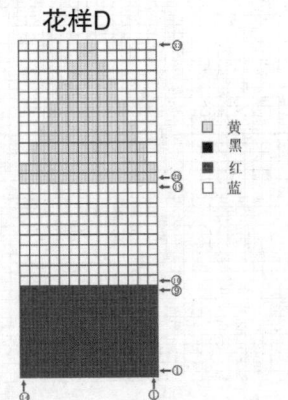

花样D

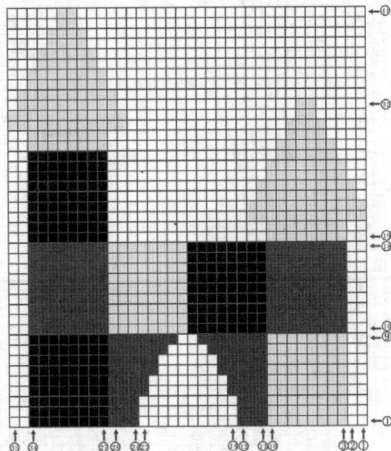

黄　黑　红　蓝

111

## 帽子
(10号棒针)

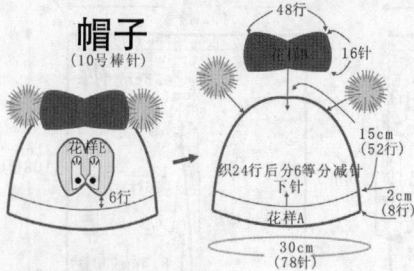

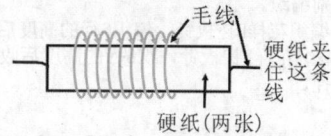

### 帽子制作说明：

1. 棒针编织法，环织，全用蓝色线编织。
2. 从帽沿起织，起78针起织，起织花样A单罗纹针，编织18行后，改织下针至帽顶，无加减针织成24行，然后将针数分为6等份，进行减针编织，每2行减1次针，每圈减少的针数为6针，持续编织，最后针数余下1针时，将6针并为1针，将线收紧，藏于帽内。
3. 另用红色线编织蝴蝶结，下针起针法，起16针，编织花样B搓板针，织48行的高度后收针断线，用红线在中间扎紧，缝于帽顶下边。
4. 用蓝色线，根据毛线球制作方法去制作两只毛线球，分别别于帽子两侧，形成对称。

### 毛线球制作方法：

1. 用毛线球制作器制作。
2. 无制作器者，可利用身边废弃的硬纸制作。剪两块长约10cm，宽3cm的硬纸，剪一段长于硬纸的毛线，用于系毛线球，将剪好的两块硬纸夹住这段毛线（见下图）。下面制作毛线球球体，将毛线缠绕两块硬纸，绕得越密，毛线球越密实，缠绕足够圈数后，将夹住的毛线，从硬纸板夹缝将缠绕的毛线系结，拉紧，用剪刀穿过另一端夹缝，将毛线剪断，最后将散开的毛线剪圆即成。

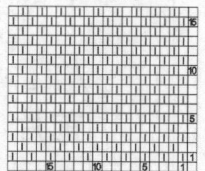

毛线
硬纸夹住这条线
硬纸（两张）

## 作品50

【成品规格】衣长34cm，下摆宽33cm，袖长24cm

【工　　具】13号环形针和棒针

【编织密度】33针×48行=10cm²

【材　　料】宝宝绒线250g，松树纱少许，纽扣4枚

### 编织要点：

1. 一片连织，总针数为189针。用松树纱起189针织单罗纹为底边，上面织花样，后片9组花样，前片各4组。整个身片一直平织至袖窿减针，此时前后片分开织。后片袖窿收针后一直平织至袖窿减针完成。前片比后片织一组的花样的高度。并按图示开领窝，缝合肩线完成。
2. 袖：袖织花样，袖口用松树纱织单罗纹。
3. 领：沿领窝挑80针织花样，织8cm。
4. 门襟：用松树纱织8针单罗纹，绕领圈1周，分别缝扣子及开扣眼。完成。

### 桂花针

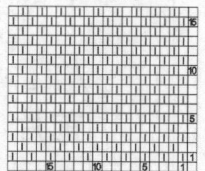

□=□

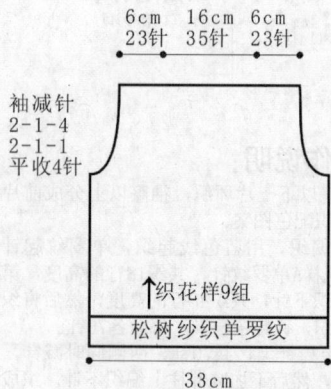

6cm　16cm　6cm
23针　35针　23针

袖减针
2-1-4
2-1-1
平收4针

2cm 10行
12cm 58行
16cm 86行
4cm 20行

↑织花样9组

松树纱织单罗纹

33cm

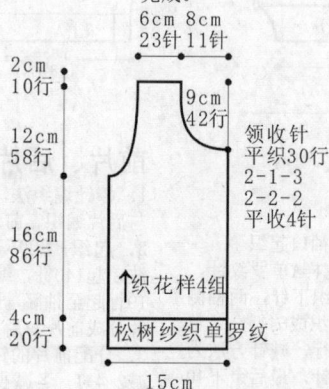

6cm 8cm
23针 11针

9cm 42行

领收针
平织30行
2-1-3
2-2-2
平收4针

↑织花样4组

松树纱织单罗纹

15cm

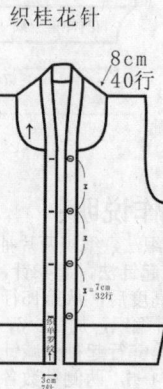

织桂花针

8cm 40行

### 领、门襟

领沿领窝挑80针织花样，门襟前片挑针织单罗纹针，在一侧留下扣眼，另一侧缝扣子。

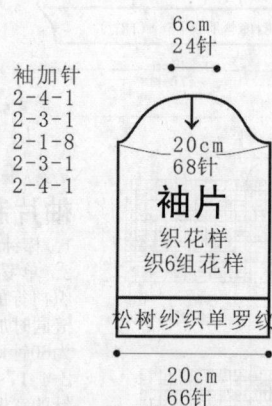

袖加针
2-4-1
2-3-1
2-1-8
2-3-1
2-4-1

6cm 24针

6cm 24行

20cm 68针

### 袖片

织花样
织6组花样

松树纱织单罗纹

20cm 66针

14cm 66行

4cm 20行

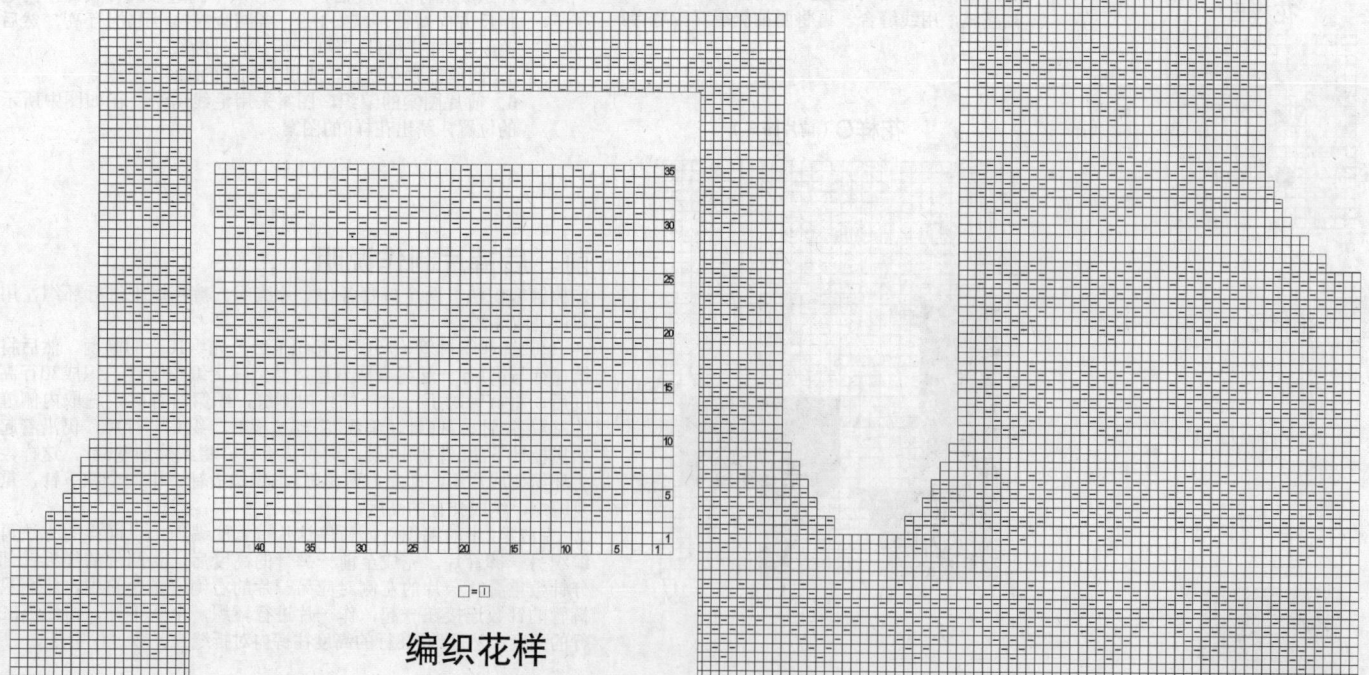

□=□

### 编织花样

## 作品51

【成品规格】见图
【工　　具】10～11号毛衣针，缝衣针，钩针
【材　　料】粉色纯毛线300g，配色纯毛线少许

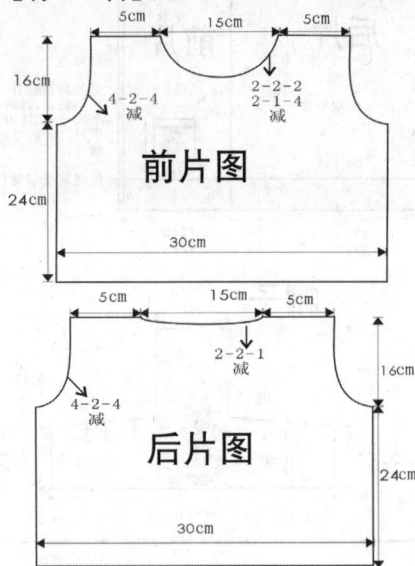

前片图

5cm　15cm　5cm
16cm
24cm
4-2-4减
2-2-2
2-1-4减
30cm

后片图

5cm　15cm　5cm
2-2-1减
16cm
4-2-4减
24cm
30cm

### 编织要点：

单股线编织。下针起边。前片、后片、袖片分别编织，在肩部、腋下缝合。从正面挑织双罗纹针领边，另换配色线织下针边。钩编下边、袖口边。缝好装饰小花。

花样图

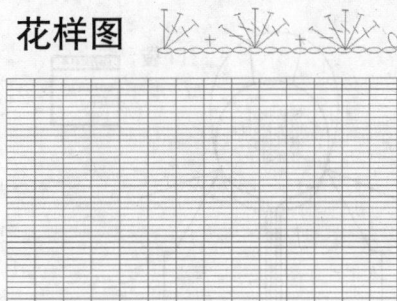

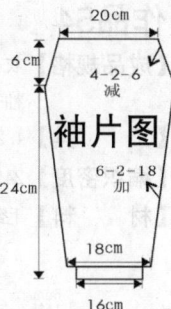

袖片图

20cm
6cm
4-2-6减
24cm
6-2-18加
18cm
16cm

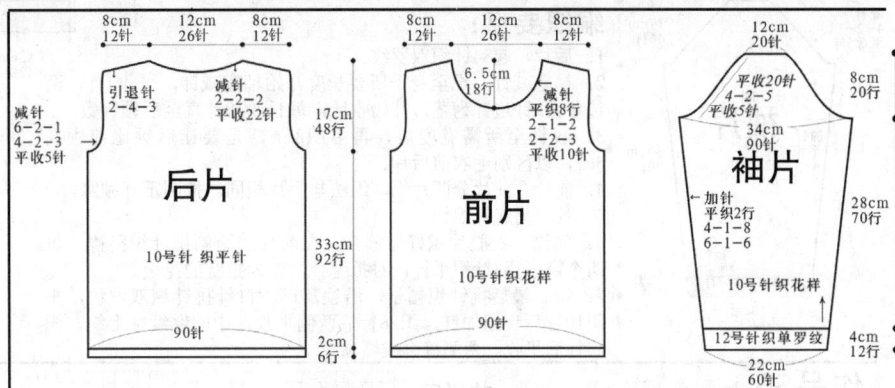

后片
8cm 12针 12cm 26针 8cm 12针
减针
6-2-1
4-2-3
平收5针
引退针
2-4-3
减针
2-2-2
平收22针
17cm 48行
10号针 织平针
33cm 92行
2cm 6行
90针

前片
8cm 12针 12cm 26针 8cm 12针
6.5cm 18行
减针
2-1-2
2-2-3
平收10针
10号针织花样
90针

袖片
12cm 20针
平收20针
4-2-5
平收22针
34cm 90针
加针
平织2行
4-1-8
6-1-6
10号针织花样
12号针织单罗纹
22cm 60针
8cm 20行
28cm 70行
4cm 12行

### 符号说明：

= 第4针与第1针并结
= 第3针与第2针并结

仿机织收针法

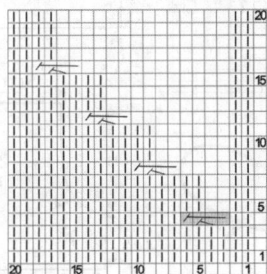

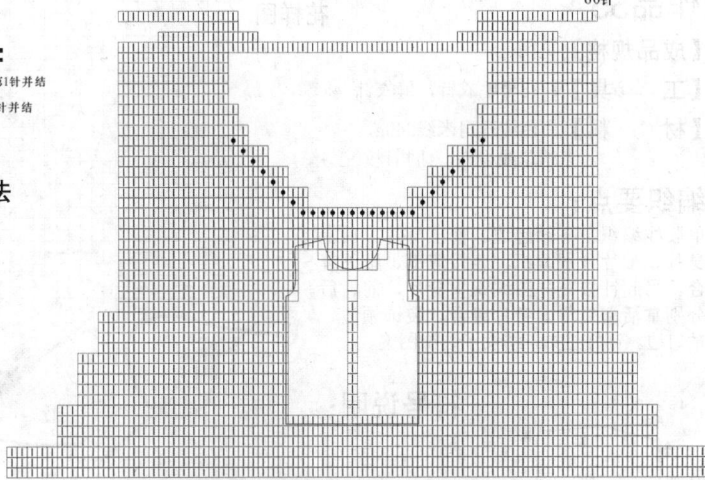

## 作品52

【成品规格】衣长52cm，袖长40cm
【工　　具】3.9mm棒针，2.7mm棒针
【编织密度】25针×28行=10cm²
【材　　料】中粗毛线500g

### 直肩小贴士：

现在比较流行仿机织收肩法，用1针或2针作边，两边对称收针，按图示。

## 作品53

【成品规格】衣长40cm，袖长42cm，下摆宽30cm
【工　　具】10号棒针
【材　　料】土橄榄色羊毛线500g，土黄色羊毛线50g，布贴2个

### 制作说明：

1. 本款衣为插肩款式，分片编织，前衣身一片，后衣身一片，衣袖两片。全部衣片全用10号针编织。

2. 衣身片起针54针编织，起编图A配色条纹罗纹针，共16行，余下全用土橄榄色羊毛线织图下针，织至倒数10行时，在前衣身中间留5针不织，两边同时续织。后衣身片无开口，其他织法与前衣身片相同。在前衣身片左上胸贴上布贴。沿两袖口边挑织下针，用土黄色毛线织，织8行，收针，自然卷曲。

3. 衣袖片起针30针编织，起织16行图A罗纹针，余下用土橄榄色毛线织图B花样，袖身加针织，袖山减针织，加减针方法见结构图。

4. 各片编织完成后，缝合各衣边，制作衣领。

### 符号说明：

□ 上针
回 下针
□ 白色
■ 土橄榄色

图A

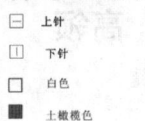

衣领

起织5针，两层。织至与衣领同一高度，再沿衣领口挑针一起编织，往反编织，织图A配色毛线织双罗纹针，终系于4行土黄色毛线编织，其他土橄榄色毛线编织，共织40行。

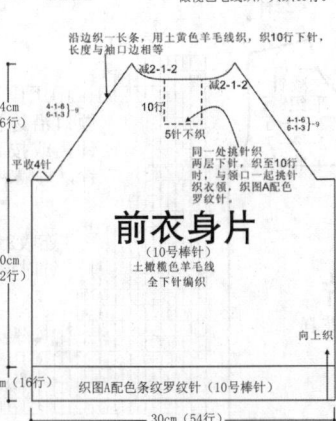

前衣身片
(10号棒针)
土橄榄色羊毛线
全下针编织

沿边织一长条，用土黄色羊毛线织，织10行下针，长度与袖口边相等。

14cm (46行)
4-1-6
6-1-3
减2-1-2
减2-1-2
10行
5针不织
平收4针
20cm (52行)
60cm (16行)
织图A配色条纹罗纹针 (10号棒针)
30cm (54行)
向上织

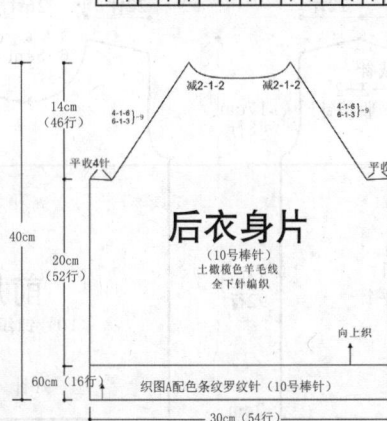

后衣身片
(10号棒针)
土橄榄色羊毛线
全下针编织

14cm (46行)
减2-1-2
减2-1-2
4-1-6
6-1-3
平收4针
40cm
20cm (52行)
60cm (16行)
织图A配色条纹罗纹针 (10号棒针)
30cm (54行)
向上织

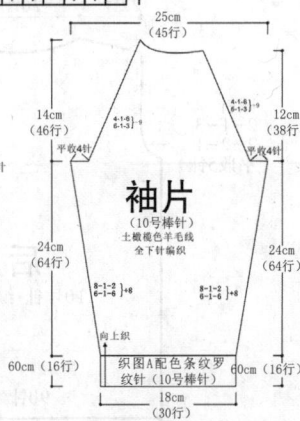

袖片
(10号棒针)
土橄榄色羊毛线

25cm (45行)
14cm (46行)
4-1-6
6-1-3
12cm (38行)
平织
8-1-2
4-1-6×6
24cm (64行)
8-1-2
4-1-6×6
24cm (64行)
60cm (16行)
织图A配色条纹罗纹针
18cm (30行)
向上织

# 作品54

**【成品规格】** 衣长52cm，下摆宽31cm，
袖长51cm

**【工　　具】** 4.2mm棒针，3.9mm棒针

**【编织密度】** 24针×27行=10cm²

**【材　　料】** 毛线500g，拉链1根

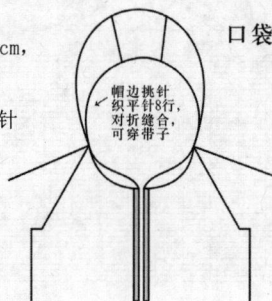

口袋

织8行双罗纹
织14行平针
8cm
18针

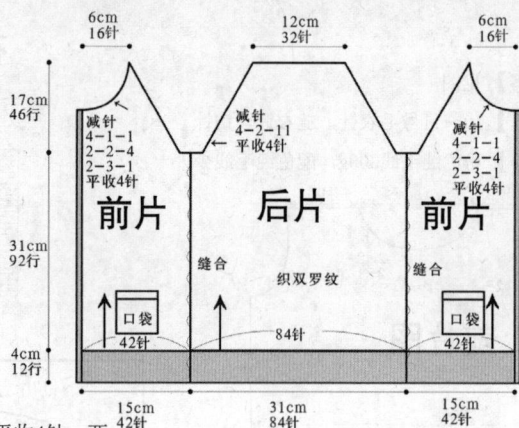

6cm
16针　　12cm
32针　　6cm
16针

17cm
46行

减针
4-1-1
2-2-4
2-3-1
平收4针

减针
4-2-11
平收4针

减针
4-1-1
2-2-4
2-3-1
平收4针

前片　　后片　　前片

31cm
92行

缝合　　织双罗纹　　缝合

拉链边
另从前边挑针
织拉链边，每两
个辫子挑3针织
平针，16行，对折
缝合

拉链从里层缝合

4cm
12行

口袋
42针　　84针　　口袋
42针

15cm
42针　　31cm
84针　　15cm
42针

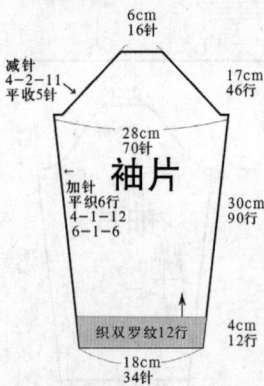

6cm
16针

17cm
46行

减针
4-2-11
平收5针

28cm
70针

袖片

←加针
平织6行
4-1-12
6-1-6

30cm
90行

织双罗纹12行

4cm
12行

18cm
34针

## 编织要点：

1. 后片，起84针织双罗纹。
2. 袖窿减针。织至身子所要长度开始袖窿减针，平收4针，两边各留2针边针为茎，开始收针，每4行收2针直至后领针数。
3. 收针至所需宽度后，再多织3cm，是要让后领比前领高3cm，以区别毛衣前后片。
4. 前片。前片分两片织，织法与后片相同。按图示开领窝。
5. 袖。另起针织袖。
6. 门襟。衣服织好后缝合，在前片的两侧挑针织门襟，每两个辫子挑3针织平针，对折缝合，作为拉链的掩边。
7. 帽。最后挑针织帽子，沿领窝1针对1针挑织双罗纹，平织10行后逐渐加针，织28行后两侧平收，中间继续往上织，织44行后平收。两侧缝合成帽顶。

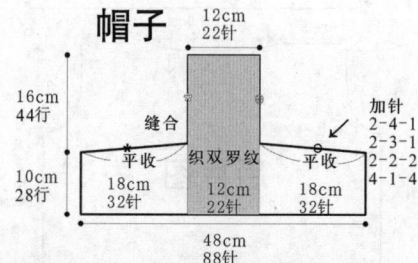

帽子

12cm
22针

16cm
44行

缝合

加针
2-4-1
2-3-1
2-2-2
4-1-4

平织　　织双罗纹　　平织

10cm
28行

18cm
32针　　12cm
22针　　18cm
32针

48cm
88针

---

# 作品55

**【成品规格】** 见图

**【工　　具】** 7～8号毛衣针，缝衣针

**【材　　料】** 白色纯开司米线240g，
绣花线少许，纽扣1枚

## 编织要点：

单股线编织。下针起边。前上身片、后上身片、袖片分别编织，连接肩部、腋下缝合。另起针按花样图编织下身片，前、后分别拿活褶后与上身片缝合。装饰领边、袖口边。钉好纽扣。绣女子装饰图案。

花样图

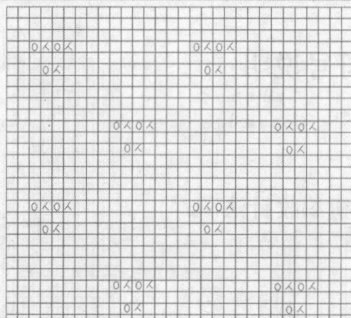

## 符号说明：

上针：

下针：

加针 ○

左上2针 并1针

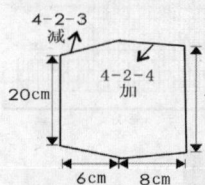

4-2-3
减

20cm　　4-2-4
加　　18cm

6cm　8cm

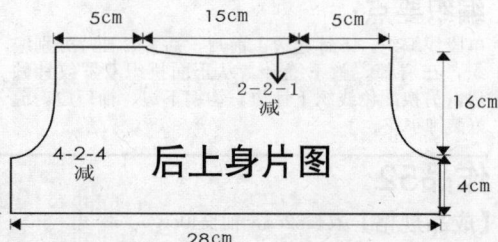

5cm　　15cm　　5cm

2-2-1
减

16cm

4-2-4
减　　后上身片图

4cm

28cm

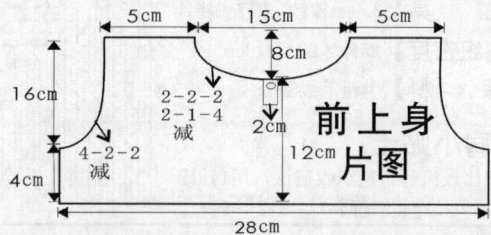

5cm　　15cm　　5cm

8cm

2-2-2
2-1-4
减

2cm

16cm

4-2-2
减　　前上身片图

4cm　　12cm

28cm

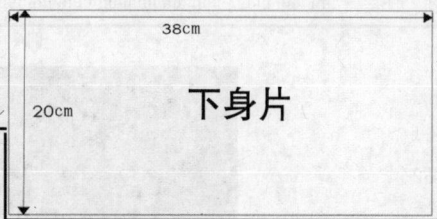

下身片

38cm

20cm

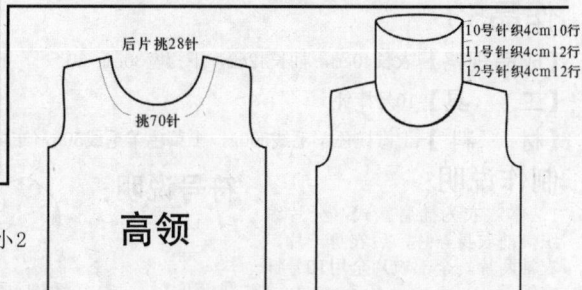

后片挑28针

挑70针

高领

高领

10号针织4cm10行
11号针织4cm12行
12号针织4cm12行

## 高领小贴士：

织衣领的针在开始时要比织衣身的针小2号，然后每1/4的长度换大一号的针织。

---

# 作品56

**【成品规格】** 衣长52cm，袖长40cm

**【工　　具】** 10~12号棒针

**【编织密度】** 25针×28行=10cm²

**【材　　料】** 中粗毛线500g

8.5cm
22针　　10cm
26针　　8.5cm
22针

减针
2-2-2
平收22针

17cm
48行

减针
2-1-3
2-2-1
平收5针

后片

10号针 织平针

33cm
92行

90针

2cm
6行

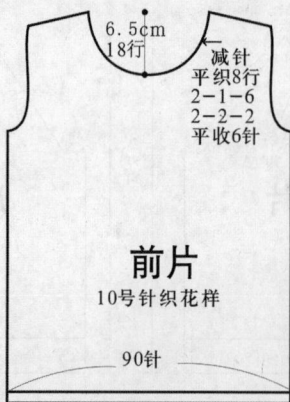

8.5cm
22针　　10cm
26针　　8.5cm
22针

6.5cm
18行

减针
平织8行
2-1-6
2-2-2
平收6针

前片

10号针织花样

90针

领口沿边挑针，每2个辫子挑3针，或按直密挑针，每1针挑1针，每隔3行或4行空1针。

连收2针的地方，挑第1针时退1行。

● 表示挑针的位置

## 作品57

【成品规格】衣长37cm

【工　　具】11号棒针

【编织密度】26针×40行=10cm²

【材　　料】橘红色毛线300g　牛角扣3枚

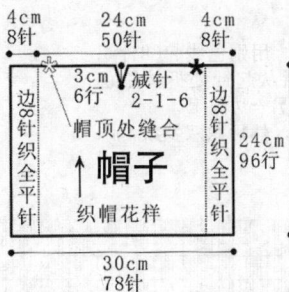

帽子编织图

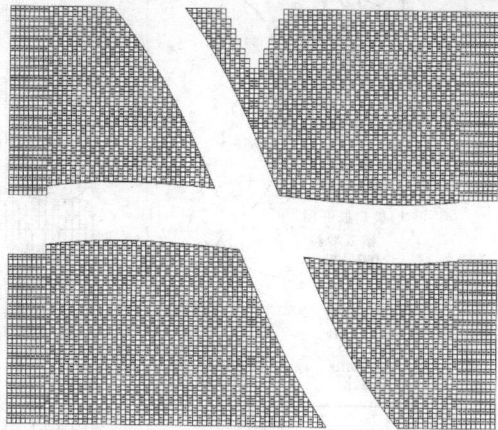

**编织要点：**

1. 后片：起77针，两侧各15针织全平针。织6行全平针为边，上面织花样，织97行后袖窿减针，袖窝处平收6针，不加不减继续织55行平收，后片完成。

2. 前片：开衫，对称织两片。

3. 帽：各片缝合好后，挑针织帽子。从领窝处挑出所有针数织单桂花针，衣襟同挑，两侧8针织全平针为边。其余织单桂花针，织至最后3cm时，以后中心为线，两侧每2行各收1针收6针平收，缝合即可。

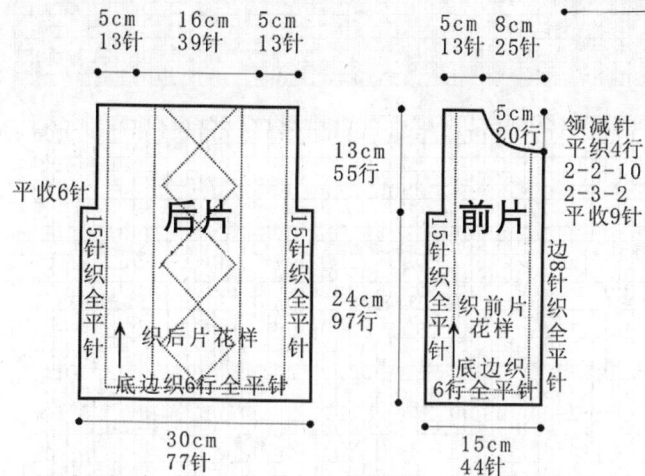

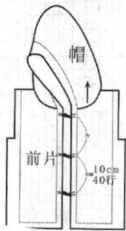

沿领窝挑针，边同织，织96行按图解花样织

领：按图解织花样，织好沿领挑针织边，织平针，形成自然卷曲

## 作品58

【成品规格】见图

【工　　具】11号环针和棒针

【编织密度】24针×26行=10cm²

【材　　料】彩虹线250g

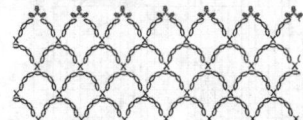

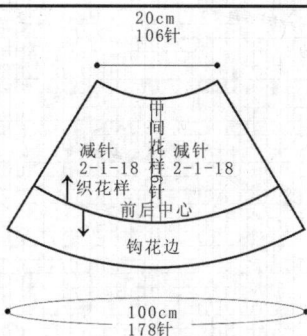

□=□

☒=左上2针并1针

◎=加针

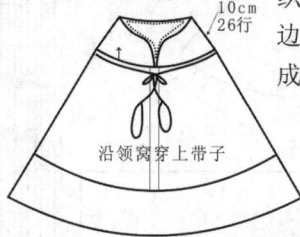

沿领窝穿上带子

### 球球织法

**编织要点：**

1. 圈织。起178针织8行全平针，上面织花样，前后片的中心分别收针，棒针花形分四组，最下面织8行全平针，然后织三角花样，间隔8行全平针上面织水草花3组，再织6行全平针开始片织领。领织20行水草花后沿领边挑起来织6行平针，平收即完成。

2. 另用钩针沿底边钩花边；

3. 钩一针长长的辫子，两端各连接一小球。

4. 球：起6针，圈织，加针成一圆筒，织到长度时将里面塞上填充棉，收口，连接在辫子上。

5. 领：披肩完成后自然织领，按图解织花样，织好沿领挑针织边，织平针，形成自然卷曲。完成。

**符号说明：**

□=□

☒=3针并1针再1针放3针

Λ=中上3针并1针

ʎ=右上2针并1针

☒=2针右上交叉

领花样

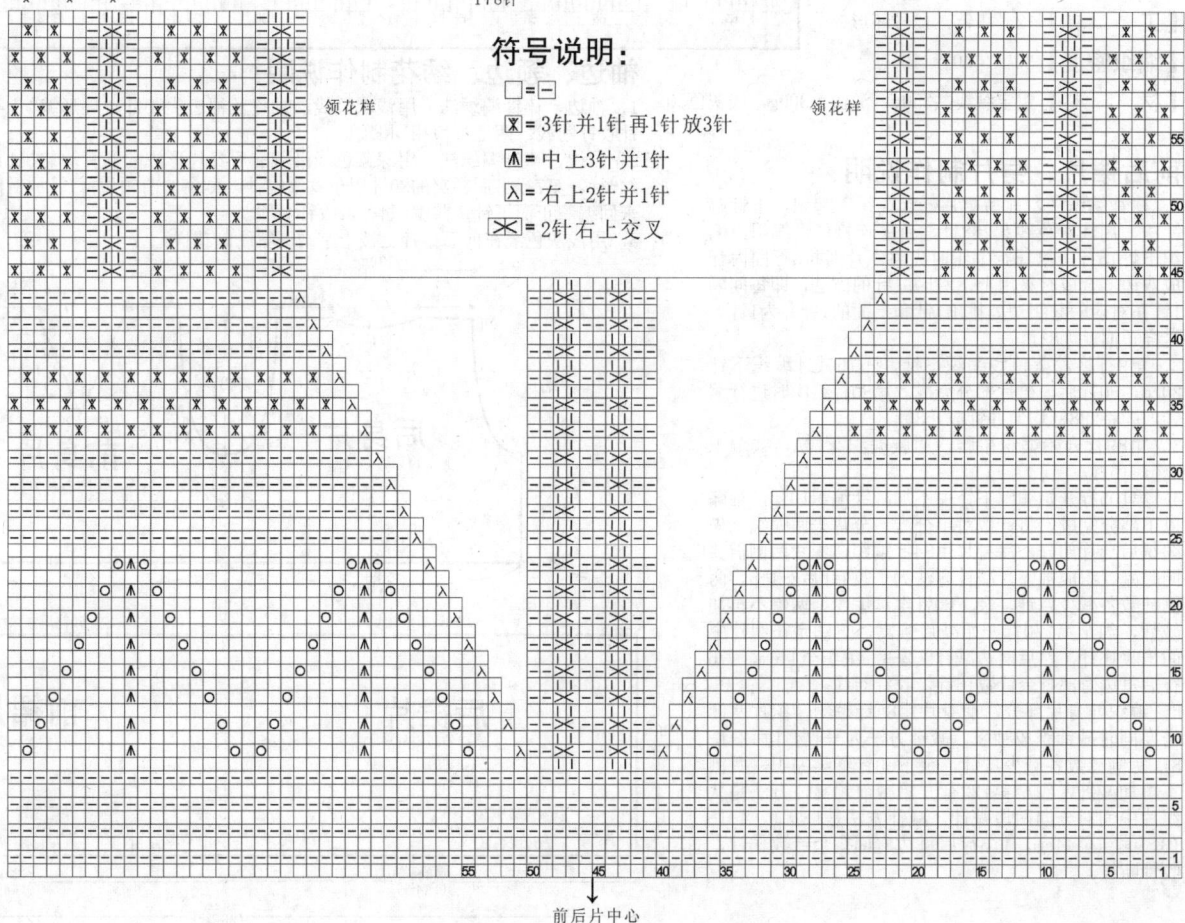

前后片中心

## 作品59

【成品规格】见图
【工　　具】12号环针
【编织密度】28针×33行=10cm²
【材　　料】夹金丝彩棉线250g

**编织要点：**

1. 先织一块长方形。用别色线起68针织花样100行，织好后从起针处拆掉别色线，挑起所有针数与另一边圈织。

2. 第1行每针加1针，然后织双罗纹，织30行后平收。完成。

### 编织花样图

□=□

[斜线图示]=8针交叉，左边4针在上面

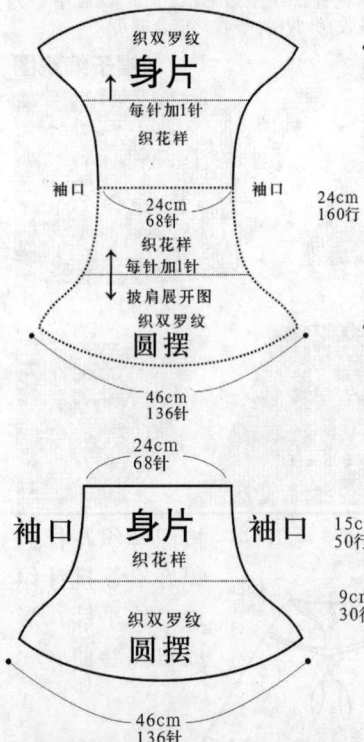

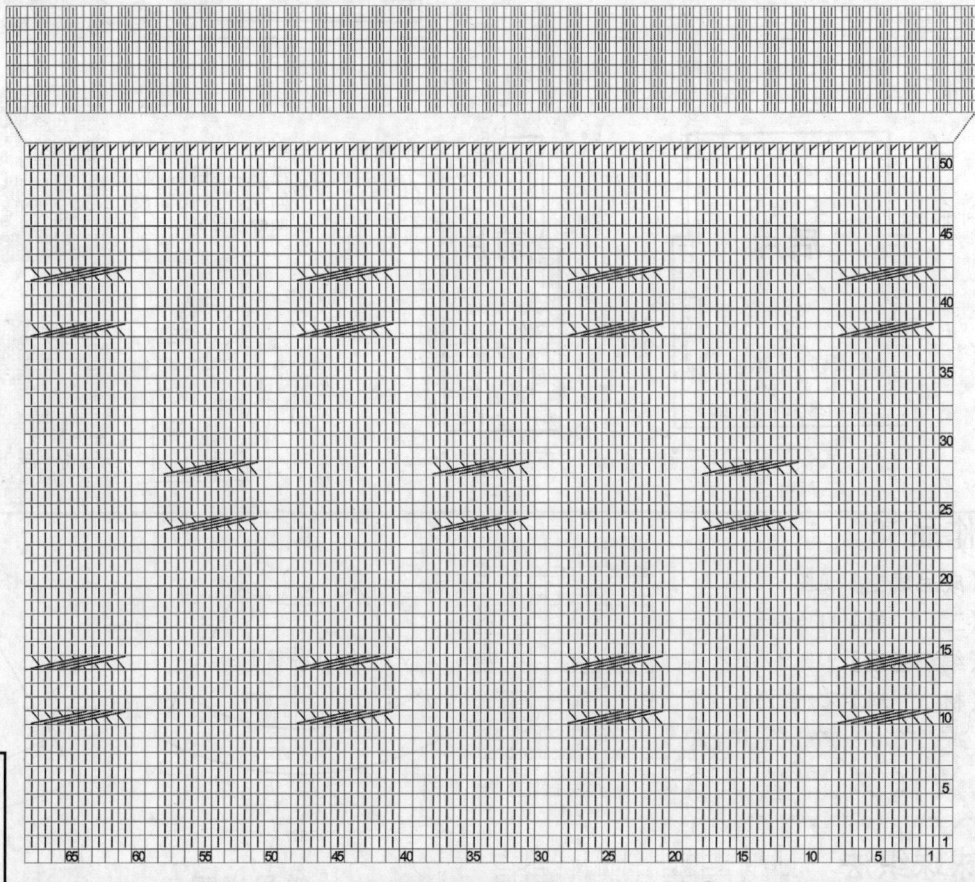

[身片结构图]
织双罗纹
**身片**
每针加1针
织花样
袖口　　　袖口
24cm
68针
24cm
160行
织花样
每针加1针
披肩展开图
织双罗纹
**圆摆**
46cm
136针

[身片结构图]
24cm
68针
袖口　**身片**　袖口
织花样
15cm
50行
织双罗纹
**圆摆**
9cm
30行
46cm
136针

## 作品60

【成品规格】见图
【工　　具】12号棒针；12号环形针
【编织密度】30针×40行=10cm²
【材　　料】宝宝绒线共350g，深蓝色300g，浅灰色50g

**前后裙片、身片制作说明：**

1. 棒针编织法，前后裙片一起编织。起织，下针起针法，用浅灰色线起288针，首尾连接环形编织，编织下针15行，第16行编织时先将织片对折8行向内翻成双边，合成时采用上下2针并1针的方法，即每间隔1针在对应的起头边处挑出1针和上面的1针并为1针。这样正面就为8行。

2. 第9行换深蓝色线编织下针20cm，80行后，裙片部分完成。第80行编织时进行缩针，即将288针均匀并针成168针。

3. 第89行开始编织裙腰，裙腰编织花样A，共编织4cm，16行。

4. 第105行开始编织下针，不加减针编织10行，袖窿以下部分完成。将针数对半分配，分片来回编织，先编织后身片部分，后身片用84针编织，织片两侧需要同时减针织成袖窿，减针方法为平收4针后2-1-8，两侧针数各减少12针，余下60针继续编织，两侧不再加减针，织至第170行开始减后领窝，方法是在织片中间平收16针，然后两边减针2-2-3，编织至44cm，176行后每边肩部剩余针数16针，收针断线。

5. 编织前身片部分，前身片用84针编织，织片两侧需要同时减针织成袖窿，减针方法为平收4针后2-1-8，两侧针数各减少12针，余下60针继续编织，两侧不再加减针，织至第122行开始减前领窝，方法是从织片中间对分向两边减针，减针方法是1-1-1、4-1-13，编织至44cm，176行后每边肩部剩余针数16针，收针断线。

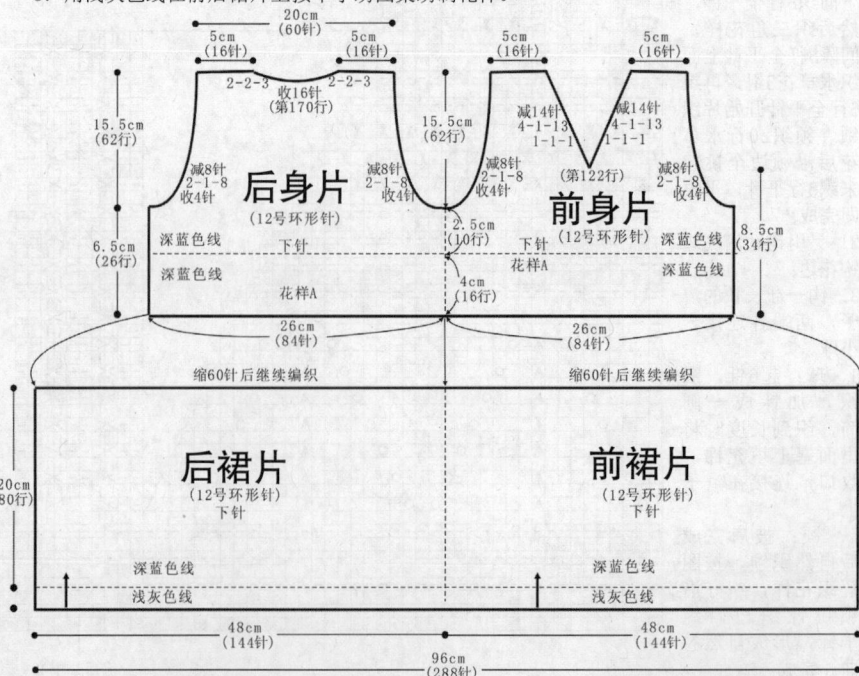

**袖边、领边、绣花制作说明：**

1. 袖边，棒针编织法，用浅灰色线沿袖窿及袖边挑86针。环形编织，全上针编织4行，上针收针断线。两边袖口相同编织。

2. 领边，棒针编织法，用深蓝色线沿着前后身片形成的领窝均匀挑140针，环形编织单罗纹6行，第7行将后领窝的30针用单罗纹收针，剩余的前领边每1针放3针，第8行换浅灰色线来回编织正面下针，共编织4行，收针断线。

3. 用浅灰色线在前后裙片上按十字绣图案绣制花样。

[编织花样大图 - 方格图，横向标注 65 60 55 50 45 40 35 30 25 20 15 10 5 1，纵向标注 50 45 40 35 30 25 20 15 10 5]

[服装结构图]
20cm
(60针)
5cm　5cm
(16针)(16针)
5cm　5cm
(16针)(16针)
2-2-3　收16针　2-2-3
(第170行)
15.5cm
(62行)
15.5cm
(62行)
减14针
4-1-13
1-1-1
减14针
4-1-13
1-1-1
(第122行)
减8针
2-1-8
收4针
**后身片**
(12号环形针)
减8针
2-1-8
收4针
减8针
2-1-8
收4针
**前身片**
(12号环形针)
减8针
2-1-8
收4针
8.5cm
(34行)
6.5cm
(26行)
深蓝色线
下针
深蓝色线
2.5cm
(10行)
下针
花样A
深蓝色线
花样A
4cm
(16针)
深蓝色线
26cm
(84针)
26cm
(84针)
缩60针后继续编织
缩60针后继续编织
20cm
(80行)
**后裙片**
(12号环形针)
下针
**前裙片**
(12号环形针)
下针
深蓝色线
浅灰色线
深蓝色线
浅灰色线
2cm
(8行)
48cm
(144针)
48cm
(144针)
96cm
(288针)

116

**袖片编织图解**

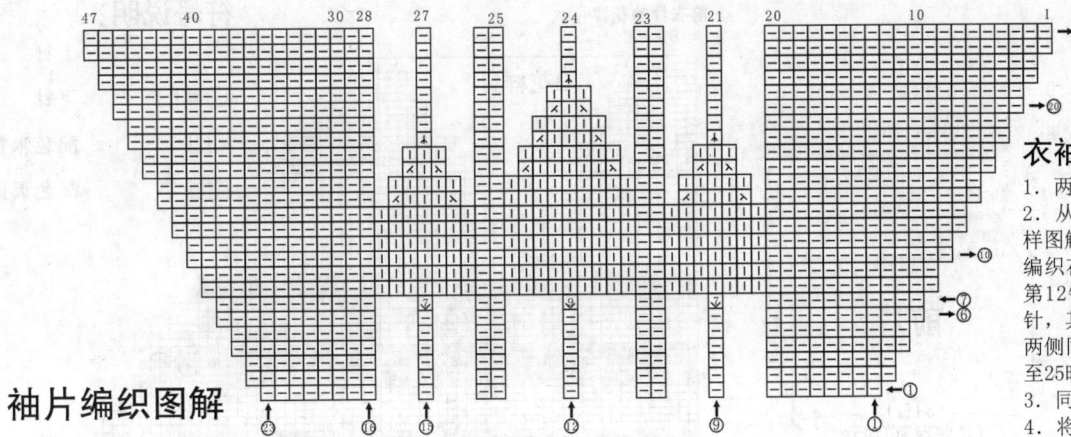

## 衣袖片制作说明：

1. 两片衣袖片，分别单独编织。
2. 从袖山处起织，起23针，按袖片花样图解编织，编织6行上针，第7行增编织花样，方法是第9针1针放出7针，第12针1针放出9针，第15针1针放出7针，其余针数编织上针，袖片编织时在两侧同时加针，加针方法为2-1-12，加至25时针数为47针，收针断线。
3. 同样的方法再编织另一衣袖片。
4. 将两袖片的袖山与衣身的袖隆线边对应缝合。

## 十字绣图案

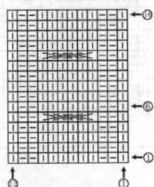

**符号说明：**

- □　上针
- □=□　下针
- 3针相交叉，左3针在上
- 2-1-3　行-针-次

**花样A**

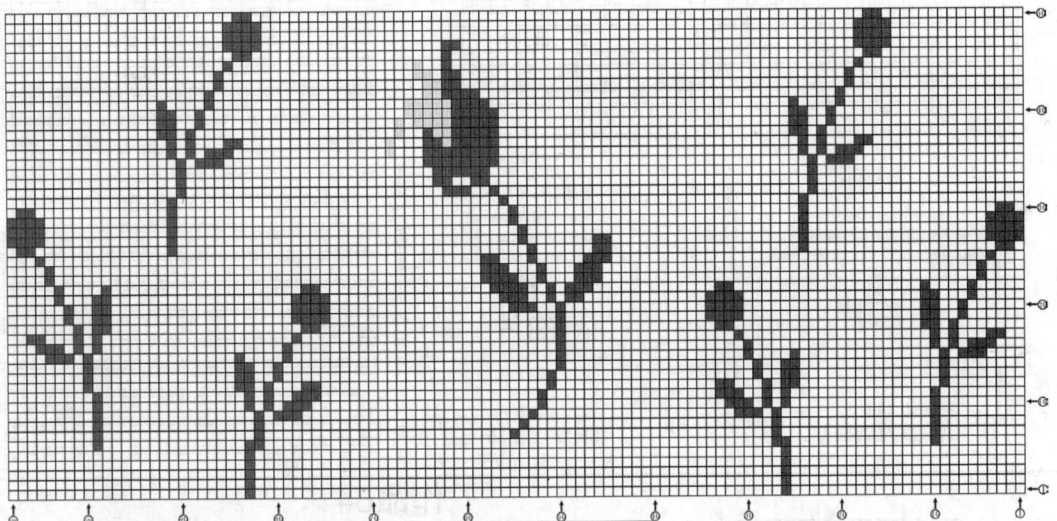

**前衣片的花样**

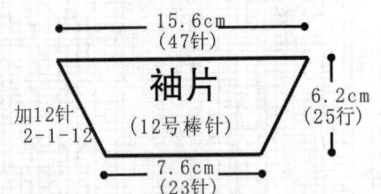

减针线
后领
前领
肩

## 作品61、62

【成品规格】见图

【工　具】1.5～2mm钩针1副，11～13号毛衣针1副

【材　料】浅蓝色宝宝绒线200g，深蓝色线少许，白色圆扣10枚

**领围配色编织来回下针10行**

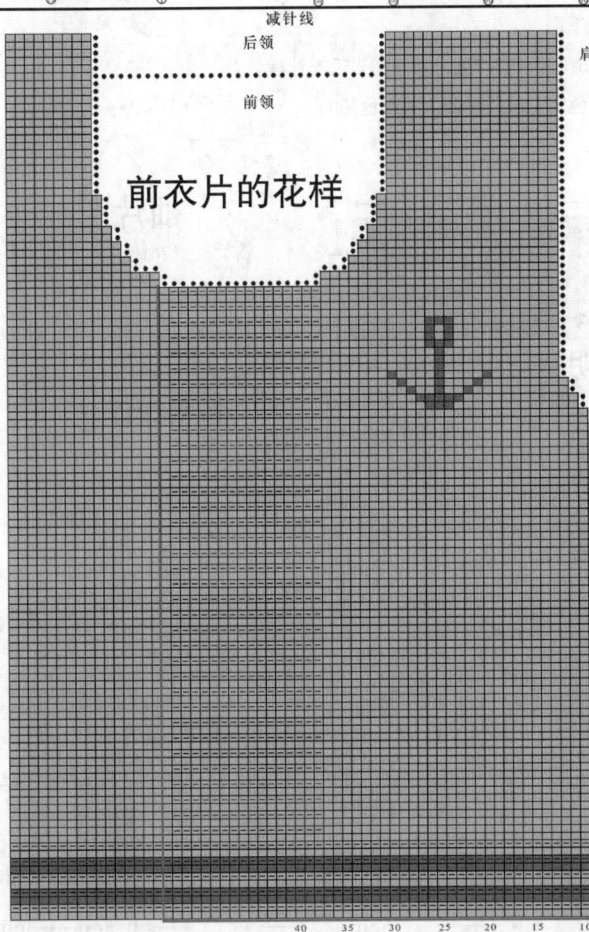

15.6cm（47针）
袖片
（12号棒针）
6.2cm（25行）
加12针 2-1-12
7.6cm（23针）

## 制作说明：

宝宝的宽门襟圆海军领外套，如下图结构图，分片编织后缝合，花样针法及减针见右图。袖口、衣边为来回下针10行。门襟为预留6cm来回下针。完成缝合后沿领围挑织领。领围同衣边和袖口的编织方法。

**符号说明：**

- □　上针
- □=□　下针
- ▓　深蓝色
- ▓　浅蓝色

**圆形海军领**

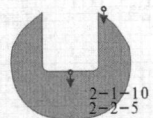
2-1-10
2-2-5

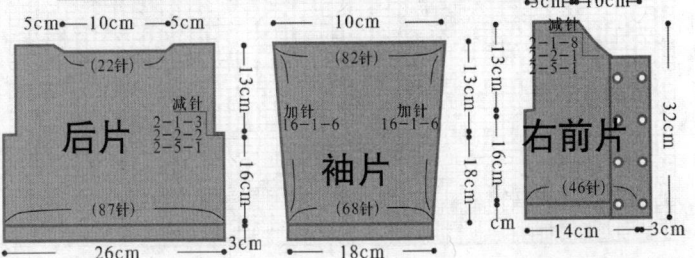
来回下针10行
下针编织
来回下针10行

5cm—10cm—5cm
（22针）
后片
减针 2-1-3 2-3-1
（87针）
13针
16针
26cm
3cm

10cm
（82针）
袖片
加针 16-1-6　加针 16-1-6
（68针）
13针
18针
18cm
3cm

5cm—10cm
右前片
减针 2-1-8 2-5-1
32针
13针
16针
（46针）
14cm—3cm

117

# 作品63

**【成品规格】** 见图

**【工　　具】** 1.5～2mm钩针1副，9～11号毛衣针1副

**【材　　料】** 米黄色宝宝绒线200g，天蓝色100g，纽扣2枚

## 制作说明：

宝宝的插肩长袖外套。如下图结构图，先分片编织各部分，减针见右图。衣边、袖口和领边为双罗纹针边，行数见结构图。花样针法为下针的配色编织。领为V字翻领，挑织后编织宽度为同肩宽。前领中留5针开口，并织来回下针边。

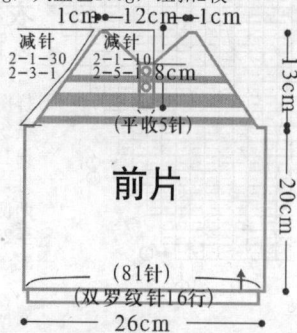

前衣片的花样：B花样针

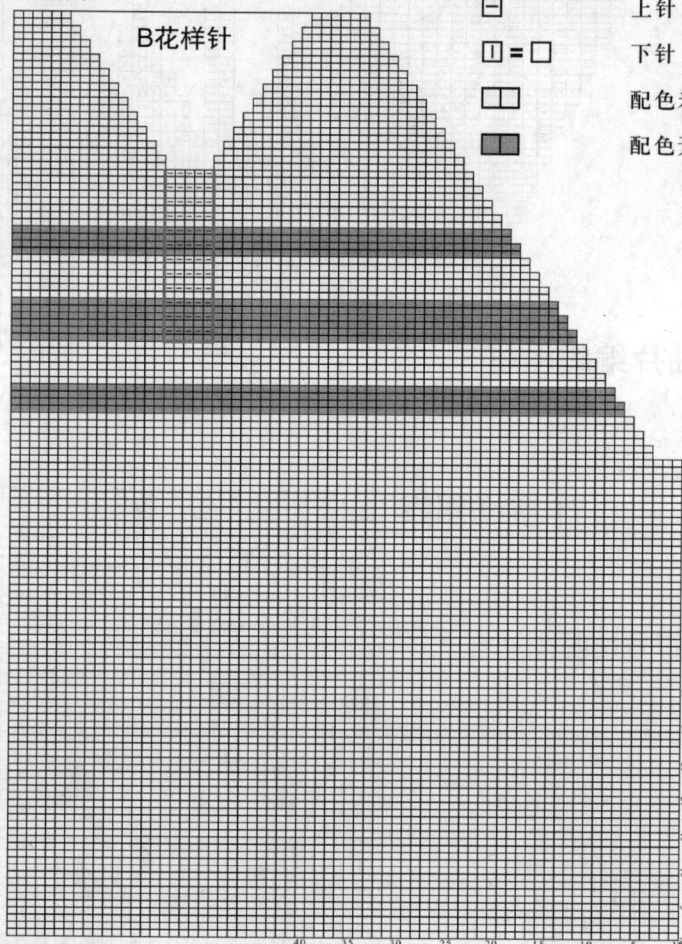

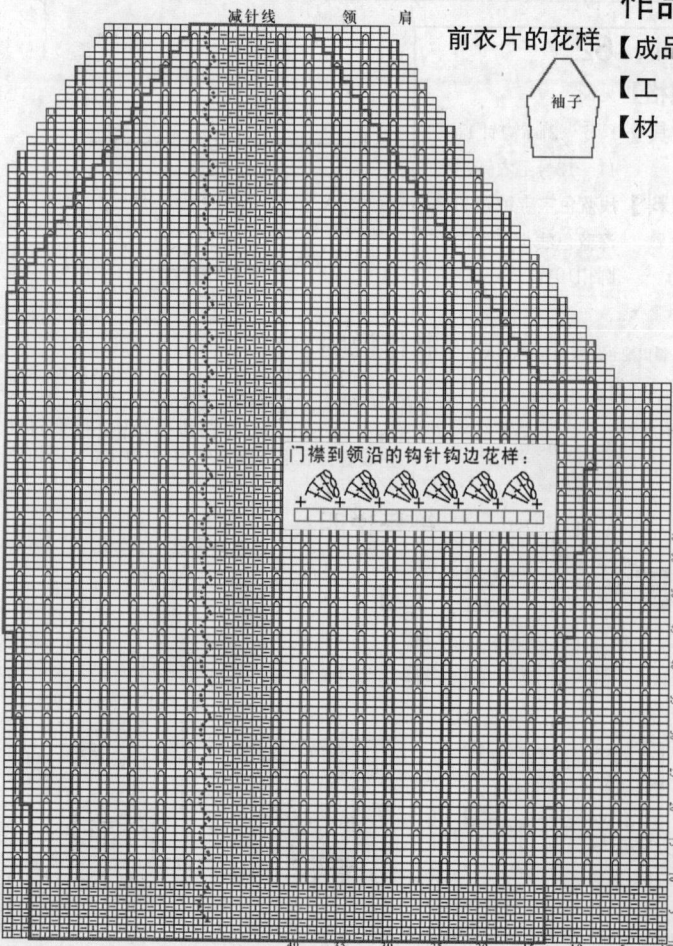

B花样针

**符号说明：**

| | |
|---|---|
| □ | 上针 |
| □ = □ | 下针 |
| □□ | 配色米黄 |
| ▨ | 配色天蓝 |

### 前片

1cm—12cm—1cm

减针　　减针
2-1-30　2-1-10
2-3-1　2-5-1　8cm

（平收5针）

13cm　20cm　26cm

（81针）
（双罗纹针16行）

缝合后按箭头方向挑织双罗纹领

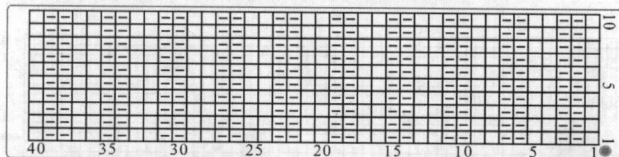

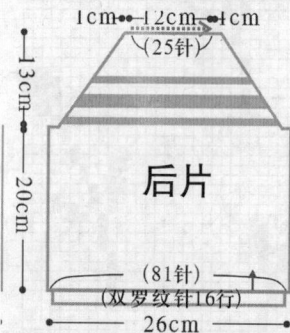

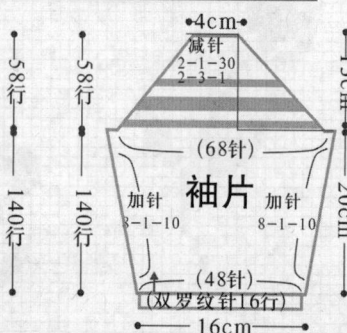

### 后片

1cm—12cm—1cm
（25针）

13cm　20cm　58行　140行

（81针）
（双罗纹针16行）
26cm

### 袖片

—4cm—
减针
2-1-30
2-3-1

（68针）

加针　加针
8-1-10　8-1-10

58行　140行　13cm　20cm

（48针）
（双罗纹针16行）
16cm

---

# 作品64

**【成品规格】** 见下图

**【工　　具】** 1.5～2mm钩针1副，11～13号毛衣针1副

**【材　　料】** 黄色宝宝绒线150g，大红色100g

前衣片的花样

袖子

减针线　领肩

门襟到领沿的钩针钩边花样：

## 制作说明：

宝宝的开襟戴帽插肩外套，如下图结构图，分片编织后缝合，并按图示挑织帽子。花样针法及减针见下图。口袋编织花样和口袋缝合处以及帽沿钩针花样见图。

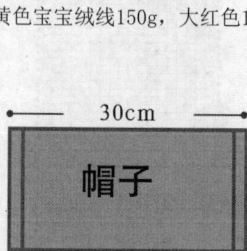

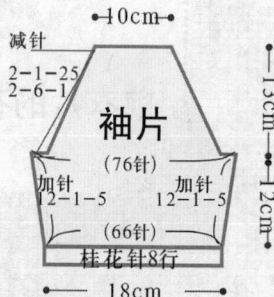

### 帽子
30cm × 15cm

如此钩两个椭圆形中间用双辫子针连接起来。订好打个蝴蝶结装饰。

5cm—10cm—5cm

### 袖片
—10cm—
减针
2-1-25
2-6-1

（76针）

加针　加针
12-1-5　12-1-5

（66针）

13cm　12cm

（桂花针8行）
18cm

**符号说明：**

| | |
|---|---|
| □ | 上针 |
| □ = □ | 下针 |
| ▤ | 下针的挂针 |
| ○ | 锁针 |
| + = × | 短针 |
| | 长针 |

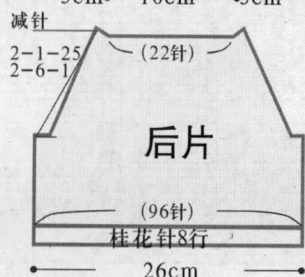

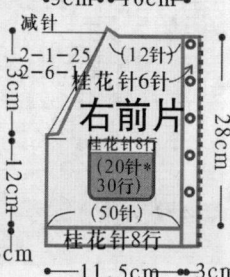

### 后片
减针
2-1-25
2-6-1

（22针）

13cm　12cm

（96针）
（桂花针8行）
26cm　3cm

### 右前片
减针
2-1-25
2-6-1　桂花针6行

（12针）

13cm　12cm

桂花针8行
（20针※30行）
（50针）

28cm

（桂花针8行）
11.5cm—3cm

## 作品65

**【成品规格】** 衣长31cm，下摆宽29cm，裤长32.5cm，裤宽25cm

**【工　具】** 12号环形针，12号棒针

**【编织密度】** 24针×38行=10cm²

**【材　料】** 黑色宝宝绒线共500g，白色毛线200g，红色、黄色、冰蓝色、天蓝色毛线少许，黑色纽扣5枚。

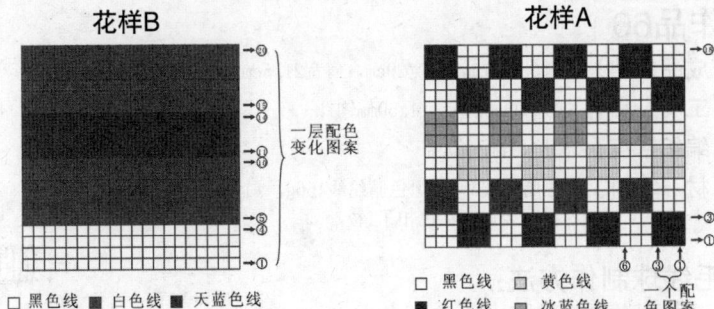

花样B

花样A

□ 黑色线　　□ 黄色线
■ 红色线　　▨ 冰蓝色线
▨ 白色线　　■ 天蓝色线

一个配色图案

一组配色变化图案

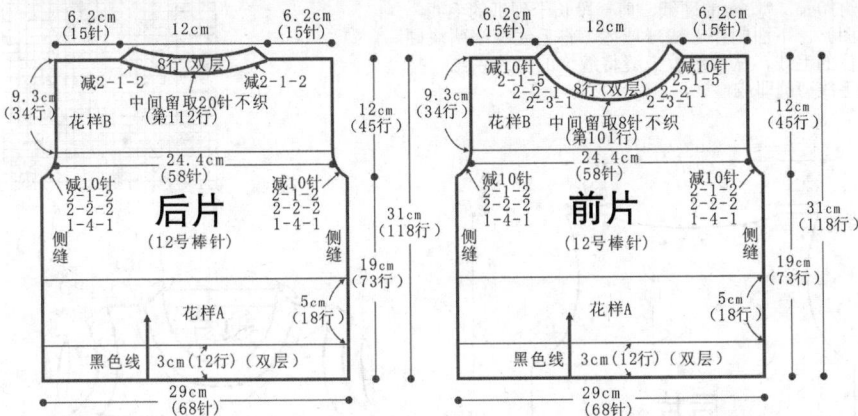

后片（12号棒针）

前片（12号棒针）

花样C（单罗纹）

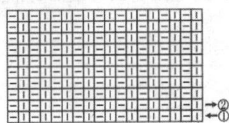

2针一花样

**符号说明：**

□ 上针
□=□ 下针
▨ 右上2针并1针
回 镂空针
2-1-2 行-针-次

花样D

以这行为中心对折

花样E

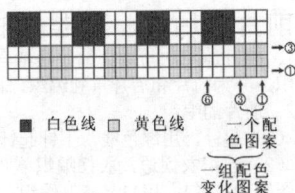

■ 白色线　　□ 黄色线

一个配色图案

一组配色变化图案

### 后片制作说明：

1. 后身片为一片编织，从下往上织，往上编织至肩部，全部织下针。

2. 衣服先编织后身片，用黑色毛线起68针，往上编织3cm，即12行，以中间行为中心对折，将起针行与第12行合并成一行编织。第13针至30行为花样A编织，如花样A所示，3针3行为一个图案，6针为一组变化图案，以黑色线为底色，每层花样交错排列，除了图案的针数，两侧各留1针为黑色线编织。第31行用白色线往上编织至19cm，即73行，开始袖窿减针，方法顺序为1-4-1、2-2-2、2-1-2，后身片的袖窿减少针数为10针。减针后，从第84行开始按花样B配色图案换线编织两层图案，一直往上编织至肩部。不加减针编织至112行，从织片的中间留20针不织，可以收针，亦可以留作编织衣领连接，可用防解别针锁住，两侧余下的针数，衣领侧减针，方法为2-1-2，最后两侧的针数余下15针，收针断线。

### 前片制作说明：

1. 前身片为一片编织，编织方法同后身片。

2. 衣领下的编织方法同后身片，袖窿减针后，从第84行开始按花样B配色图案换线编织两层图案，一直往上编织至肩部。不加减针编织至101行，从织片的中间留8针不织，可以收针，亦可以留作编织衣领连接，可用防解别针锁住，两侧余下的针数，衣领侧减针，方法为2-3-1、2-2-1、2-1-5，编织至118行，最后两侧的针数余下15针，收针断线。

3. 前片与后片的两肩部对应，两侧缝对应缝合。

4. 沿着前片后片缝合后，形成的衣领边，挑针起织下针，挑针的幅度不宜太大，挑完衣领边往上编织16行后，将领口往内对折缝合。

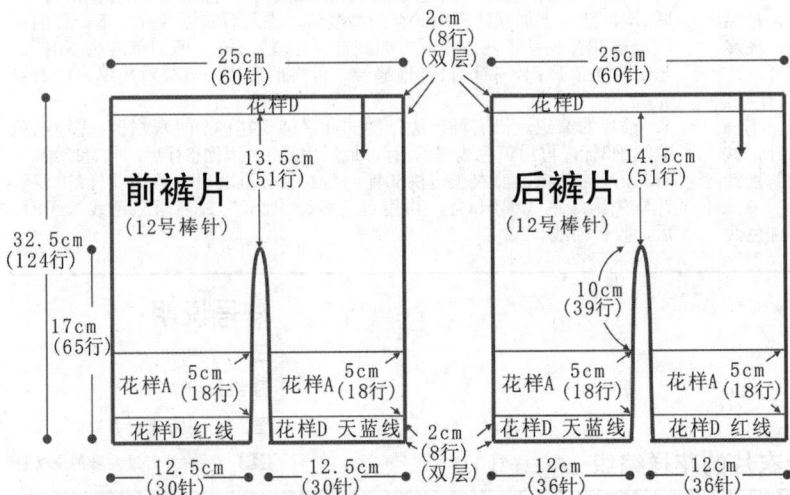

前裤片（12号棒针）

后裤片（12号棒针）

袖片（12号棒针）

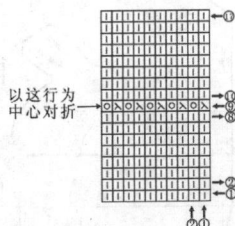

### 裤片制作说明：

1. 棒针编织法，配色图案编织。图案的图解见花样A。从裤腰部起织，往下织至裤管口。

2. 下针起针法，起120针，环编，先用黑色毛线编织，编织花样D，织8行下针，第9行织棒针狗牙针，再织8行下针，以狗牙针所在行为中心对折，将起针行与第19行合并成一行编织。这部分形成的空管用于穿入松紧带。

3. 织成腰部后，往下不加减针编织，将裤子织成51行。

4. 将第51行的针数分为两半，分别编织，将裤管织成39行后，开始按花样A配色图案换线编织，编织16行，最后全黑色线编织8行下针，第9行织棒针狗牙针，再织8行下针，以狗牙针所在行为中心向内对折，缝合好。同样的方法编织另一裤管。

### 袖片制作说明：

1. 棒针编织法，编织两片袖片。从袖口起织。

2. 单罗纹起针法，起44针，用黑色毛线编织8行单罗纹，图解见花样C，从第9行起两侧加针编织，两侧加针方法为2-1-8，各加8针，加完针后不加减针往上编织至46行，开始按花样B配色图案换线编织，往上不加减针编织至60行，开始袖山减针，减针方法为2-3-1、2-1-4，两侧针数各减少7针，最后余下46针的宽度，收针断线。

3. 同样的方法再编织另一袖片。

4. 缝合方法：将袖山对应前片与后片的袖窿线，用线缝合，再将两袖侧缝对应缝合。

# 作品66

【成品规格】衣长33.5cm，胸宽29cm，肩宽21.5cm，下摆宽27cm

【工 具】10号和11号棒针，1.50mm钩针

【编织密度】25针×31行=10cm²

【材 料】黄色腈纶线30g，绿色腈纶线150g，白色50g，红色和深棕色少许，红色扣子1枚

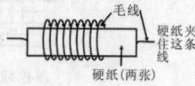

花样A
（单罗纹针）

□ 黄色线
■ 绿色线

2针一花样

符号说明：

□ 上针　　+ 短针
□=□ 下针　　↑ 长针
2-1-3 行-针-次　⌒ 锁针

↓编织方向

花样C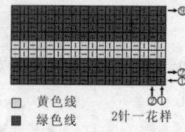

花样B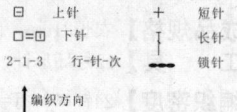

## 毛线球制作方法：

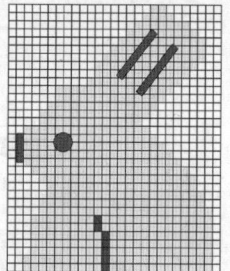

1. 用毛线球制作器制作。

2. 无制作器者，可利用身边废弃的硬纸制作。剪两块长约10cm、宽3cm的硬纸，剪一段长于硬纸的毛线，用于系毛线球，将剪好的两块硬纸夹住这段毛线（见上图）。下面制作毛线球球体，将毛线缠绕两块硬纸，绕得越密，毛线球越密实，缠绕足够圈数后，将夹住的毛线，从硬纸板夹缝将缠绕的毛线系结，拉紧，用剪刀穿过另一端夹缝，将毛线剪断，最后将散开的毛线剪圆即成。

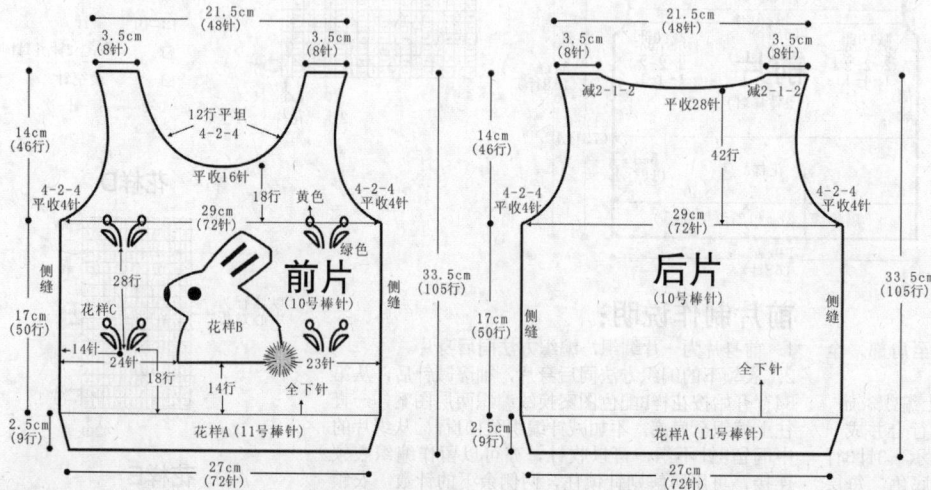

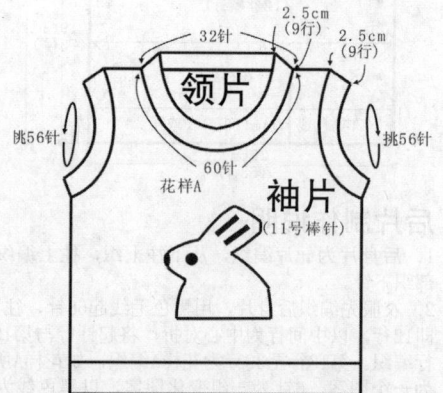

## 前片、后片、衣摆、袖片制作说明：

1. 棒针编织法与钩针编织法结合。前片花草用钩针钩织。衣身用棒针编织。分为前片和后片单独编织，再缝合侧缝边和肩部。

2. 前片的编织。

（1）起针，用绿色线，下针起针法，起72针，来回编织。

（2）起织衣摆边，衣摆编织单罗纹针，并搭以黄色线编织，配色和花样图解见花样A，用11号棒针编织，无加减针，编织9行的高度。

（3）起织衣身。改用10号棒针编织，全织下针，用绿色线编织14行的高度，第15行时，先织23针，再改用白色线编织花样B图案，共25针，最后24针用绿色线编织。往上编织时，依照图解用白色线编织出图案，图案以外全用绿色线编织。无加减针，将衣身织成50行的高度，至袖窿下。

（4）袖窿减针，织片两边同时减针，各减掉4针，然后，每织4行减2针，共减4次，织成16行的高度，再织2行，进入前衣领减针编织。下一行的中间选取16针收针，两边各自编织，衣领减针，每织4行减2针，共减4次，织成16行后，无加减针再织12行，至肩部全下8针，用防解别针锁住。同样的方法编织另一半肩部。

（5）前片绣图。花样B图案中，眼睛用1枚红色扣子装饰，嘴巴用红色线

缠绕3行的宽度。同样的方法，耳朵也缠绕适当的长度，两段。脚间用深棕色线缠绕。图案四个角度上的花朵，图解见花样C，分别是用钩针钩出黄色小花，叶子后再缝出数针锁针形成。最后根据毛线球制作方法，用白色线制作一小球，装饰兔子尾巴。

3. 后片的编织。用绿色线，起72针，起织花样A单罗纹针，织9行的高度，然后改用10号棒针编织下针，无加减针，后片无图案，全织下针，织50行高度至袖窿下。袖窿两边减针，各减4针，然后每织4行减2针，减4次，然后无加减针再织26行的高度后，进入后衣领减针，下一行的中间选取28针收针，两边相反方向减针，各减2-1-2，两肩部各余下8针，与前片对应肩部，1针对1针地缝合。再将前后片的侧缝对应缝合。衣身完成。

4. 袖片的编织。沿着袖窿边，挑56针，编织花样A单罗纹针，先用绿色线编织3行，再用黄色线编织2行，最后用绿色线编织3行，收针断线。

5. 领片的编织，前衣领口挑60针，后衣领口挑32针，编织花样A单罗纹针，先用绿色线编织3行，再用黄色线编织2行，最后用绿色线编织3行后，收针断线。

---

# 作品67

【成品规格】见图

【工 具】1.5~2mm钩针1副，8~10号毛衣针1副

【材 料】绿色宝宝绒线200g，黄边绿色圆扣2枚

## 制作说明：

宝宝圆领肩开口的外套。如结构图，花样见右图。从衣边开始向上圈织，领口的减针见图示。左肩继续织2cm作为开口不缝合。完成后给领口编织10行单罗纹针作领，并钉好扣子。袖子为直接从袖窝挑针编织，向袖口做减针编织，袖口单罗纹针。

符号说明：

□ 上针
□=□ 下针
⧖ 左针套过右针的交叉针
⧗ 右针套过左针的交叉针

上衣片的花样编织（A花样针）

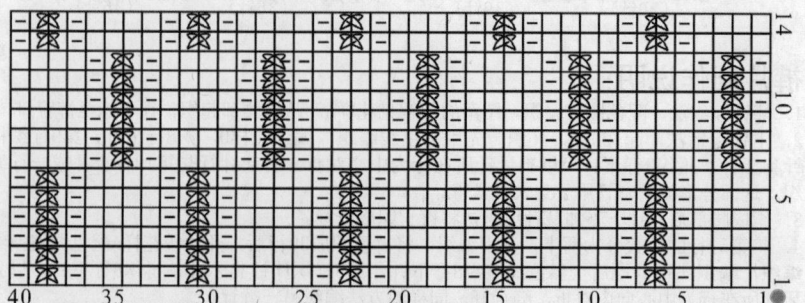

结构示意图：

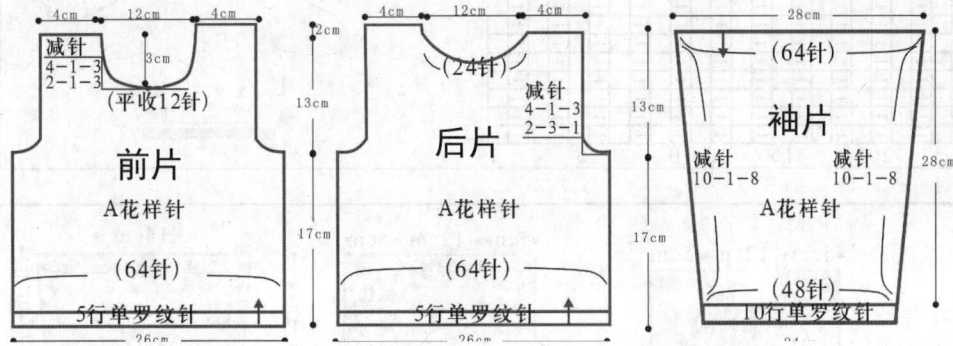

前片
A花样针
(64针)
5行单罗纹针
减针
4-1-3
2-1-3
(平收12针)
3cm
4cm 12cm 4cm

后片
A花样针
(64针)
5行单罗纹针
减针
4-1-3
2-3-1
(24针)
2cm
4cm 12cm 4cm
13cm
17cm

袖片
A花样针
(48针)
10行单罗纹针
减针
10-1-8
减针
10-1-8
28cm
28cm
(64针)
13cm
17cm

# 作品68

【成品规格】见图

【工　　具】1.5～2mm钩针1副，9～11号毛衣针1副

【材　　料】淡蓝色宝宝绒线200g

## 制作说明：

宝宝的插肩长袖外套。如结构图，先分片编织各部分，减针以及花样见下图。领为立圆领，缝合后挑织单罗纹编织宽度为6cm宽。袖口和衣边没有收缩边的设计。

## 符号说明：

□ = □　上针

□　下针

⟩⟨　左上2针与上针的交叉

⟩⟨　右上2针与上针的交叉

衣边的花样
（B花样针）

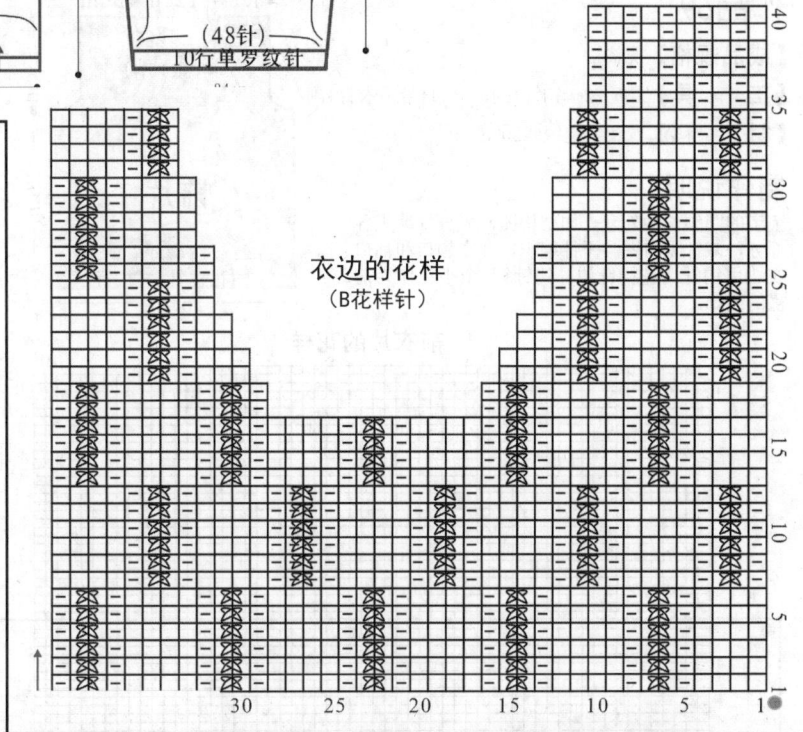

袖子

前衣片的花样
领 肩

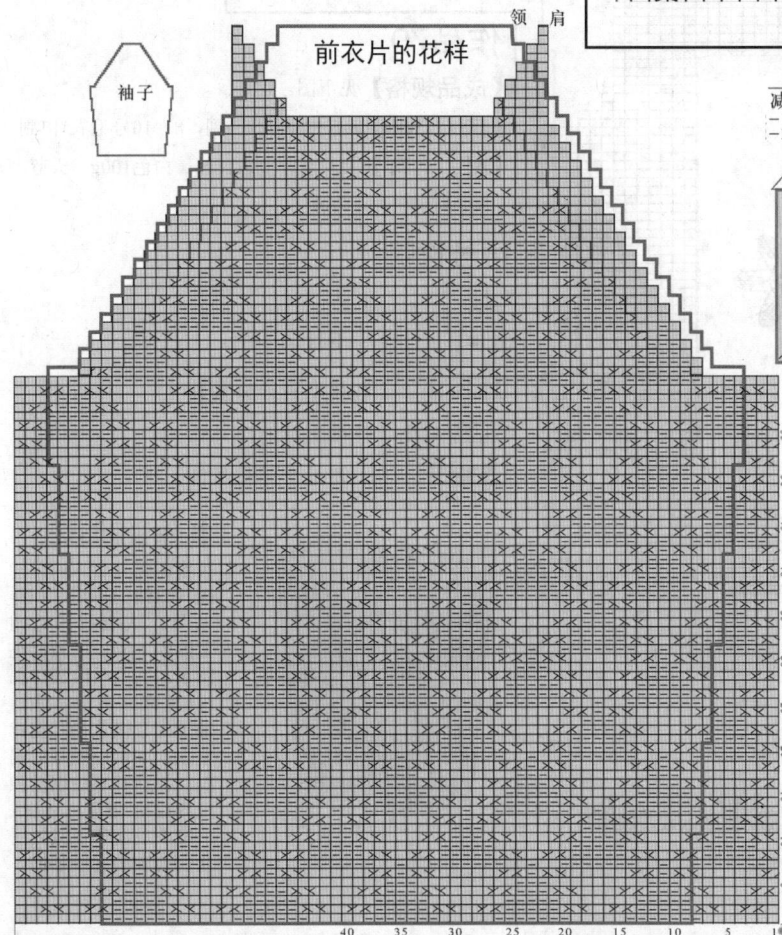

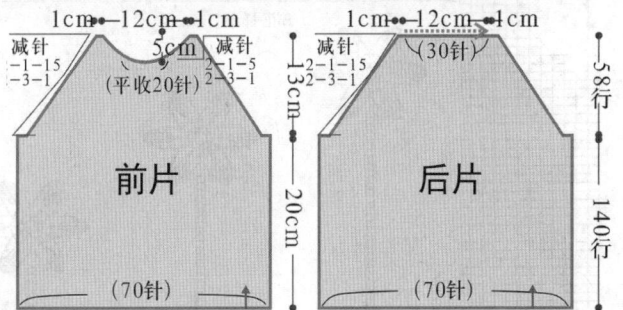

前片
(70针)
减针
-1-15
-3-1
5cm
(平收20针)
减针
2-1-5
2-3-1
1cm 12cm 1cm
13cm
20cm

后片
(70针)
(30针)
减针
-1-5
2-3-1
1cm 12cm 1cm
13cm
20cm

58行
140行

如图所示，衣服的前后片的减针见上图，袖子为线框内编织内容，花样排列如左图所示。

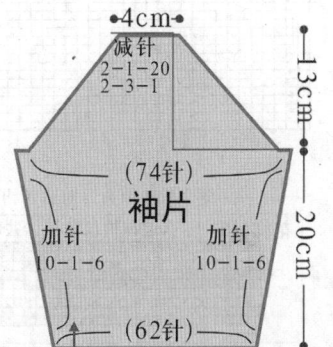

袖片
(74针)
(62针)
减针
2-1-20
2-3-1
4cm
加针
10-1-6
加针
10-1-6
13cm
20cm

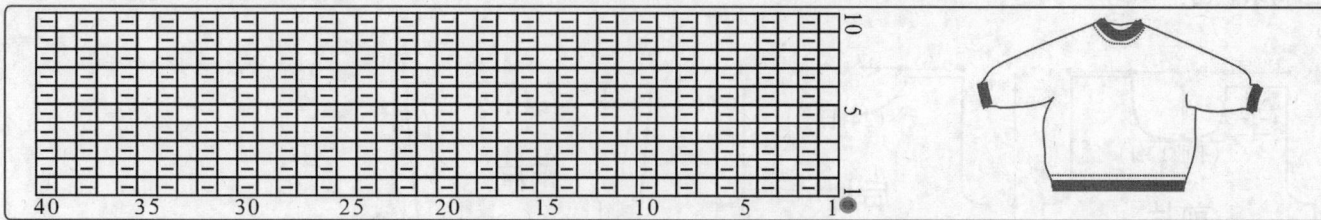

缝合后按箭头方向挑织领6cm（单罗纹针10行后织8下针）

# 作品69

【成品规格】见图
【工　　具】1.5～2mm钩针1副，9～11号毛衣针1副
【材　　料】绿色宝宝绒线200g

## 制作说明：

宝宝的圆领长袖外套。如结构图，先分片编织各部分，减针见右图。平针编织，并在领口和袖口衣边用钩针钩花样针边，钩针钩3个小花作为前襟的装饰。

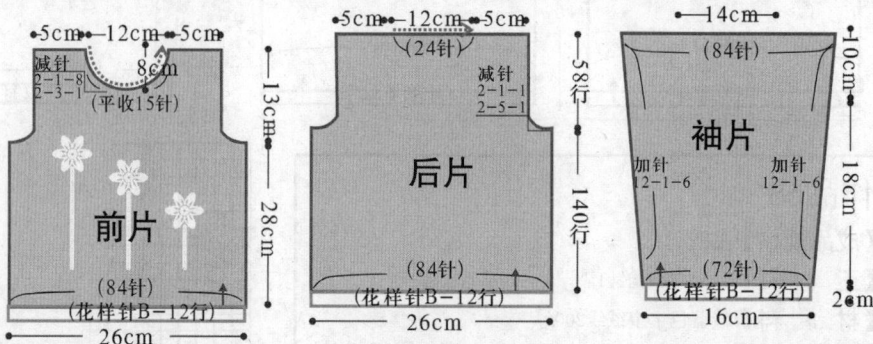

## 前衣片的花样

A花样针

## 符号说明：

| | |
|---|---|
| 日 | 上针 |
| Ⅱ=口 | 下针 |
| ０区 | 左上2针并空加针 |
| 区○ | 右上2针并空加针 |
| 木 | 3针并针 |
| ○ | 锁针　　T 长针 |
| + = × | 短针 |

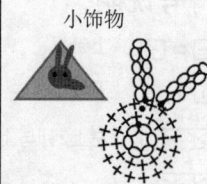

小饰物

# 作品70

【成品规格】见下图
【工　　具】1.5～2mm钩针1副，8～10号毛衣针1副
【材　　料】烟灰色宝宝绒150g，白色100g，天蓝少许

## 符号说明：

| | |
|---|---|
| 口 | 上针 |
| Ⅱ=口 | 下针 |
| 区区 | 左上2针与上针的交叉针 |
| 区区 | 右上2针与上针的交叉针 |
| 区区 | 左上2针交叉针 |

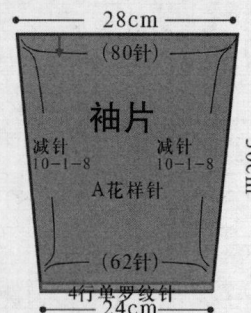

## 制作说明：

宝宝圆领外套。如结构图，双线的拼织，花样见图。从衣边开始向上圈织，领口的减针见图示。完成后给领口编织6行来回下针做领。袖子为直接从袖窝挑针编织，向袖口做减针编织。袖口和衣边以及领口为蓝色线编织。完成后给双色线的连接处用蓝色线做边缘线装饰。

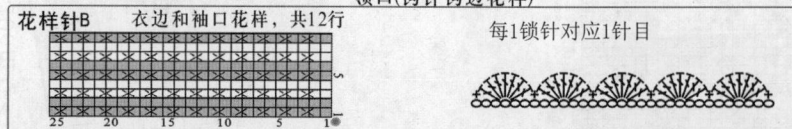

花样针B　衣边和袖口花样，共12行

领口（钩针钩边花样）
每1锁针对应1针目

缝合后按箭头方向钩针钩边

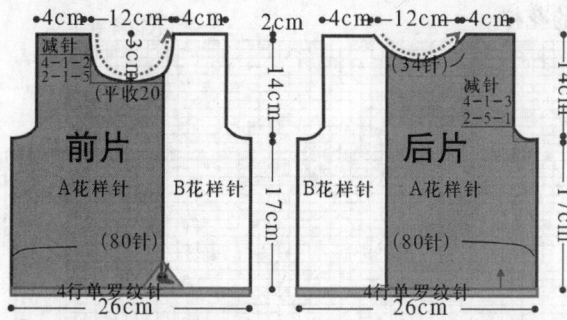

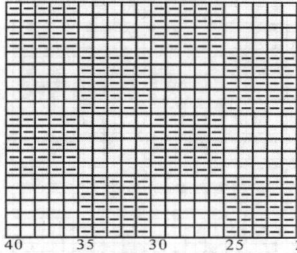

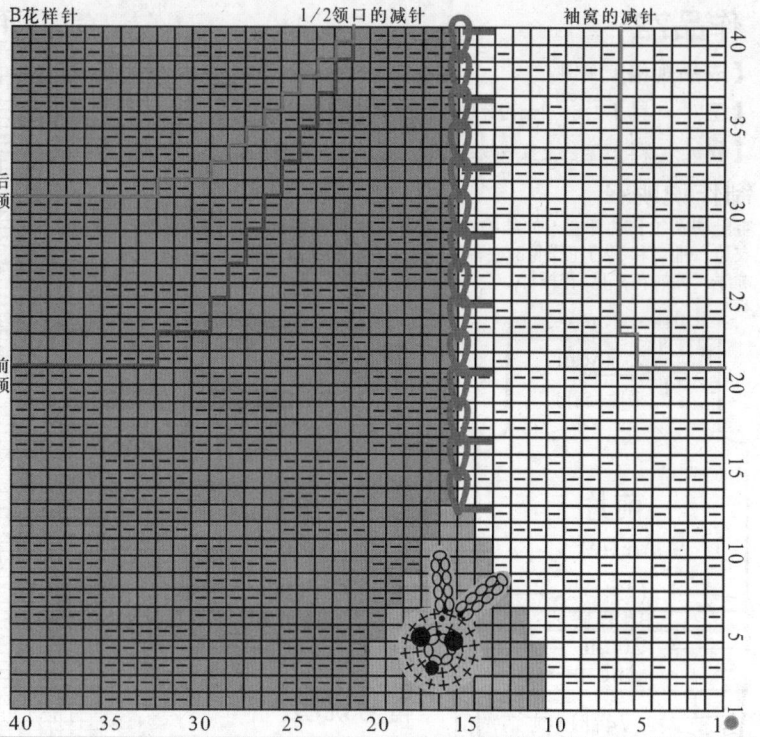

上衣片的花样编织

（A花样针）　　　　　　（B花样针）

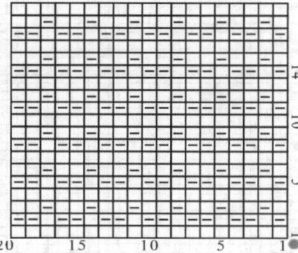

## 作品71

【成品规格】见图

【工　　具】1.5～2mm钩针1副，11～13号毛衣针1副

【材　　料】淡紫色宝宝绒线200g

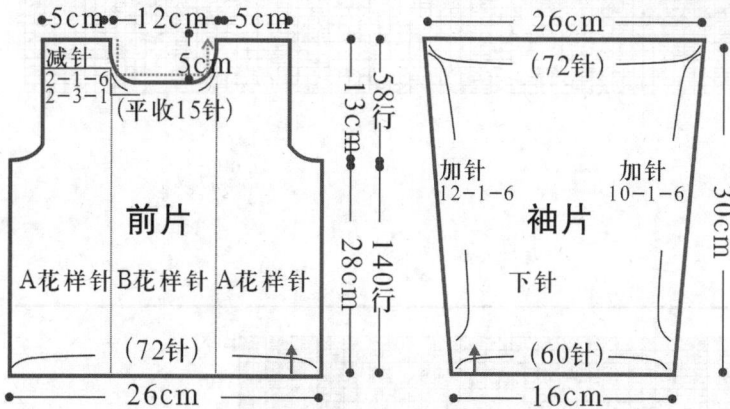

前衣片的花样　　　　　　　　　　　（B花样针）

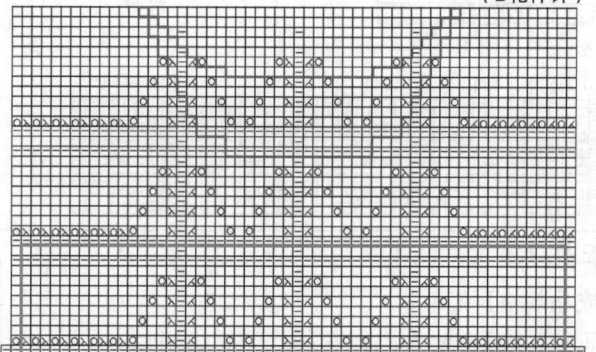

### 制作说明：

宝宝的圆领长袖外套。如结构图，先分片编织各部分，减针见图。衣边、袖口和领的花样为6行来回下针。钩针短退针收针。后片和前片两侧的花样见图A。前片中的花样见图B。袖子的编织方向为从袖口到袖山的顺序。

### 符号说明：

| □ | 上针 |
|---|---|
| □ = □ | 下针 |
| □☒ | 左上2针并空加针 |
| ☒□ | 右上2针并空加针 |
| ⋀ | 3针并针 |

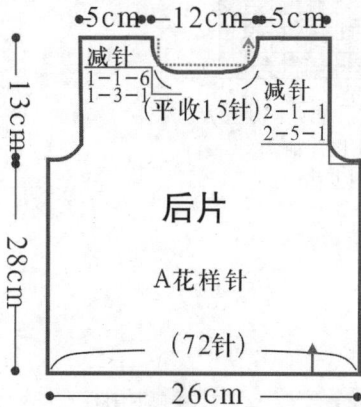

## 作品72

【成品规格】见图

【工　　具】1.5～2mm钩针1副，11～13号毛衣针1副

【材　　料】紫色宝宝绒线200g

**制作说明：**

宝宝的圆领长袖外套。如结构图，先分片编织各部分，减针见下图。衣边、袖口和领的花样见B花样针。袖子的编织方向为从袖山到袖口的顺序。领的花样见A花样针。完成后平绣上花朵在图示位置装饰。

前衣片的花样 （A花样针）

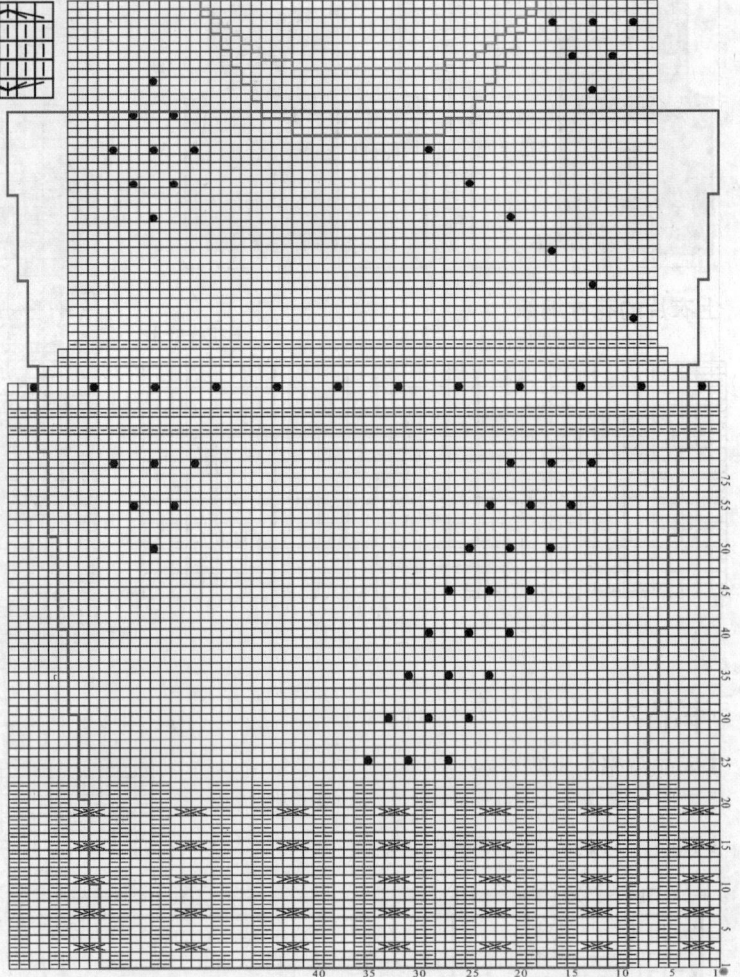

● = 

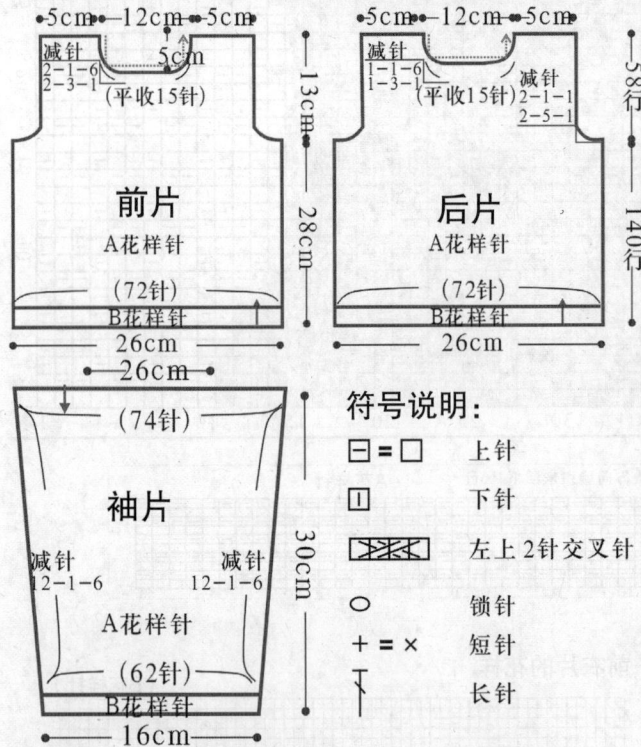

前片
A花样针
（72针）
B花样针
26cm
26cm

减针
2-1-6
2-3-1
（平收15针）
5cm
13cm
28cm

后片
A花样针
（72针）
B花样针
26cm

减针
1-1-6
1-3-1
（平收15针）
减针
2-1-1
2-5-1

58行
140行

袖片
A花样针
（74针）
（62针）
B花样针
16cm
30cm

减针
12-1-6
减针
12-1-6

**符号说明：**

| 符号 | 说明 |
|---|---|
| ⊟=□ | 上针 |
| Ⅱ | 下针 |
| ⧓ | 左上2针交叉针 |
| ○ | 锁针 |
| +=× | 短针 |
| ┬ | 长针 |

衣边为5组，领口为3组高度 （B花样针）

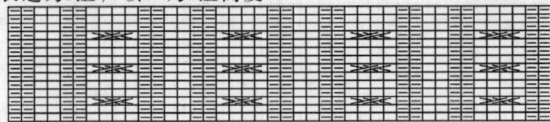

---

## 作品73

【成品规格】见图

【工　　具】1.5～2mm钩针1副，11～13号毛衣针1副

【材　　料】大红色宝宝绒线200g，透明色珍珠扣5枚

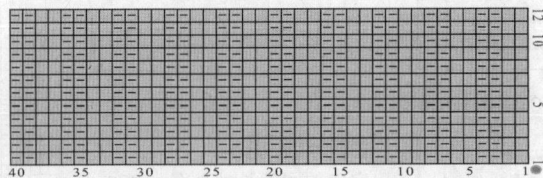

**符号说明：**

| 符号 | 说明 |
|---|---|
| □ | 上针 |
| Ⅱ=□ | 下针 |
| ⧓ | 左上2针交叉针 |
| ⬚◿ | 左上2针并空加针 |
| ⬚◣ | 左上2针并空加针 |
| ◉= ▦ =⊕ | 枣针 |

**制作说明：**

宝宝的开襟无领外套，如下图结构图，分片编织后缝合，花样针法及减针见下图。袖口、衣边为双罗纹针10行。门襟为预留的来回下针6针，缝合后沿领挑织6行来回下针。衣片和袖子的花样见图。

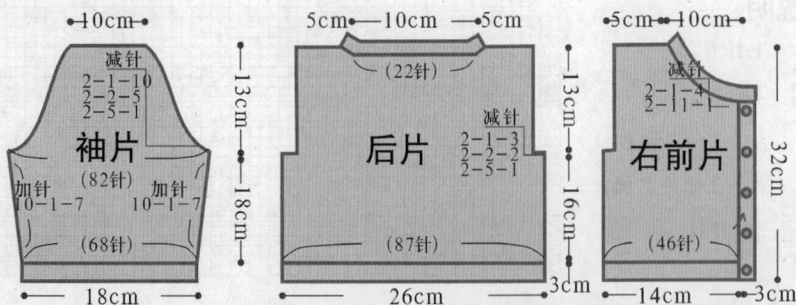

袖片
（82针）
（68针）
18cm
13cm
18cm

减针
2-1-10
2-3-1
2-5-1
加针
10-1-7
加针
10-1-7

后片
（22针）
（87针）
26cm
13cm
18cm

减针
2-1-3
2-5-1

右前片
（46针）
14cm
3cm
13cm
16cm
32cm

减针
2-1-1
2-5-1

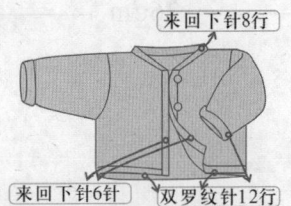

来回下针8行
来回下针6行
双罗纹针12行

前衣片的花样

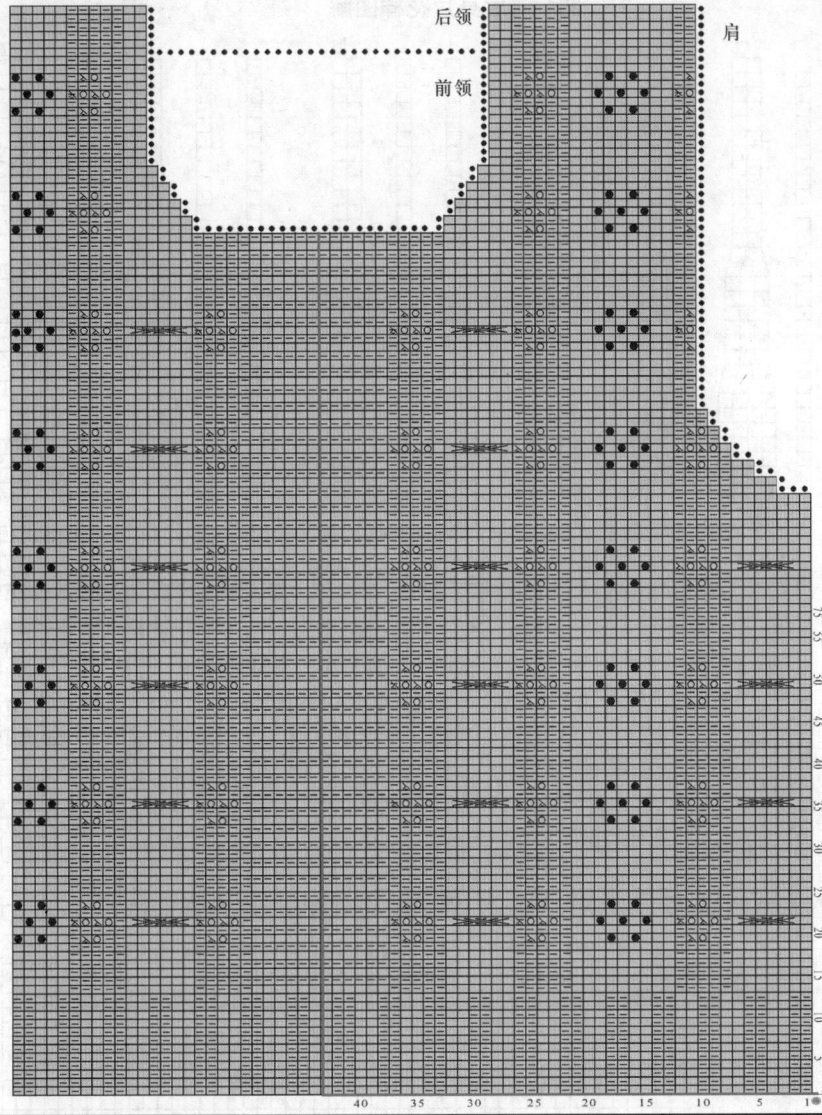

后领
前领
肩

作品74

【成品规格】见下图
【工　　具】1.5～2mm钩针1副，11～13号毛衣针1副
【材　　料】紫色宝宝绒线200g

制作说明：

宝宝V领小外套。如下图结构图，先分片编织各部分缝合。最后挑织领。衣边花样为B花样，领口和袖口均为来回下针编织8行，袖子为从袖口到袖山的编织顺序。领口的减针见图示。袖山采用直肩形裁剪结构。

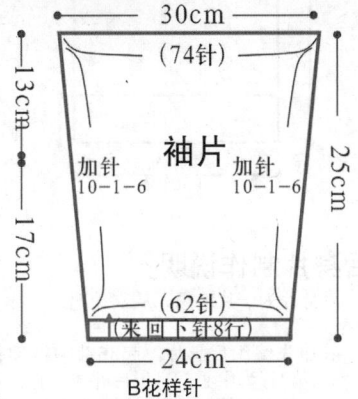

30cm
(74针)
13cm
17cm
袖片
加针
10-1-6
加针
10-1-6
25cm
(62针)
(来回下针8行)
24cm
B花样针

衣边花样

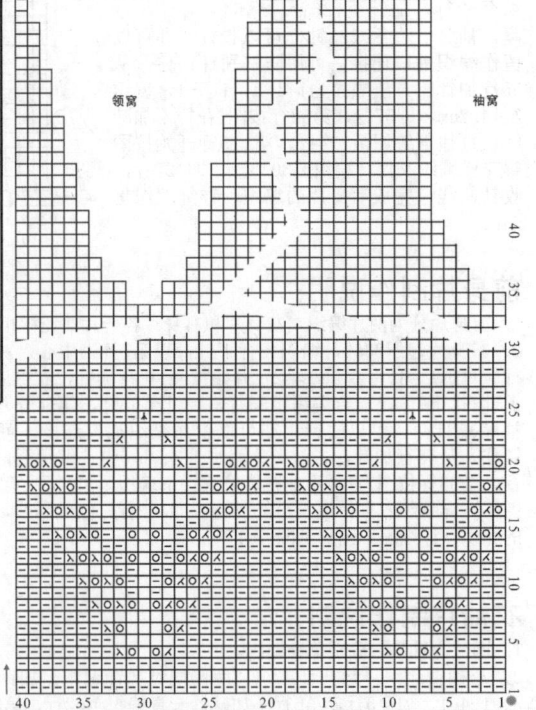

领窝
袖窝

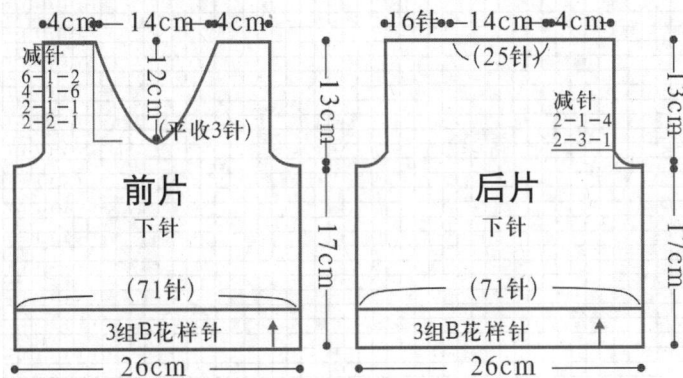

減针
6-1-2
4-1-6
2-2-1
12cm
(平收3针)
4cm — 14cm — 4cm
前片
下针
13cm
17cm
(71针)
3组B花样针
26cm

16针 — 14cm — 4cm
(25针)
減针
2-1-4
2-3-1
后片
下针
13cm
17cm
(71针)
3组B花样针
26cm

领的示意图：

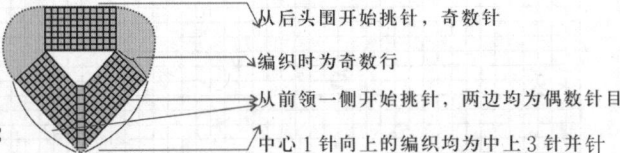

从后头围开始挑针，奇数针
编织时为奇数行
从前领一侧开始挑针，两边均为偶数针目
中心1针向上的编织均为中上3针并针

符号说明：

□　上针
⊡ = □　下针
⊿○　左上2针并空加针
○⊿　右上2针并空加针
⊿○⊿　中上3针并空加针
● = 　枣针

作品75

【成品规格】衣长30.5cm，下摆宽35.5cm，袖长16.3cm
【工　　具】11号棒针
【编织密度】28针×40行=10cm²
【材　　料】黄色宝宝绒线300g，隐形扣子数枚

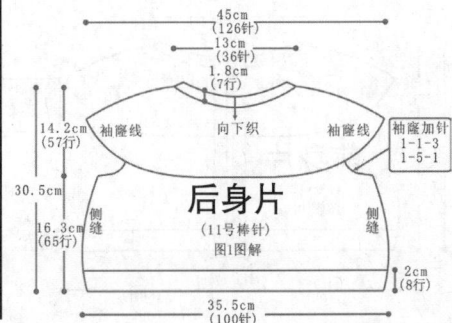

45cm
(126针)
13cm
(36针)
1.8cm
(7行)
14.2cm 袖窿线 向下织 袖窿线 袖窿加针
(57行) 1-1-3
1-5-1
30.5cm
侧缝
后身片
11号棒针
图1图解
侧缝
16.3cm
(65行)
2cm
(8行)
35.5cm
(100针)

125

**袖山加针**
1-1-3
1-4-1

13cm
(36针)

1cm
(4行)

16.3cm
(65行)

**袖片**

1.8cm
(7行)

18cm
(50针)

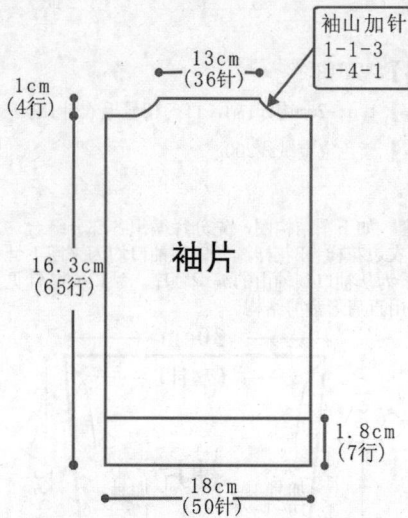

图1 前后身片花样图解

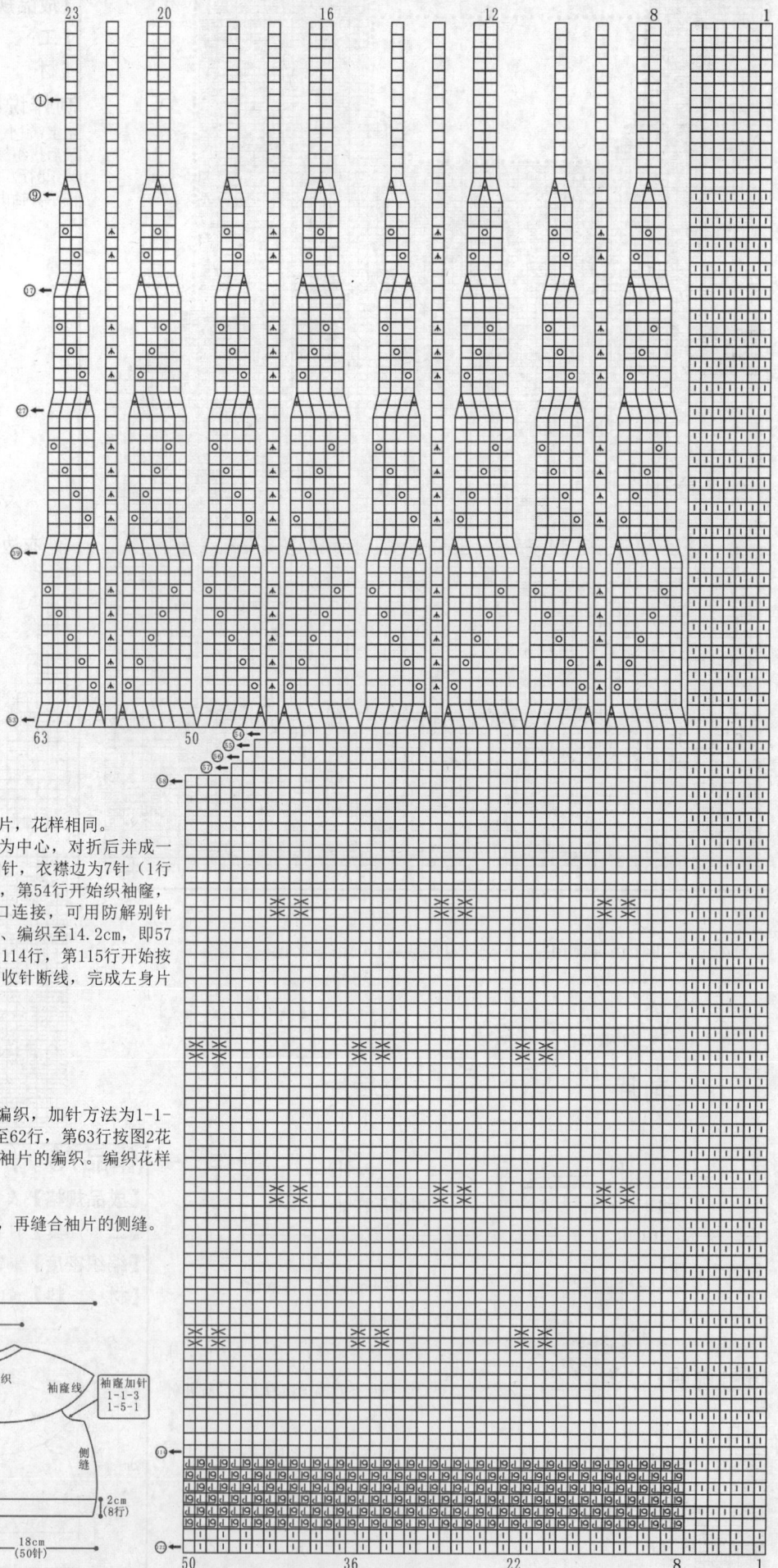

## 后身片制作说明：

1. 后身片为一片编织，从衣领起织，往下编织至衣摆。

2. 衣服先编织后身片，起36针编织13行下针，以第7行为中心，对折后并成一行。对折后第1行数起，第8开始按图1加针，一直编织至53行，加针至126针，第54行开始织袖窿，袖窿一边各减21针，可以收针，亦可以留作编织袖口连接，可用防解别针锁住，从55行加针，方法顺序为1-1-3、1-5-1，编织至14.2cm，即57行，第58行按图1花样不加减针一直往下编织至114行，第115行开始按图解花样编织衣摆，编织至30.5cm，即122行，收针断线，完成后身片的编织。详细编织见图2。

## 前身片制作说明：

1. 前身片分为两片编织，左身片和右身片各一片，花样相同。

2. 左身片起织23针，编织13行下针，以第7行为中心，对折后并成一行。对折后第1行数起，第2行开始按图1花样加针，衣襟边为7针（1行上针1行下针），一直编织至53行，加针至63针，第54行开始织袖窿，袖窿减21针，可以收针，亦可以留作编织袖口连接，可用防解别针锁住，从55行加针，方法顺序为1-1-3、1-5-1，编织至14.2cm，即57行。第58行按图1花样不加减针一直往下编织至114行，第115行开始按图解花样编织衣摆，编织至30.5cm，即122行，收针断线，完成左身片的编织。详细编织图解见图1。

## 衣袖片制作说明：

1. 两片衣袖片，分别单独编织。

2. 从袖山起织，起36针编织，两侧同时加针编织，加针方法为1-1-3、1-4-1，加至5行，第6行不加减针一直编织至62行，第63行按图2花样编织袖口，编织至69行，收针断线，完成衣袖片的编织。编织花样见图2。

3. 同样的方法再编织另一衣袖片。

4. 将两袖片的袖山与衣身的袖窿线边对应缝合，再缝合袖片的侧缝。

## 符号说明：

□ 上针
□=□ 下针
右镂空针
左上1针交叉
右上1针交叉
镂空针
中上3并1针
1-1-3 行-针-次

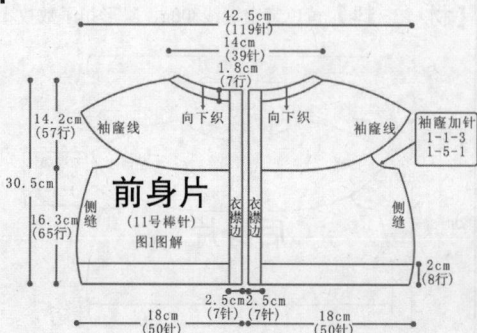

42.5cm
(119针)

14cm
(39针)

1.8cm
(7行)

14.2cm
(57行)

袖窿线   向下织   向下织   袖窿线

**袖窿加针**
1-1-3
1-5-1

30.5cm

16.3cm
(65行)

侧缝   **前身片**   衣襟边   衣襟边   侧缝
（11号棒针）
图1图解

2cm
(8行)

18cm
(50针)   2.5cm   2.5cm   18cm
（7针） （7针）   (50针)

图2 衣袖片花样图解

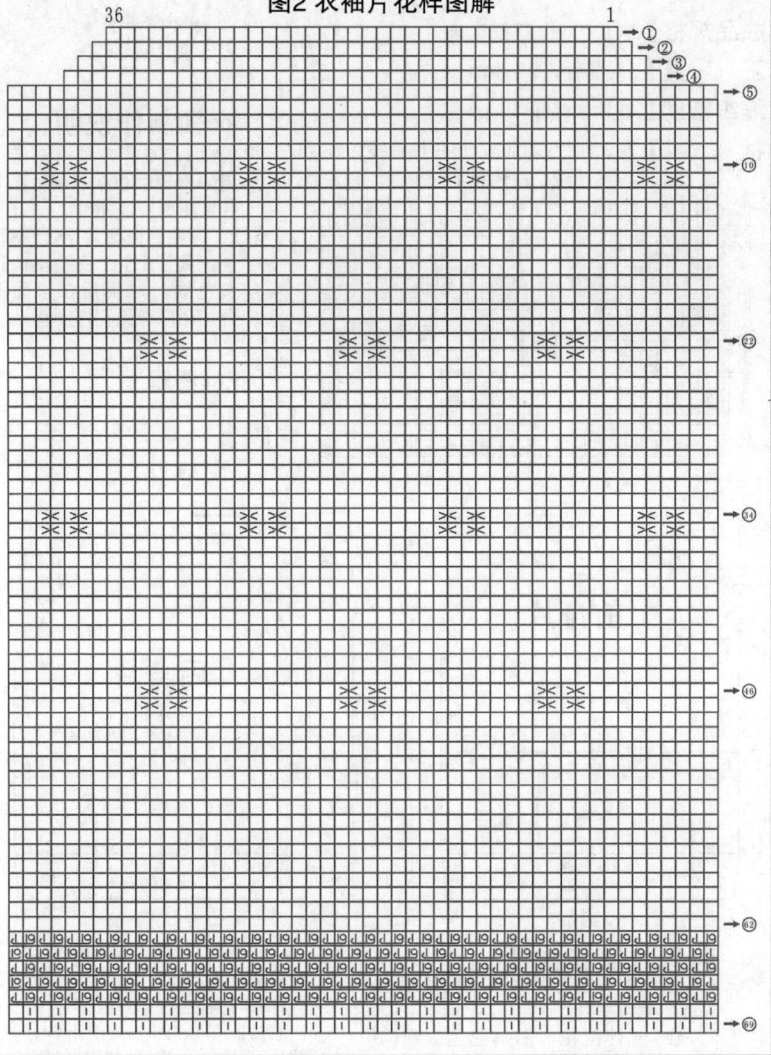

## 作品76

**【成品规格】** 衣长60cm，袖长20cm

**【工　　具】** 9号棒针

**【编织密度】** 36针×33行=10cm²

**【材　　料】** 绿色宝宝绒线350g，白色扣子13枚

后身片结构示意图

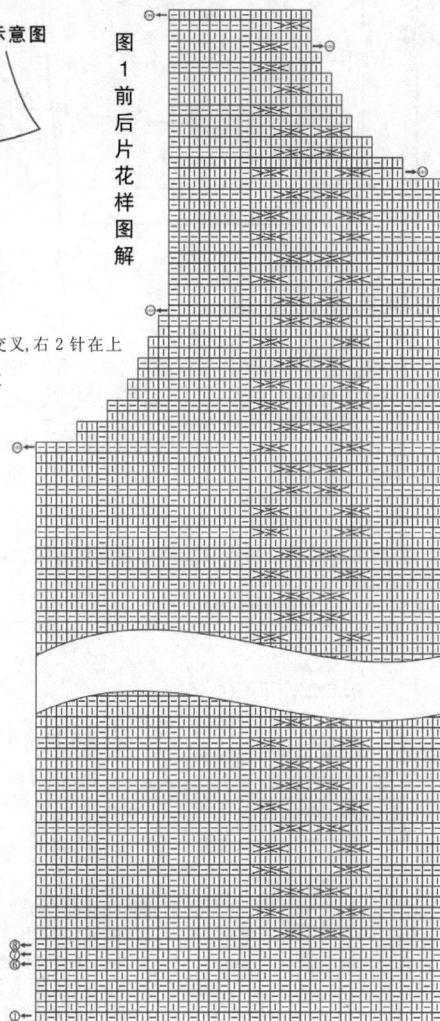

图1 前后片花样图解

### 符号说明：

□　上针

□=□　下针

✕✕✕✕　2针相交叉，右2针在上

2-1-3 行-针-次

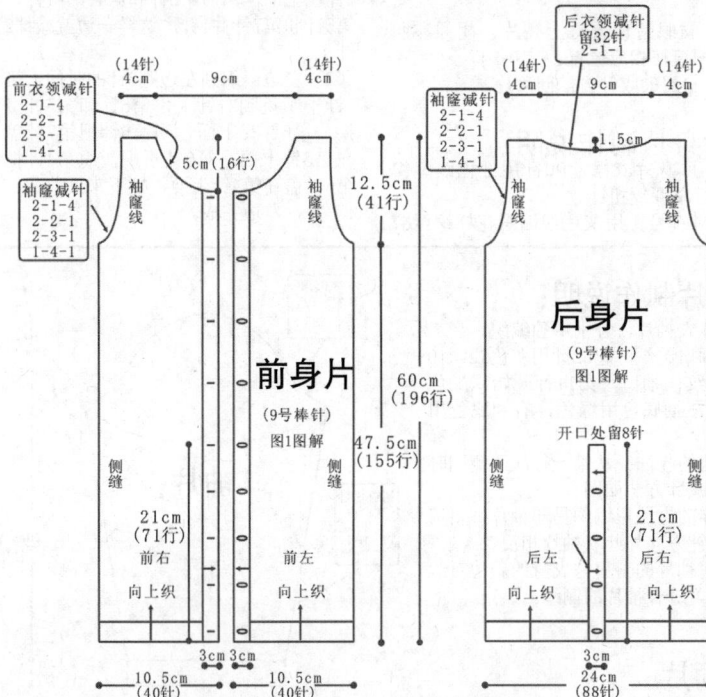

### 后身片制作说明：

1. 后身片下部开门，从衣摆起40针按图1编织花样图织21cm，用线穿起，织对应的另一片，织到21cm后，平加8针与先前织的一片相连，共88针一起向上编织26.5cm开始袖窿减针。

2. 袖窿减针按图示。

3. 后领窝中间平收32针，然后两边按2-1-1减针，两边肩部各剩14针，收针断线。

4. 后身片开门处以下的侧缝分别挑起双罗纹织3cm，在开门处重叠缝合。

5. 后身片后左片内侧挑起的双罗纹应在与前身片前左门襟处图示的钉纽扣的对应位置留扣眼。后右片内侧则在挑起的双罗纹上与前身片前右门襟处图示的留扣眼处对应位置钉纽扣。

### 前身片制作说明：

1. 前身片分为两片编织，左身片和右身片各一片，花样对应方向相反。

2. 起织与后身片相同，前身片起40针后，按图1编织155行，开始袖窿减针，减针方法顺序为1-4-1、2-3-1、2-2-1、2-1-4，将针数减少13针。织到47.5cm高度时，开始前衣领减针，减针方法顺序为：1-4-1、2-3-1、2-2-1、2-1-4，最后余下14针，织至60cm，共196行。详细编织图解见图1。

3. 同样的方法再编织另一前身片，完成后，将两前身片的侧缝与后身片的侧缝对应缝合，再将两肩部对应缝合。最后在一侧前身片钉上扣子。不钉扣子的一侧，要制作相应数口的扣眼，扣眼的编织方法为：在当行收起数针，在下一行重起这些针数，这些针数两侧正常编织。

图2 衣领花样图解

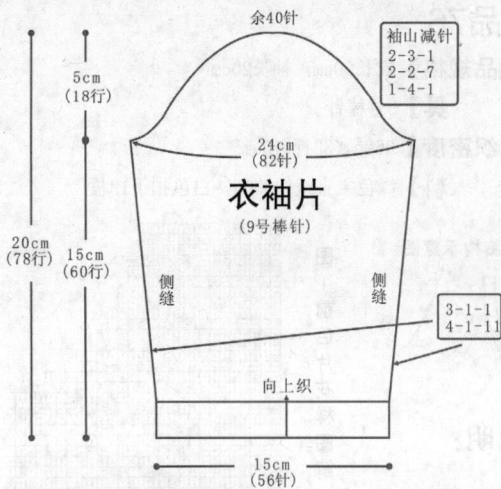

余40针

袖山减针
2-3-1
2-2-7
1-4-1

5cm
(18行)

24cm(82针)

衣袖片
(9号棒针)

20cm
(78行)

15cm
(60行)

侧缝

侧缝

3-1-1
4-1-11

向上织

15cm
(56针)

## 衣袖片制作说明：

1. 两片衣袖片，分别单独编织。

2. 从袖口起织，起56针编织图1花样，不加减针织13行后，两侧同时加针编织，加针方法为4-1-11、3-1-1，加至57行，然后不加减针织至60行。

3. 袖山的编织：从第一行起要减针编织，两侧同时减针，减针方法如图：依次1-4-1、2-2-7、2-3-1，最后余下40针，直接收针断线。

4. 同样的方法再编织另一袖片。

5. 将两袖片的袖山与衣身的袖窿线边对应缝合，再缝合袖片的侧缝。

# 作品77

【成品规格】衣长50cm，下摆宽32cm

【工　　具】7号棒针、9号棒针

【编织密度】28针×24行=10cm²

【材　　料】灰色棒针线350g，白色棒针线50g，红色棒针线、白色兔毛线少许，亮片2枚。

10cm
(24行)

对折线

4行下针

单罗纹扭针

挑100针
向上圈织

## 衣领制作说明：

1. 前后身片及袖缝合后，用9号针挑100针，织4行下针换织单罗纹扭针。

2. 领圈部分为双层，织8行灰色线，4行红色线，12行灰色线，对折后在里面缝合。花样详见花样图解。

### 花样图解

1-8行　灰色
9-12行　橘色
13-24行　灰色

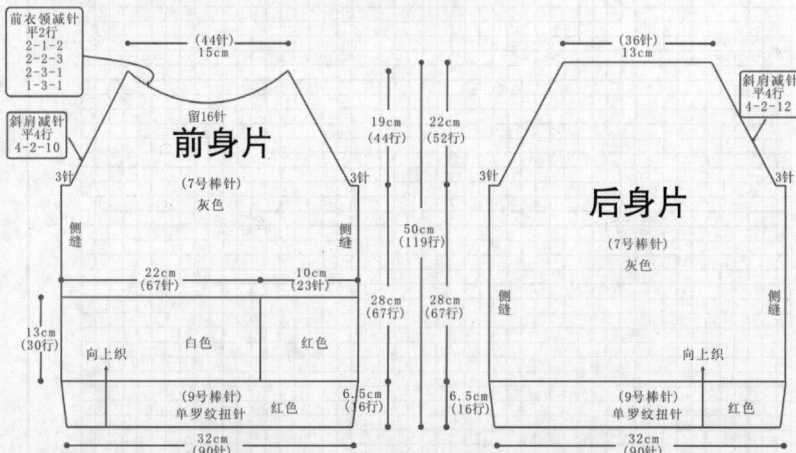

前衣领减针
平2行
2-1-1-2
2-2-3
2-2-1
1-3-1

(44针)
15cm

留16针

斜肩减针
平4行
4-2-10

前身片
(7号棒针)
灰色

3针

3针

侧缝

侧缝

19cm
(44行)

22cm
(52行)

50cm
(119行)

22cm
(67针)

10cm
(23针)

28cm
(67行)

28cm
(67行)

13cm
(30行)

白色

红色

向上织

(9号棒针)
单罗纹扭针

红色

6.5cm
(16行)

32cm
(90针)

(36针)
13cm

斜肩减针
平4行
4-2-12

后身片
(7号棒针)
灰色

3针

3针

侧缝

侧缝

向上织

(9号棒针)
单罗纹扭针

红色

6.5cm
(16行)

32cm
(90针)

## 前身片制作说明：

1. 前身片衣摆起90针用红色线编织16行单罗纹扭针。

2. 换7号针按花样图解配色编织67行，开始收斜肩，减针方法顺序如图示。

3. 猫眼睛位置钉上亮片，胡须参照彩图缝在相应位置。

4. 斜肩的收针方法同后片。

## 后身片制作说明：

1. 后身片衣摆起90针用红色线编织16行单罗纹扭针。

2. 换7号针用灰色线编织花样织至67

行，开始收斜肩，减针方法如图示。

3. 后领平收36针。

4. 斜肩每4行收2针的方法：

（1）右边：第1、2、3针织下针，第4针不织挑到右针，第5针和第6针交换，6针在上面，然后第6针和第4针并1针，第5针和第7针并1针，这样一边就减掉2针了。

（2）左边：织到左边剩7针的时候，第7针不织挑到右针上，第6针和第5针交换，第6针在上面，织第5针把第7针盖在第5针上面，第6针不织，织第4针把第6针盖在第4针上面，接下来织3、2、1下针，左边完成。

---

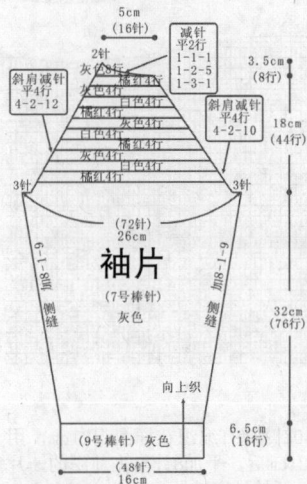

5cm
(16针)

减针
平4行
1-1-1
1-2-5
1-3-1

3.5cm
(8行)

斜肩减针
平4行
4-2-12

斜肩减针
平4行
4-2-10

18cm
(44行)

2针

3针

(72针)
26cm

袖片
(7号棒针)
灰色

侧缝

侧缝

32cm
(76行)

向上织

(9号棒针)灰色

6.5cm
(16行)

(48针)
16cm

## 衣袖片制作说明：

1. 两片衣袖片，分别单独编织。

2. 从袖口起织，9号针起48针织16行单罗纹，换7号针编织花样，两侧加针方法为8-1-9，再平织4行。

3. 斜肩的收法：从第一行起两侧同时减针，减针方法如图。最后，其中一侧比另一侧高出8针。

4. 同样的方法再编织另一衣袖片，斜肩部分加针方向与此衣袖片相反。

5. 将两袖片的斜肩与衣身的斜边对应缝合，再缝合袖片的侧缝。

---

# 作品78

【成品规格】衣长50cm，袖长41.5cm

【工　　具】7号棒针

【编织密度】28针×27行=10cm²

【材　　料】棒针线灰色150g，绿色、红色各100g，黑色50g，白色长绒兔毛线少许，亮片4枚。

### 花样图解

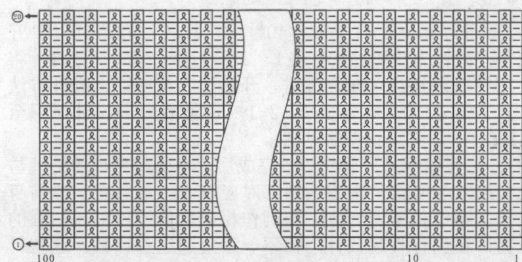

## 衣袖片制作说明：

1. 两片衣袖片，分别单独编织。

2. 从袖口起织，起52针用灰色线织10行双罗纹作袖口，第11行开始织配色图案，左袖底色用绿色，右袖底色用红色。

3. 斜肩的收法：从第一行起两侧同时减针，减针方法如图。

4. 同样的方法再编织另一袖片，斜肩部分加针方向与此衣袖片相反。

5. 将两袖片的斜肩与衣身的斜边对应缝合，再缝合袖片的侧缝。

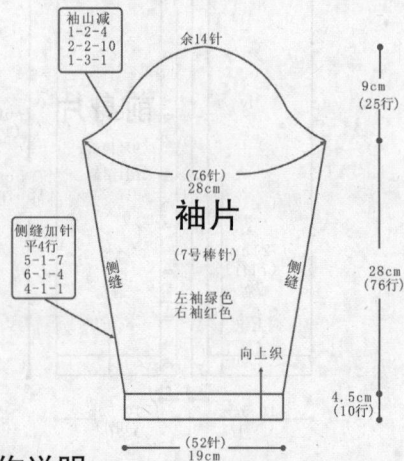

袖山减
1-2-4
2-2-10
1-3-1

余14针

9cm
(25行)

(76针)
28cm

袖片
(7号棒针)

侧缝加针
平4行
5-1-7
6-1-4
4-1-1

侧缝

侧缝

左袖绿色
右袖红色

向上织

28cm
(76行)

4.5cm
(10行)

(52针)
19cm

## 领片

10cm
(20行)

对折线

4行下针

双罗纹扭针

挑100针
向上圈织

## 衣领制作说明：

1. 前后身片及袖缝合后，用灰色线挑100针，圈织4行下针换织双罗纹扭针。

2. 领圈部分为双层，织20行灰色双罗纹扭针，对折后在里面缝合。

## 前身片

前衣领减针
平8行
2-1-6
2-2-1
2-1-1
1-3-1

6cm (18针)　　15cm (40针)　　6cm (18针)

袖隆减针
2-1-2
2-1-1
1-3-1

9.5cm (25行)
留12针

袖隆线　黑色　红色　袖隆线

**前身片**
(7号棒针)

16cm (55行)
50cm (134行)

16cm (44针)　16cm (44针)
绿色　灰色

23.5cm (64行)　侧缝　侧缝
29.5cm (79行)

向上织

双罗纹扭针　灰色
4.5cm (10行)

32cm (88针)

## 后身片

6cm (18针)　　15cm (40针)　　6cm (18针)
1.5cm
留38针

后衣领减针
平2行
2-1-1

袖隆减针
2-1-2
2-1-1
1-3-1

16cm (55行)

**后身片**
(7号棒针)
灰色

侧缝　侧缝
29.5cm (79行)

向上织

双罗纹扭针　灰色
4.5cm (10行)

32cm (88针)

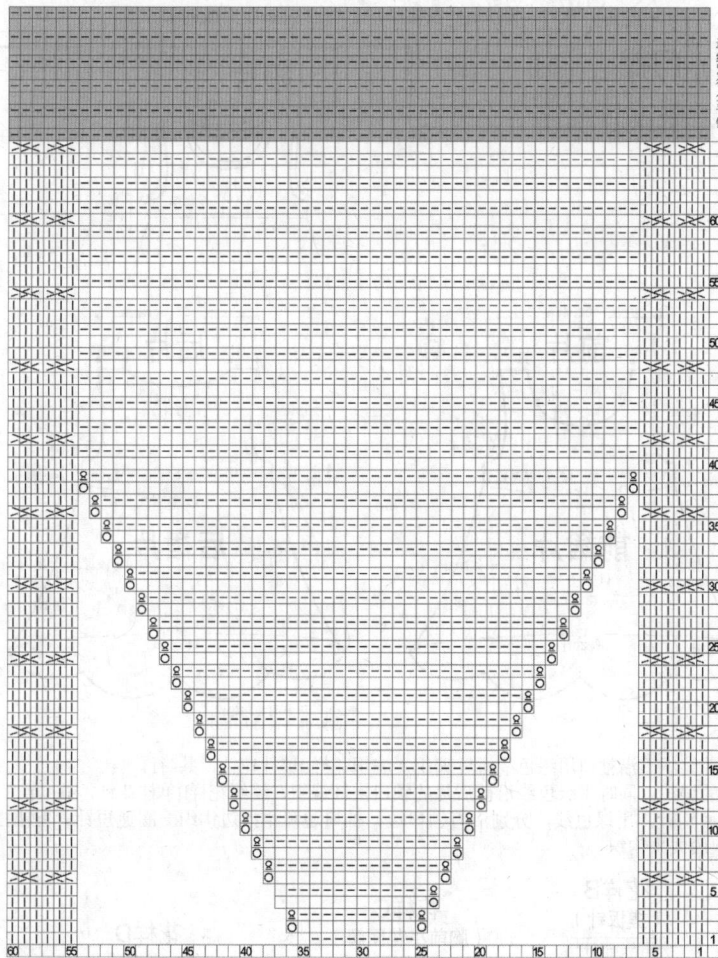

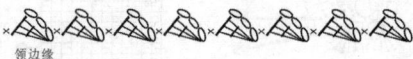

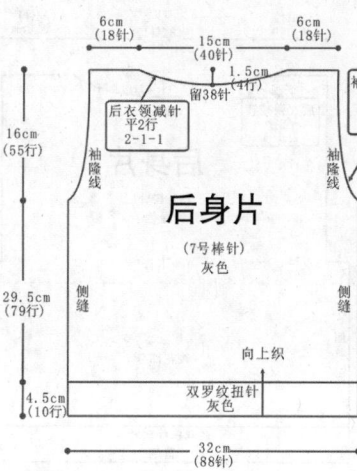

### 后身片制作说明:

1. 后身片全部用灰色线织,衣摆起88针织10行双罗纹扭针。
2. 编织花样织到66行,开始收斜肩,减针方法如图示。
3. 后领平收30针。
4. 斜肩每织4行收2针的方法:
　(1) 右边:第1、2、3针织下针,第4针不织挑到右针,第5针和第6针交换,第6针在上面,然后第6针和第4针并1针,第5针和第7针并1针,这样一边就减掉2针了。
　(2) 左边:织到左边剩7针的时候,第7针不织挑到右针上,第6针和第5针交换,第6针在上面,织第5针把第7针盖在第5针上面,第6针不织,织第4针把第7针盖在第4针上面,接下来按3、2、1下针,左边完成。

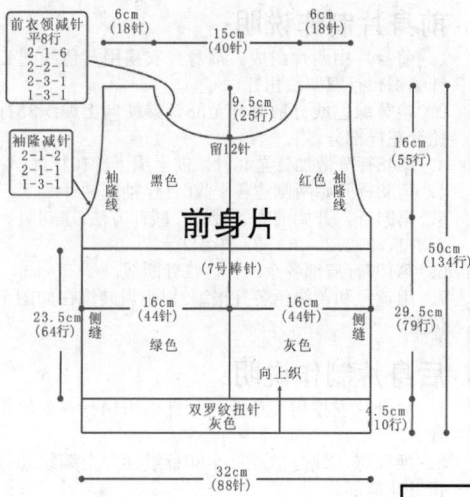

### 前身片制作说明:

1. 前身片衣摆起88针,用灰色线织10行双罗纹扭针。
2. 前身片花样编织66行,开始收斜肩,减针方法顺序如图示。
3. 斜肩的收针方法同后片。
4. 小兔的眼睛用亮片钉在相应位置。

## 作品79

【成品规格】见图
【工　　具】10号环形针,2mm钩针
【编织密度】25针×25行=10cm²
【材　　料】米色宝宝绒线350g,铁绣红宝宝绒线100g

### 编织要点:

片织,从领口开始,为六边形。
1. 用环形针起110针,分成6份。麻花为6针,每花之间为10针平针。前片各12针,其中10针为边。
2. 按图示每2行在麻花的2侧各加1针,前片边织铁绣红色线。
3. 织11组麻花,换铁绣红线织边。
4. 从领口挑起所有的针数织领,织30行全平针后,用钩针钩花点缀。另钩两条长长的带子,打上绣球缝在领口。完成。

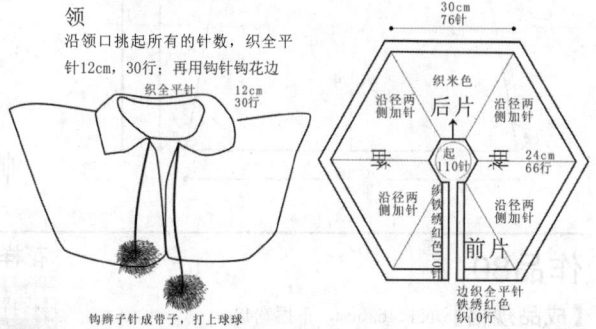

领
沿领口挑起所有的针数,织全平针12cm,30行;再用钩针钩花边

织全平针　12cm　30行

30cm 76针

织米色
沿径两侧加针　后片　沿径两侧加针
起110针
24cm 66行
沿径两侧加针　沿径两侧加针
前片
边织全平针　铁绣红色　织10行

钩辫子针成带子,打上球球

### 符号说明:

米色
编织花样

□=|
○=加针
⊙=组针,织上针
✕✕=3针交叉,右边1针在上面
✕✕=3针交叉,左边1针在上面

边织28行全平针
铁绣红色

领边缘

## 作品81

【成品规格】衣长42cm,袖长35cm,裙长34cm
【工　　具】9号棒针
【编织密度】25针×26行=10cm²
【材　　料】黄绿色棒针线400g,黄色棒针线350g,纽扣5枚

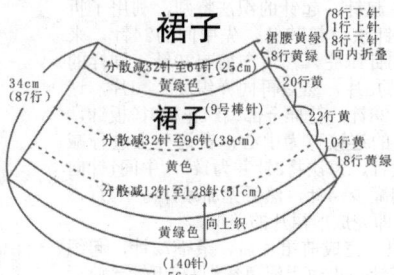

**裙子**

8行下针
1行上针
8行下针
向内折叠
裙腰黄绿色
8行黄绿

34cm (87行)
分散减32针至64针(25cm)
黄绿色
20行黄

**裙子**
(9号棒针)
分散减32针至96针(38cm)
黄色
22行黄
10行黄
18行黄绿

分散减32针至128针(51cm)
黄绿色　向上织

(140针)
56cm

### 符号说明:

□　上针
□=|□　下针
右上2针交叉
扭针
2-1-1　行-针-次

### 裙子制作说明:

1. 裙子可以圈织,示意的为裙子半片的样子。以下以半片裙子针数为例说明裙子的织法。
2. 用黄绿色起140针织18行下针换黄色线继续向上织10行。
3. 第29行分散减去12针至128针,继续向上编织22行。
4. 第51行分散减去32针至96针,继续向上编织20行。
5. 第71行换黄绿色线编织8行。
6. 第79行分散减掉32针至64针,继续向上织8行下针,1行上针,8行下针,然后收针断线。
7. 沿上针这一行,将最后8行向里对折,在里面缝合作腰部,留下小口不缝合,以便穿入宽松紧带。

## 前身片（图解）

(24针) 9.5cm | 12cm | (24针) 9.5cm

前衣领减针
平收2行
2-1-3
2-2-2
2-3-1
1-4-1

?cm
(14行)

**前身片**
（9号棒针）
黄绿色

全下针　全下针

6针　6针

20cm(50行)　20cm(50行)

42cm(107行)　4cm(10行)

侧缝　侧缝

绞花部分　绞花部分

18cm(57行)　13cm(33行)

向上织　向上织

双罗纹扭针 黄色　双罗纹扭针 黄色

17cm(42针)　17cm(42针)

## 后身片

(24针) 9.5cm | (32针) 12cm | (24针) 9.5cm

后衣领减针
平2行
2-1-1

?cm
(4行)

留30针

**后身片**
（9号棒针）
黄绿色

全下针

6针　6针

绞花部分

5cm(14行)

双罗纹扭针 黄色

36cm(90针)

## 衣袖片

双罗纹扭针 黄色

5cm(14行)

**衣袖片**
（9号棒针）
黄绿色

侧缝减针
5-1-14
6-1-1

侧缝　侧缝

30cm(76行)　35cm(90行)

向上织

(72针) 29cm

## 帽子、门襟

13cm(32针)

22cm(55行)

双罗纹扭针 黄绿色 (4行)

下针

黄色　黄色

图4

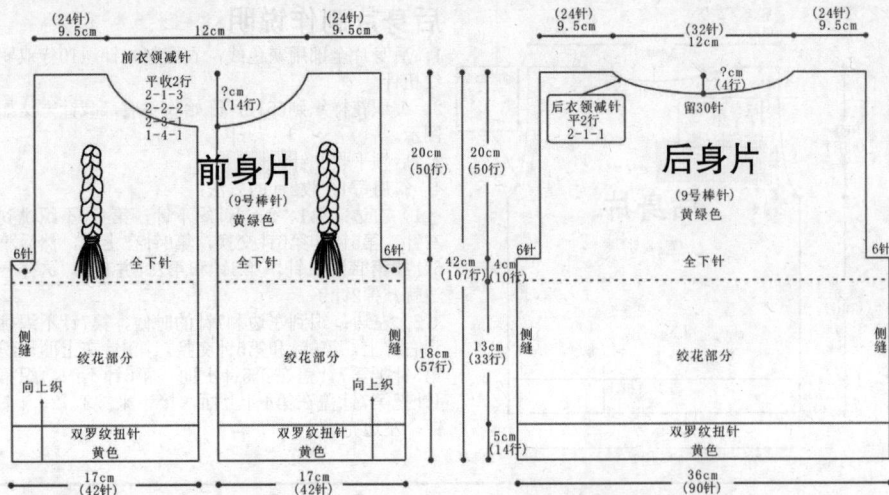

## 前身片制作说明：

1. 前身片由两片组成。前身片衣摆用黄色线起42针编织14行双罗纹扭针。
2. 换黄绿色线分散减针至38针继续向上编织33行扭针花样部分。
3. 第48行分散加针至46针，向上织下针10行。
4. 第58行开始两侧边各平收6针作袖窿减针。
5. 第94行，开始前衣领减针，减针方法：1-4-1、2-3-1、2-2-2、2-1-3，平收2行。
6. 第107行肩部各余24针，收针断线。
7. 用黄色和黄绿色各几根编2根小辫装饰在如图示位置。

## 后身片制作说明：

1. 后身片衣摆用黄色线起90针编织14行双罗纹扭针。
2. 换黄绿色线分散减针至80针继续向上编织33行扭针花样部分。
3. 第48行分散加针至92针，向上织下针10行。
4. 第58行开始两侧边各平收6针作袖窿减针。
5. 第104行，中间留30针，开始后衣领减针，减针方法：2-1-1，平收2行。
6. 第107行肩部各余24针，收针断线。

## 衣袖片制作说明：

1. 两片衣袖片，分别单独编织。
2. 用黄绿色起72针向上编织76行，侧缝减针方法：6-1-1，5-1-14。
3. 第77行换黄色线织42针双罗纹扭针，向上织14行。
4. 第90行收针断线。
5. 如图示，侧缝上标注的圆点对应部分与前后身片平收的6针对应位置缝合，余下部分缝合作袖侧缝。

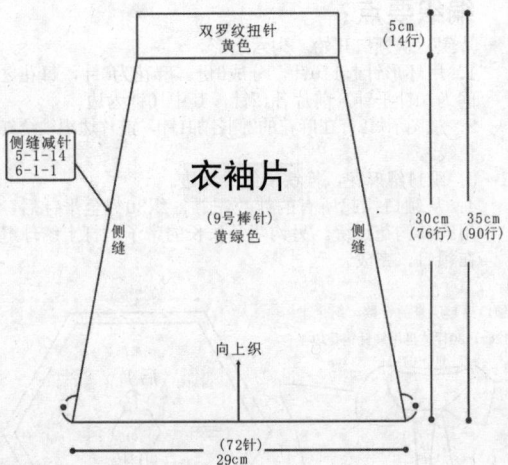

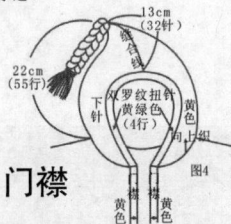

## 帽子、门襟制作说明：

1. 前后身片及袖缝合后，黄绿色线沿领圈挑起64针织帽子，织55行全下针，收针断线。
2. 帽子顶部如图所示对折在内里缝合。
3. 沿着右前身、帽子、左前身的边挑织双罗纹扭针4行，注意门襟一边留扣眼，门襟用黄色线，帽子边用黄绿色线。
4. 用黄色和黄绿色线各几根编成一根小辫，装饰在帽子顶部缝合完毕后形成的尖顶上。

## 领片

150针

**领片**（10号棒针）

82针 （10号棒针）

1.5cm(4行) 绿色线

1.5cm(4行)

## 作品80

**【成品规格】** 衣长46.5cm，下摆宽48cm

**【工　　具】** 10号棒针，1.50mm钩针

**【编织密度】** 26针×40.8行=10cm²

**【材　　料】** 绿色丝光棉线150g，黑色丝光棉线50g

## 前片、后片、裙片、袖片制作说明：

1. 棒针编织法，前片与前裙片是作一片片编织，后片与后裙片作一片编织。从裙摆起织，至肩部收针。
2. 前裙片的编织，起针，起针的织法特别，利用了折回编织法。下针起针法，起30针，先中间的24针，来回编织，将两边的6针织完，然后向前起30针，同样的方法织成结构图中的b片，然后再同样成c、d片，这样，形成的一片共128针，花样全部编织花样B搓板针，以a、b、c、d每片的连接点为中心，在这列上进行减针，每织16行减1次针，每次将3针并为1针，中间1针向上，共减7次，每列减少14针，然后无加减再织4行，完成花样B的编织，即完成前裙片的编织。
3. 上身前片的编织。完成前裙片后，余下72针，起织用黑色线，织4行下针，再改用绿色线织4行下针，此后都是黑绿相间换线编织，前片全织下针。织至第14行时，至袖窿减针，第15行起，两边同时平收4针，然后每隔2行减2针，共减2次，针数余下56行，继续上身前片的换线编织，织成34行时，在下一行进行前衣领编织，中间收针收掉22针，两边各自相反方向编织，每织2行减1针，共减6次，然后无加减再织16行，至肩部，余下11针，收针断线。完成前片与前裙片的编织。
4. 后片与后裙片的织法与前片相同，但后片的衣领是在织至53行时才进行减针，中间收针30针，两边各减掉2针，至肩部时，收针断线。
5. 拼接。将前片与后片的侧缝对应缝合，将肩部对应缝合。

## 花样A

■ 黑色　□ 绿色

## 前片

22.5cm(56针)

5cm(11针)　5cm(11针)

16行平坦 减2-1-6

平收22针 (第35行)

14cm(48行)

花样C 胸前小花

减4-2-2 平收4针

4.5cm(14行)

减4-2-2 平收4针

全下针 花样A配色

30cm(72针)

## 后片

22.5cm(56针)

5cm(11针)　5cm(11针)

2-1-2　2-1-2

平收30针 (第53行)

14cm(48行)

减4-2-2 平收4针

4.5cm(14行)

减4-2-2 平收4针

全下针 花样A配色

30cm(72针)

## 前裙片

（10号棒针）

28cm(128行)

4行平坦 16-1-7

（每段虚线）

46.5cm(190行)

25cm(116行) 花样B

侧缝　侧缝 绿色

32针

48cm(128针)

起30针，从中间选24针起织，折回编织，将两边的6针织完

a　b　c　d

## 后裙片

（10号棒针）

28cm(128行)

4行平坦 16-1-7

4行平坦 16-2-7

（每段虚线）

25cm(116行) 花样B

侧缝　侧缝 绿色

32针

48cm(128针)

起30针，从中间选24针起织，折回编织，将两边的6针织完

6. 袖的编织。沿袖口用绿色线挑针编织，编织花样D单桂花针，共4行。
7. 领片的编织。同时用绿色线沿前后片的领口挑针编织，编织花样D单桂花针，共4行。
8. 最后用钩针，用绿色线，分别沿着领口边，袖口边和裙摆边钩织一圈逆短针。但裙摆边要用双股线来钩织。

## 花样B
（搓板针）

2针一花样

## 花样C
（胸前小花图解）

## 花样D
（单桂花针）

## 作品82

【成品规格】衣长36cm，袖长31cm

【工　　具】9号棒针

【编织密度】24针×31行=10cm²

【材　　料】棒针线红色300g，藏蓝色50g，纽扣3枚

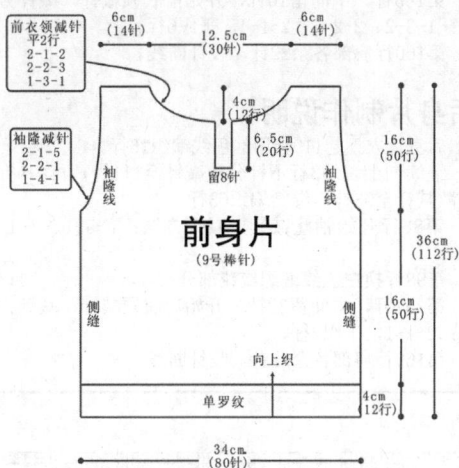

前身片（9号棒针）

前衣领减针平2行
2-1-2
2-2-3
1-3-1

6cm（14针）　12.5cm（30针）　6cm（14针）

4cm（12行）
6.5cm（20行）
留8针

16cm（50行）

袖隆减针
2-1-5
2-2-1
1-4-1

袖隆线

16cm（36行）

36cm（112行）

16cm（50行）

侧缝

向上织

单罗纹

4cm（12行）

34cm（80针）

### 前身片制作说明：

1. 前身片衣摆用红色线起80针织12行单罗纹针。

2. 编织花样织至62行，开始袖窿减针，减针方法1-4-1、2-2-1、2-1-5。

3. 第80行开始前衣领开口，中间平收8针，开口左右边继续向上编织。

4. 第101行，开始前衣领减针，减针方法：1-3-1、2-2-3、2-1-2。

5. 第112行，两肩各余14针，收针断线。

6. 前身片手套为立体编织，编织方法详见图解。

### 符号说明：

| 符号 | 说明 |
|---|---|
| □ | 上针 |
| □=□ | 下针 |
| Ａ | 上针右上2针并1针 |
| Ａ | 上针左上2针并1针 |
| 回 | 镂空针 |
| 国 | 右下针 |
| 1-3-1 | 行-针-次 |

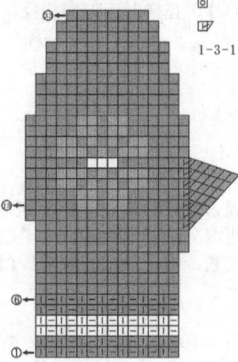

手套花样图解

■ 藏蓝色
▨ 白色
□ 红色

## 作品83

【成品规格】衣长49cm，袖长36cm

【工　　具】9号棒针

【编织密度】28针×33行=10cm²

【材　　料】红色羊毛线350g，白色羊毛线100g

### 领片

6.5cm（28针）　对折线　4行下针　单罗纹　向上圈织
挑110针

### 衣领花样图解

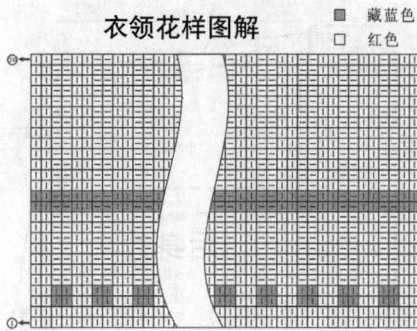

■ 藏蓝色
□ 红色

对折线
对缝

### 门襟花样图解

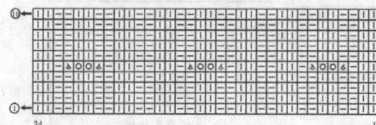

### 后身片

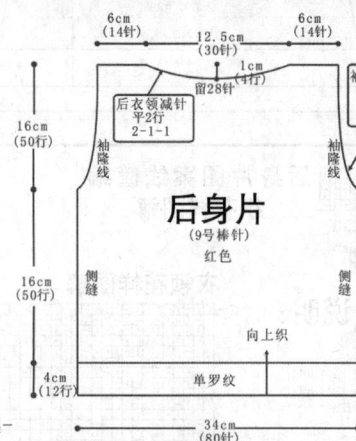

后身片（9号棒针）红色

6cm（14针）　12.5cm（30针）　6cm（14针）

1cm（4行）　留28针

后衣领减针平2行
2-1-1

袖隆减针
2-1-5
2-2-1
1-4-1

16cm（50行）

16cm（50行）

袖隆线

侧缝

向上织

单罗纹

4cm（12行）

34cm（80针）

### 后身片制作说明：

1. 后身片衣摆用红色线起80针织12行单罗纹针。

2. 编织花样织至62行，开始袖窿减针，减针方法1-4-1、2-2-1、2-1-5。

3. 第109行开始留后衣领，中间平收28针，然后减针按2-1-1，平织2行。

4. 织至112行，两肩各余14针。收针断线。

### 手套制作说明：

1. 用藏蓝色线起14针织6行单罗纹针，2行藏蓝色，2行红色，2行藏蓝色。

2. 继续用藏蓝色线向上编织下针，加减针方法如图所示，第15行开始配色编织，详见图解。

3. 第33行余8针收针断线。

4. 同样的方法编织另一只手套，注意加减针方向与前一只相反。

5. 两只手套织好后按图解所示位置缝到前身片上，另钩一条长约60cm的绳子固定在相应位置（从右手套紧口开始向上绕至后身片，从前身片左侧绕至左手套紧口内）。

### 袖片（作品82）

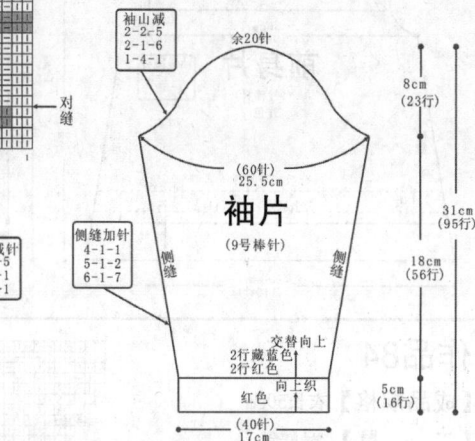

袖片（9号棒针）

余20针

袖山减
2-2-5
2-1-6
1-4-1

（60针）25.5cm

8cm（23行）

31cm（95行）

18cm（56行）

侧缝加针
4-1-1
5-1-2
6-1-7

交替向上
2行藏蓝色
2行红色

红色　向上织

5cm（16行）

（40针）17cm

### 衣袖片制作说明：

1. 两片衣袖片，分别单独编织。

2. 从袖口起织，起40针用红色线织16行单罗纹针，第13行起按2行红色2行藏蓝色交替向上编织下针。

3. 侧缝加针方法：6-1-7、5-1-2、4-1-1。

4. 第73行开始袖山减针，减针方法：1-4-1、2-1-6、2-2-5。

5. 将袖片侧缝缝合后，与衣身对应的袖窿线缝合。

### 领片（作品82）

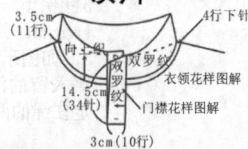

3.5cm（11行）　对折线　4行下针
向上织　双罗纹
14.5cm（34针）
衣领花样图解
门襟花样图解
3cm（10行）

### 衣领制作说明：

1. 前后身片及袖缝合后，用红色线挑74针，按图解织4行下针换织双罗纹针。

2. 衣领部分为双层，用红色线织7行，织2行藏蓝色，换红色线织22行双罗纹后收针断线。对折后，在里面缝合。

### 门襟制作说明：

1. 领挑织好后，按图示，挑34针织双罗纹，留扣眼的一侧按图解编织，织10行收针断线。

2. 另一侧的门襟同样挑34针织双罗纹针10行，钉3枚纽扣。

### 符号说明：（作品83）

| 符号 | 说明 |
|---|---|
| □ | 上针 |
| □=□ | 下针 |
| 交叉 | 右上3针交叉 |
| 交叉 | 左上2针并1针 |
| 回 | 镂空针 |
| 中 | 中上3针并1针 |
| Ａ=Ａ | 右上2针并1针 |
| 2-1-5 | 行-针-次 |

### 衣袖片制作说明：（作品83）

1. 两片衣袖片，分别单独编织。

2. 从袖口起织，起55针织16行，继续向上编织全下针，侧缝加针方法为8-1-5、9-1-1、6-1-5、2-1-1。

3. 配色图案部分从第52行开始织，共织9行。

4. 第83行开始袖山减针，减针方法为1-4-1、2-2-1、2-1-10、2-2-6、1-3-1，第118行余17针收针断线。

5. 前后片缝合后，将袖片侧缝缝合，袖山部分与袖窿相连。

### 衣领制作说明：（作品83）

1. 前后身片及袖缝合后，用红色线挑110针，织4行下针换织单罗纹针。

2. 领圈部分为双层，织28行单罗纹针收针断线，向里对折，在里面沿领线缝合。

### 袖片（作品83）

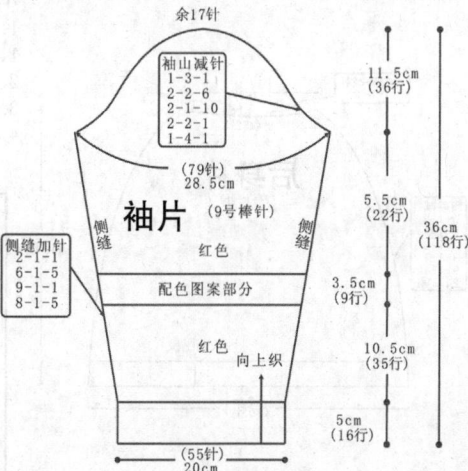

余17针

袖山减针
1-3-1
2-2-6
2-1-10
2-2-1
1-4-1

（79针）28.5cm

11.5cm（36行）

侧缝加针
2-1-1
6-1-5
9-1-1
8-1-5

袖片（9号棒针）红色

5.5cm（22行）

36cm（118行）

3.5cm（9行）

配色图案部分

红色　向上织

10.5cm（35行）

5cm（16行）

（55针）20cm

前身片制作说明：

1. 前身片衣摆起119针用红色线编织16行。
2. 继续向上编织3行下针分散减针至111针，再织5行分散减针至98针，继续编织63行。
3. 第88行开始袖窿减针，减针方法：1-5-1、2-1-5。
4. 第98行换白色线编织绞花部分。
5. 第143行，中间留10针，开始前衣领减针，减针方法：1-3-2、2-2-1、2-1-4，平织6行。
6. 第160行肩部各余22针，收针断线。

后身片制作说明：

1. 后身片衣摆起119针用红色线编织16行。
2. 继续向上编织3行下针分散减针至111针，再织5行分散减针至98针，继续编织63行。
3. 第88行开始袖窿减针，减针方法：1-5-1、2-1-5。
4. 第98行换白色线编织绞花部分。
5. 第157行，中间留32针，开始后衣领减针，减针方法：2-1-1，平织2行。
6. 第160行肩部各余22针，收针断线。

前身片（9号棒针）图

后身片（9号棒针）图

后身片图案线筐编织花样图解

作品84

【成品规格】衣长50cm

【工　　具】7号棒针

【编织密度】20针×23行=10cm²

【材　　料】灰色棒针线350g，白色棒针线50g，橘红色30g，黑色、浅灰色、沙黄色少许

符号说明：

□＝上针
□＝□ 下针
△ 左上2针并1针
△ 右上2针并1针
回 镂空针
回 扭针
1-6-2 行-针-次

衣领制作说明：

1. 一片编织完成。衣领是在前后身片缝合好后的前提下起编的。
2. 沿衣领边挑120针，左右门襟各6针保留一起向上织，然后按照花样分布，织30行收针断线。
3. 如图示，另钩织150cm长的绳，穿入留的洞眼，制作2个毛张球固定在绳的两端。

衣领花样图解

前身片制作说明：

1. 前身片分为两片编织，前身片和门襟一起向上编织，左身片和右身片各一片，花样对应方向相反。
2. 前身片侧缝减针与后身片相同。
3. 织到34行在图示位置开口，织30行，开口止。
4. 织到107行开始前衣领减针，减针方法顺序为1-7-1、1-5-5、1-6-1。
5. 开口处按图示方向挑起30针织桂花针8行，收针断线，两端与前身片缝合。

后身片图案立体钩织部分制作说明：

流氓兔手持的毛衣片起15针织16行，不收针，钩两条绳作棒针穿入线圈，固定在对应位置。棒针两端部分另钩两条绳固定在相应位置，毛衣片和线圈相连的绳也是单独钩织，两端分别固定在线圈和毛衣片上，中间悬空不固定。3个小线团可圈织3个小筒，中间塞入棉花，两端收紧，固定在相应位置。线筐按花样图解编织。

前身片（7号棒针）图

后身片（7号棒针）图

后身片制作说明：

1. 后身片从衣摆起102针编织花样织到24行，侧缝开始减针，之后减针方法顺序是24-1-1、9-1-1、8-1-1、7-1-8、6-1-1、5-1-2，共织113行。
2. 后领窝中间平织52针，然后两边按1-6-2减针，收针断线。
3. 后身片图解在相应位置按图案编织。
4. 图案编织部分，流氓兔手持的毛衣片、线框、线团、棒针为立体钩织。

作品85

【成品规格】见图

【工　　具】11号棒针

【编织密度】22针×40行=10cm²

【材　　料】蓝色宝宝绒线250g，白色宝宝绒线50g

编织要点：

1. 用环针或4根针圈织。起72针织花样A，织10行为腰身部分。
2. 织完后开始织伞形花样，可以根据自己的需要调节长度。
3. 裙摆下面织两组花样B，连接伞形花样的织一组白色花形。下面织蓝色，收尾处多织两行全平针平收即可。
4. 另起针织带子，穿在腰处缕空花内。完成。

編織花様

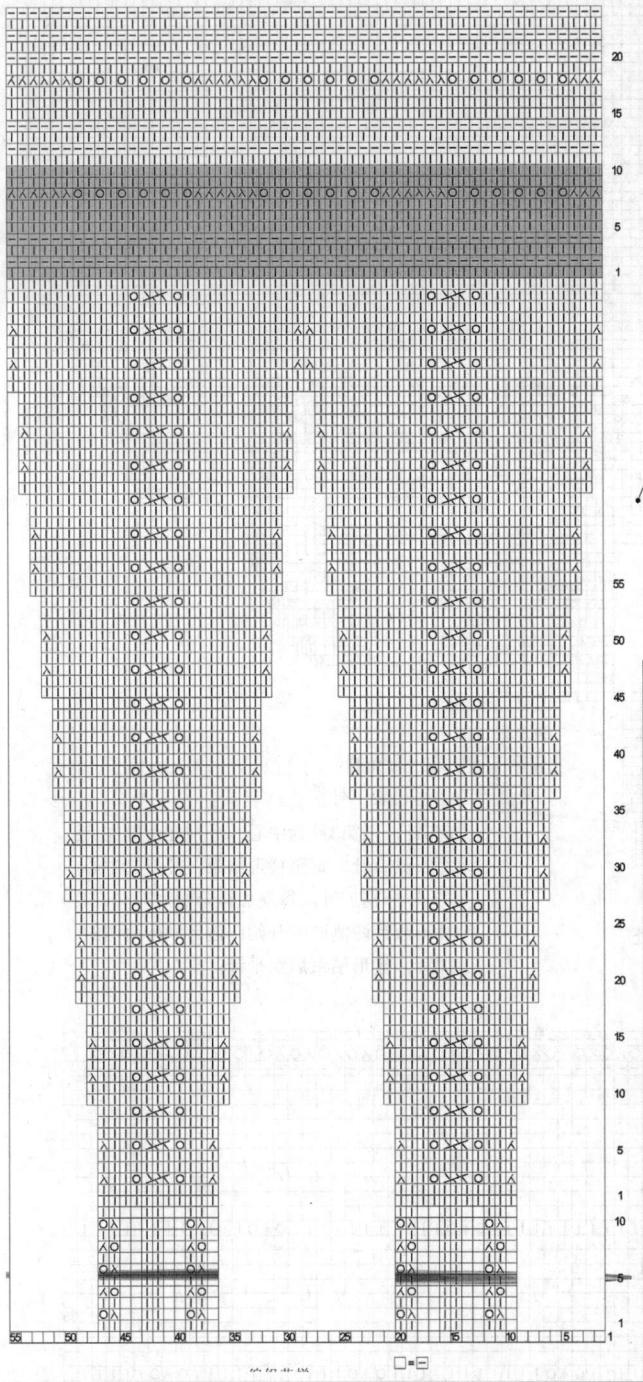

編織花様B

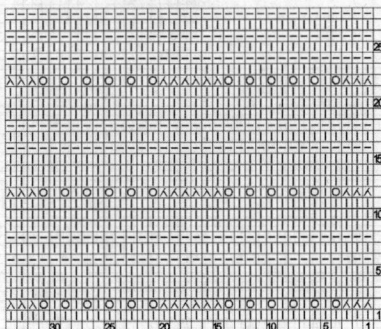

帯子編織花様

符号説明：

□=－

八=左上2針并1针

O=加针

Ⅰ=下针

□=－

V=滑针

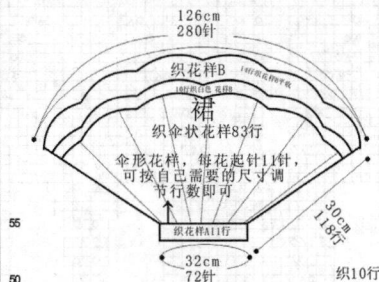

带子：起8针织120cm

編織花様A

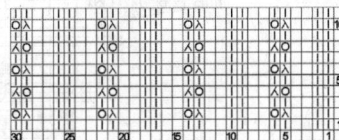

作品86

【成品规格】见图
【工　　具】12号棒针
【编织密度】30针×33行=10cm²
【材　　料】粉色宝宝绒线300g

前身片

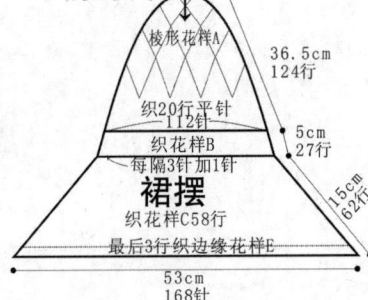

后身片

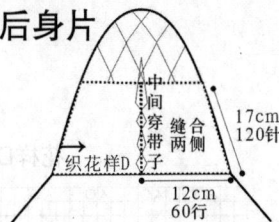

2根长长的辫子

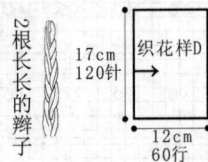

编织要点：

此衣分四步织。

1. 起5针织两行平针，然后以中心针为界，在两侧分别加针。每2行各加1针。在织第7行时，中心线的两侧同时又加针，详见图解介绍。织4层棱形形成肚兜，第4层棱形加完后不再加针，棱形织完后织20行平针开始织腰部。

2. 腰部由两组花样组成，中心部分织罗纹变形花样，两侧各织5组铜钱花，共织27行。

3. 裙摆：腰部结束后两侧另起针47针为后片，圈起织裙摆，每3针加1针，交错织4组花样后再织边缘花样，平收完成。

4. 另织两块方片为后片，缝合背部，织2根长长的辫子，对称穿在后片并连接前领口。完成。

花样B

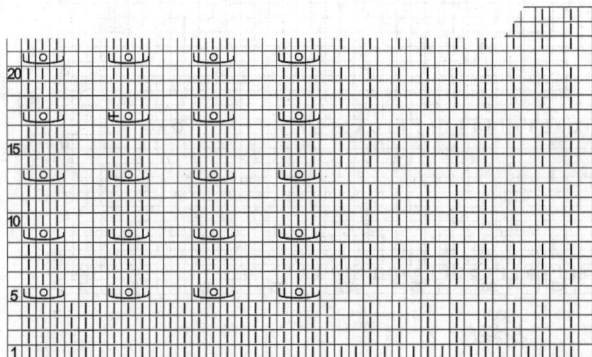

花样B

第二层花样为腰线，两侧各织铜钱花5组，中间单罗纹针每4行织1行上针，织27行。

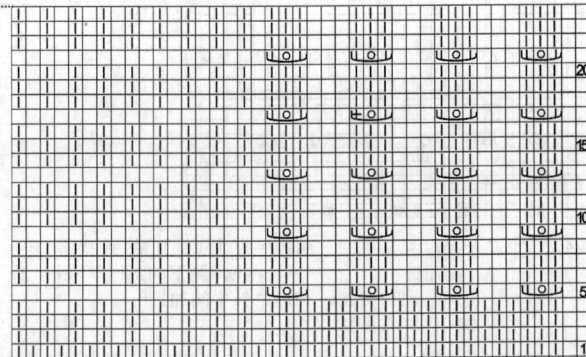

□=－

133

花样A

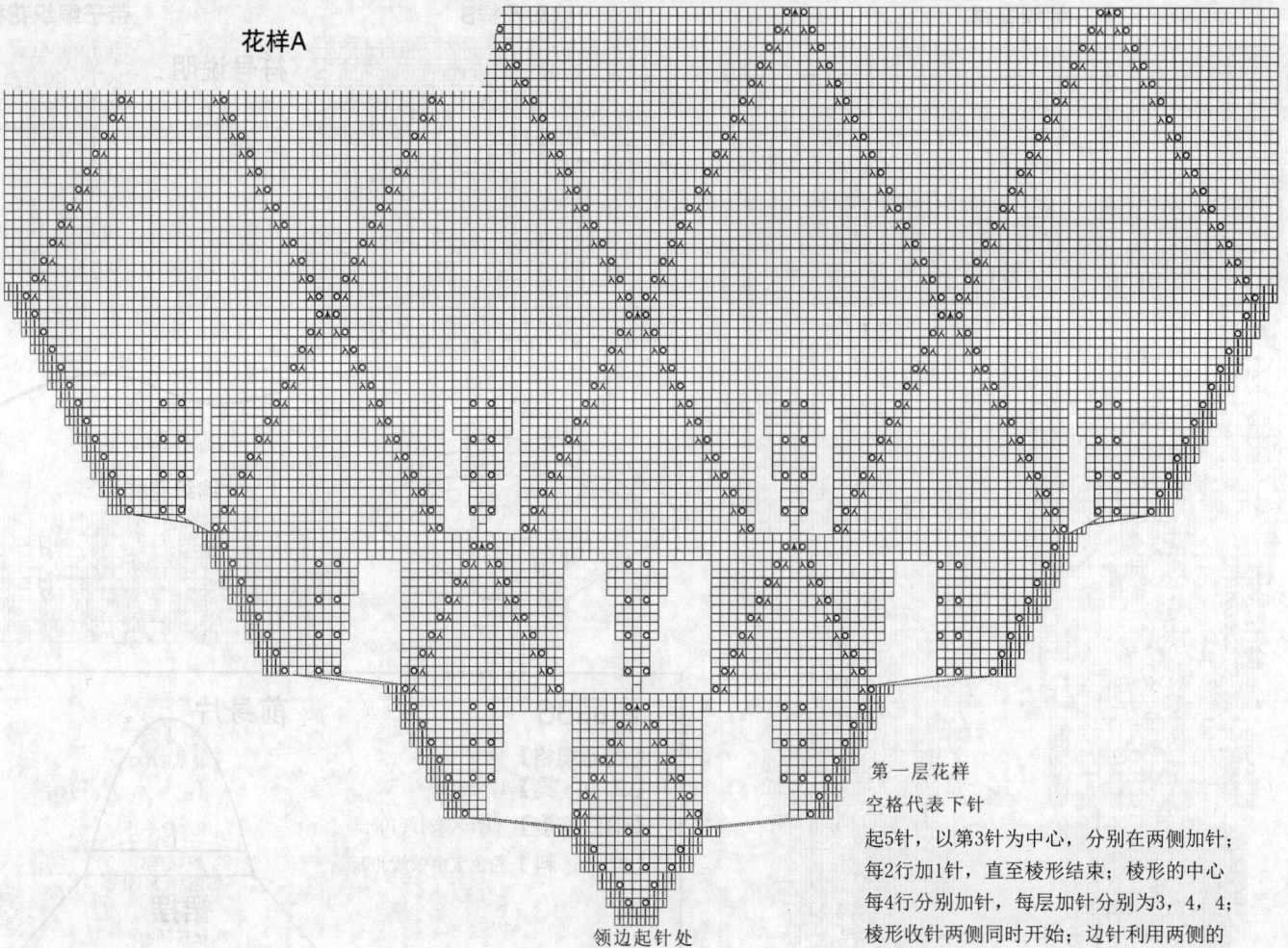

领边起针处

第一层花样
空格代表下针

起5针，以第3针为中心，分别在两侧加针；
每2行加1针，直至棱形结束；棱形的中心
每4行分别加针，每层加针分别为3，4，4；
棱形收针两侧同时开始；边针利用两侧的
加针，棱形结束后织平针；

花样E

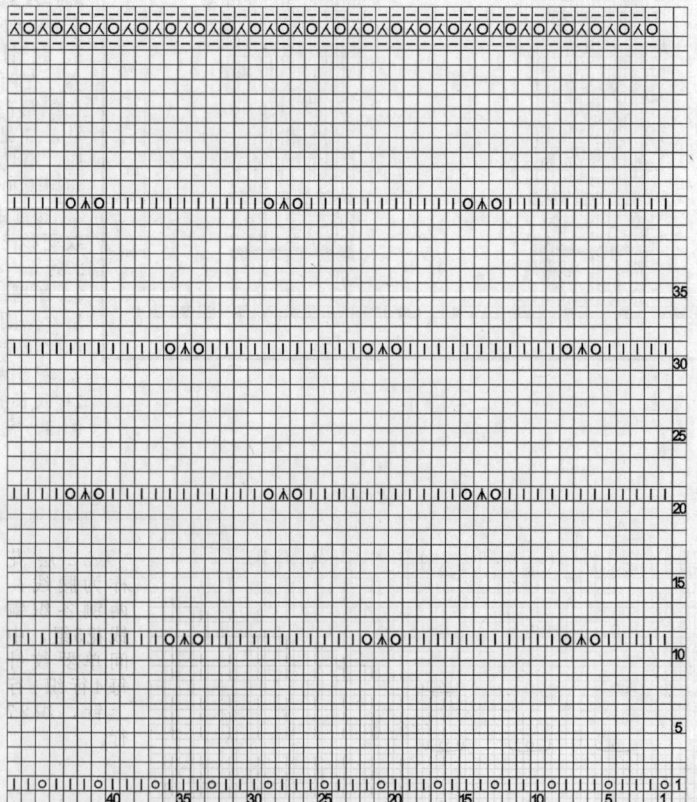

花样D

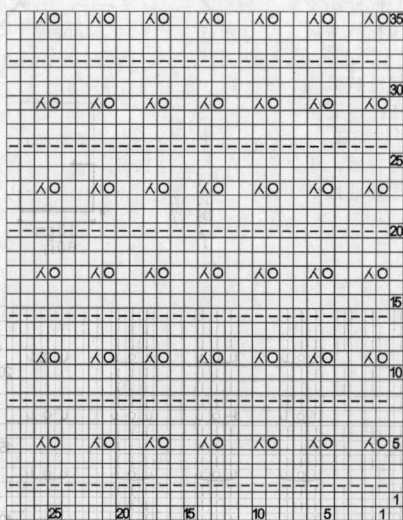

第三层为裙子；
第二层花样织完
后，织平针每隔3
针加1针；开始织
花样；交错织4
组，最后按图解
织边缘花样；平收
完成。

花样D

□=囗
〇=加针
⋌=左上2针并1针
⋏=中上3针并1针

回回回=左面1针压在另2针上不
　织，剩下的2针织下针，2
　针中间加1针。

花样C　　　□=囗

134

# 作品87

【成品规格】衣长34cm，袖长31cm
【工　具】12号环针和棒针
【编织密度】28针×33行=10cm²
【材　料】金丝彩棉250g，纽扣5枚

## 符号说明：

□=□
⊠=2针交叉，左边1针在上面
⊠⊠=4针交叉，左边2针在上面

编织花样

### 后身片
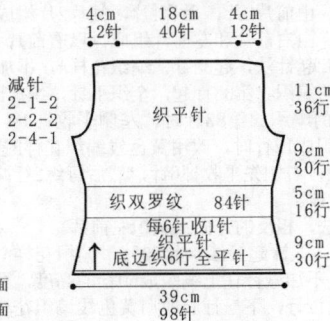

4cm 18cm 4cm
12针 40针 12针
减针
2-1-2
2-2-2
2-4-1
织平针
11cm 36行
9cm 30行
织双罗纹 84针
5cm 16行
每6针收1针
织平针
底边织6行全平针
9cm 30行
39cm 98针

### 前身片
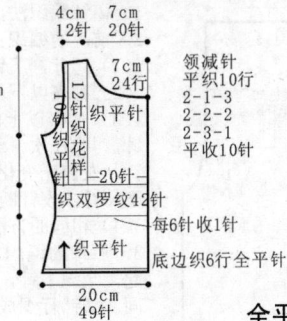

4cm 7cm
12针 20针
领减针
平织10行
2-1-3
2-2-2
2-3-1
平收10针
7cm 24行
12针织花样
织平针
20针
织双罗纹42针
每6针收1针
织平针
底边织6行全平针
20cm 49针

### 领片
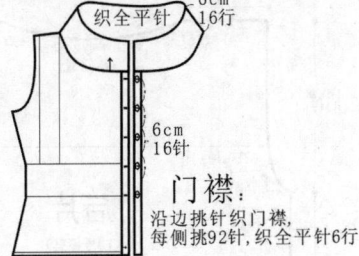

沿领口挑104针，织全平针16行
6cm 16行
织全平针
门襟：
沿边挑针织门襟，每侧挑92针，织全平针6行
6cm 16针

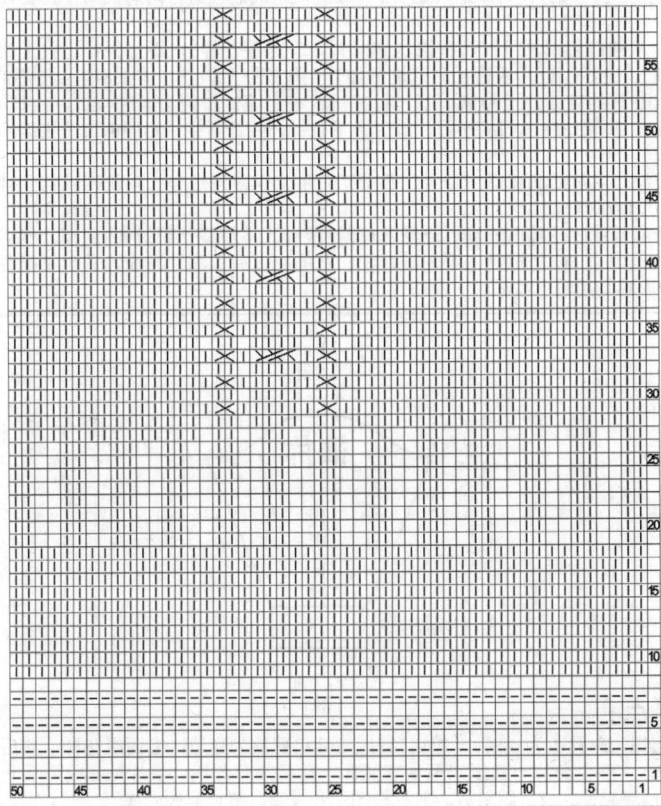

全平针
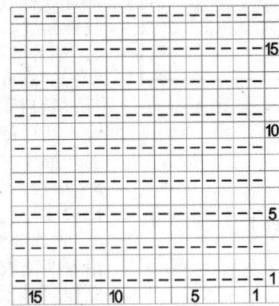

### 袖片
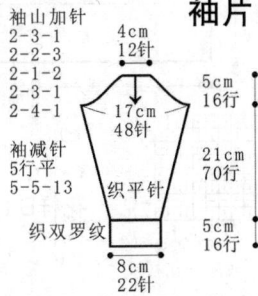

袖山加针
2-3-1
2-2-3
2-1-2
2-3-1
2-4-1
4cm 12针
17cm 48针
袖减针
5行平
5-5-13
织平针
织双罗纹
8cm 22针
5cm 16行
21cm 70行
5cm 16行

## 编织要点：

1. 后片：起98针织行全平针，开始织平针，织24行后每6针并1针，开始织双罗纹针。双罗纹部分为84针，织16行。不加不减继续织平针，至袖窿减针。收袖窿至肩。
2. 前片：起49针织法同后片。双罗纹部分结束后开始织花样，分别为10针、12针、20针。20针为前侧，12针为花样。
3. 门襟：前片织好挑织门襟，每2个辫子挑3针或4行挑3针。织6行全平针，一侧留扣眼。
4. 领：各片织好后沿领窝挑针织领，织6cm高全平针。
5. 袖：从袖山起针织袖，织平针。织好后缝合。

# 作品88

【成品规格】衣长43cm，袖长44cm
【工　具】10号棒针
【编织密度】20针×28.7行=10cm²
【材　料】黄色腈纶线100g，粉色腈纶线200g，扣子5枚

花样A

## 符号说明：

□ 上针
□=□ 下针
2-1-3 行-针-次
↑ 编织方向
⊠ 左并针
⊠ 右并针
⊙ 镂空针

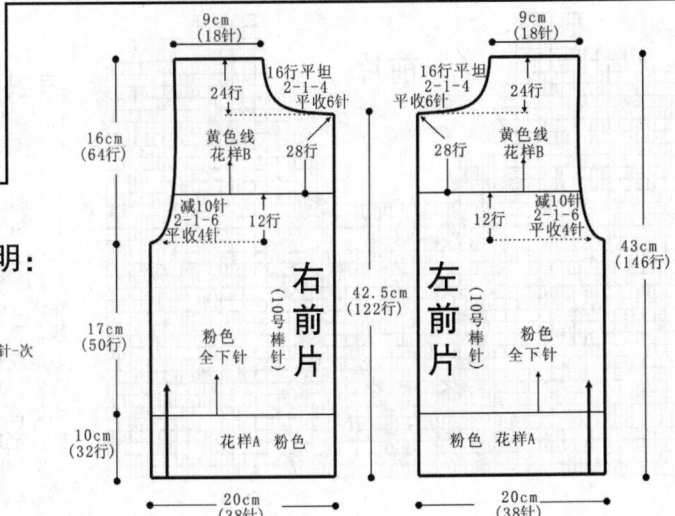

9cm (18针)
16行平坦
2-1-4
平收6针
24行
黄色线花样B
28行
减10针
2-1-6
平收4针
12针
16cm (64行)
17cm (50行)
右前片 (10号棒针)
左前片 (10号棒针)
42.5cm (122行)
43cm (146行)
粉色全下针
10cm (32行)
花样A 粉色
20cm (38针)

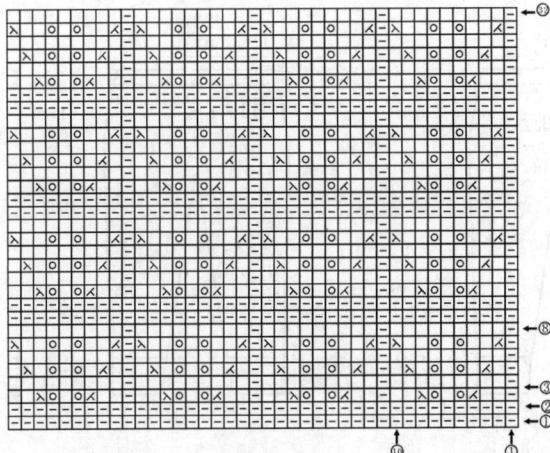

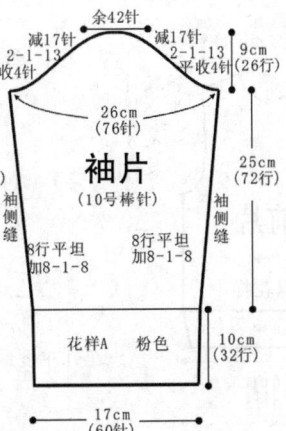

### 袖片
余42针
减17针 2-1-13 平收4针
9cm 26行
26cm (76针)
44cm (130行)
袖片 (10号棒针)
袖侧缝
25cm (72行)
8行平坦 加8-1-8
花样A 粉色
10cm (32行)
17cm (60针)

### 领片
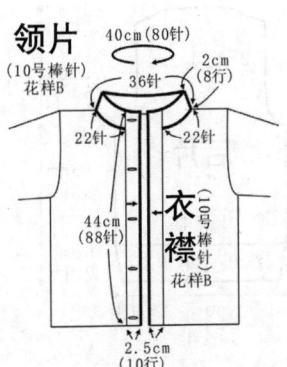

40cm (80针) (10号棒针) 花样B
2cm (8行)
36针
22针 22针
衣襟 (10号棒针) 花样B
44cm (88针)
2.5cm (10行)

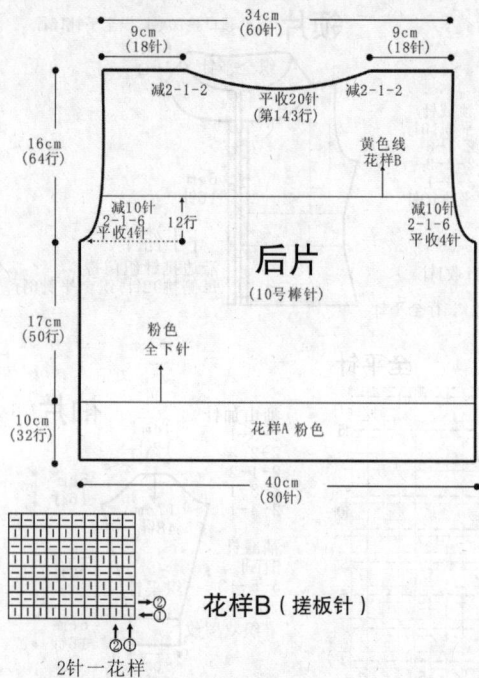

## 前片、后片、袖片、领片制作说明：

1. 棒针编织法，由前片2片，后片1片，袖片2片组成。从下往上织起。
2. 前片的编织。由右前片和左前片组成，以右前片为例。
（1）起针，下针起针法，起38针，编织花样A，不加减针，织32行的高度。
（2）袖窿以下的编织。第33行起，全织下针，织成50行的高度，至袖窿。此时织片共82行。
（3）袖窿以上的编织。第83行时，左侧平收针4针，右侧不加减针。往上编织，每织2行减1针，共减6次，织成12行时，改用黄色线编织花样B搓板针，右侧成28行高度时，进行领边减针，左侧无变化，右侧先平收掉6针，然后每织2行减1针，共减4次，再织16行后，至肩部，余下18针，收针断线。
（4）相同的方法，相反的方向去编织左前片。
3. 后片的编织。下针起针法，起80针，编织花样A，不加减针，织32行的高度。然后第33行起，全织下针，不加减针往上编织成50行的高度，至袖窿，然后从袖窿起减针，方法与前片相同。减针行织成12行，下一行再改用黄色线编织花样B搓板针，当衣服织至第143行时，中间将20针收针收掉，两边相反方向减针，每织2行减1针，减2次，织成后领边，两肩部余下18针，收针断线。
4. 袖片的编织。袖片从袖口起织，下针起针法，起60针，分配成花样A，不加减针，往上织32行的高度，第33行起，全织下针，两边袖侧缝进行加针，每织8行加1针，共加8次，织成62行，然后不加减针再织8行的高度，至袖窿。下一行起进行袖山减针，两边同时收针，收掉4针，然后每织2行减1针，共减13针，织成26行，最后余下42针，收针断线。相同的方法去编织另一袖片。
5. 拼接，将前片的侧缝与后片的侧缝对应缝合，将前后片的肩部对应缝合。再将两袖片的袖山边线与衣身的袖窿边对应缝合。
6. 领片的编织，沿着前后领边，挑出80针，起织花样B搓板针，不加减针织8行的高度，然后沿着两侧衣襟边，挑针起织花样B搓板针，不加减针织10行的高度后，收针断线，右侧衣襟要制作5个扣眼，领片和衣襟均用粉色线编织。衣服完成。

**后片 (10号棒针)**
- 34cm (60针)
- 9cm (18针) / 9cm (18针)
- 减2-1-2 / 平收20针 (第143行) / 减2-1-2
- 16cm (64行)
- 黄色线 花样B
- 减10针 2-1-6 平收4针 / 12针 / 减10针 2-1-6 平收4针
- 17cm (50行) / 粉色 全下针
- 10cm (32行) / 花样A 粉色
- 40cm (80针)

**花样B（搓板针）**
- 2针一花样

---

## 作品89

【成品规格】毛衣：衣长36cm，袖长25cm；
毛裤：腰围44cm，裤长44cm
【工　　具】12号环针和棒针
【编织密度】28针×38行=10cm²
【材　　料】宝宝棉线500g

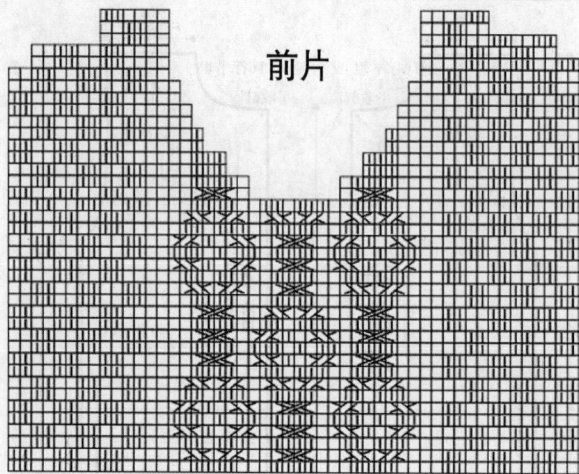

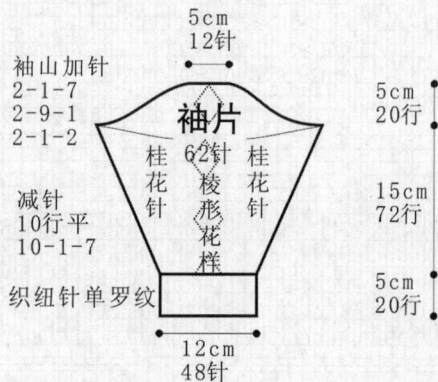

**前片**

**袖片**
- 5cm 12针
- 袖山加针 2-1-7 2-9-1 2-1-2
- 5cm 20行
- 62针 桂花针 棱形花样 桂花针
- 15cm 72行
- 减针 10行平 10-1-7
- 织纽针单罗纹
- 5cm 20行
- 12cm 48针

### 编织要点：

1. 一片连织，总针数为148针。起148针织纽针单罗纹为底边，上面织花样，前后片花形对称。整个身体一直平织至袖窿减针，前后片分开织。后片袖窝收针后一直平织到袖窿减针完成，织斜肩。前片按图示开领窝，缝合肩斜线完成。
2. 袖：袖织组合花样，袖中心织棱形花样，两侧织桂花针，袖口织纽针单罗纹。
3. 领：沿领窝挑84针织纽针单罗纹，织4cm。
4. 毛裤：
（1）从裤腰往下织，起128针织平针，织6cm作为裤腰，对折重合，同时把松紧带穿进去，为了以后方便可留下一段不重合。此时分好前后片，前后各1针作为中心线，裤子的中侧各留下8针织花样。分针布局为前后中心各1针，两侧中缝各8针，中缝花样两侧各为31针。
（2）继续织平针，平织14行后在中心线两侧各加1针，再织8行后开始开裆。开始做准备织裤裆边，为全平针，各边为6针。先在中心线织1针上平，第3行织3针，至12针，递增形成三角形。前后片裆落差为3cm。
（3）分开织裤腿，裤裆后片为17cm，前片为14cm。裆位织好重合织裤腿，收边依然为小三角形。裤腿可按自己的需要织长度，裤脚织5cm纽针单罗纹。

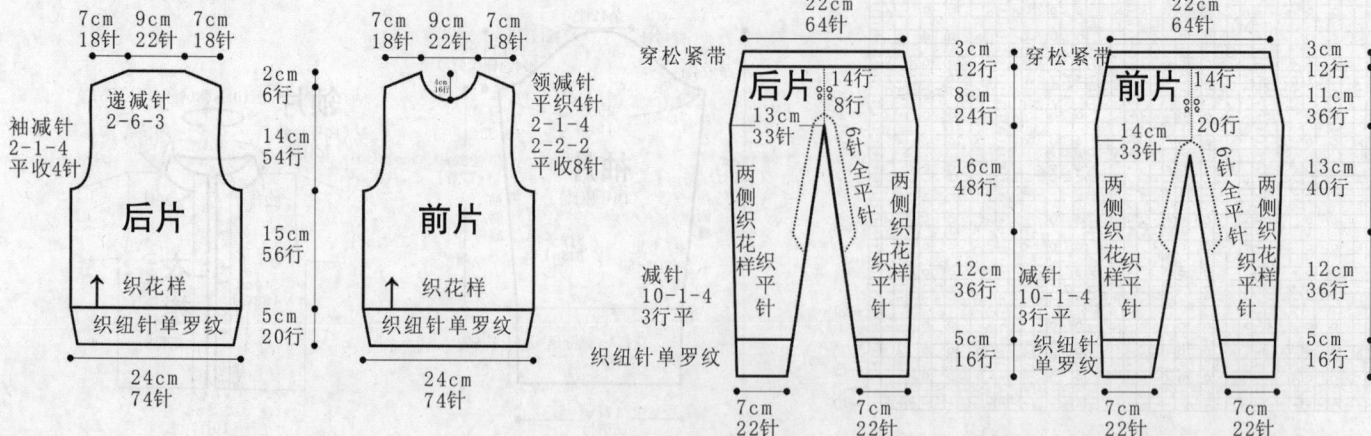

**后片**
- 7cm 18针 / 9cm 22针 / 7cm 18针
- 递减针 2-6-3
- 2cm 6行
- 袖减针 2-1-4 平收4针
- 14cm 54行
- 15cm 56行
- 织花样
- 织纽针单罗纹
- 5cm 20行
- 24cm 74针

**前片**
- 7cm 18针 / 9cm 22针 / 7cm 18针
- 领减针 平织4针 2-1-4 2-2-2 平收8针
- 织花样
- 织纽针单罗纹
- 24cm 74针

**后片（裤）**
- 22cm 64针
- 穿松紧带
- 3cm 12行
- 8cm 24行
- 14行 8行
- 13cm 33针
- 6针 全平针
- 16cm 48行
- 两侧织花样织平针
- 减针 10-1-4 3行平
- 织纽针单罗纹
- 5cm 16行
- 7cm 22针 / 7cm 22针

**前片（裤）**
- 22cm 64针
- 穿松紧带
- 3cm 12行
- 11cm 36行
- 14行 20行
- 14cm 33针
- 6针 全平针
- 13cm 40行
- 两侧织花样织平针
- 减针 10-1-4 3行平
- 织纽针单罗纹
- 5cm 16行
- 12cm 36行
- 7cm 22针 / 7cm 22针

136

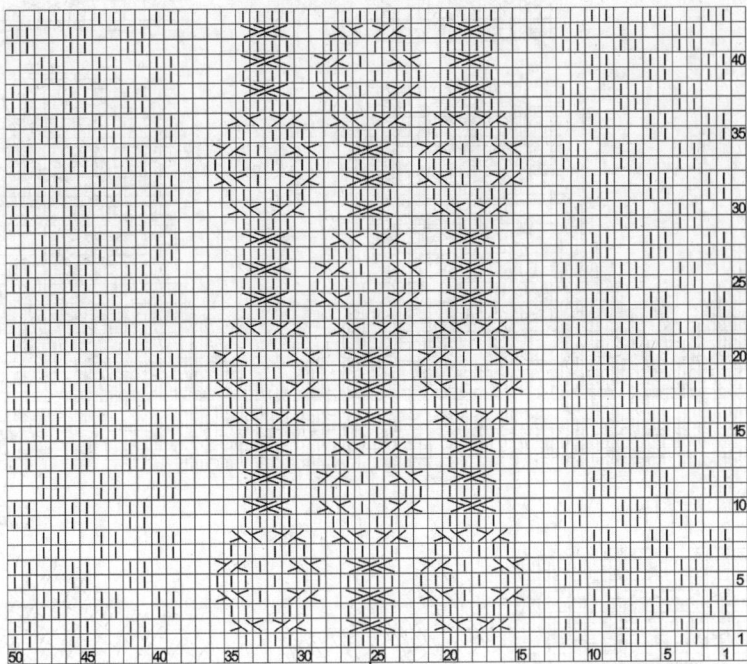

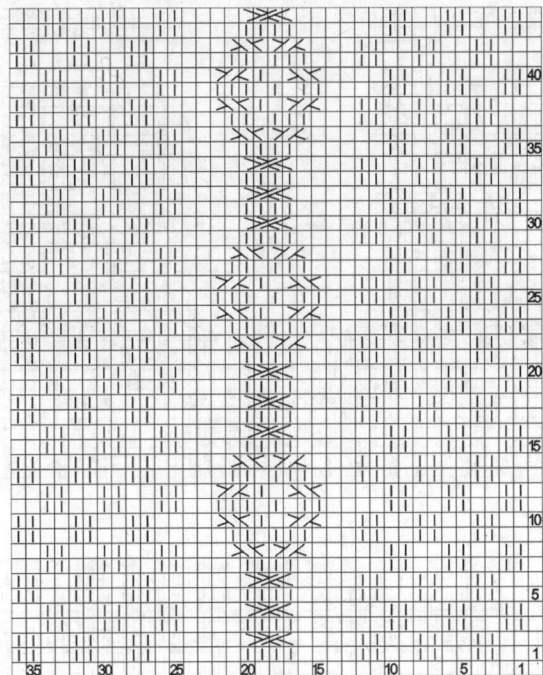

前后片中心

袖中心

□=□

## 符号说明：

〼〼 = 3针交叉，左边2针在上面

〼〼 = 4针交叉，左边3针在上面

〼〼 = 4针交叉，右边3针在上面

〼〼 = 4针左上交叉

〼〼 = 4针右上交叉

〼〼 = 6针左上交叉

后片

## 领

沿领窝环挑84针
织纽针单罗纹

4cm
20行

环挑84针
织纽针单罗纹

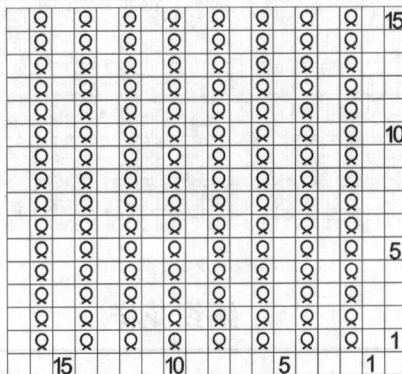

纽针单罗纹

□=□

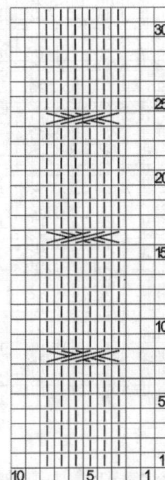

□=□

裤侧缝图解

---

## 作品90

【成品规格】衣长35cm，胸围48m

【工 具】12号环针和棒针

【编织密度】28针×35行=10cm²

【材 料】宝宝棉线250g

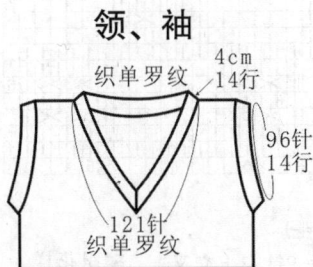

## 领、袖

织单罗纹 4cm
14行

96针
14行

121针
织单罗纹

### 编织要点：

1. 一片连织，总针数为152针。起152针织单罗纹为底边，上面织花样，前后片花形对称。整个身片一直平织至袖窿减针，前后片分开织。后片袖窝各收掉中间的一个花，再2行收2针收2次，2行收1针收3次，平织到挂肩完成，平收即可。前片开按图示开领窝，缝合肩线完成。

2. 领、袖：沿领窝和袖口织4cm单罗纹。

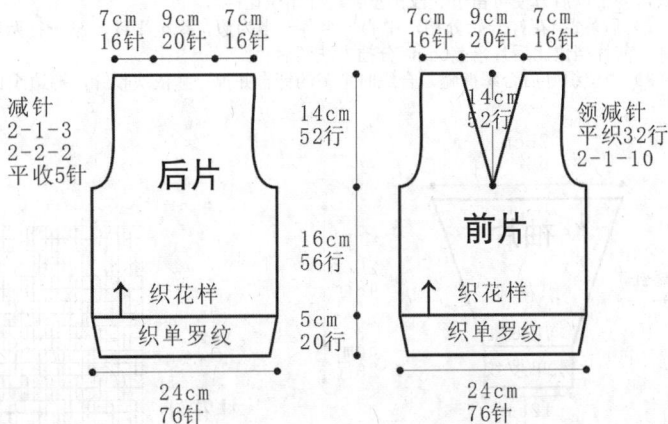

7cm 9cm 7cm
16针 20针 16针

减针
2-1-3
2-2-2
平收5针

14cm
52行

后片

16cm
56行

织花样

5cm
20行

织单罗纹

24cm
76针

7cm 9cm 7cm
16针 20针 16针

14cm
52行

领减针
平织32行
2-1-10

前片

织花样

织单罗纹

24cm
76针

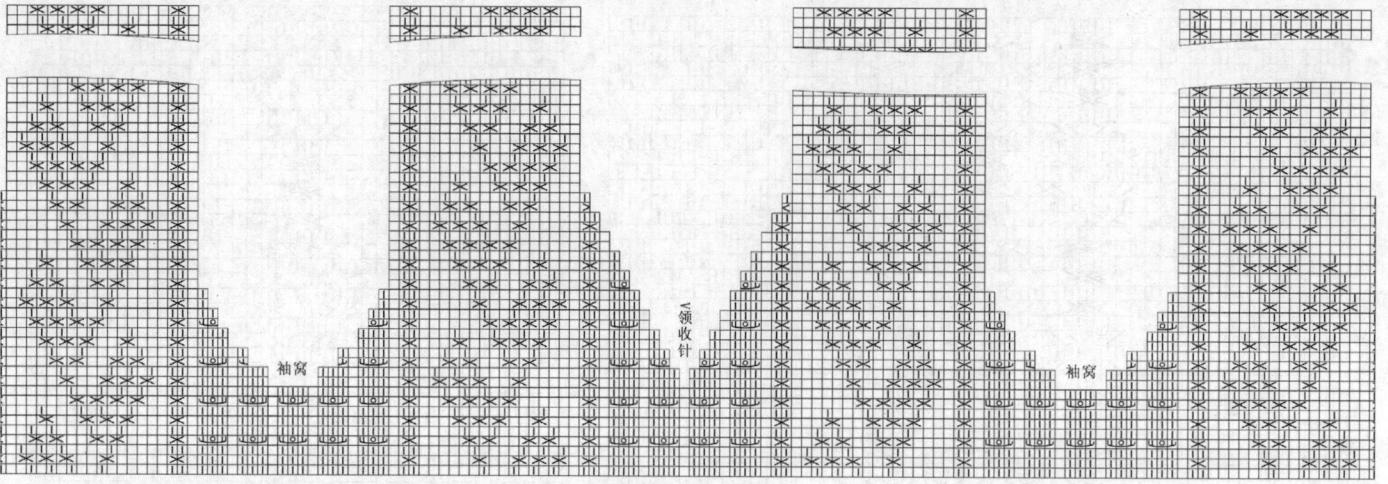

后片　　　　　　　　　　　前片　　　　　　　　　　　后片

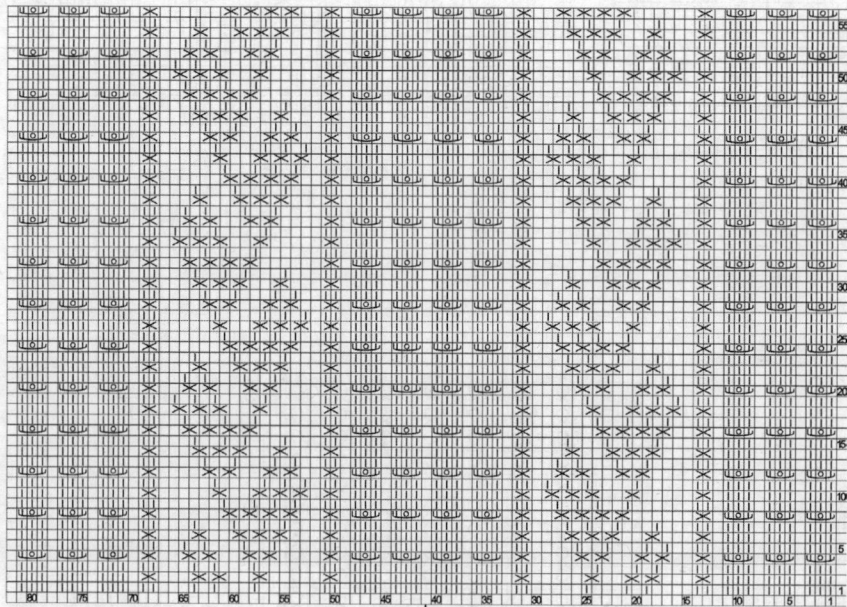

□=□
⊠=□
凹凹凹=把第3针盖过前面的2针，
织1针下针，加1针，再织1针下针

编织花样

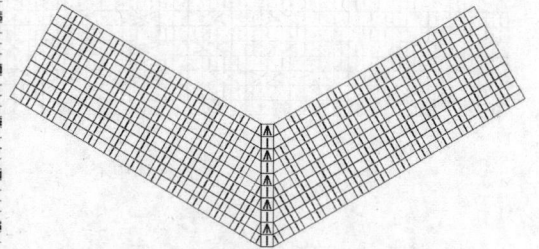

V领中心

## 作品91

【成品规格】毛衣：衣长35cm，袖长28cm；
　　　　　　毛裤：腰围38cm，裤长41cm
【工　　具】11号环针和棒针
【编织密度】24针×26行=10cm²
【材　　料】宝宝棉线500g，纽扣5枚

### 领、门襟

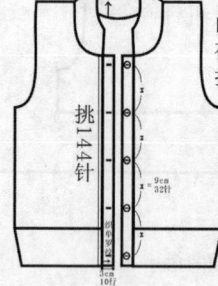

织桂花针4cm／20行　领沿领窝挑120针织桂花针

门襟沿前片挑针织单罗纹，在一侧留下扣眼，另一侧缝扣子。

## 编织要点：

1. 一片连织，总针数为144针。起144针织单罗纹为底边，上面织花样，前后片各11组花样，腋下各一组。整个身片一直平织至袖窿减针，此时前后片分开织。后片袖窝收针后一直平织到挂肩完成。前片按图示织领窝，缝合肩线完成。

2. 袖：袖织花样，平袖，直接从袖口挑针平织，袖口织单罗纹。

3. 领：沿领窝挑120针织桂花针，织4cm。

4. 毛裤。

（1）圈织。从裤腰往下织，起156针织平针，织4cm作为裤腰，对折重合，同时把松紧带穿进去，为了以后方便可留下一段不重合。开始织花样。

（2）后片2组花样开始分裆，中心一组各一半为边，织全平针，第一行两侧各加1针，边为4针。前片裆位比后片落差6cm，分裆方法同后片。

（3）裆位织好后合织裤腿，合织时把多的针合并掉，腿依次收针，裤边织12行全平针。

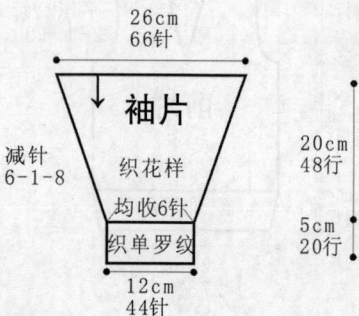

减针
6-1-8

26cm
66针

織花样

20cm
48行

均收6针

織单罗纹

5cm
20行

12cm
44针

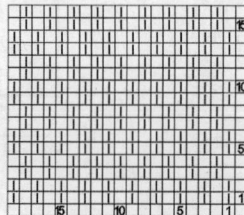

桂花针

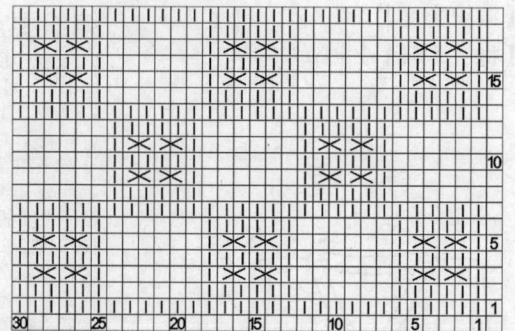

□=□
⊠= 2针左上交叉　　编织花样

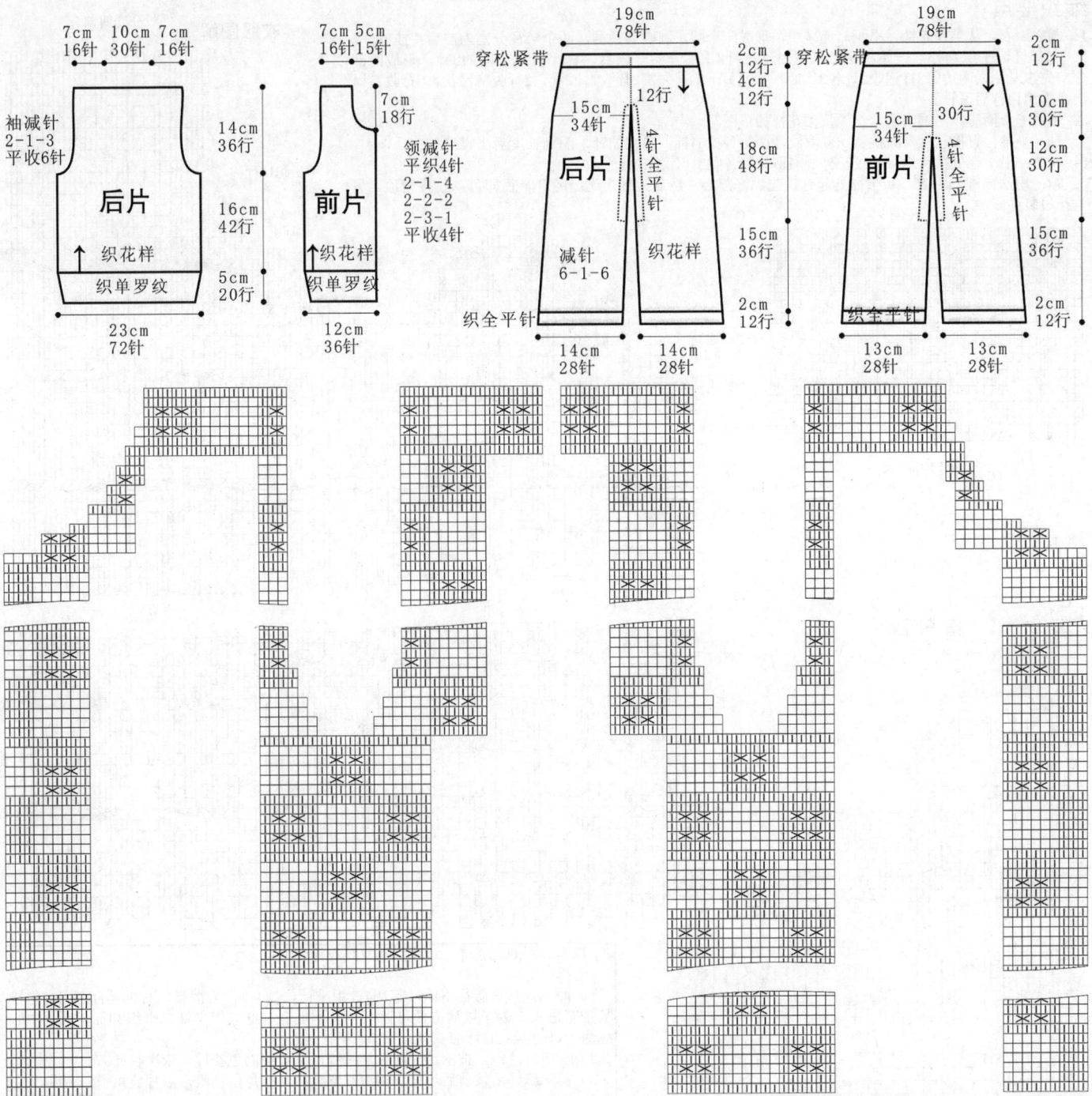

**作品92**

**符号说明：**

**【成品规格】** 衣长42cm，胸围28cm，
袖长30cm

**【工　　具】** 11号棒针，3mm钩针

**【编织密度】** 28针×36行=10cm²

**【材　　料】** 玫红色毛线500g

□=⊟

ⅢⅢ=把第3针盖过前面的2针，1针下针，加1针，1针下针

ⅢⅢ=4针左上交叉

ⅢⅢ=6针右上交叉

ⅢⅢ=8针左上交叉

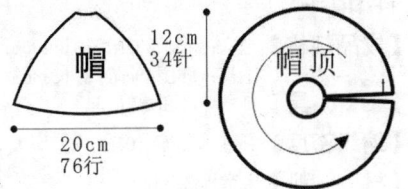

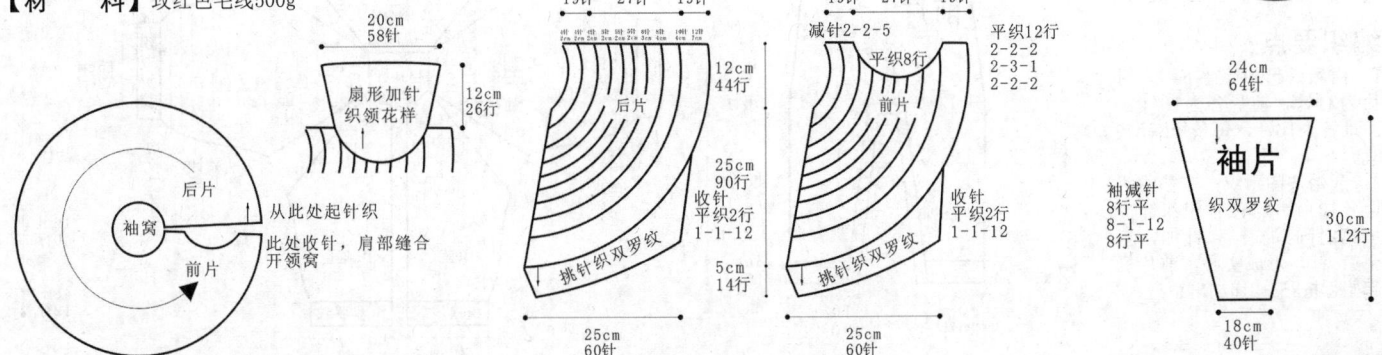

**编织要点：**

1. 圆心织衣，从半径起针，平织，递减织，形成一个圆，圆心为袖洞，两个半径分别为前后片挂肩。
2. 起65针，平织44行后开始递减针，每2行收2针3次后开始开领窝，先收掉中间的8针，形成两部分，先织左侧，两边每2行递收2针各3次后平收。另一侧：领窝2行收2针2次，2行收3针1次，2行收2针1次。平织14行后平收。
3. 领：缝合两肩。沿领窝挑织织领，领花样如下图。
4. 袖：平袖，直接从袖窝处挑针织双罗纹，两侧各挑64针，递减加针，织到长度后平收。
5. 衣边：沿下摆处挑针织双罗纹，外圆右侧每行各收2针，织14行平收。
6. 帽：织法同圆心织衣，从半径处起针，先织好圆心，然后递减，无缝缝合半径即可，收拢帽顶，另钩花边装饰。

**衣服图解**

分开两部分

平织14行
2-2-2
2-2-2
2-3-1
2-2-2
递减

2-2-4递减

平收8针

2-2-7递减

领编织图 □=☒

帽子图解

24cm
42行

24行

3. 按图解织间色花样。边缘织双罗纹花样
4. 毛裤。

（1）圈织。从裤腰往下织，起164针织平针，织4cm作为裤腰，对折重合，同时把松紧带穿进去，为了以后方便可留下一段不重合。继续织平针，平织20行，后片中心线两侧每6行各加1针加6次后，中间14针平收。

（2）分前后片织。按图示织前后片裤腿，下边织间色花样。依次收针。

（3）裤腿织好后按前后片分别挑织双罗纹边。前片留扣眼，后片缝扣子。完成。

# 作品93

【成品规格】毛衣：衣长39cm，袖长40cm；
毛裤：腰围48cm，裤长38cm

【工　　具】11号环针和棒针

【编织密度】26针×28行=10cm²

【材　　料】宝宝棉线500g

**编织要点：**

1. 由领口起99针往下织，后片为31针，前片各为16针，两袖各为16针，每条径2针共8针。

2. 开始按图示织，在径的两边各加1针，第2行织组针，加第2针时沿着第1针加，直至第4针，形成实心。前片每起始行按2-2-2递加出领窝。

穿松紧带

24cm
82针

前片

平织20行
6-1-6

平收14针

减针
8-1-9
平织3行

15cm
40针

织全平针

10cm
30针

10cm
30针

2cm
12行

18cm
56行

15cm
75行

3cm
10行

30cm
97针

织双罗纹

织蓝色

后片

4cm
12行

16cm
40行

前后裆分各加4针　　径两侧加针2-2-28　　前后裆分各加4针

31针

织双罗纹

白色

起99针

白色

织双罗纹

19cm
36行

织间色

16针

16针

织蓝色

15cm
52针

T6针

16针

加针
2-2-4

前片

行蓝色
行白色
行蓝色
行白色

袖减针
8-1-9

14cm
36行

均收13针

织蓝色

织蓝色

蓝色

16cm
40行

织双罗纹

织双罗纹

30cm
49针

30cm
49针

4cm
12行

140

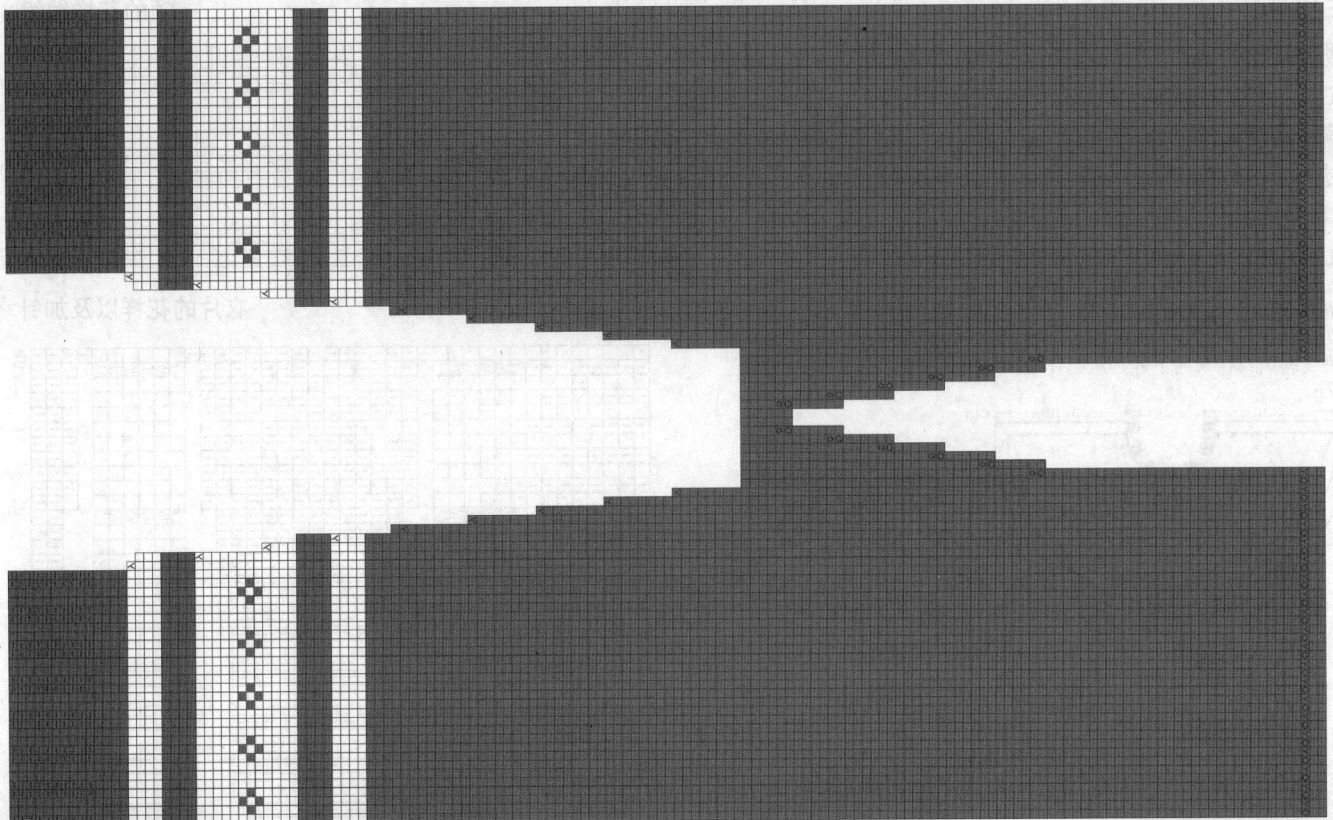

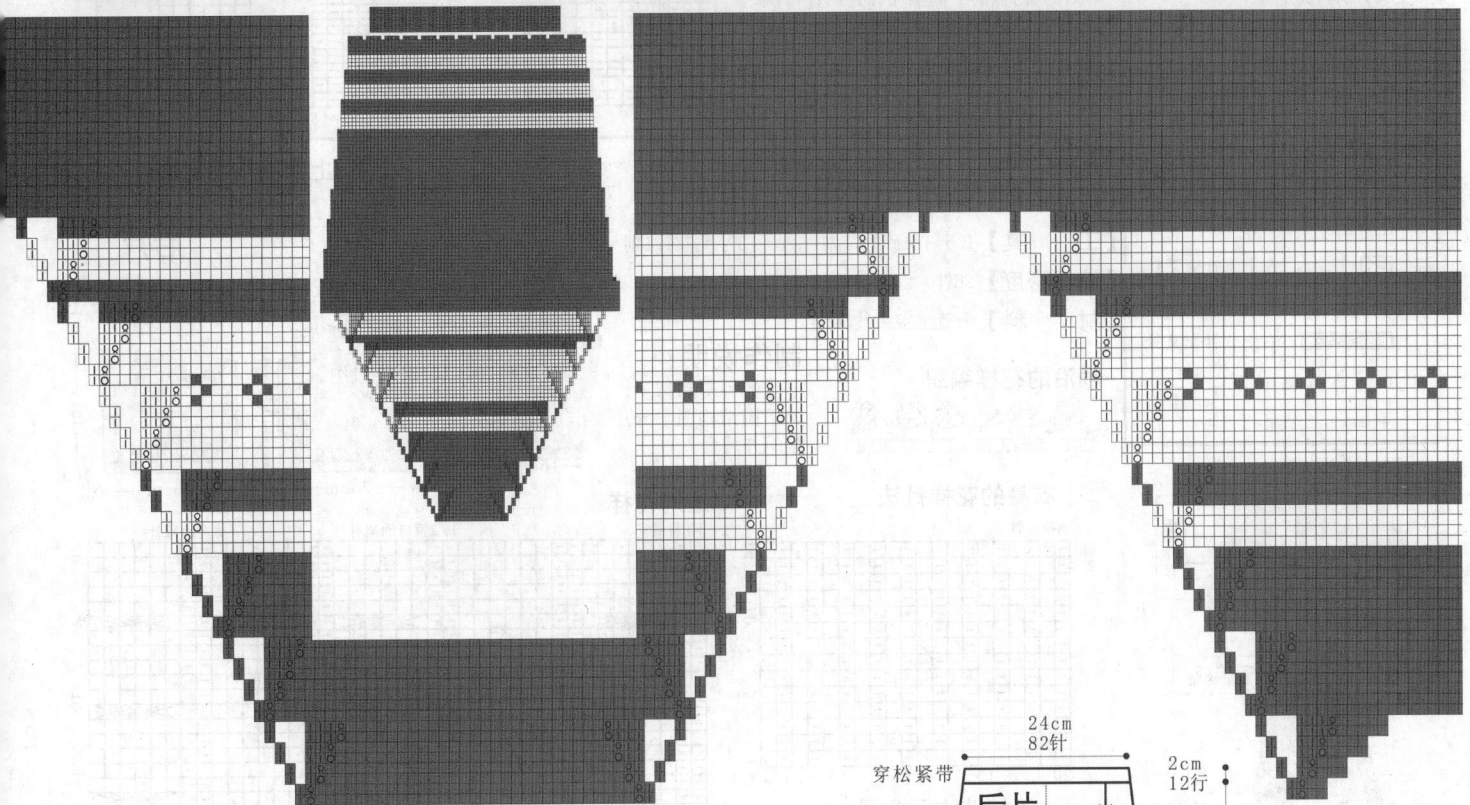

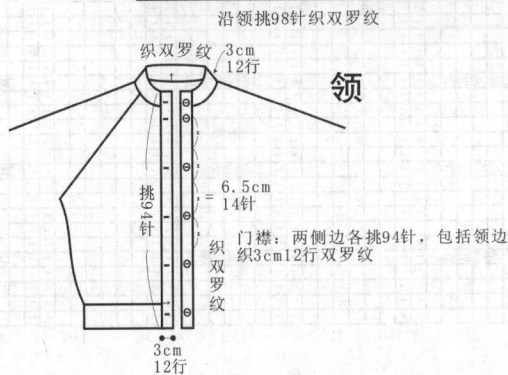

沿领挑98针织双罗纹

领

织双罗纹 3cm
12行

挑94针

= 6.5cm
14针

门襟：两侧边各挑94针，包括领边
织3cm12行双罗纹

3cm
12行

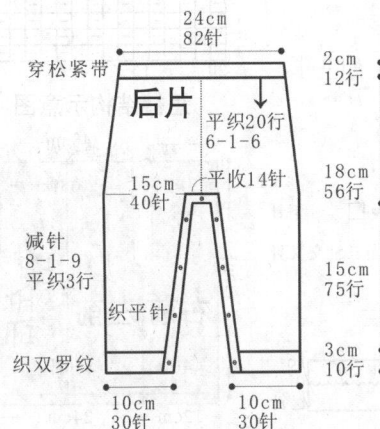

穿松紧带

后片

24cm
82针

2cm
12行

平织20行
6-1-6

15cm
40针

平收14针

18cm
56行

减针
8-1-9
平织3行

15cm
75行

织平针

织双罗纹

3cm
10行

10cm
30针

10cm
30针

## 作品94

**【成品规格】** 见图

**【工　　具】** 1.5～2mm钩针1副，11～13号毛衣针1副

**【编织密度】** 28针×31行=10cm²

**【材　　料】** 乳白色宝宝绒线100g，大红色绒线50g

### 制作说明：

宝宝的斗篷，女童则可以作为披肩穿戴。起针98针，从领开始向下编织斗篷。如结构图分组，两边各留8针用红色线来回编织下针，作为门襟。除7条交叉针花样外，其余为上针编织。到衣服下边时用红色线编织12行来回下针。从起针边挑织领，高度为2cm。

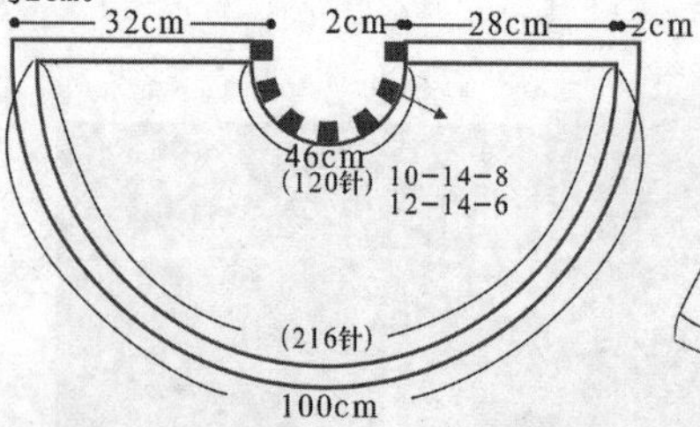

32cm
2cm
28cm
2cm
46cm
(120针)
10-14-8
12-14-6
(216针)
100cm


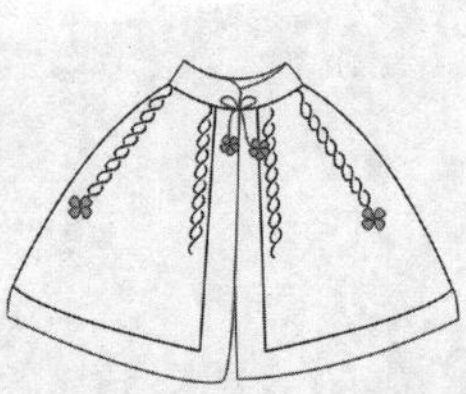

1. 分组的针目如下

来回下针8针, 交叉针6针, 上针8针

交叉针6针, 上针8针

交叉针6针, 上针8针

交叉针6针, 上针8针

交叉针6针, 上针8针

交叉针6针, 上针8针

交叉针6针, 上针8针

交叉针6针, 来回下针8针

2. 配色

领和门襟(即两侧的来回下针8针)

最外边12行

3. 加针

每组的交叉针两侧加针

除作为门襟的一侧不加针共14针每次

交叉针共8次, 交叉针结束后全部上针

每12行加1次, 加5次

钩针小花

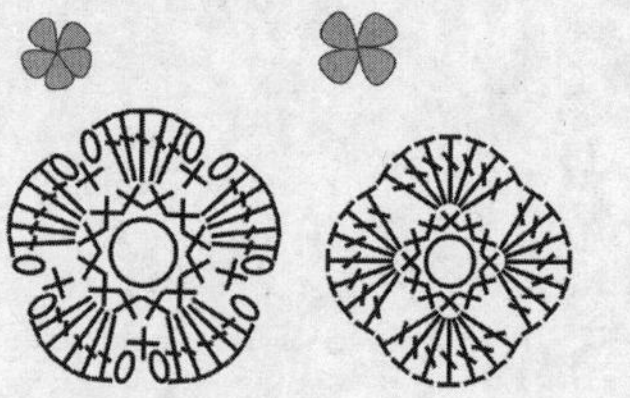

领的花样编织

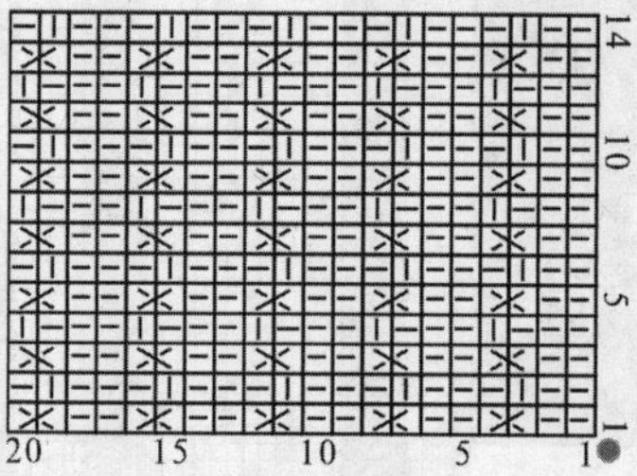

14
10
5
1
20
15
10
5
1


衣片的花样以及加针

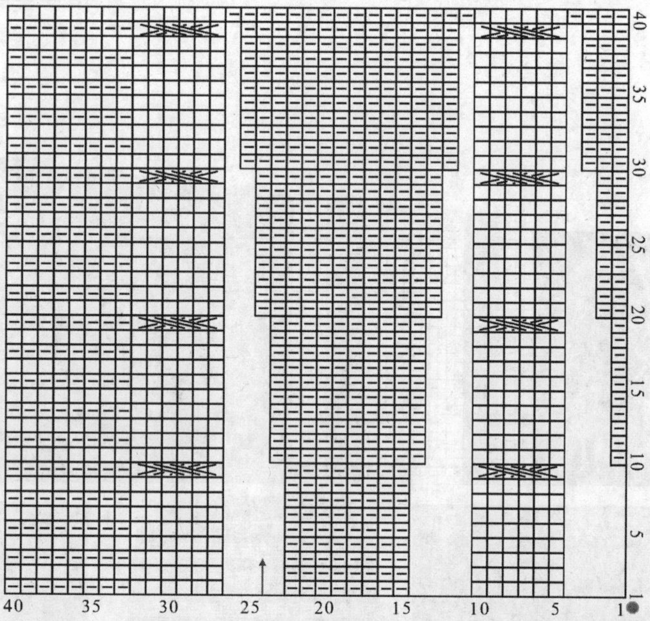

40
35
30
25
20
15
10
5
1


### 符号说明：

| 符号 | 说明 |
|---|---|
| ⊟ | 上针 |
| ⊡=□ | 下针 |
| 交叉符号 | 左上下针交叉针 |
| 交叉符号 | 右上下针交叉针 |
| 交叉符号 | 右上3针交叉针 |
| ○ | 锁针 |
| 长针符号 | 长针 |
| +=× | 短针 |

## 作品95

**【成品规格】** 见图

**【工　　具】** 1.5～2mm钩针1副，11～13号毛衣针1副

**【编织密度】** 26针×28行=10cm²

**【材　　料】** 天蓝宝宝绒线500g

### 制作说明：

宝宝的外套和裤子。如下图结构图，分片编织并缝合。

上衣结构示意图

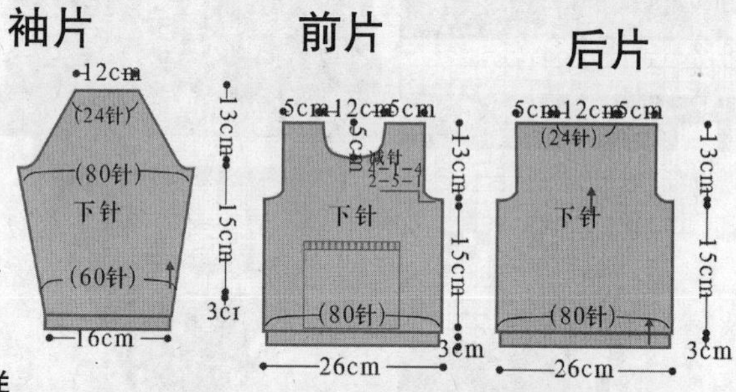

袖片
前片
后片
12cm
(24针)
(80针)
下针
(60针)
13cm
15cm
3cm
16cm
5cm
12cm
5cm
减针
2-5-1
2-1-4
(80针)
26cm
(24针)


领沿的花样编织

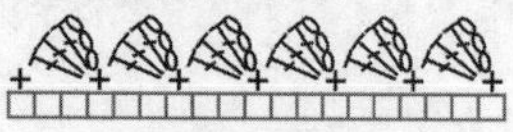

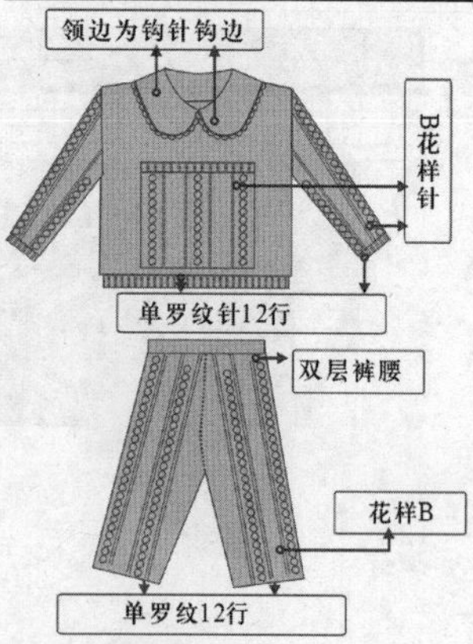

领边为钩针钩边
B花样针
单罗纹针12行
双层裤腰
花样B
单罗纹12行


上衣身的花样针法

A花样针

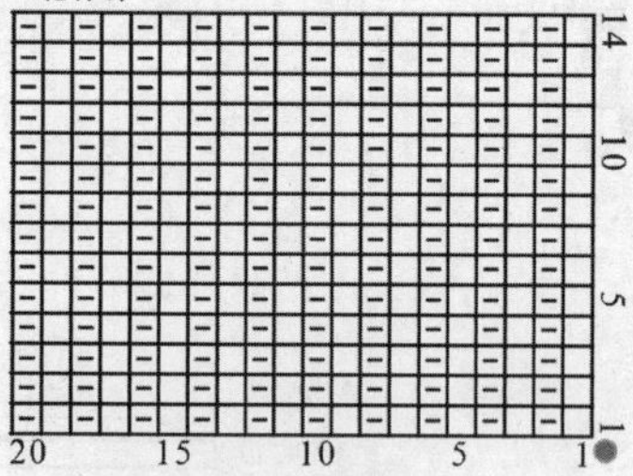

14
10
5
1
20
15
10
5
1


裙边的花样

B花样针

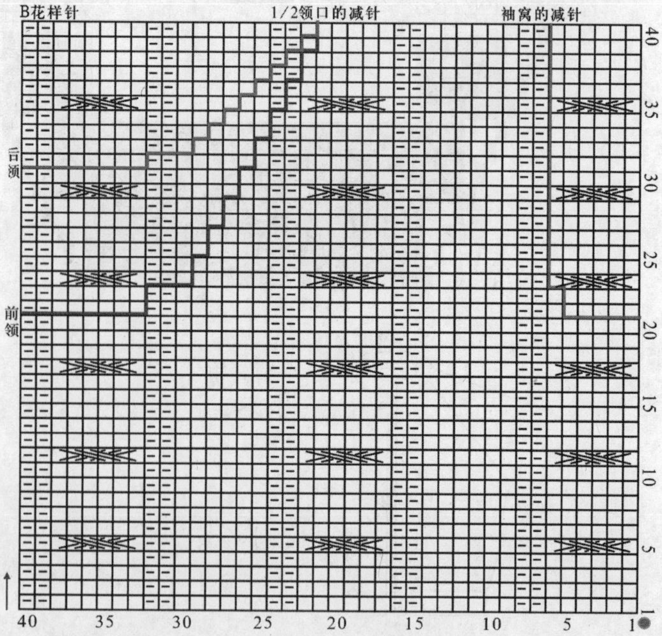

1/2领口的减针
袖窝的减针
后领
前领
40
35
30
25
20
15
10
5
1


短裤结构示意图

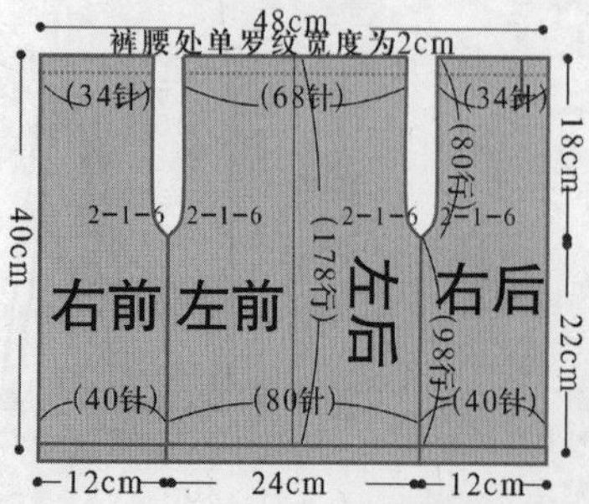

48cm
裤腰处单罗纹宽度为2cm
(34针)
(68针)
(34针)
(80行)
18cm
40cm
2-1-6
2-1-6
2-1-6
2-1-6
(178行)
右前
左前
左后
右后
(98行)
22cm
(40针)
(80针)
(40针)
12cm
24cm
12cm


### 符号说明：

⊟ 上针　⊡=□ 下针

交叉符号 左上三针交叉针

### 双层裤腰的制作

与起针边缝合

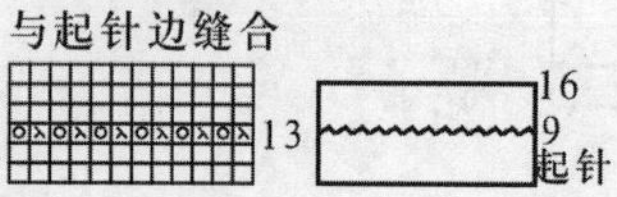

13
16
9
起针

## 作品96

【成品规格】见图
【工　具】1.5～2mm钩针1副，11～13号毛衣针1副
【编织密度】30针×34行=10cm²
【材　料】烟灰色宝宝绒线150g，橘红色100g

**制作说明：**

宝宝的开襟插肩外套，如下图结构图，分片编织后缝合，并按图示挑织衣领。花样针法及减针见图。袖口为双罗纹针4行，全部完成并缝合后，沿领围挑织来回下针领。门襟为预留8针来回下针织边。

结构示意图：

5cm→10cm→5cm
(22针)　减针
2-1-3
2-2-1
后片

13cm
12cm
3cm
26cm

5cm→10cm
13cm
12cm
3cm
右前片
(50针)
28cm
11.5cm 3cm

18cm
减针
2-1-5
2-2-1
加针
8-1-5
袖片
(76针)
(66针)
13cm
12cm
18cm

**符号说明：**

| □ | 上针 |
|---|---|
| ⬚=□ | 下针 |
| ⟩⟩⟩ | 左上3针与上针交叉针 |
| ⟨⟨⟨ | 右上3针与上针交叉针 |
| ⦶⦶ | 左上2针并空加针 |
| ⦵⦵ | 右上2针并空加针 |

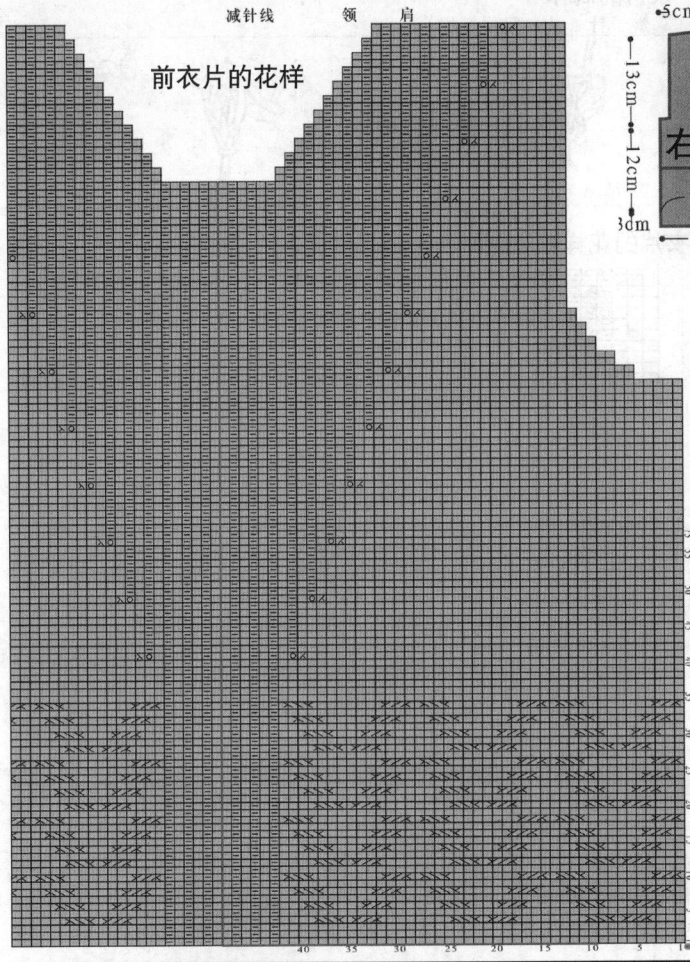

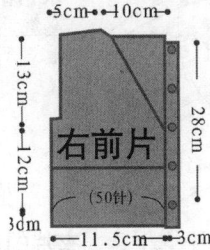

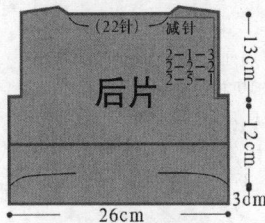

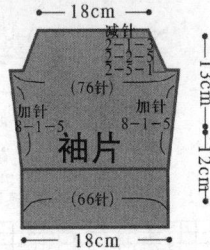

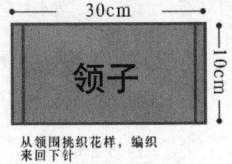

30cm
领子
10cm
从领围挑织花样，编织来回下针

前衣片的花样
减针线　领　肩

袖口
下边回合对缝到上面一行

后领窝
1-1-2
1-2-2
1-4-1
2-1-4
2-2-1
2-3-1
后肩侧

8-1-6

## 作品97

【成品规格】见图
【工　具】1.5～2.5mm钩针1副，8号毛衣针1副
【编织密度】28针×30行=10cm²
【材　料】大红色毛线500g

**制作说明：**

钩与织的结合，注意连接的平滑。先将衣服正身和袖子部分用8号毛衣针织平针。然后从衣服腰的位置钩起，用钩针钩下边的皴折部分，最后是领口，下边的花边以及衣襟，包扣装饰。

**符号说明：**

| ⌡ | 长针 |
|---|---|
| ⌡ | 长针的正钩针（正浮针） |
| ⌡ | 长针的反钩针（反浮针） |
| □ | 下针 |
| ⦶ | 下针2针并空针加1针 |

**包扣子的方法：**

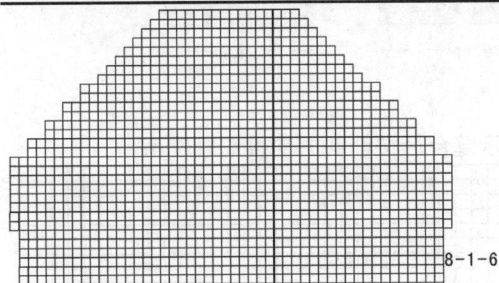

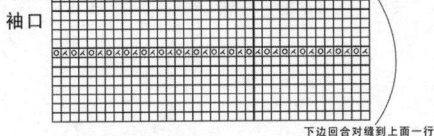

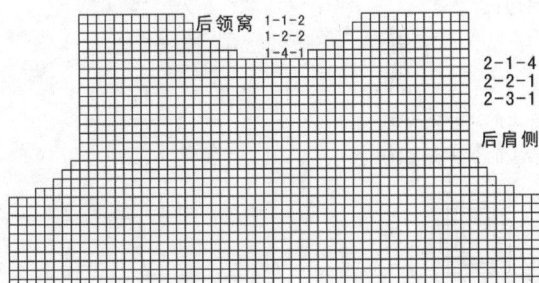

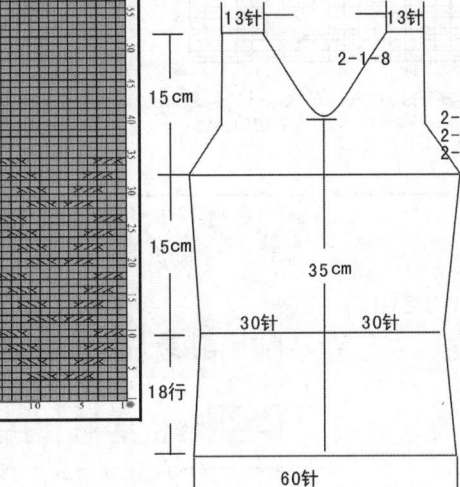

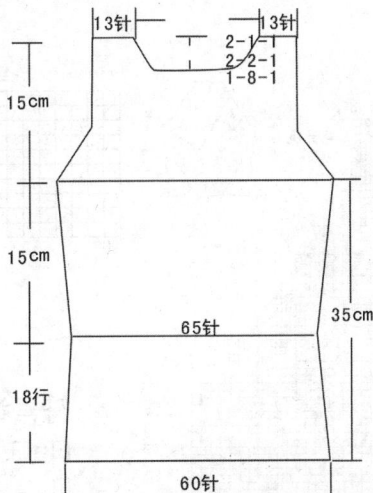

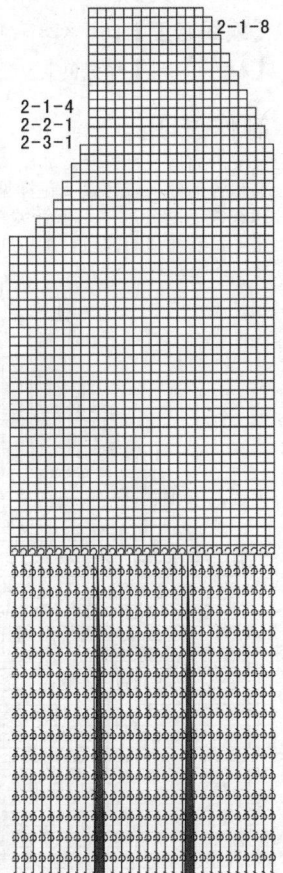

扣子的大小
左、右、后片的一半

13针　13针
2-1-8
2-1-4
2-2-1
2-3-1
15cm
15cm
35cm
30针　30针
18行
60针

13针　13针
2-1-1
2-2-1
1-8-1
15cm
15cm
65针
18行
60针
35cm

衣襟
扣眼
=

2-1-8
2-1-4
2-2-1
2-3-1

## 作品98

【成品规格】见图
【工　　具】1.5～2mm钩针1副，11～13号毛衣针1副
【编织密度】26针×30行=10cm²
【材　　料】紫色宝宝绒线100g

减针说明：如图前34行花样，35行继续茎的3针并而不加针。37~78行为5次空加针一组，共4组，79行同35行，接下来变为4次空加针一组花，共4组到领口。

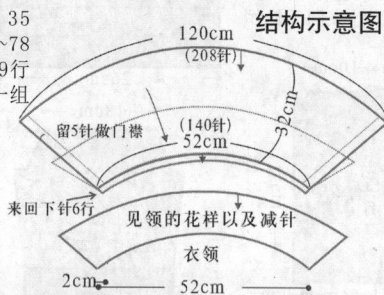

**制作说明：**

宝宝的斗篷，女童则可以作为披肩穿戴。起针208针，从边开始向上编织斗篷。如结构图分组，两边各留5针来回编织下针，作为门襟。

**符号说明：**

| | |
|---|---|
| □ | 上针 |
| □=□ | 下针 |
| ○⟋ | 左上2针并空加针 |
| ⟍○ | 右上2针并空加针 |
| ⋀ | 3针并针 |

### 结构示意图

120cm（208针）
32cm
留5针做门襟 （140针）52cm
来回下针6行
见领的花样以及减针
衣领
2cm　52cm

30行
150行
两边各留5针
13组花样

**系带的制作**

双辫子针（又名双层锁绳）　把线从针上取下

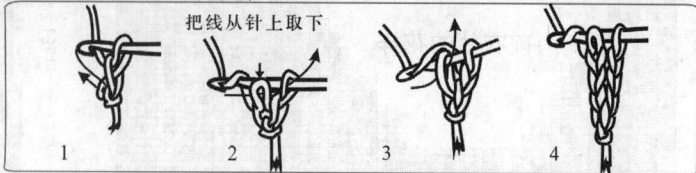

1　2　3　4

### 领的花样以及减针

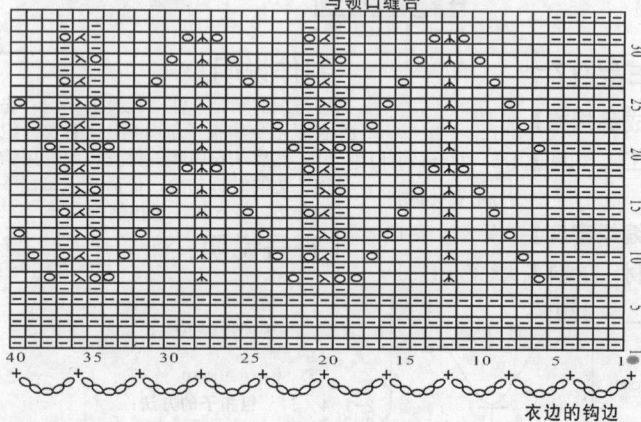

与领口缝合

衣边的钩边

### 衣片的花样以及减针

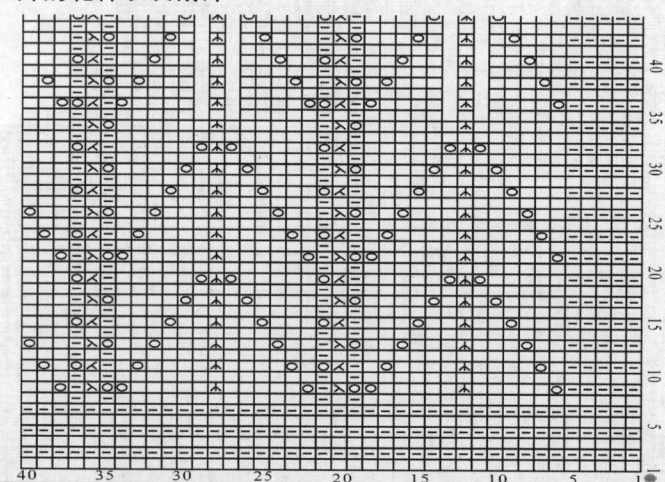

---

## 作品99

【成品规格】见图
【工　　具】1.5～2mm钩针1副，9～11号毛衣针1副
【编织密度】26针×28行=10cm²
【材　　料】翠绿色宝宝绒线200g

**制作说明：**

宝宝的插肩长袖外套。如结构图，先分片编织各部分，减针以及花样见右图。领为立圆领，缝合后挑织下针编织宽度为6cm宽，自然卷曲的领口。袖口和衣边没有收缩边的设计。

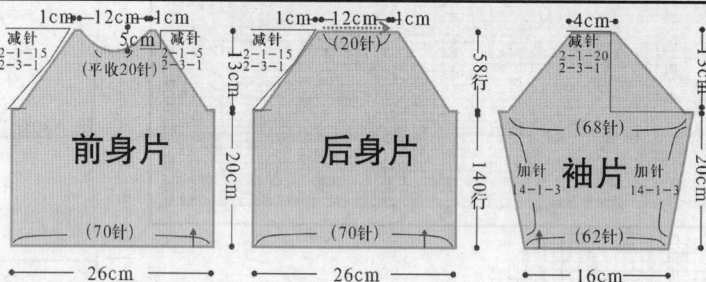

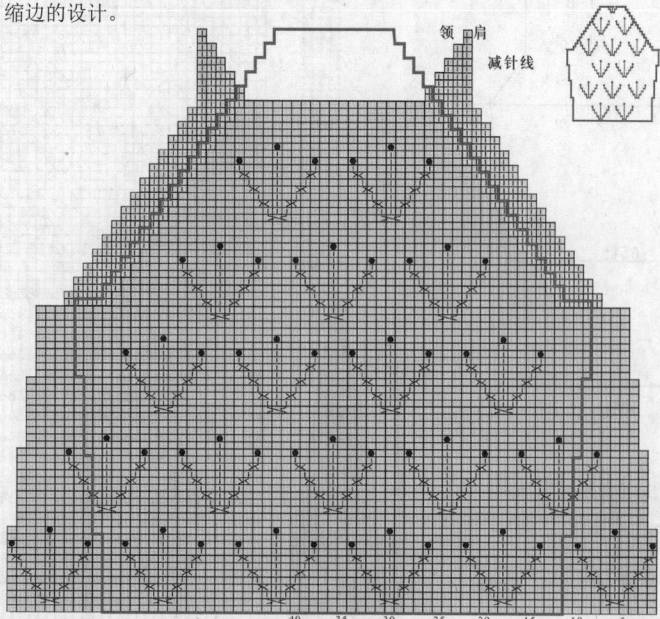

前身片
1cm 12cm 1cm
减针 5cm 减针
2-1-15　（平收20针）　2-3-1
13cm
20cm
（70针）
26cm

后身片
1cm 12cm 1cm
减针 （20针） 减针
2-1-15　2-3-1
58行
140行
20cm
（70针）
26cm

袖片
4cm
减针
2-1-20
（68针）
13cm
加针 14-1-3　加针 14-1-3
20cm
（62针）
16cm

领 肩
减针线

枣针

**结构示缝合后按箭头方向挑织领6cm**

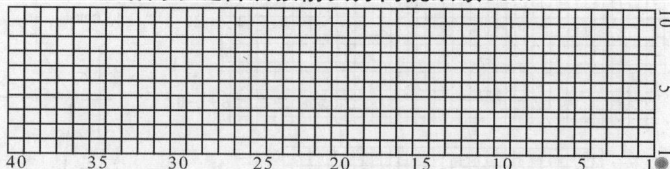

**符号说明：**

| | |
|---|---|
| □=□ | 上针 |
| □ | 下针 |
| ☒ | 左上的2针交叉针 |
| ☒ | 右上的2针交叉针 |
| ● | 枣针 |

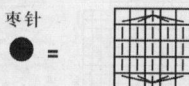

144

## 作品100

【成品规格】见图
【工　　具】10号棒针或环针，3mm钩针
【编织密度】21针×40行=10cm²
【材　　料】白色圆棉线250g，花卡1个

### 编织要点：

1. 起2针，织全平针，每2行两侧加1针，加至22针。再平织8行。
2. 织1行单罗纹针，用两根针分别把上针和下针各穿在一根针上。分开各织单罗纹14行。
3. 合并两片，每1针放3针，共66针，不加不减织至46cm。
4. 每3针并1针，重复2，此时将1加针改为收针。
5. 钩花边，完成。

**单罗纹花样**

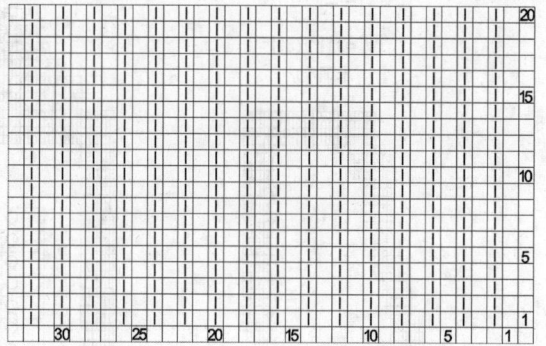

72cm
272行

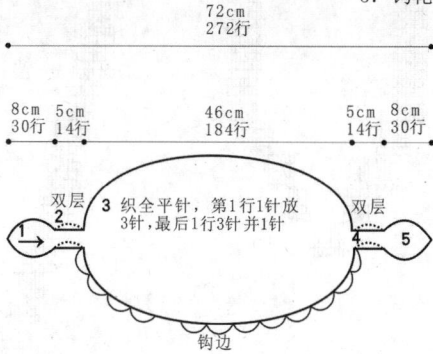

8cm 5cm　　　46cm　　　5cm 8cm
30行 14行　　　184行　　　14行 30行

双层　3 织全平针，第1行1针放　双层
　　2　3针，最后1行3针并1针　4　5
织全平针，第1行1针放3针，最后1行3针并1针

28cm
66针

钩边

**1**
起2针，每2行两侧各加1针加10次，再平织8行。

**2**
织单罗纹，将上针和下针分别穿在两根针上形成双层。

**4**
重复2，织单罗纹，将上针和下针分别穿在两根针上形成双层。

**5**
重复1，此时将加针改为收针。

### 符号说明：

□ = —

○ = 加针

∨ = 1针放3针

人 = 左上3针并1针

人 = 左上2针并1针

Q = 扭针

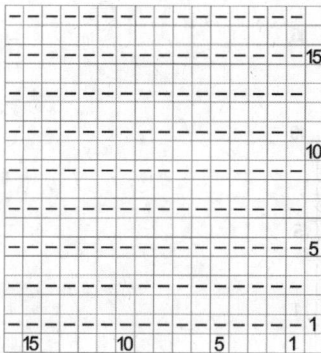

□ = Ｉ

**全平针花样**

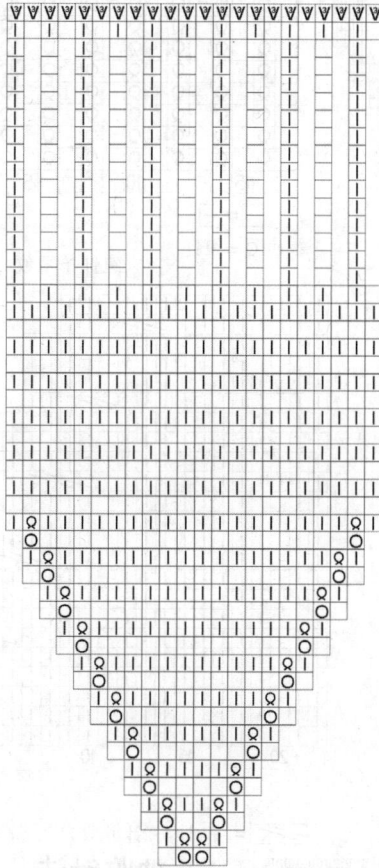

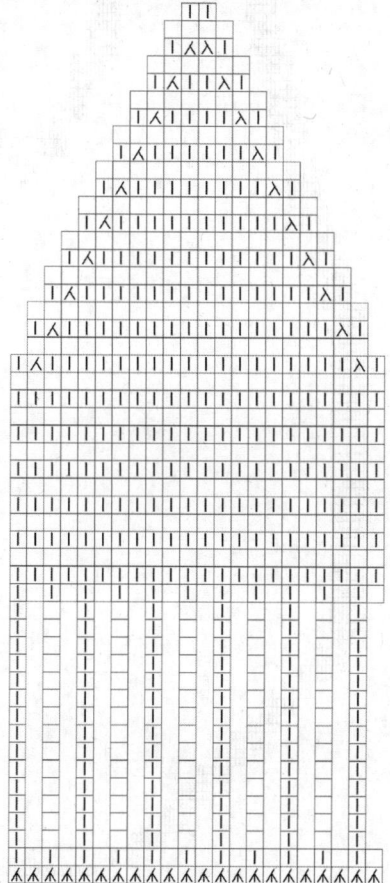

---

## 作品101

【成品规格】衣长28cm，袖长16cm
【工　　具】13号棒针
【编织密度】30针×40行=10cm²
【材　　料】宝宝绒线250g

### 编织要点：

1. 整件小衣服一片连织。起106针，逐渐加出圆摆，两侧每起始时加针。加针顺序：2行加4针加1次，2行加3针加1次，2行加2针加12次，此时圆摆形成。上面不加不减织20行。
2. 开始收V领，两侧起始收。收针顺序为：3行收1针收7次，4行收1针收11次，3行平织。
3. 挂肩部分，织至13cm时袖窿减针，此时前后片分开织，袖窝平收4针，两侧按收针法4行收2针各收3次，后片挂肩完成时，肩部织斜肩，每2行收2针收8次收完肩部。领窝处针数与边缘部分同织木耳边。
4. 袖：袖从下往上织，先织8行纽针单罗纹，上面织平针，袖窝收针同挂肩。
5. 领。边缘：沿边缘挑起所有针数织木耳边，织8行平收即可。

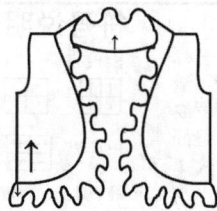

织木耳边

### 领、门襟

各片完成后，沿边挑针织木耳边8行。

底边及后领窝1针对1针挑起，门襟每2个辫子里挑3针。

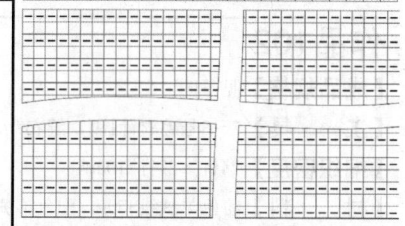

5cm 5cm 12cm 5cm 5cm
16针 16针 36针 16针 16针

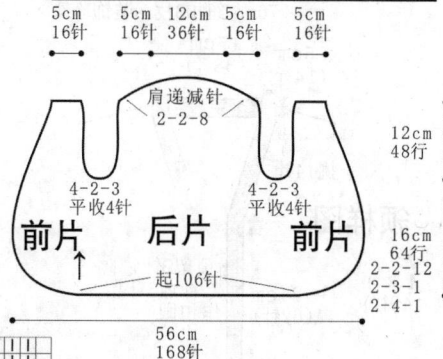

肩递减针
2-2-8

12cm
48行

4-2-3
平收4针　前片　后片　前片　4-2-3
平收4针

16cm
64行
2-2-12
2-3-1
2-4-1

起106针

56cm
168针

7cm
18针

袖减针
4-2-9
平收3针

织平针
**袖**
60针

袖加针
4-1-6

边织纽针单罗纹

18cm
48针

9cm
38行

7cm
24行

17cm
68行

5cm
20行

6cm
28行

领收针
3行平
4-1-11
3-1-7

平织20行

下摆加针
2-2-12
2-3-1
2-4-1

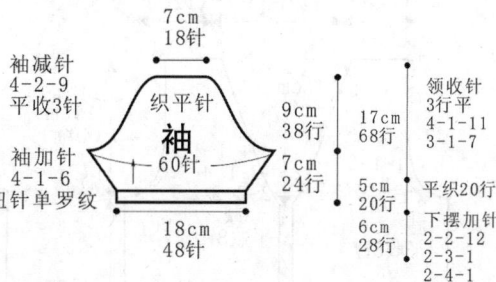

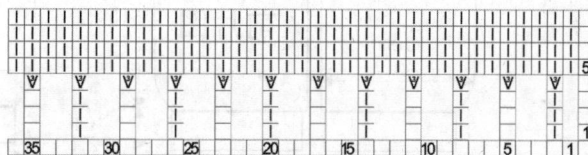

145

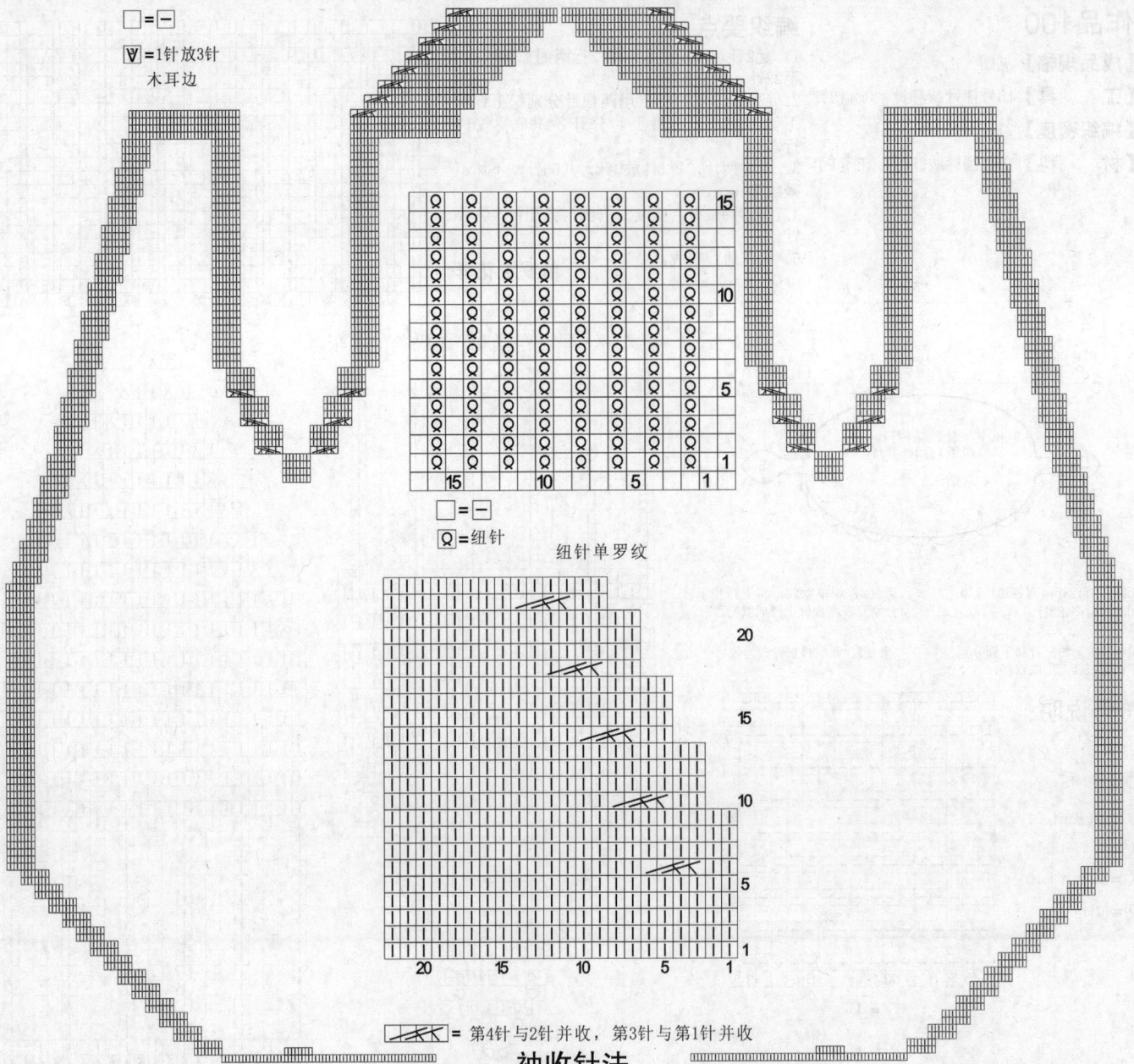

□ = 一

Ⅴ = 1针放3针
木耳边

□ = 一
Ｑ = 纽针

纽针单罗纹

┗K = 第4针与2针并收，第3针与第1针并收

**袖收针法**

## 作品102

【成品规格】见下图
【工 具】7～8号毛衣针1副，缝衣针、钩针
【编织密度】24针×27行=10cm²
【材 料】粉色羊绒线350g，配色羊绒线共
70g，纽扣3枚、装饰珍珠

**编织要点：**
单股线双罗纹针配色边编织。分片
配色编织后对应连接肩部、腋下缝
合。沿门襟、领窝正面挑织双罗纹
针门襟边、领边，钉好纽扣，缝好
单独钩编的装饰小花及珍珠。

**符号说明：**

下针 ┼┼ = ┼┼

上针 ┼┼

辫子针 ○ 短针

花样图

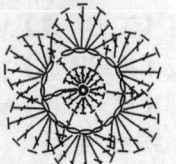

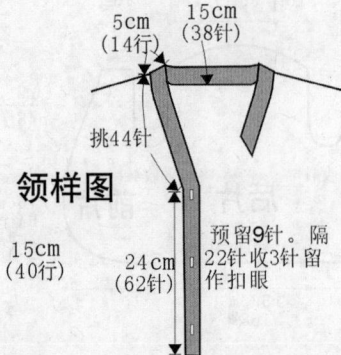

**领样图**

5cm(14行)
15cm(38针)

15cm(40行)

挑44针

预留9针。隔
22针收3针留
作扣眼

24cm(62针)

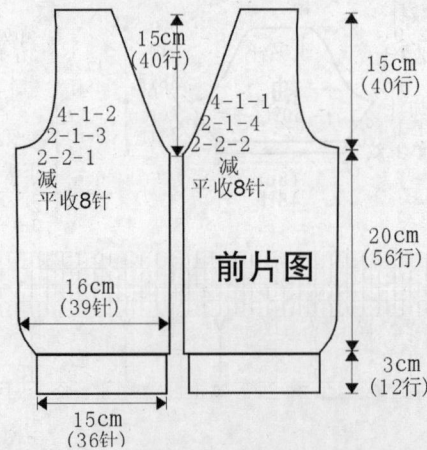

**前片图**

5cm(12针)　15cm(37针)　5cm(12针)

15cm(40行)

4-1-2
2-1-3
2-2-1
减
平收8针

4-1-1
2-1-1
2-2-2
减
平收8针

15cm(40行)

20cm(56行)

16cm(39针)

15cm(36针)

3cm(12行)

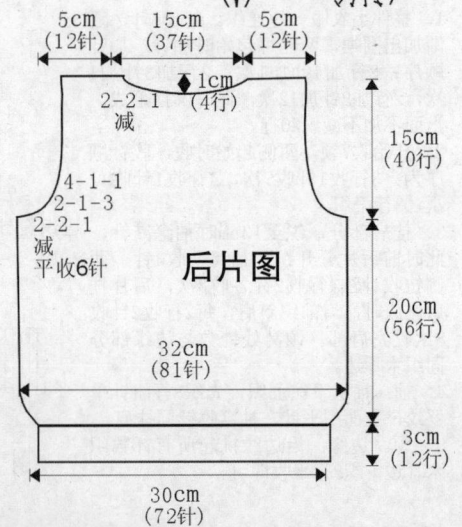

**后片图**

5cm(12针)　15cm(37针)　5cm(12针)

1cm(4行)
2-2-1
减

4-1-1
2-1-3
2-2-1
减
平收6针

15cm(40行)

20cm(56行)

32cm(81针)

30cm(72针)

3cm(12行)

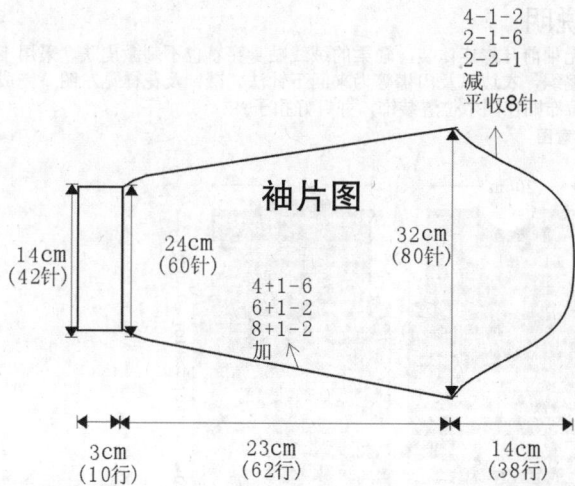

**袖片图**

4-1-2
2-1-6
2-2-1
减
平收8针

14cm（42针）　24cm（60针）　32cm（80针）

4+1-6
6+1-2
8+1-2
加

3cm（10行）　23cm（62行）　14cm（38行）

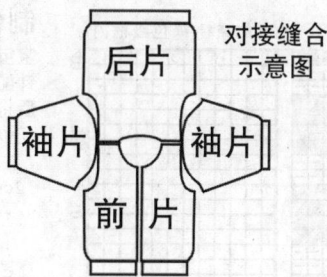

后片
袖片　　袖片
前片

对接缝合示意图

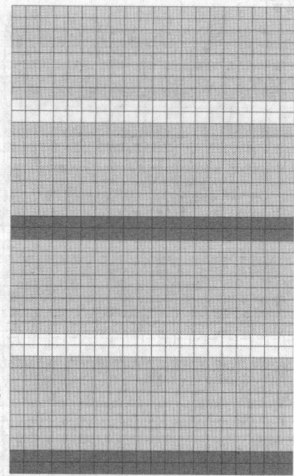

---

## 作品103

【成品规格】见图
【工　　具】1.5～2mm钩针1副，11～13号毛衣针1副
【编织密度】25针×28行=10cm²
【材　　料】各色宝宝绒线500g

**符号说明：**

□　上针
Ⅱ=□　下针
◁◁　左上2针并空加针
▷▷　右上2针并空加针
◁▲▷　中上3针并空加针

**制作说明：**

宝宝的外套和短裤。如下图结构图，先筒形编织衣摆部分，花样为白色线下针编织。然后编织上衣片，按结构图，收到上衣片所需要的针数，编织3cm后，开始分片编织。配色花样见图B。完成后给衣领挑针编织来回下针6行并短退针收边。短裤如结构图所示，分片编织并缝合。衣边和袖口花样见图A。

**裙边的花样**

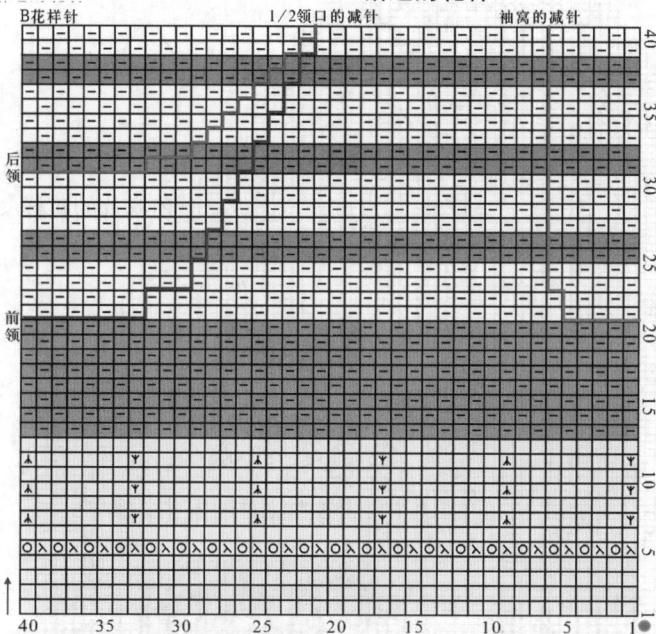

B花样针　　1/2领口的减针　　袖窝的减针

后领
前领

**A花样针**

**桂花针的花样编织**

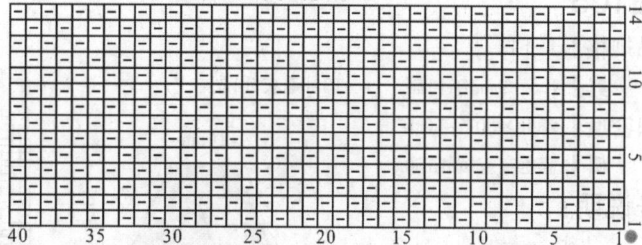

**短裤结构示意图**

裤腰处单罗纹宽度为2cm

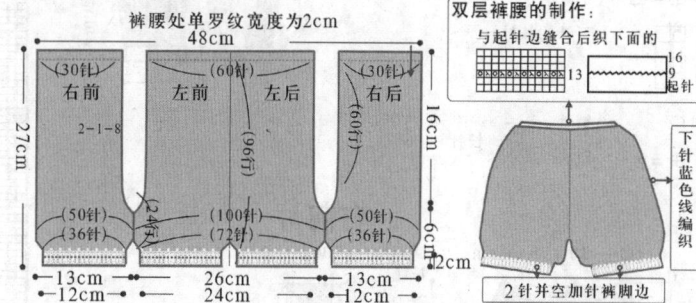

48cm
27cm

右前（30针）　左前（60针）　左后（60针）　右后（30针）

2-1-8

（50针）（36针）　（100针）（72针）　（50针）（36针）

13cm　26cm　13cm
12cm　24cm　12cm

16cm
6cm

**双层裤腰的制作：**

与起针边缝合后织下面的

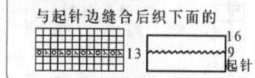

13　9起针　16

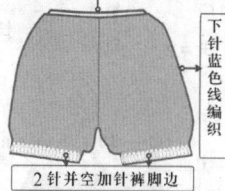

下针蓝色线编织

2针并空加针裤脚边

**前片**　　**后片**

白色线来回下针编织短退针收边

蓝色线桂花针8行
黄色线A花样针10行

桂花针配色编织2行红4行白

5cm12cm5cm（24针）
26cm（80针）
3cm
13cm
28cm

减针
4-1-15

100针
30cm

A花样针配色编织2行红4行白

---

## 作品104

【成品规格】见图
【工　　具】1.5～2mm钩针1副，11～13号毛衣针1副
【编织密度】25针×28行=10cm²
【材　　料】橘色宝宝绒线200g，白色、紫色、粉红少许，白色扣子5枚

**花样编织A**

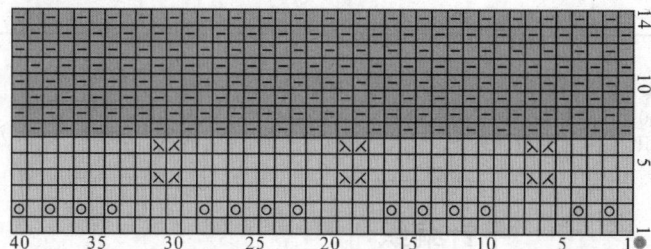

**符号说明：**

□　　　上针
Ⅱ=□　　下针
□　　　配色黄色
□　　　配色绿色
□　　　配色蓝色
□　　　配色橘色

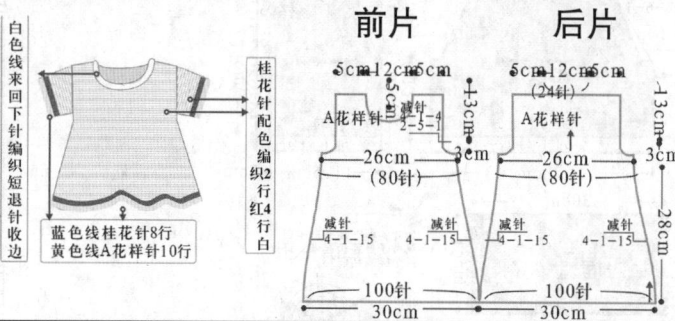

8行来回下针，短退针收边

循环配色编织，橘色线4行下针，白色线2行上针

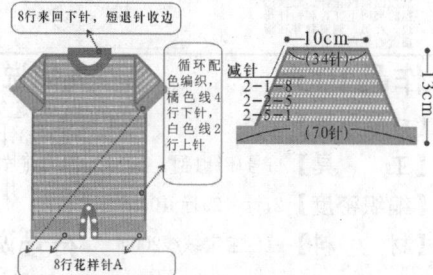

减针
2-1
2-2
2-2

10cm
13cm
（70针）

8行花样针A

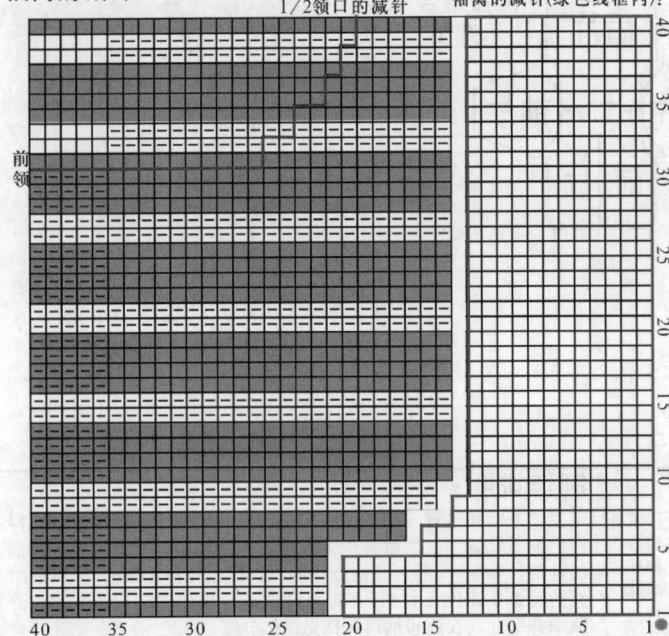

袖窝的减针

1/2领口的减针

袖窝减针(绿色线框内):

制作说明：
宝宝的无袖前开襟连体装，轻柔的绒线贴身穿着也不刺激皮肤。采用下针配色编织，衣边以及门襟等为来回下针法。减针及花样见左图。完成后将草莓布贴在图示位置装饰，并钉好扣子。

结构示意图：

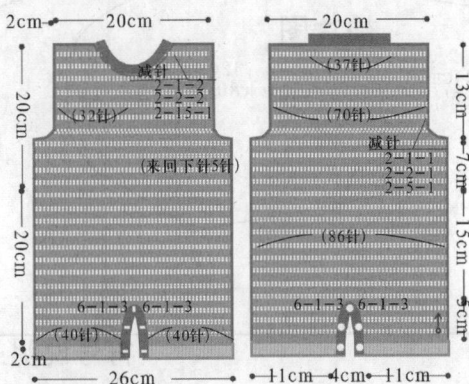

制作说明：
宝宝的开襟戴帽插肩外套，如下图结构图，分片编织后缝合，并按图示挑织帽子。花样针法及减针见下图。口袋编织花样见下图。口袋缝合处和帽沿钩针花样见下图。

# 作品105

【成品规格】见下图
【工　　具】1.5～2mm钩针1副，11～13号毛衣针1副
【编织密度】28针×30行=10cm²
【材　　料】蓝色宝宝绒线150g

## 符号说明：

- ⊟　　上针
- ⊡ = □　下针
- ⊞　　下针的挂针
- ○　　锁针
- + = ×　短针
- ⊤　　长针

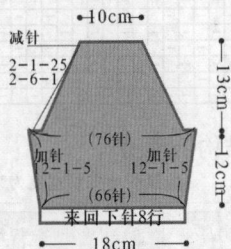

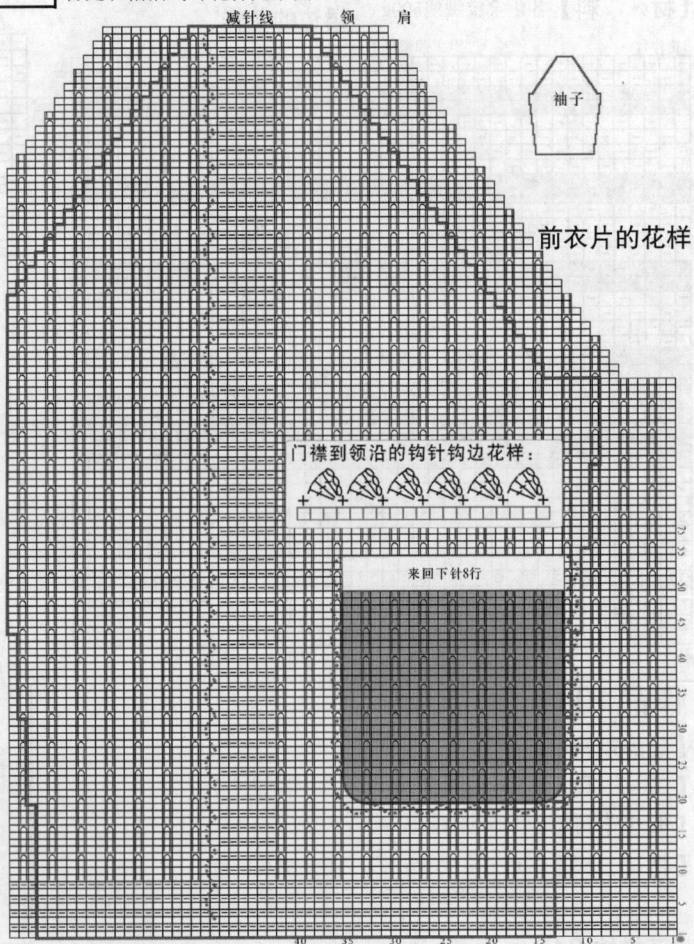

前衣片的花样

门襟到领沿的钩针钩边花样：

来回下针8行

### 右前片

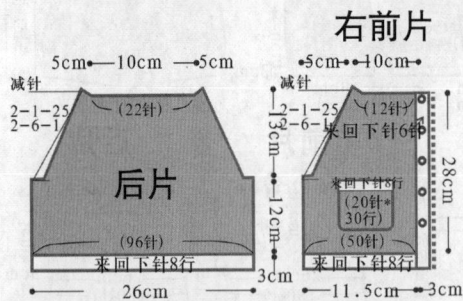

后片

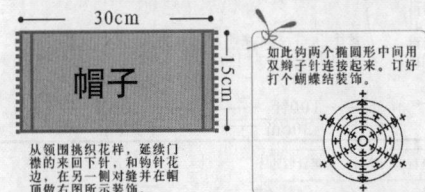

帽子

从领圈挑织花样，延续门襟的来回下针，和钩针花边，在另一侧对缝并在帽顶做右图所示装饰。

如此钩两个椭圆形中间用双辫子针连接起来。订好打个蝴蝶结装饰。

# 作品106

【成品规格】见图
【工　　具】11号棒针1副
【编织密度】27针×29行=10cm²
【材　　料】蓝色宝宝绒线200g

## 符号说明：

- ⊟　上针　　⊡=□　下针
- ⋋　收1针　　⊙　放1针

编织说明：
从领口起头136针片织，按前片52针（其中左右门襟各8针），后片36针，两袖各18针，各幅之间各3针，在3针的两边加针，共加160针，这样共296针，后片96针，两袖各48针，剩余104为前片，左右门襟重叠8针后一同编织，这样前片只有96针，前后片的腋下分别在左右各放6针，共放12针，如结构图编织至结束。

平针编织

A－B与B－C缝合

**花样A**

门襟收头的地方是预留的纽扣洞。

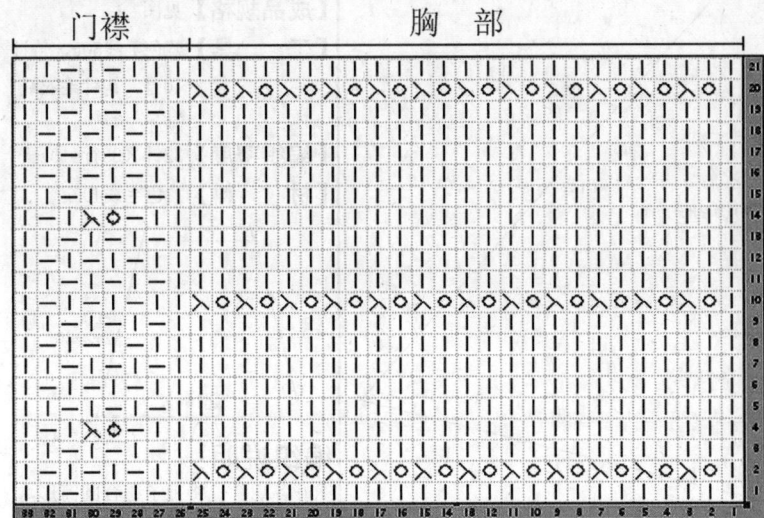

门襟　　　　　胸　部

**花样B**

从胸线放头以后就开始织正身花形到所需长度后织下摆花形。

**帽子平针编织**

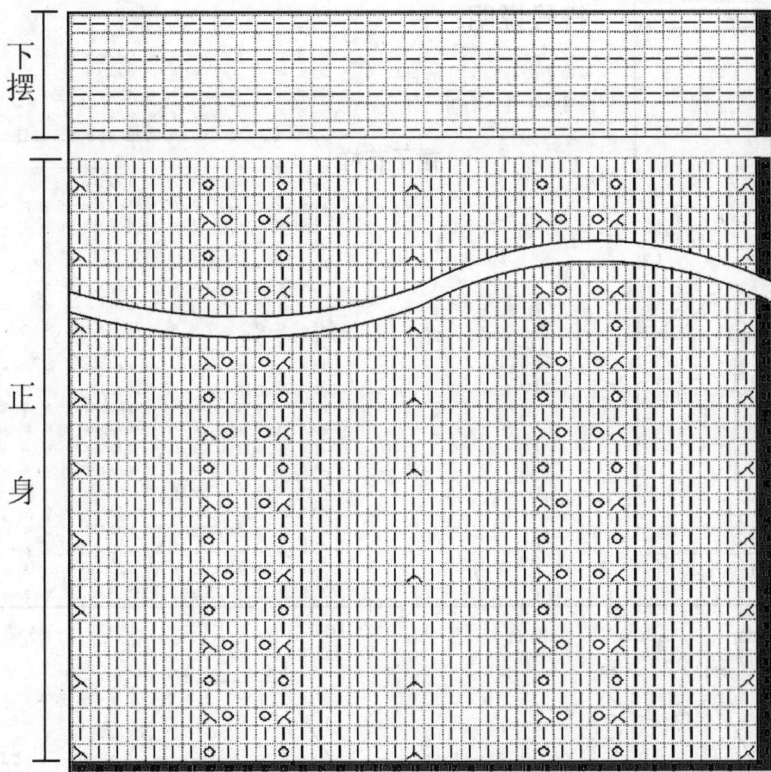

下摆

正身

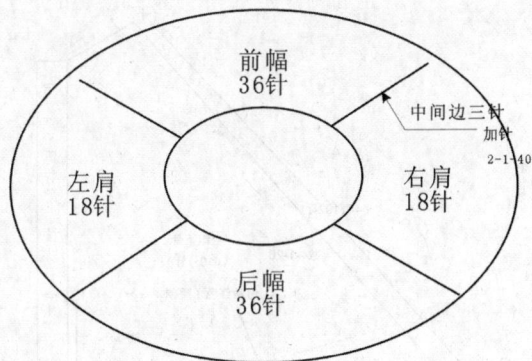

前幅
36针

左肩
18针

中间边三针
加针

右肩
18针

后幅
36针

2-1-40

## 作品107、108

【成品规格】衣长64cm，肩宽30cm

【工　　具】10号棒针

【材　　料】粉红色羊毛线350g，深红色，白色各80g，纽扣
5枚

**制作说明：**

1. 本款小披肩分为左右两片编织，全用10号针织。

2. 本款小披肩用两相片的织片缝合制成，起针112针织下针，两边与中间同时减针，每4行减4针，即两边各减1针，中间减2针，如此往上编织，共织104行。起编时先织图A单罗纹针，共织10行，再按照图B的配色织条纹。同样方法再织1片，将两片的一端缝合，一端作衣襟。扣眼制作：在当行收起3针，在下一行再重起这3针，第3针收为扣眼左边的第1针。

3. 衣领编织，在结构图所示的位置挑针起织起点与终点。不闭合，往返编织。织30行高度缝合。

4. 按照图C图解钩织圆片，分散缝合在衣摆边和衣领边。

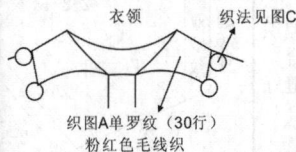

衣领　　　织法见图C

织图A单罗纹（30行）
粉红色毛线织

**图A罗纹**

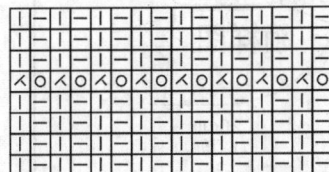

**符号说明：**

▢　上针

▯　下针

**图C花朵图解**

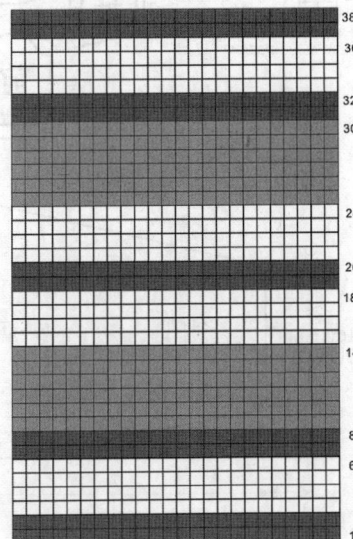

图B

花样A

加针
2-1-40

花样A

加针
2-1-40

平加6针

平加6针

穿带子处

**前身片**

花样B

**后身片**

花样B

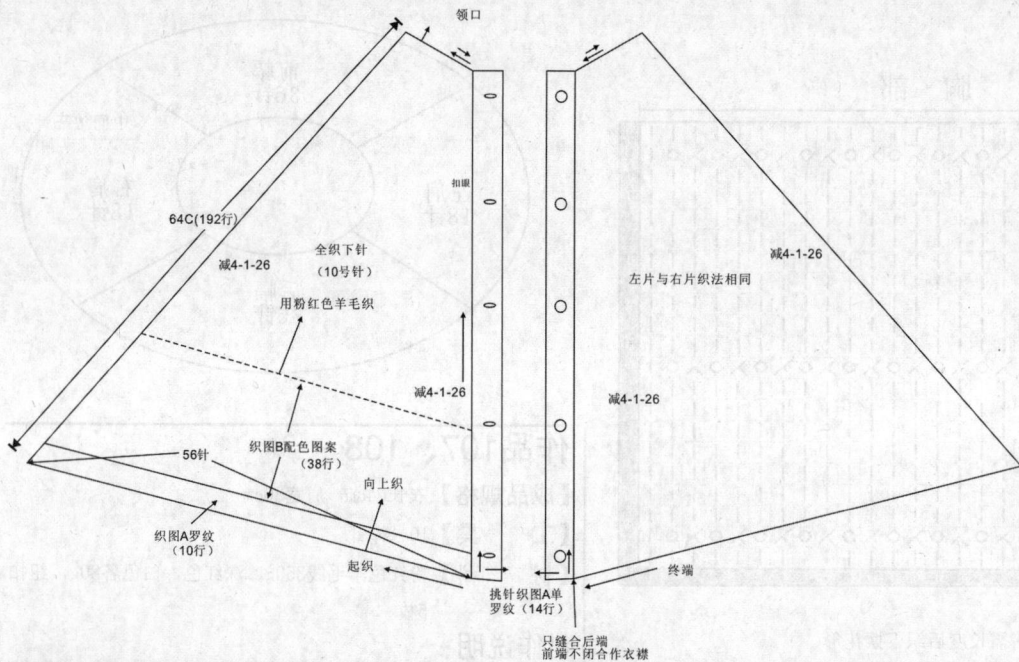

领口

扣眼

64C(192行)

减4-1-26

全织下针（10号针）

用粉红色羊毛织

左片与右片织法相同

减4-1-26

减4-1-26

56针

织图B配色图案（38行）

向上织

织图A罗纹（10行）

起织

终端

挑针织图A单罗纹（14行）

只缝合后端
前端不闭合作衣襟

## 作品109

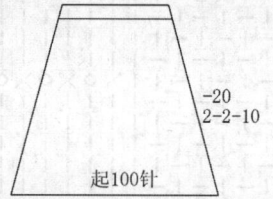

【成品规格】见图

【工　具】蓝色毛线50g，竹针10号，钩针毛衣缝针

【编织密度】32针×38行=10cm²

【材　料】黄色毛线400g

-20
2-2-10

起100针

### 编织说明：

织好各织片，将袖子缝合圆筒形，再与前后片分别缝合，前片的门襟处织桂花针，再挑织领子，用钩针钩边。裙子的腰部织双罗纹针，再缝合，腰部穿上松紧带。

## 作品110

【成品规格】见图

【工　具】7～8号毛衣针1副，缝衣针

【编织密度】24针×27行=10cm²

【材　料】红色羊绒线380g，小装饰

### 编织要点：

单股线单独编织花样边。分片编织下针后对应连接肩部、腋下缝合。连接花样边与身片反面缝合。缝好装饰贴画。

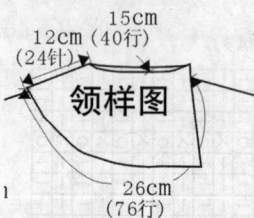

15cm 12cm
(24针)(40行)

领样图

26cm
(76行)

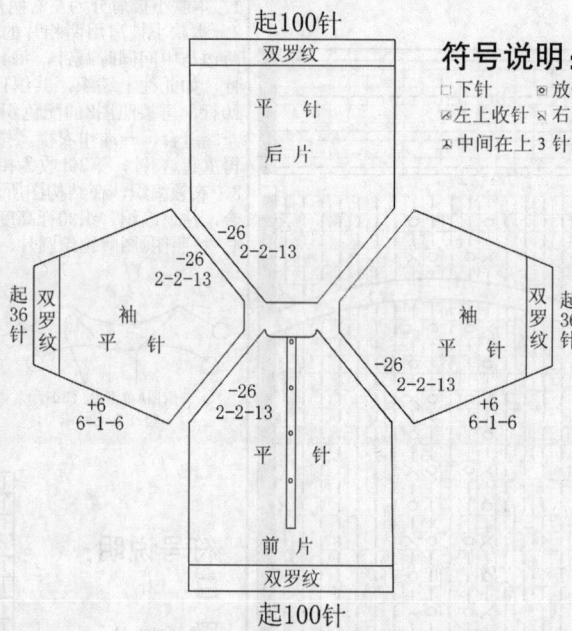

起100针

双罗纹

平针

后片

-26 2-2-13

-26 2-2-13

起36针 双罗纹 袖 平针

-26 2-2-13

+6 6-1-6

平针

前片

双罗纹

起100针

### 符号说明：

□ 下针　⊡ 放针

左上收针　右上收针

中间在上3针并一针

裙子花样

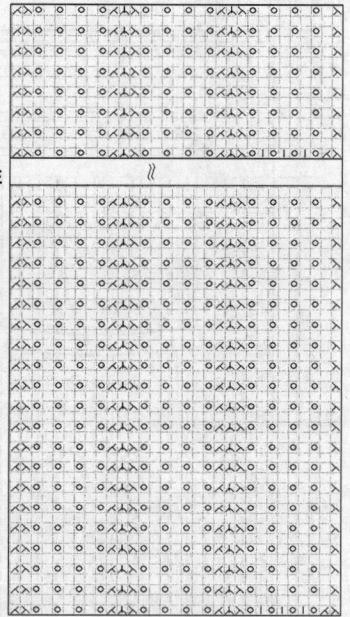

### 符号说明：

下针

上针

右上3针交叉

对接缝合示意图

后片

袖片　袖片

前片

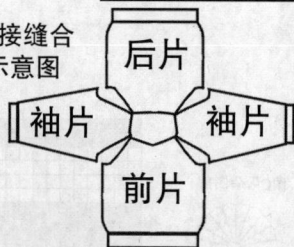

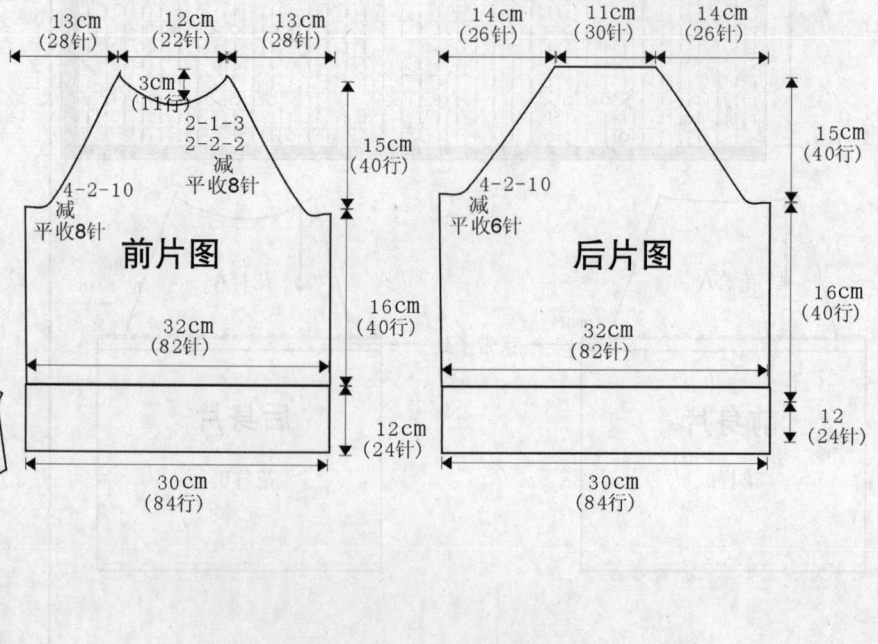

13cm(28针) 12cm(22针) 13cm(28针)

3cm(11行)

2-1-3
2-2-2
减
平收8针

4-2-10
减
平收8针

15cm(40行)

前片图

32cm(82针)

16cm(40行)

12cm(24针)

14cm(26针) 11cm(30针) 14cm(26针)

4-2-10
减
平收6针

15cm(40行)

后片图

32cm(82针)

16cm(40行)

12(24针)

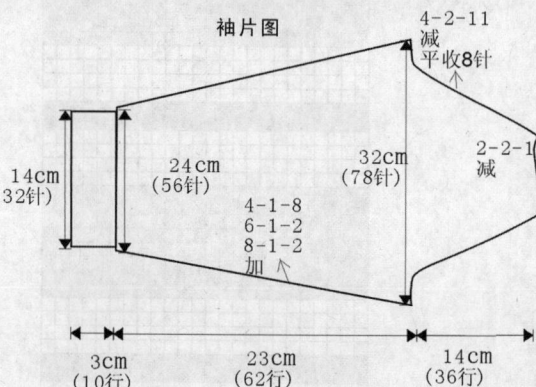

袖片图

4-2-11
减
平收8针

2-2-1
减

14cm(32针)

24cm(56针)

32cm(78针)

4-1-8
6-1-2
8-1-2
加

3cm(10行) 23cm(62针) 14cm(36针)

150

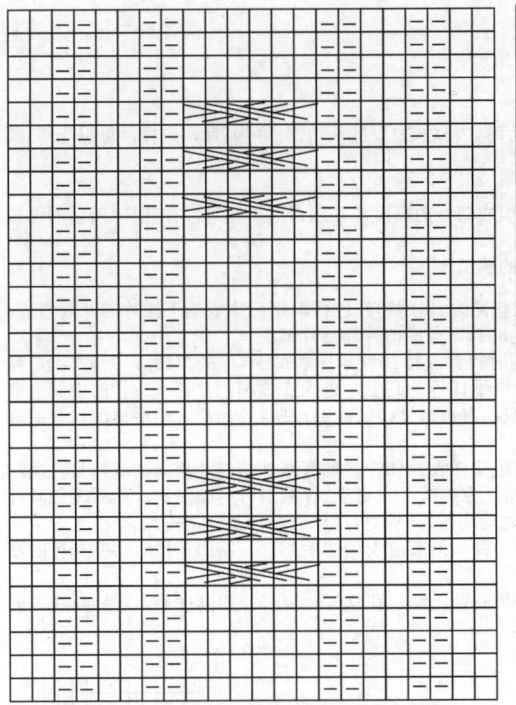

上衣片的花样编织

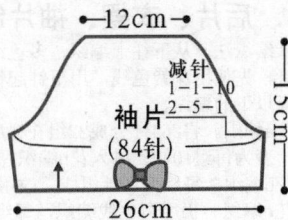

## 作品111

【成品规格】见下图

【工　　具】1.5～2mm钩针1副，8～10号毛衣针1副

【材　　料】蓝色宝宝绒线200g，圆扣2枚，缎带少许

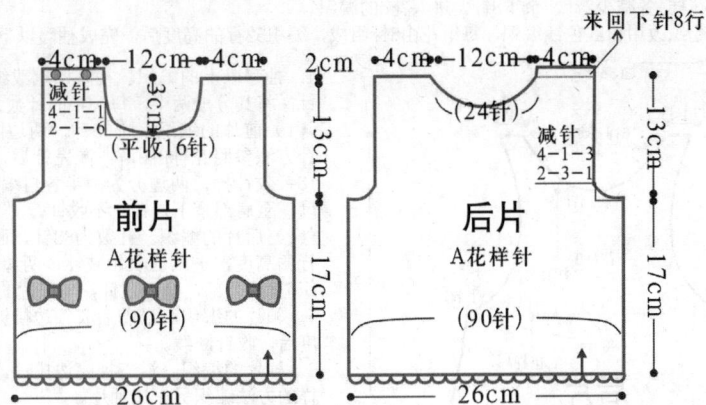

来回下针8行

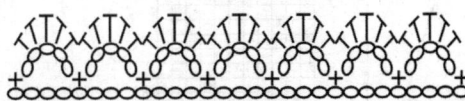 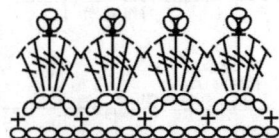

前片
A花样针
（90针）
26cm

后片
A花样针
（90针）
26cm

衣边钩针花样

领口钩针花样

**符号说明：**

□　上针

□=□

左上2针并空加针

右上2针并空加针

中上3针并空加针

+　短针

o　锁针　　 长针

**制作说明：**

宝宝圆领肩开口的短袖外套。如结构图，花样见左图。从衣边开始向上圈织，领口的减针见图示。右肩继续织2cm作为开口不缝合。完成后给领口钩针花样钩边做领，并钉好扣子。袖子为从袖口到袖山的编织，袖口来回下针6行。衣边钩针花样钩边。起8针编织下针20行成长方条形，用缎带从中间系紧并固定在图示位置作蝴蝶结装饰。

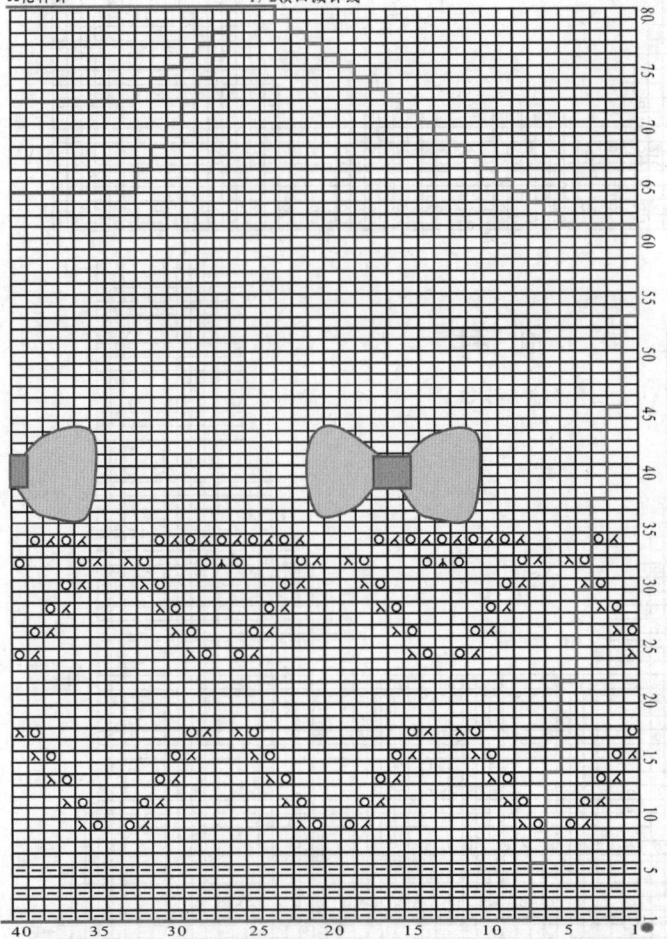

A花样针

—— 袖子减针线

—— 1/2领口减针线

## 作品112

【成品规格】衣长50cm，下摆宽36cm

【工　　具】12号棒针

【编织密度】36针×40行=10cm²

【材　　料】粉红色纯棉线150g，白色纯棉线50g，浅紫色纯棉线80g，深紫色纯棉线80g

**符号说明：**

□　上针　　　 ☒　左并针

□=□　下针　　 ☒　右并针

　　　　　　　☒　镂空针

2-1-3　行-针-次　☒　中上3针并1针

↑　编织方向　　 ☒　穿左针交叉

领片

（12号棒针）
38针
1.5cm
（5行）

88针

48针

袖片
花样C
38针

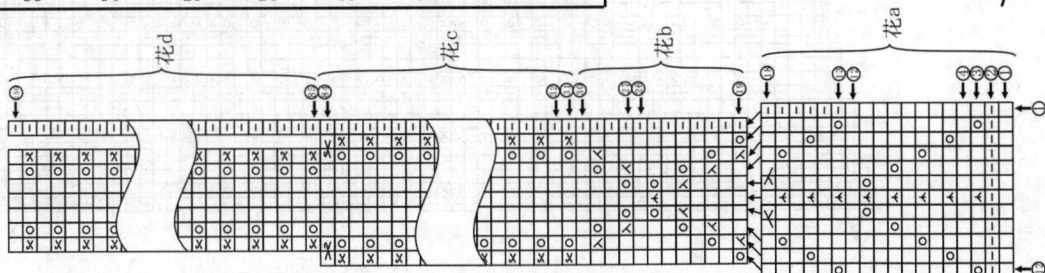

花样A

151

## 前片、后片、衣摆、袖片制作说明：

1. 棒针编织法，从下往上编织，多色线搭配编织。袖窿以下环织，袖窿以上片织。
2. 起针，先使用深紫色线，用下针起针法，起264针，首尾连接。起织1行下针，再织1行上针。
3. 袖窿以下的编织。
　（1）花a编织。将264针分成22组花样A，每组由12针组成，依照图解编织镂空花样，织至第18行时，将中心1针的两边2针并为1针，这样，每组花样A减少2针，变为每组10针，进入花b编织。
　（2）花b编织。每组由10针组成，改用白色线编织，依照图解编织12行的高度。
　（3）花c编织。仍用白色线编织，每组针数为10针，织10行后，改用浅紫色线编织花C，将花C织成54行的高度，在织最后一行时，在花样A所示的位置进行并针，每组花样A各减少2针，余下8针，进入花d的编织。
　（4）花d编织。起织改用粉红色线编织，每组花由8针组成，编织52行的高度后，完成袖窿以下的编织。

4. 袖窿以上的编织。袖窿以上改织花样B，仍用粉红色线编织。完成的下摆片的针数为176针，将其分成两半，每一半的针数为88针，分成前片与后片编织。
　（1）前片的编织。选88针，两边同时收针收掉10针，然后每织4行减少1针，共减6次，减针方法参照花样B图解。减完针后，再织10行的高度，进入衣领编织，在下一行的中间选取18针收针掉，两边分为两半各自编织，衣领减针，每织2行减1针共8次，然后再织14行的高度，至肩部余下11针，不收针。
　（2）后片的编织。针数为88针，两边同样收针10针，袖窿减针与前片相同，减针后再织24行的高度，进入后衣领减针，两边相反方向减针，每织2行减1针，共减5次，然后无加减针织6行至肩部，余下11针，与前片的对应肩部，1针对1针地缝合。衣身完成。
5. 领片的编织。沿着后衣领边挑针38针，沿着前衣领边挑针48针，编织花样C，共织5行的高度后，收针断线。
6. 袖片的编织。沿着袖窿边挑针，挑88针，编织花样C，共织5行的高度后，收针断线。同样的方法编织另一边袖片。

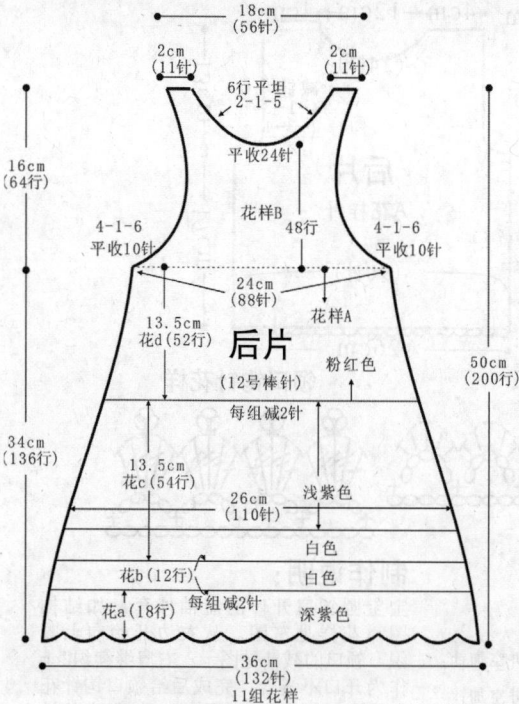

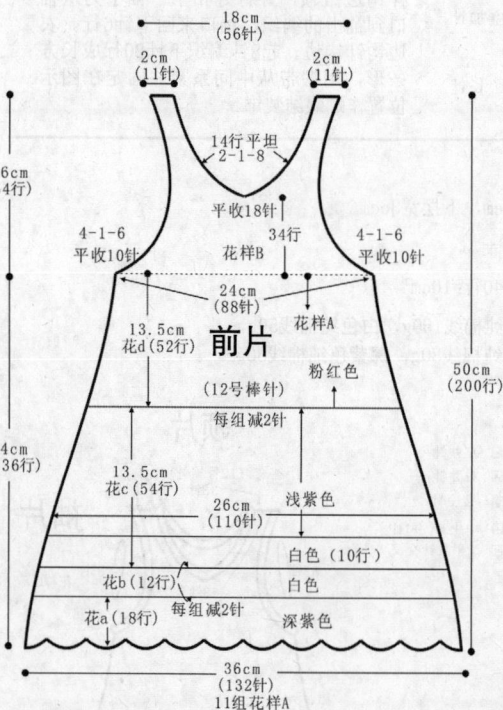

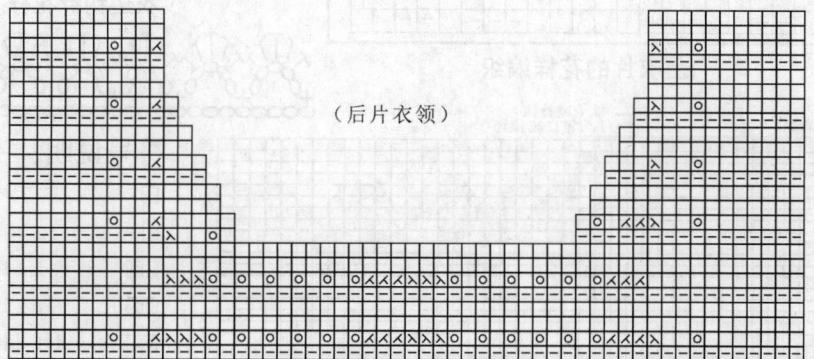

（后片衣领）

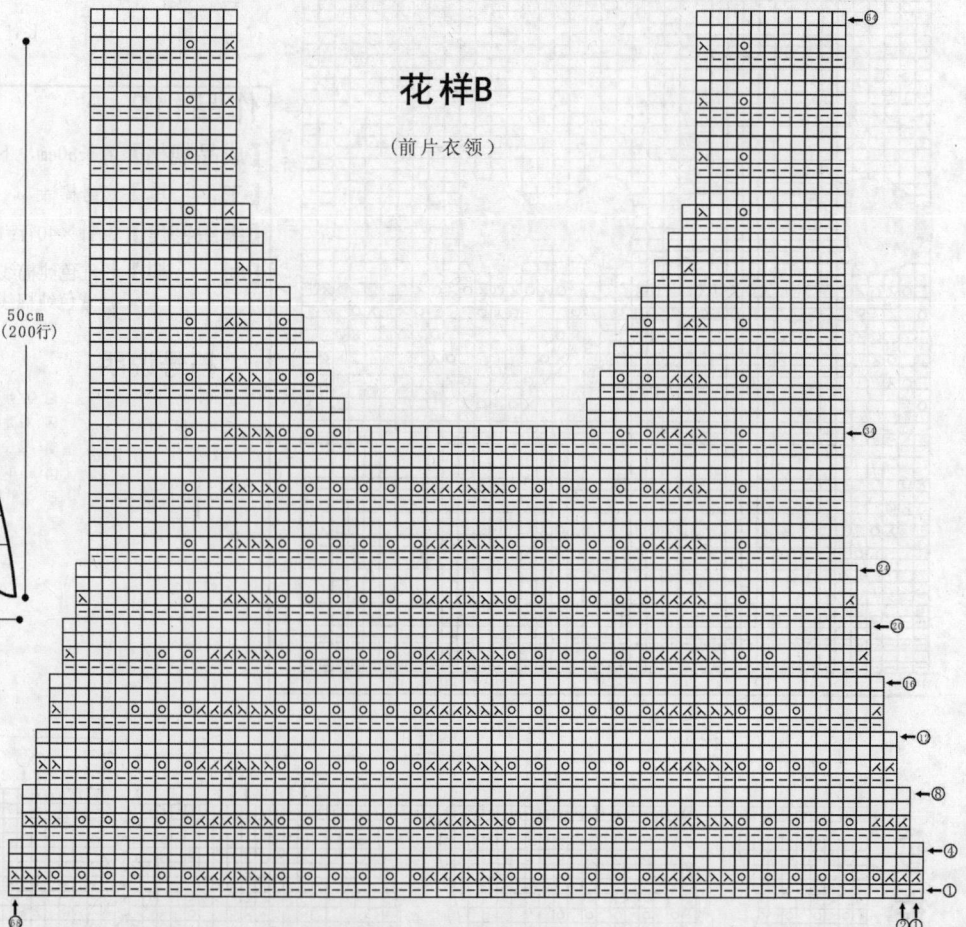

## 花样B

（前片衣领）

## 花样C

（衣边图解）

# 作品113

**【成品规格】** 衣长35cm，袖长32cm；毛裤：腰围48cm，裤长38cm

**【工　　具】** 11号环针和棒针

**【编织密度】** 26针×28行=10cm²

**【材　　料】** 红色宝宝绒线600g

## 编织要点：

1. 由领口起99针往下织，后片为31针，前片各为16针，两袖各为16针，每条径2针共8针。

2. 开始按图示织，在径的两边各加1针，第2行织纽针，加第2针时沿着第1针加，直至第4针，形成实心。前片每起始行按2-2-4递加出领窝。

3. 按图解织间色花样。边缘织双罗纹花样。

4. 毛裤。

（1）圈织。从裤腰往下织，起164针织平针，织4cm作为裤腰，对折重合，同时把松紧带穿进去，为了以后方便可留下一段不重合。继续织平针，平织20行，以后片中心线两侧每6行各加1针加6次后，中间14针平收。

（2）分前后片织。按图示织前后片裤腿，下边织间色花样。依次收针。

（3）裤腿织好后按前后片分别挑织双罗纹边。前片留扣眼，后片缝扣子。完成。

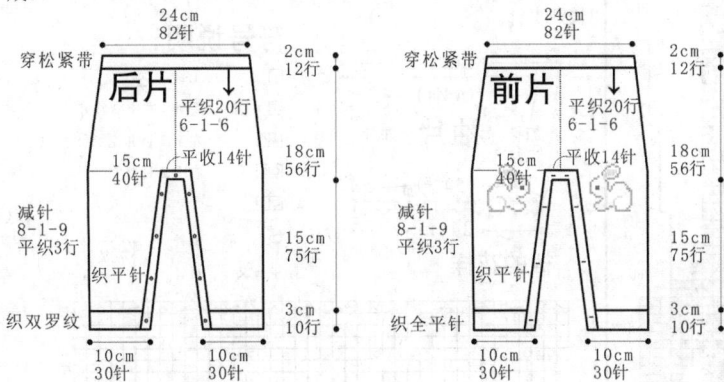

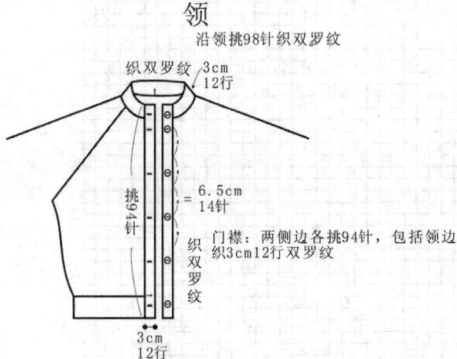

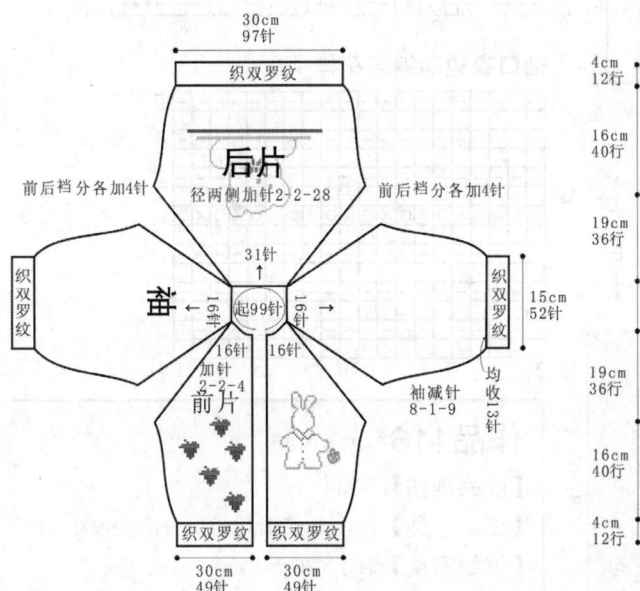

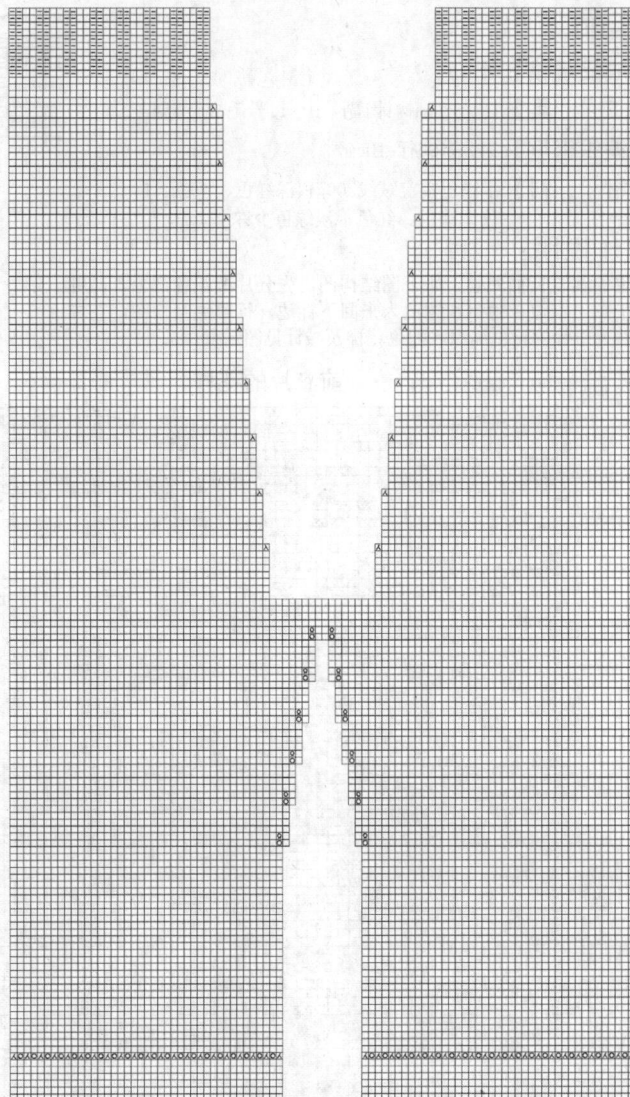

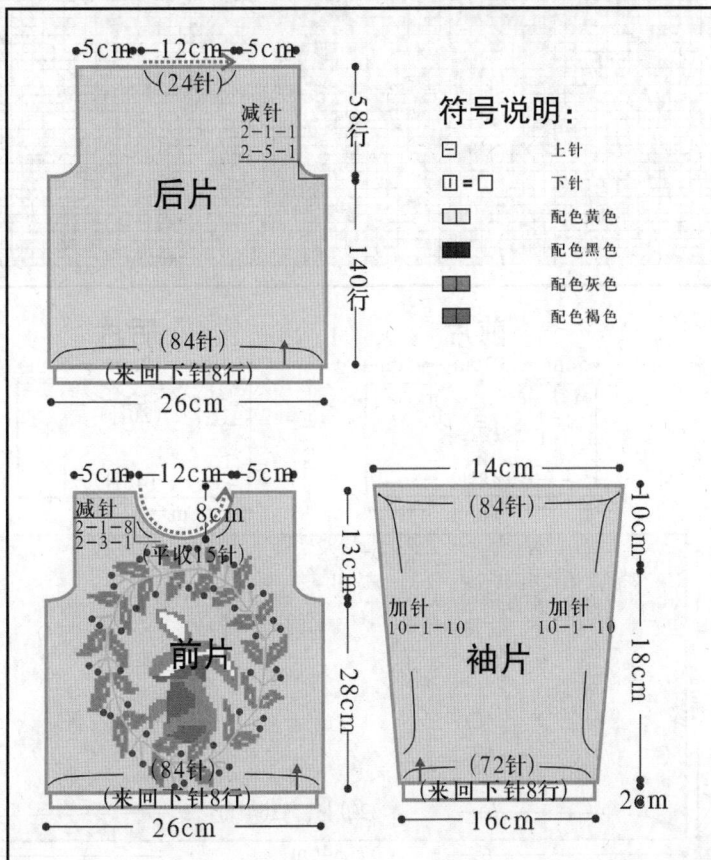

领

沿领挑98针织双罗纹

符号说明：

| 符号 | 说明 |
|---|---|
| □ | 上针 |
| I=□ | 下针 |
| | 配色黄色 |
| ■ | 配色黑色 |
| | 配色灰色 |
| | 配色褐色 |

153

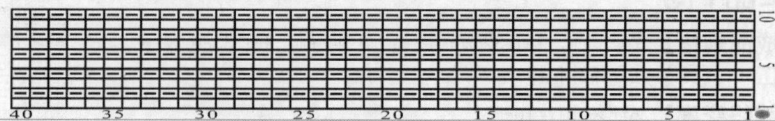

缝合后按箭头方向编织来回下针8行

# 作品114

【成品规格】见图

【工　　具】1.5～2mm钩针1副，9～11号毛衣针1副

【编织密度】24针×26行=10cm²

【材　　料】翠绿色宝宝绒线200g，深绿色、灰色、白色、褐色、红色、淡绿色少许

## 制作说明：

宝宝的圆领长袖外套。如下图结构图，先分片编织各部分，减针见下图。衣边、袖口和领边为来回下针边，行数见结构图。花样针法为下针的配色编织。配色花样及减针见图示意。

B花样针

### 前衣片的花样

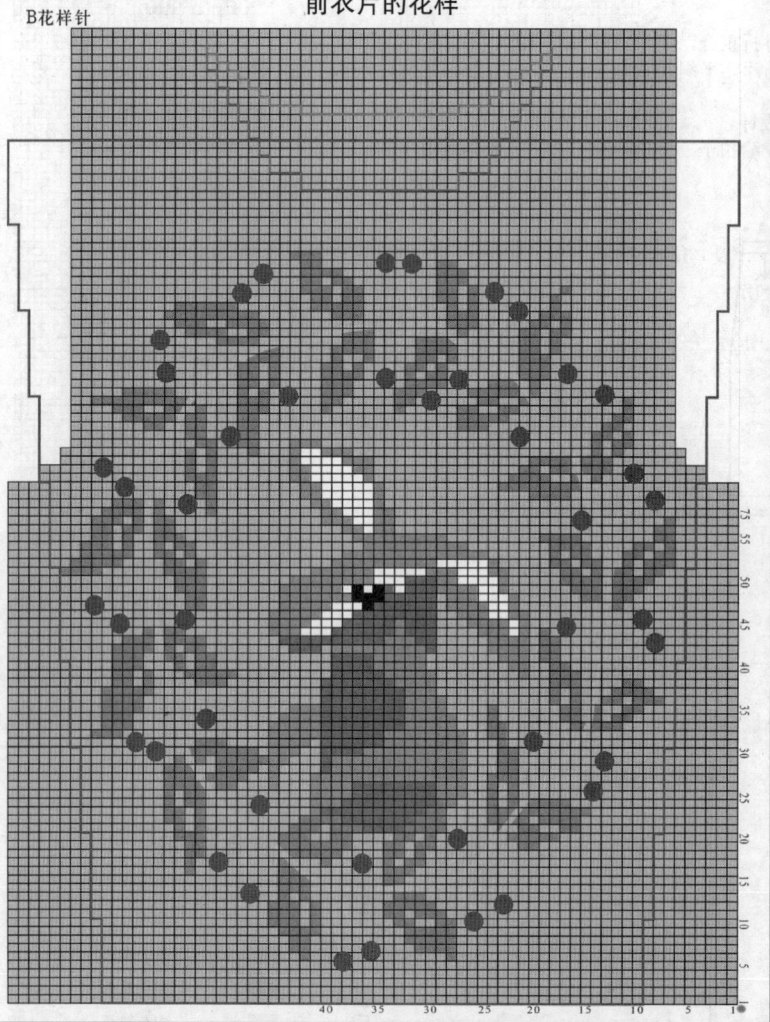

# 作品115

【成品规格】见图

【工　　具】1.5～2mm钩针1副，8～10号毛衣针1副

【编织密度】24针×26行=10cm²

【材　　料】棕绿色宝宝绒线100g，乳白色宝宝绒线100g，扣子2枚

## 制作说明：

宝宝的连身裙。如下图结构图，先筒形编织衣摆部分，然后编织上衣片，按结构图，收到上衣片所需要的针数，并编织2cm后，开始分片编织。领、袖口的针法见图。如图示减领窝和袖窝。用钩针在前领正中位置钩2个3长针枣针。

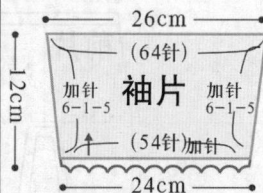

## 符号说明：

| 符号 | 说明 | 符号 | 说明 |
|---|---|---|---|
| ⊟ | 上针 | | 左上3针并 |
| Ⅰ=□ | 下针 | | |
| | | | 左上2针并空加针 |
| | | | 右上2针并空加针 |
| ○ | 锁针 | ┃ | 长针 |
| + = × | 短针 | | |

### 裙的花样

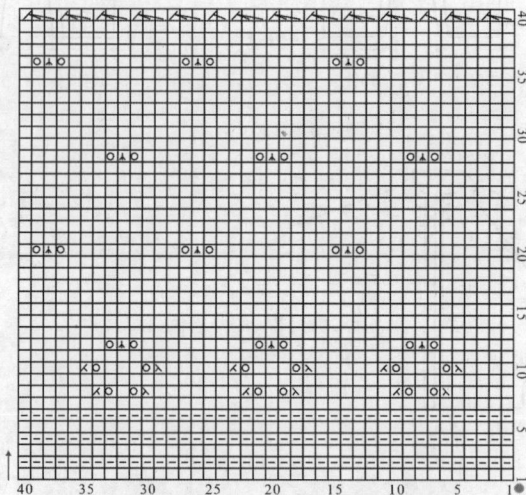

### 袖口衣边的编织花样

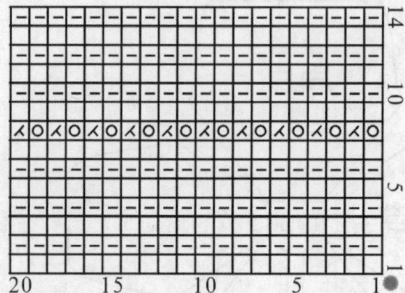

### 前片

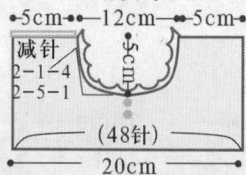

减针
2-1-4
2-5-1

(48针)

20cm

13cm

### 后片

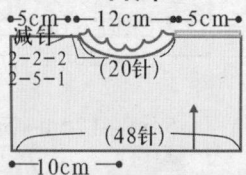

减针
2-2-2
2-5-1
(20针)

(48针)

10cm

13cm

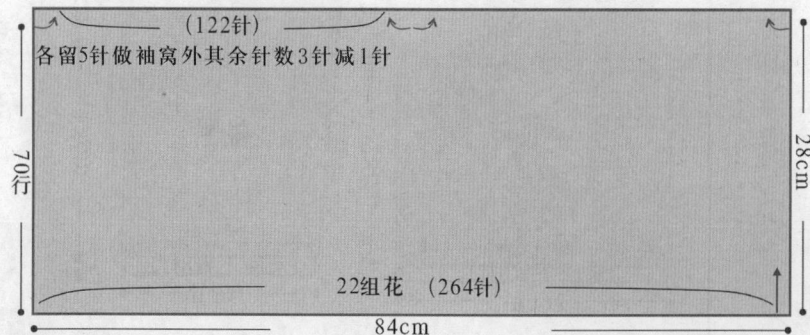

(122针)

各留5针做袖窝外其余针数3针减1针

70行

22组花　（264针）

84cm

28cm

# 作品116

【成品规格】见图

【工　　具】1.5～2mm钩针1副，9～11号毛衣针1副

【编织密度】24针×26行=10cm²

【材　　料】绿色宝宝绒线200g

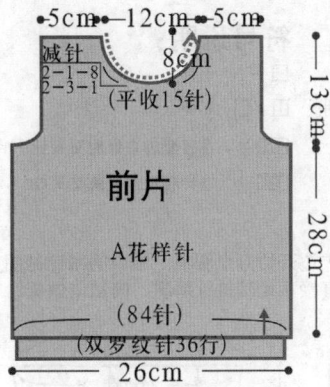

5cm→ ←12cm→ ←5cm
8cm
减针
2-1-8
2-3-1
(平收15针)

**前片**

A花样针

(84针)

(双罗纹针36行)

←26cm→

13cm

28cm

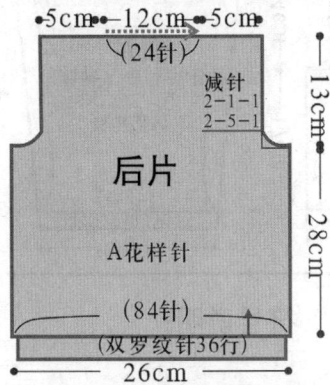

5cm→ ←12cm→ ←5cm
(24针)

减针
2-1-1
2-5-1

**后片**

A花样针

(84针)

(双罗纹针36行)

←26cm→

13cm

28cm

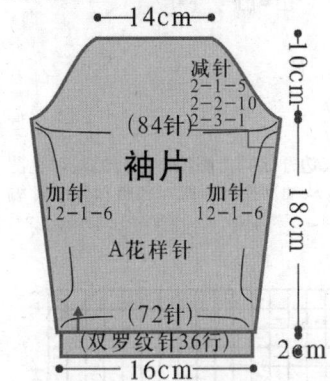

←14cm→

减针
2-1-5
2-2-10
2-3-1

(84针)

**袖片**

加针
12-1-6

加针
12-1-6

A花样针

(72针)

(双罗纹针36行)

←16cm→

10cm

18cm

2cm

┈┈→ 缝合后按箭头方向钩针钩边     领(双罗纹针16行后接下针8行)

**符号说明：**

□  上针

Ⅱ = □  下针

▨  右上2针交叉针

**制作说明：**

宝宝的圆领长袖外套。如结构图，先分片编织各部分。衣边、袖口和领边为单罗纹针边，边缘再织下针若干行，行数见结构图。花样针法为下针并在前后衣片中线和袖中线的位置织1组4针下针的交叉针。

前衣片的花样

甲花样针

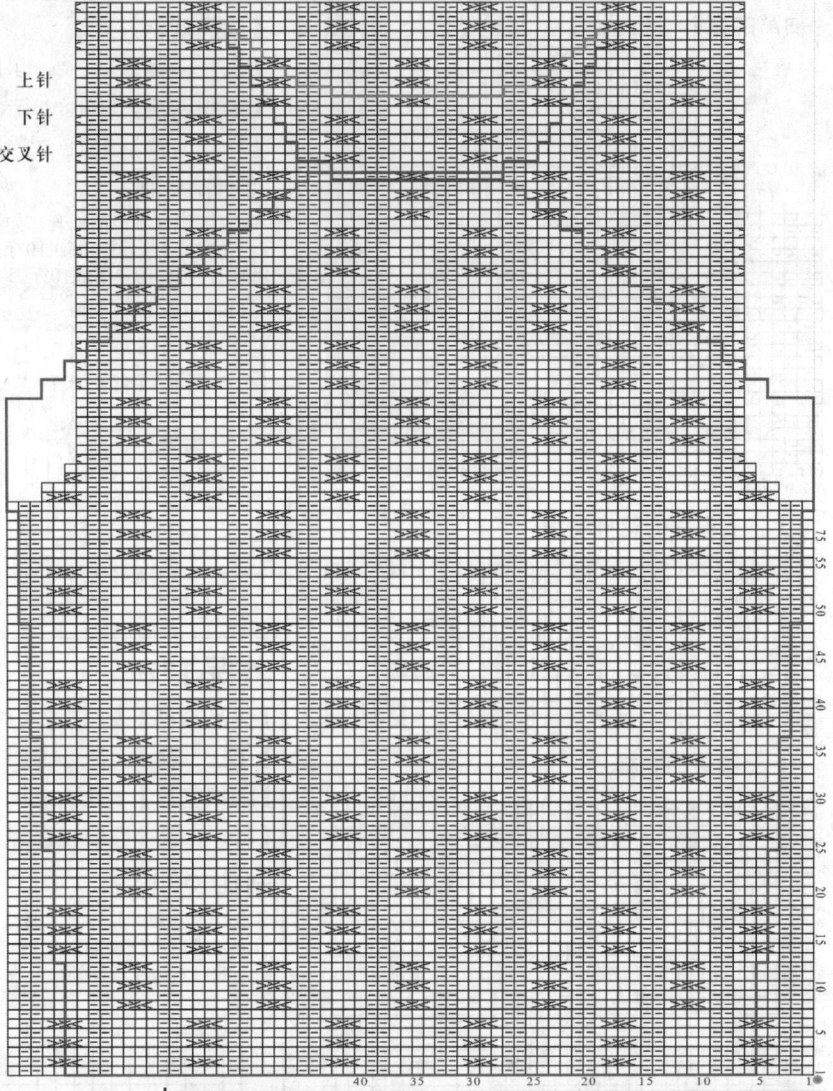

**作品117**

【成品规格】见图

【工　　具】1.5～2mm钩针1副，11～13号毛衣针1副

【编织密度】24针×26行=10cm²

【材　　料】粉红色宝宝绒线200g

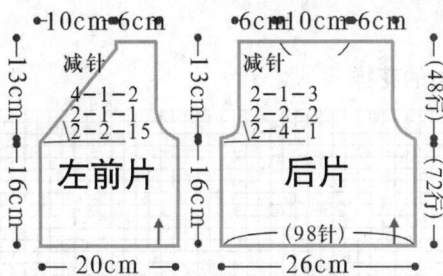

10cm→←6cm

减针
4-1-2
2-1-1
2-2-15

**左前片**

←20cm→

13cm

16cm

6cm←10cm→←6cm

减针
2-1-3
2-2-2
2-4-1

**后片**

(98针)

←26cm→

13cm

16cm

(48行)

(72行)

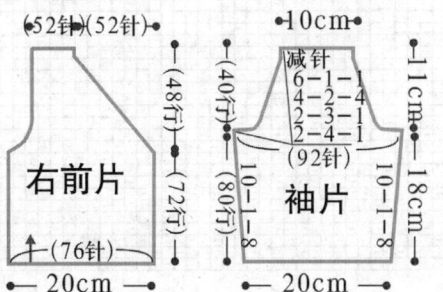

(52针)  (52针)

**右前片**

(76针)

←20cm→

(48行)

(72行)

←10cm→

减针
6-1-1
4-1-1
2-3-4
2-2-4
2-4-1

(40针)

(92针)

**袖片**

←20cm→

11cm

18cm

(80行)

10-1-8

10-1-8

**系带和钩边花样**

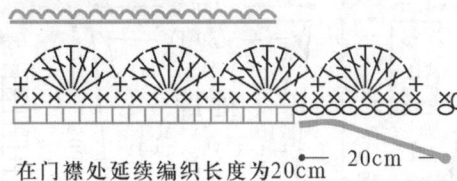

在门襟处延续编织长度为20cm

20cm

**符号说明：**

□  上针

Ⅱ = □  下针

▨  左上2针并空加针

▨  右上2针并空加针

▲  3针并针

○  锁针

+ = ×  短针

丁  长针

**花样编织**

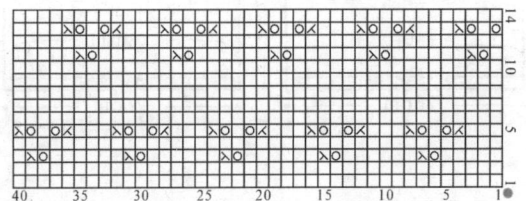

14
10
5
1

40  35  30  25  20  15  10  5  1

**制作说明：**

交错门襟的开衫，轻柔的宝宝绒线编织。网眼针形成的活泼图案，宝宝的活泼与可爱，尽情展露。从左前片到右前片的片织法，在腋下注意收减针。完成衣片和袖片并缝合后，在衣领和衣边钩织钩边装饰，系带也为钩边花样针，长度为20～30cm间。

门襟和袖窝的减针(银色线框内):

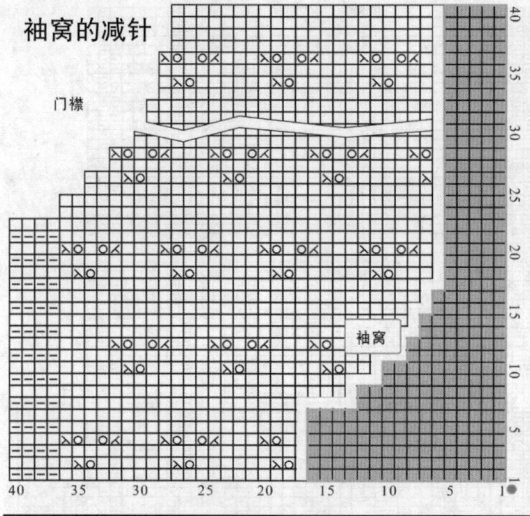

袖窝的减针

门襟

袖窝

上衣片的花样编织

A花样针

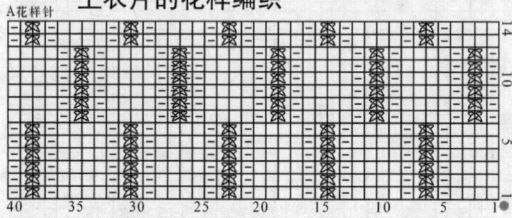

衣边的花样

B花样针　　　　　1/2领口的减针　　　　袖窝的减针

后领

前领

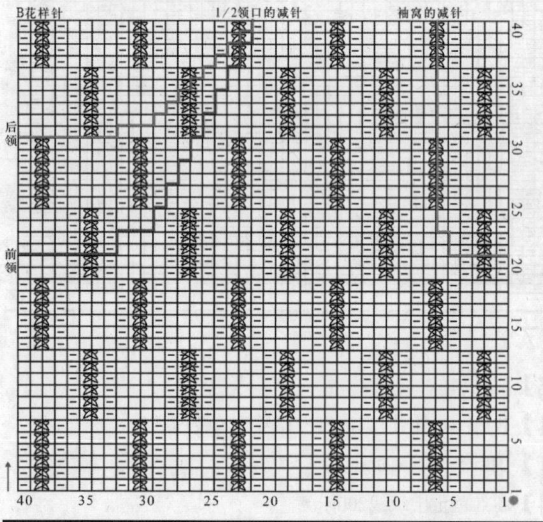

## 作品118

【成品规格】见图
【工　　具】1.5～2mm钩针1副，8～10号毛衣针1副
【编织密度】24针×26行=10cm²
【材　　料】天蓝色宝宝绒线200g

符号说明：

□　　上针
□=□　　下针
▧　　左针套过右针的交叉针
▧　　右针套过左针的交叉针

制作说明：

宝宝圆领立领口的外套。如结构图，花样见图。从衣边开始向上圈织，领口的减针见图示。完成后给领口编织10行单罗纹针做领。袖子为直接从袖窝挑针编织，向袖口做减针编织，袖口织单罗纹10行。

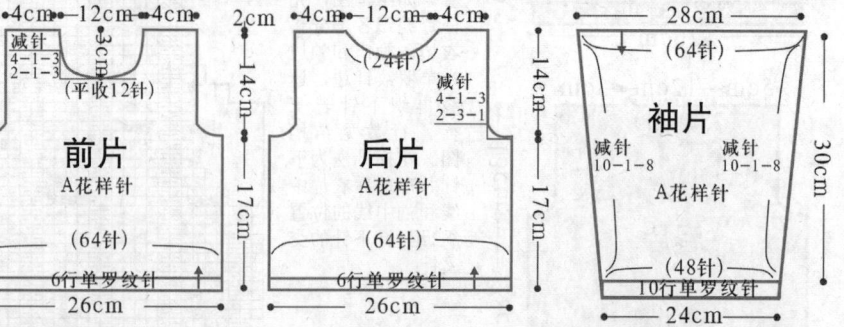

## 作品119

【成品规格】见图
【工　　具】1.5～2mm钩针1副，8～10号毛衣针1副
【编织密度】24针×26行=10cm²
【材　　料】宝绿色宝宝绒线200g

符号说明：

□　　上针
□=□　　下针

制作说明：

宝宝圆领立领口的外套。如结构图，花样见下图。从衣边开始向上圈织，领口的减针见图示。完成后给领口编织10行A花样针做领。袖子为直接从袖窝挑针编织，向袖口做减针编织，袖口衣边花样同领口。衣片的花样见B花样针。

上衣片的花样编织

A花样针

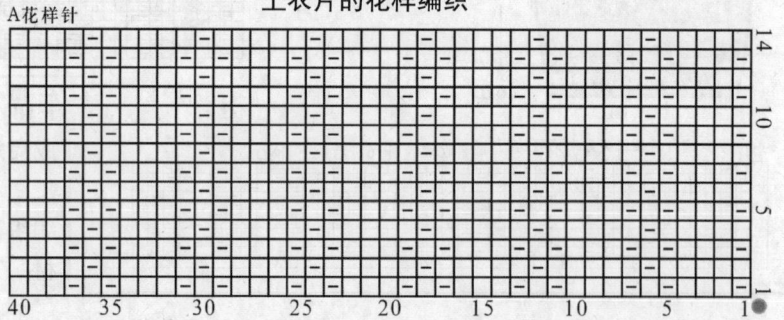

衣边的花样

B花样针　　　　　1/2领口的减针　　　　袖窝的减针

后领

前领

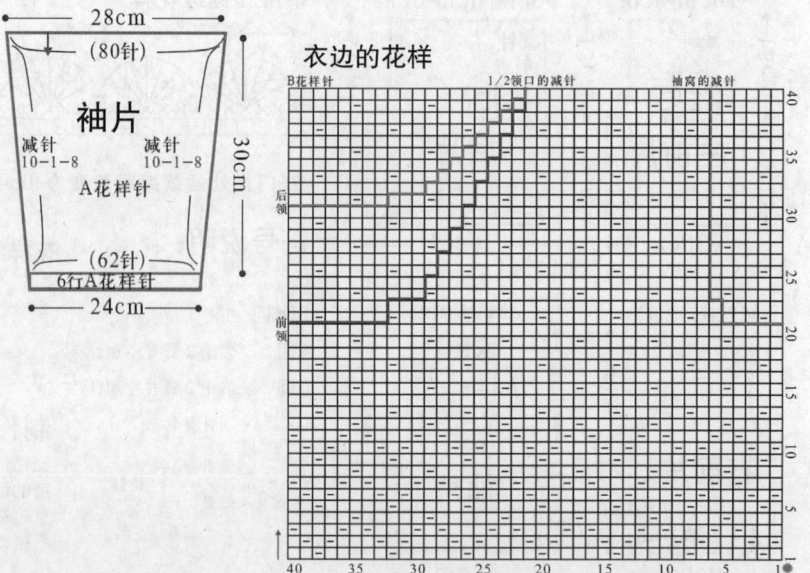

# 作品120

【成品规格】见图
【工　　具】1.5～2mm钩针1副，11～13号毛衣针1副
【编织密度】24针×26行=10cm²
【材　　料】蓝色宝宝绒线200g，红色少许

## 制作说明：

宝宝的圆领长袖外套。如结构图，先分片编织各部分。减针见衣边、袖口和领的花样图。袖子的编织方向为从袖山到袖口的顺序。完成后平绣上花朵在图示位置装饰。

## 符号说明：

| □=□ | 上针 | ⊠ | 左上2下针交叉针 | +=× | 短针 |
| 回 | 下针 | ○ | 锁针 | | 长针 |

┈┈┈➤ 缝合后按箭头方向钩针钩边
衣边为5组，领口为3组高度

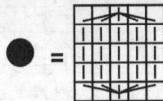

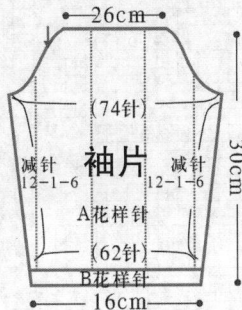

袖片
减针 12-1-6　减针 12-1-6
A花样针
(74针)
(62针)
B花样针
26cm　30cm　16cm

## 前衣片的花样

A花样针

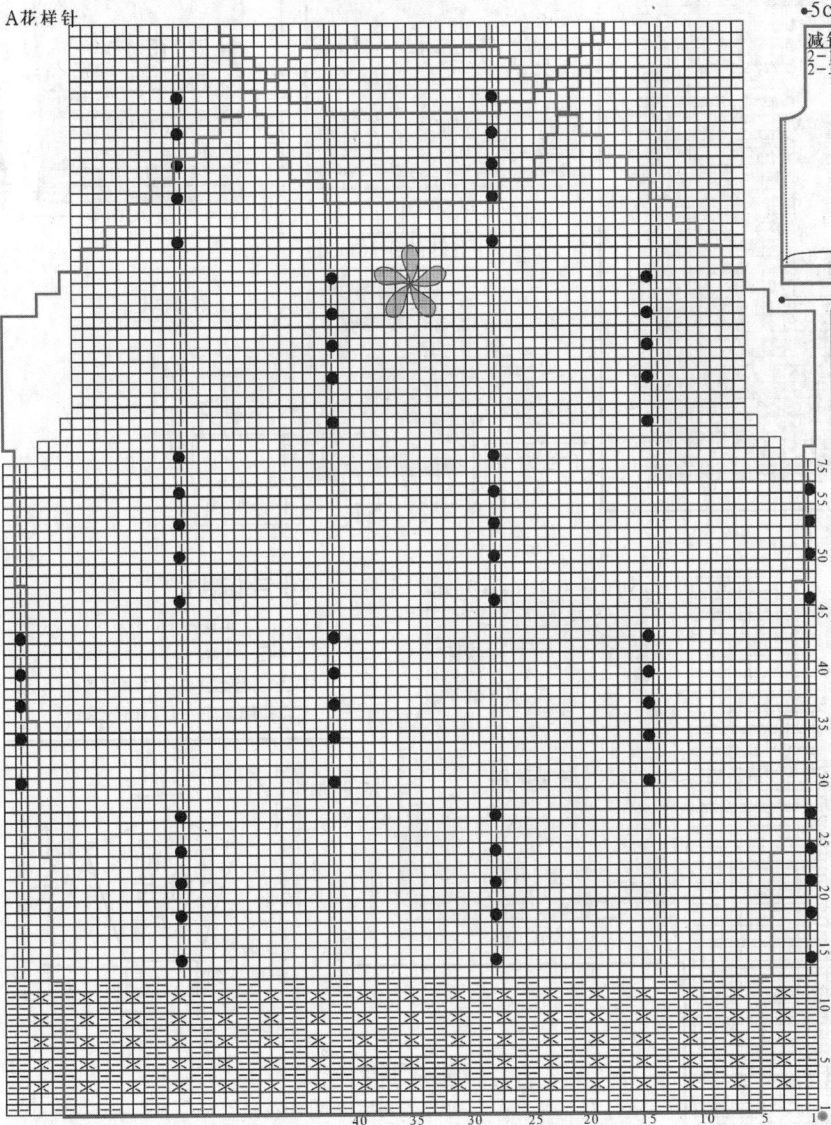

┈┈┈➤ 缝合后按箭头方向钩针钩边　领(单罗纹针32行)双层领在内侧缝合

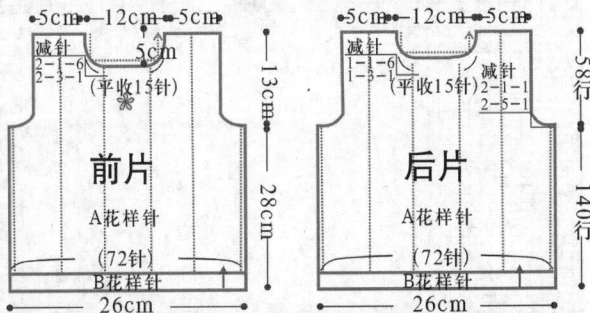

前片
A花样针
(72针)
B花样针
减针 2-2-1 2-3-1
平收15针
5cm-12cm-5cm
13cm 28cm 26cm

后片
A花样针
(72针)
B花样针
减针 2-1-1 2-5-1
平收15针
5cm-12cm-5cm
58行 140行 26cm

---

# 作品121

【成品规格】见图
【工　　具】1.5～2mm钩针1副，9～11号毛衣针1副
【编织密度】24针×26行=10cm²
【材　　料】蓝色宝宝绒线200g，红色、白色少许

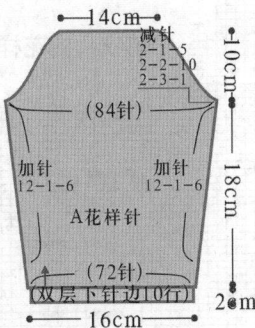

14cm
减针 2-1-5 2-2-10 2-3-1
(84针)
加针 12-1-6　加针 12-1-6
A花样针
(72针)
双层下针边(10行)
10cm 18cm 2cm 16cm

## 符号说明：

| □ | | 上针 |
| 回=□ | | 下针 |
| | ⊞ | 配色黄色 |
| | ■ | 配色黑色 |
| | ▨ | 配色灰色 |
| | ▦ | 配色褐色 |

## 制作说明：

宝宝的圆领长袖外套。如结构图，先分片编织各部分。减针见下图。衣边、袖口和领边为单罗纹针边，行数见结构图。花样针法为下针的配色编织。配色花样及减针见图示。完成后来回下针编织一块12cm×16cm的长方形织物缝合在前衣片作为口袋。

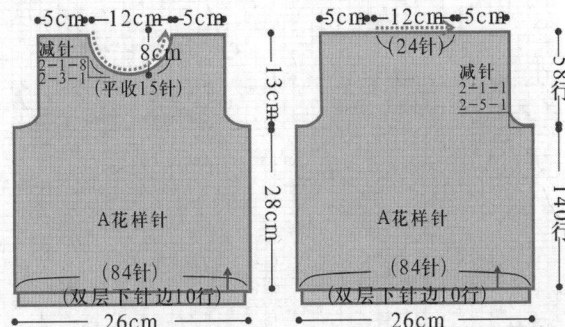

前片
A花样针
(84针)
双层下针边(10行)
减针 2-1-8 2-3-1
平收15针
8cm
5cm-12cm-5cm
13cm 28cm 26cm

后片
(24针)
A花样针
(84针)
双层下针边(10行)
减针 2-1-1 2-5-1
5cm-12cm-5cm
58行 140行 26cm

## 前衣片的花样

B花样针

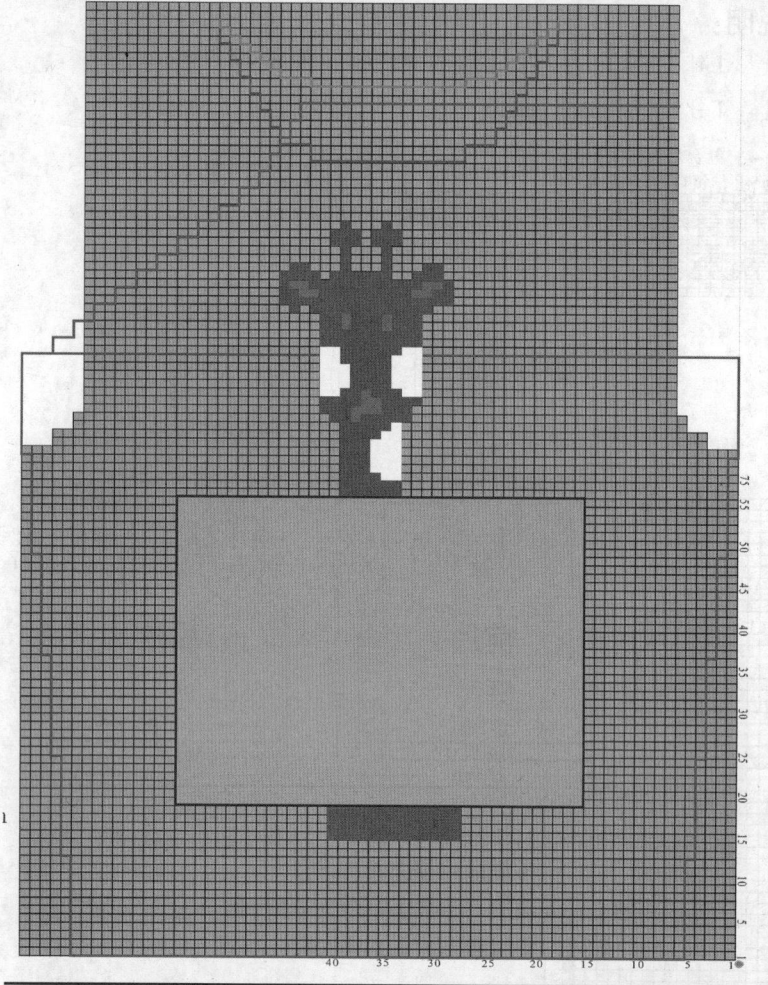

编织花样B

## 前衣片的花样

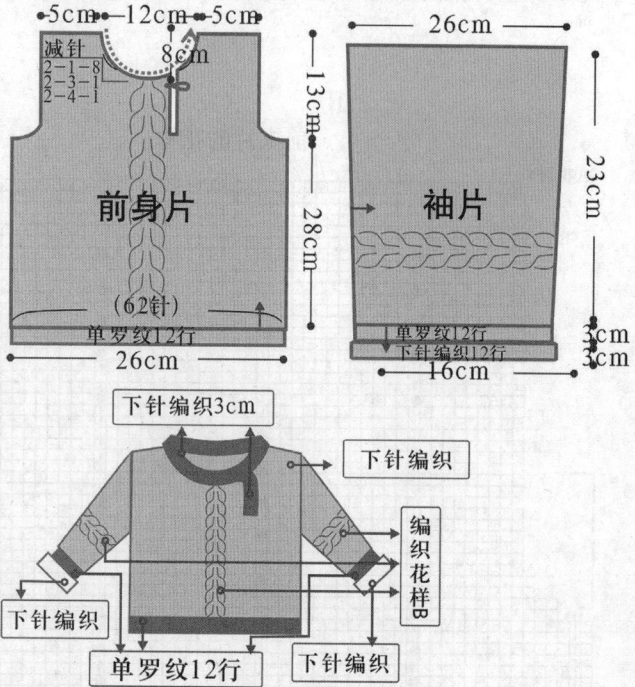

## 作品122

【成品规格】见图

【工　　具】1.5~2mm钩针1副，11~13号毛衣针1副

【材　　料】天蓝色宝宝绒线200g，纽扣1枚

### 制作说明：

宝宝的圆领长袖外套。如下图结构图，先分片编织各部分，减针见下图。交叉针和上、下针的组合编织。完成后沿袖口挑织2cm的单罗纹针边，再织3cm的下针。领口为沿前襟开口和领围挑织下针3cm。

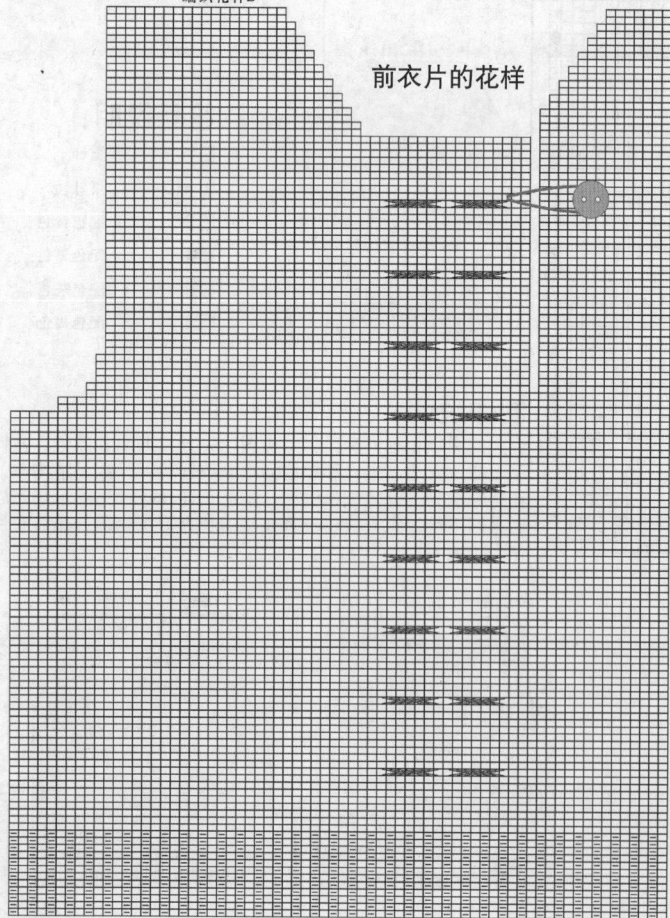

前身片

减针
2-1-8
2-3-1
2-4-1

8cm

5cm — 12cm — 5cm

13cm
28cm

(62针)
单罗纹12行
26cm

袖片

26cm
23cm
3cm
3cm

单罗纹12行
下针编织12行
16cm

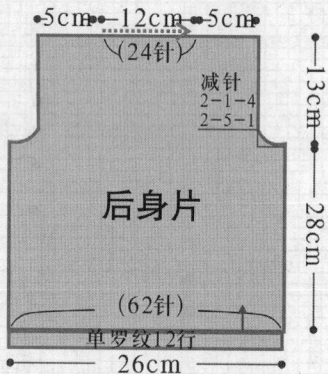

下针编织3cm
下针编织
编织花样B
下针编织
下针编织
单罗纹12行

## 符号说明：

□　上针
Ⅱ=□　下针
右上4针的交叉针
左上4针的交叉针

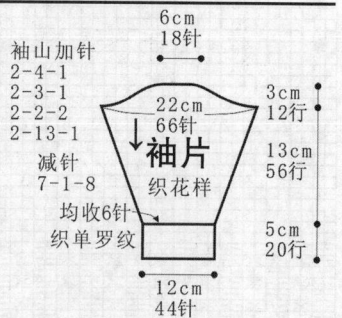

后身片

5cm — 12cm — 5cm
(24针)
减针
2-1-4
2-5-1

13cm
28cm

(62针)
单罗纹12行
26cm

袖山加针
2-4-1
2-3-1
2-2-2
2-13-1
减针
7-1-8
均收6针
织单罗纹

袖片
织花样

6cm
18针
22cm
66针
3cm
12行
13cm
56行
5cm
20行

12cm
44针

## 领/门襟

领沿领窝挑120针织花样

门襟沿前片挑针织单罗纹,在一侧留下扣眼,另一侧缝扣子

织桂花针4cm
20行

挑144针

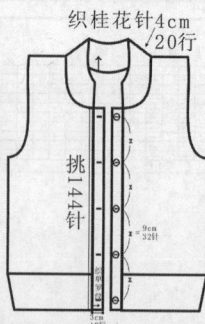

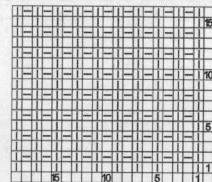

领花样
□·Ⅱ

## 作品123

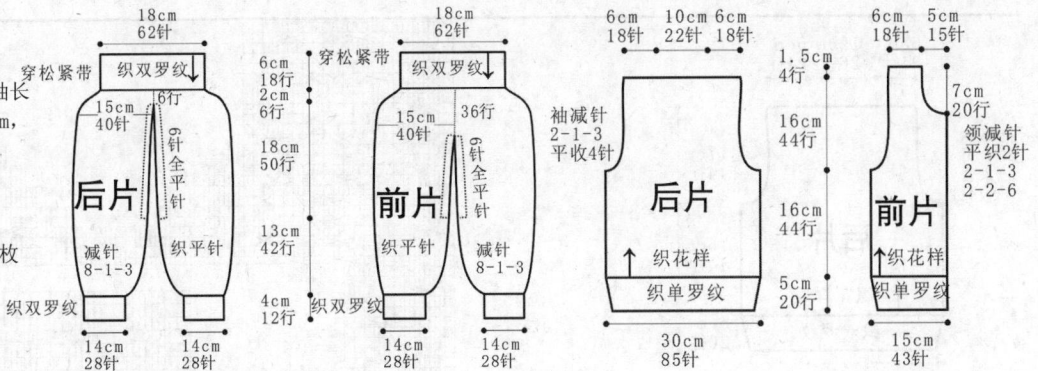

【成品规格】毛衣：衣长38.5cm，袖长22cm；毛裤：腰围36cm，裤长43cm

【工　具】11号环针和棒针

【编织密度】26针×28行=10cm²

【材　料】宝宝棉线500g，纽扣5枚

### 编织要点：

1. 一片连织，总针数为171针。起171针织单罗纹为底边，上面织花样，后片4组花样，前片各2组。整个身片一直平织至袖窿减针，此时前后片分开织。后片袖窝收针后一直平织到完成。前片按图示开领窝，比后片多织4行，缝合肩线完成。

2. 袖：袖织花样，袖口织单罗纹针。

3. 领：沿领窝挑120针织花样，织8cm。

4. 毛裤：

（1）圈织。从裤腰往下织，起124针织双罗纹针，织4cm作为裤腰，同时把松紧带穿进去，开始织平针。

（2）后片织6行后开始分裆，边各为6针，从后片中心线分开片织，织全平针。前片裆位比后片落差6cm，分裆方法同后片。

（3）裆位织好后合织裤腿，合织后腿依次收针，裤边织双罗纹针收口。

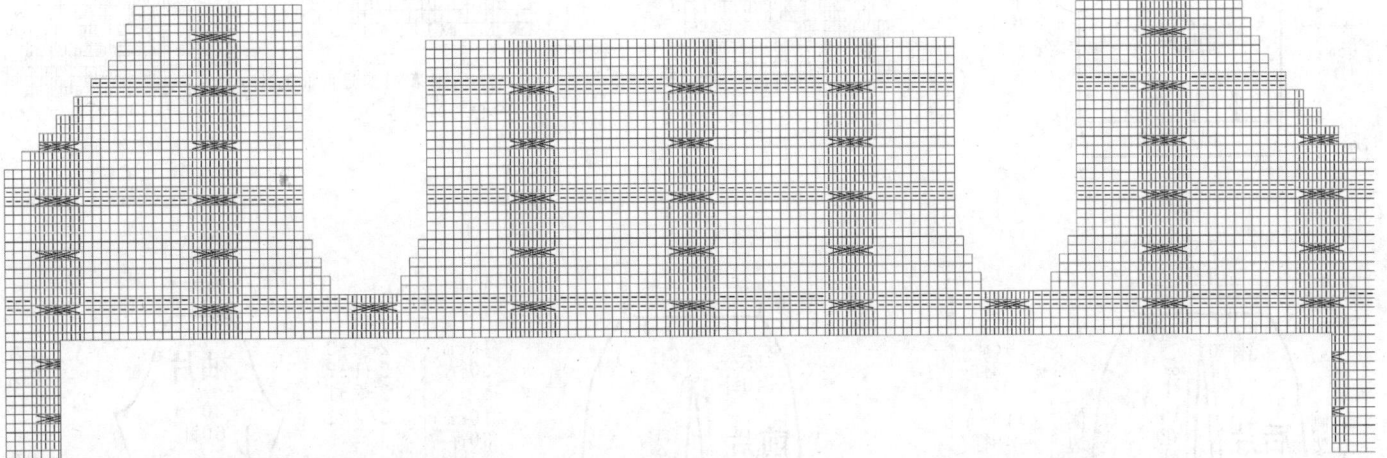

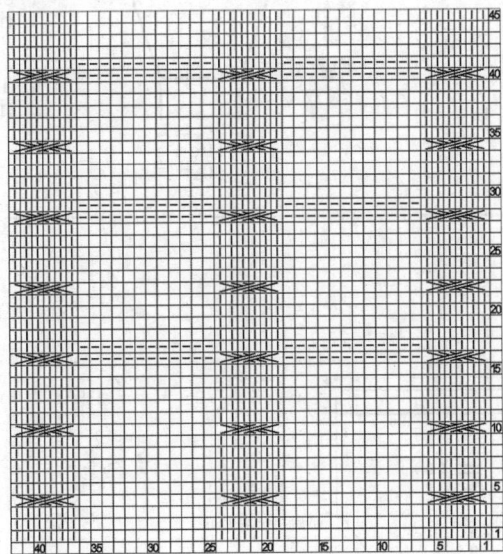

## 作品124

【成品规格】毛衣：衣长38cm，袖长33cm；毛裤：腰围40cm，裤长39cm

【工　具】11号环针和棒针

【编织密度】30针×26行=10cm²

【材　料】宝宝棉线500g

### 编织要点：

1. 一片连织，总针数为184针。起184针织双罗纹为底边，上面织花样，前后片花形对称。整个身片一直平织至袖窿减针，此时前后片分开织。后片袖窝收针后一直平织，开后领窝。前片按图示开领窝，缝合肩线完成。

2. 袖：袖织花样，袖口织双罗纹针。

3. 领：沿领窝挑120针织双罗纹针，织4cm。

4. 毛裤。

（1）圈织。从裤腰往下织，起124针织平针，织2cm作为裤腰，对折重合，同时把松紧带穿进去，开始织平针，先分好前后片，两条裤腿的中缝织两组铜花。

（2）后片织6行后开始分裆，边各为6针，从后片中心线分开片织，织桂花针。前片裆位比后片落差4cm，分裆方法同后片。

（3）裆位织好后合织裤腿，合织裤腿依次收针，裤边织铜钱花收口。

### 领

领窝织双边，先用大一号的针沿领边起所有针数，第1行织上针，再织3行平针，另用针挑起里层的针数，每针要相对，织3行，两层并针织双罗纹针。

□=[-]

### 符号说明：

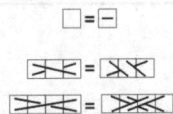

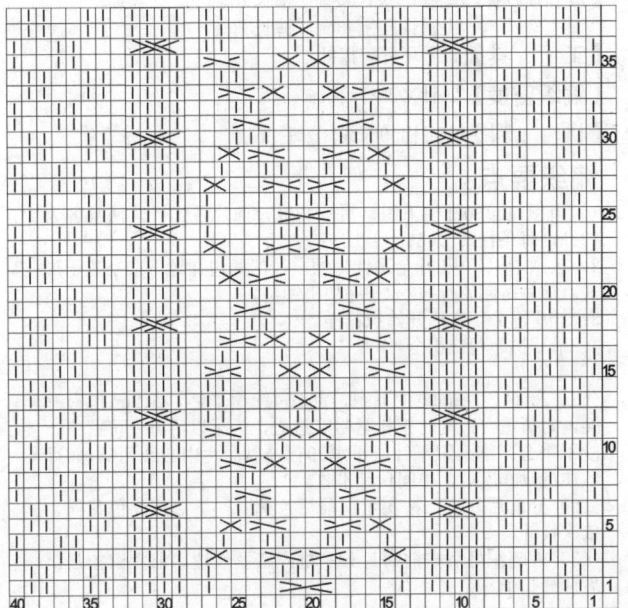

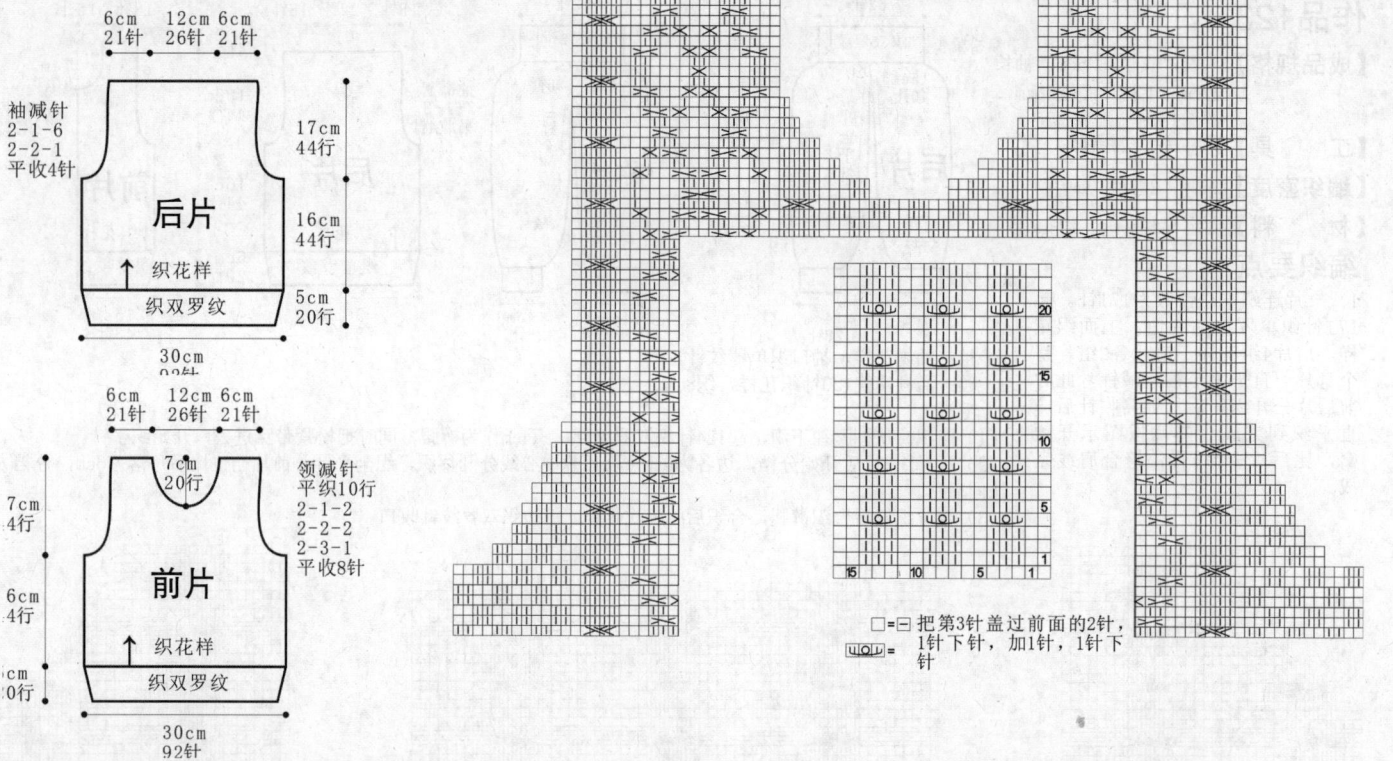

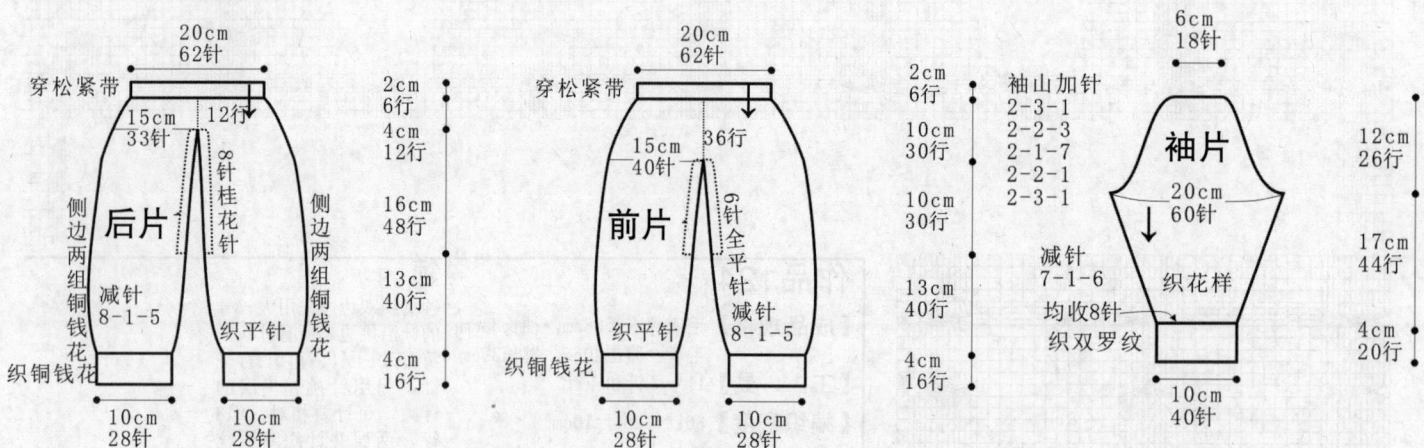

把第3针盖过前面的2针，
1针下针，加1针，1针下针

□=□
|U|U| =

---

后片

6cm 21针　12cm 26针　6cm 21针

袖减针
2-1-6
2-2-1
平收4针

17cm 44行

16cm 44行

织花样

织双罗纹

5cm 20行

30cm 92针

---

前片

6cm 21针　12cm 26针　6cm 21针

7cm 20针

7cm 4行

领减针
平织10行
2-1-2
2-2-2
2-3-1
平收8针

6cm 4行

织花样

织双罗纹

30cm 92针

---

后片（裤）

穿松紧带

20cm 62针

15cm 33针　12行

8针桂花针

侧边两组铜钱花

减针 8-1-5

织平针

织铜钱花

2cm 6行
4cm 12行
16cm 48行
13cm 40行
4cm 16行

10cm 28针　10cm 28针

---

前片（裤）

穿松紧带

20cm 62针

15cm 40针　36行

6针全平针

织平针
减针 8-1-5

织铜钱花

2cm 6行
10cm 30行
10cm 30行
13cm 40行
4cm 16行

10cm 28针　10cm 28针

---

袖片

6cm 18针

袖山加针
2-3-1
2-2-3
2-1-7
2-2-1
2-3-1

20cm 60针

减针 7-1-6

均收8针

织花样

织双罗纹

12cm 26行
17cm 44行
4cm 20行

10cm 40针

---

## 作品125

【成品规格】毛衣：衣长39cm，袖长37cm；
毛裤：腰围48cm，裤长38cm

【工　　具】11号环针和棒针

【编织密度】26针×28行=10cm²

【材　　料】宝宝棉500g线，纽扣5枚

### 编织要点：

1. 由领口起80针往下织，后片43针，前片各20针，两袖各为13针，每条径2针共8针。

2. 按图示织，织8行全平针为领，径的两边加针形成小燕子形式。前片每起始行按2-2-6递出领窝。

3. 挂肩部分织完后开始织花样。

4. 最后挑起门襟织全平针。

5. 毛裤。
（1）圈织。从裤腰往下织，起164针织平针，织2cm作为裤腰，对折重合，同时把松紧带穿进去，为了以后方便可留下一段不重合。继续织平针，平织20行，以后片中心线两侧每6行各加1针加6次后，中间14针平收。

（2）分前后片织。按图示织前后片裤腿，下边织间色花样。依次收针。

（3）裤腿织好后按前后片分别挑织双罗纹边。前片留扣眼，后片缝扣子。完成。

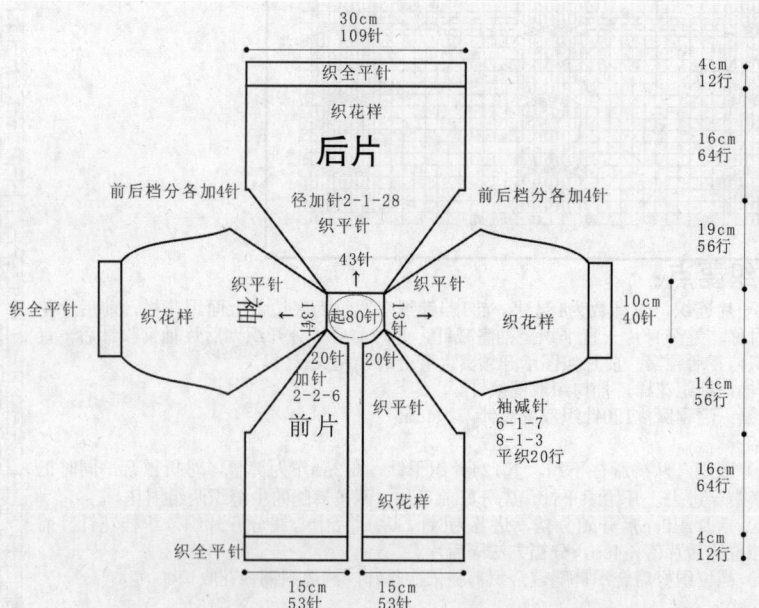

---

后片

30cm 109针

织全平针

织花样

前后档分各加4针

径加针2-1-28

织平针

43针

起80针

13针　13针

20针加针2-2-6　20针

前片

织花样

织平针

织全平针

前后档分各加4针

织平针

织花样

袖减针
6-1-7
8-1-3
平织20行

织全平针

4cm 12行
16cm 64行
19cm 56行
10cm 40针
14cm 56行
16cm 64行
4cm 12行

15cm 53针　15cm 53针

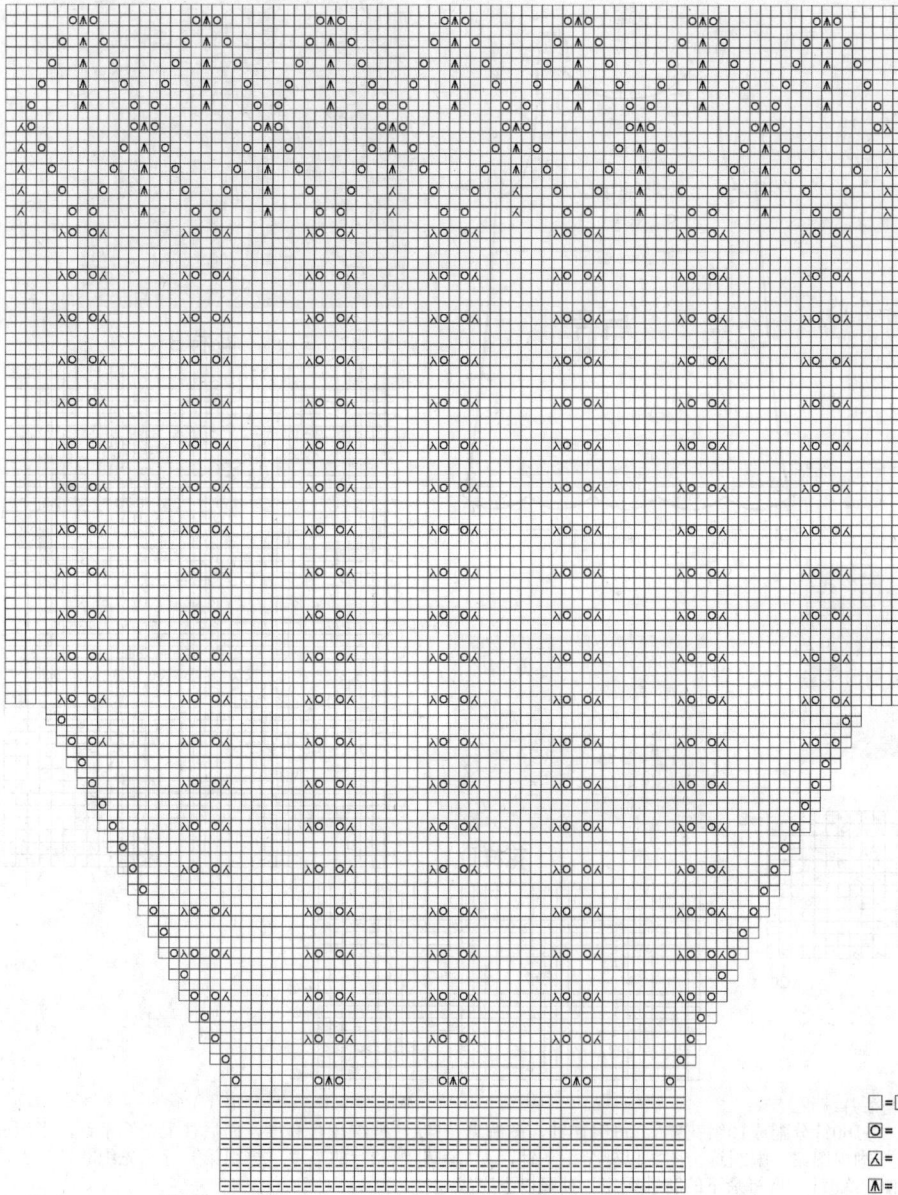
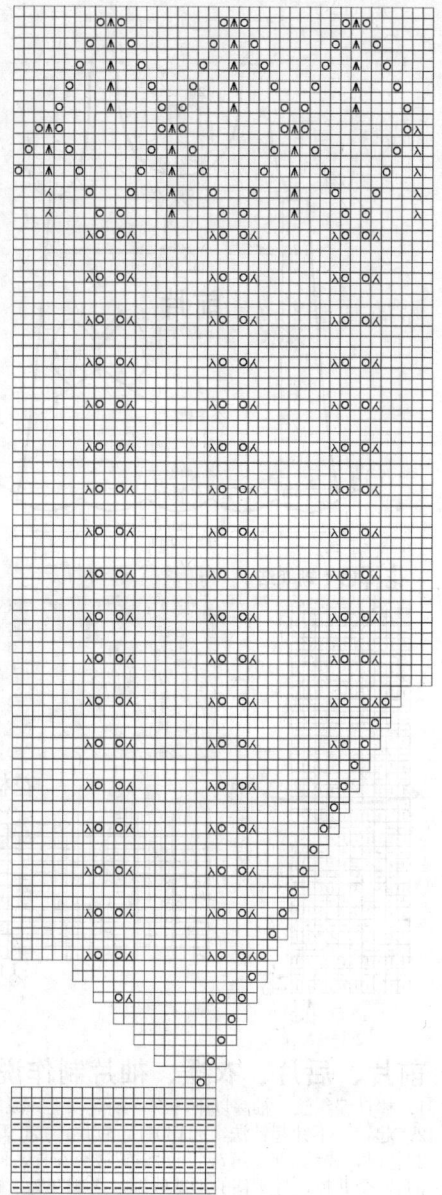

□ = ▯
○ =
人 =
木 =

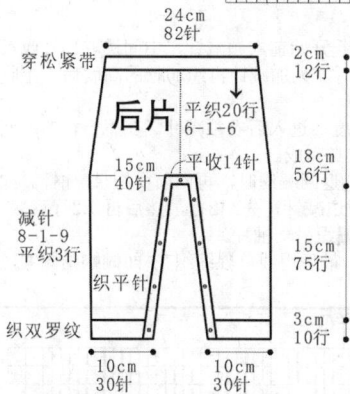

24cm
82针

穿松紧带

**后片**

平织20行
6-1-6

15cm
40针
平收14针

减针
8-1-9
平织3行

织平针

织双罗纹

10cm
30针    10cm
30针

2cm
12行

18cm
56行

15cm
75行

3cm
10行

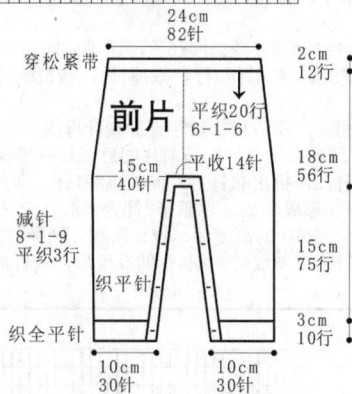

24cm
82针

穿松紧带

**前片**

平织20行
6-1-6

15cm
40针
平收14针

减针
8-1-9
平织3行

织平针

织全平针

10cm
30针    10cm
30针

2cm
12行

18cm
56行

15cm
75行

3cm
10行

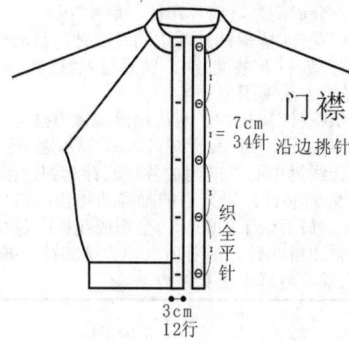

门襟
沿边挑针

7cm
34针

织全平针

3cm
12行

## 作品126

【成品规格】衣长43cm，袖长7.5cm，下摆宽32cm

【工　　具】11号棒针，1号环形针，1.50mm钩针

【编织密度】30针×35行＝10cm²

【材　　料】粉红色圆棉线200g

花样F（双罗纹）　符号说明：

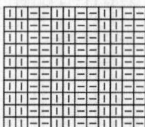

4针一花样

□　上针
□=▯　下针
2-1-3　行-针-次
↑　编织方向

⊠　左井针
⊡　右井针
⊡　镂空针
▣　中上3针并1针
▧▧　穿左2针交叉

袖片
（11号棒针）
挑44针

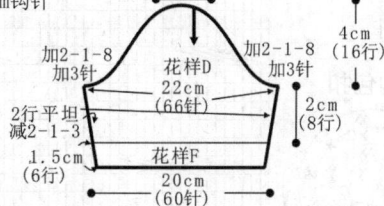

加2-1-8
加3针

花样D
22cm
（66针）

加2-1-8
加3针

2行平坦行
减2-1-3

花样F

1.5cm
（6行）

20cm
（60针）

2cm
（8行）

花样C（搓板针）

2针一花样

4cm
（16行）

7.5cm
（30行）

花样E（单罗纹）

2针一花样

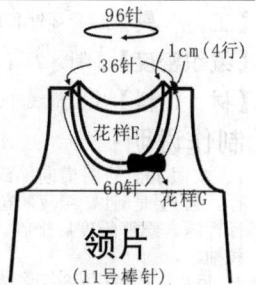

96针

36针    1cm（4行）

花样E

60针

花样G

领片
（11号棒针）

161

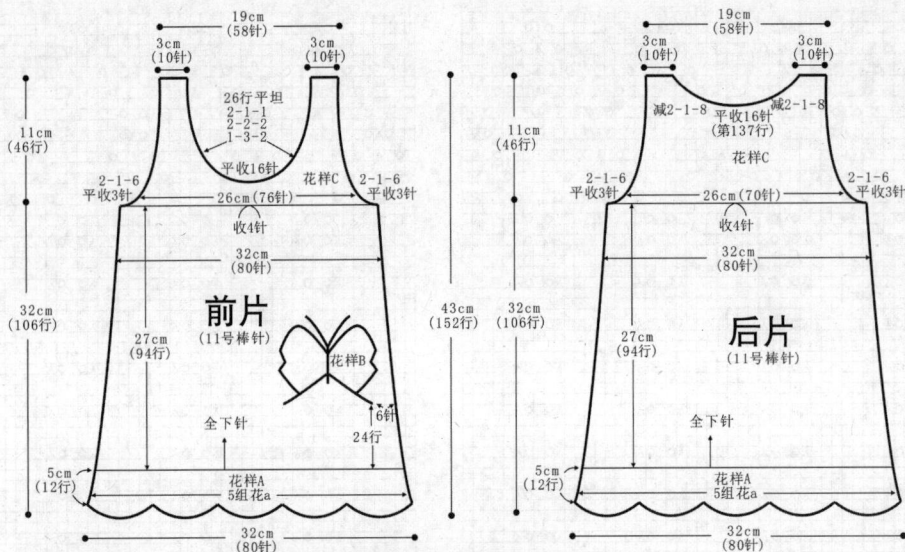

花样B

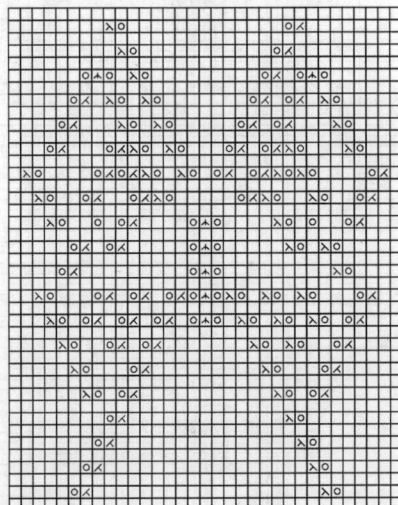

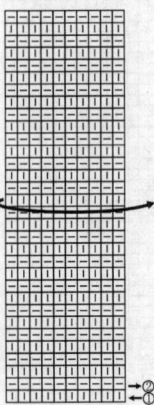

花样G（蝴蝶结）

将此扎紧

2针一花样

花样A

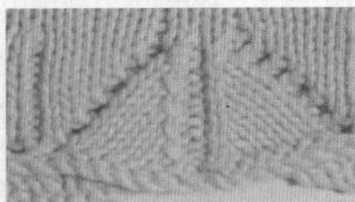

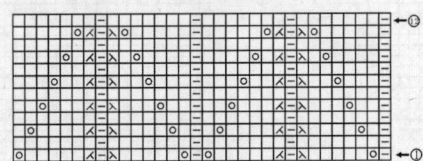

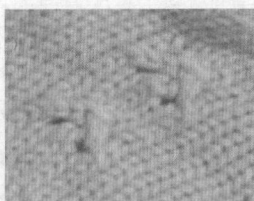

花样D

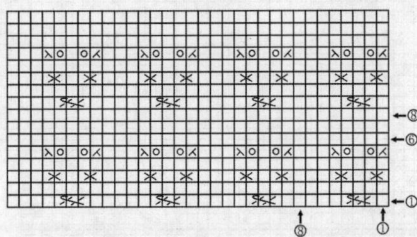

## 前片、后片、衣摆、袖片制作说明：

1. 棒针编织法，袖窿以下环织，袖窿以上分成前片与后片编织。

2. 起针。下针起针法，起160针，首尾连接，环织。将160针分配成10组花样A，每组16针，图解见花样A，编织12行高度，而后往上全织下针，当织成24行时，先织6针，第7针开始编织镂空花样，即花样B蝴蝶图案。编织这个图案以外全织下针，无加减针织93行的高度，再织第94行，先织38针，而后的4针全并掉，打皱褶的形式收缩，再织76针，再收掉一次4针，再将余下的38针织完。袖窿以下完成。

3. 袖窿以上的编织。分片，分成两半，前片76针，后片70针。
（1）前片的编织。前片全织花样C搓板针。两边同时收针，收3针，然后每织2行减1针减6次，织成12行，下一行起开始前衣领减针，中间选取16针收针掉，分成两半编织。每织1行减3针，共减2次，然后每织2行减2针，减2次，最后2行，减掉1针，减1次。减针后，无加减针再织26行的高度，不收针，用防别别针扣住。同样的方法编织另一半。
（2）后片的编织。后片全织花样C搓板针。两边袖窿减针方法与前片相同，织成12行后，无加减针再织18行的高度，进入后衣领减针。在下一行的中间选取16针收针。两边相反方向减针，每织2行减1针，共减8次，至两肩部各收下10针，与前片的肩部对应缝合。衣身完成。

4. 袖片的编织。以肩部缝合线为中心，向两边各挑22针起针，编织花样D，挑补44针后，向前挑织1针，即加针，返回编织时，再向前挑织1针加针。如此重复，两边加成8针，针数为66针，沿余下的袖窿边挑出6针，将袖片形成环织，以腋下2针为中心，分别向两边减针，先织2行，然后再织2行减1针，共减2次，袖身织成8行，最后余下的60针，全织成花样F双罗纹针。织6行的高度后，收针断线。同样的方法编织另一袖。

5. 领片的编织。沿着前衣领边挑60针，沿着后衣领边挑36针，编织花样E单罗纹针，织4行的高度后，收针断线。最后用线单独编织花样G蝴蝶结图案，织成32行后，在中间用线扎紧，再缝于左衣领边。

## 作品127

【成品规格】衣长35cm，袖长20cm

【工　　具】11号环针和棒针

【编织密度】24针×26行=10cm²

【材　　料】宝宝棉线500g，纽扣4枚

28cm
48针

↓

袖片
织花样C

20cm
30行

## 制作说明：

1. 衣服上面的圆横向编织，起35针分3层：每6针织2行。第2层是5针，织菠萝花每4行织2行，其余为第3层，行行织。织够长度后平收。然后分别从下面挑织前后片和袖。

2. 后片：从后片挑80针织花样B，平织至收针。

3. 前片：从前片挑21针织法同后片。

4. 袖：从袖部挑针后织花样C，另一只相同。

5. 门襟：沿边挑针织桂花针，另用钩针钩包扣，缝上。

钩包扣

花样C

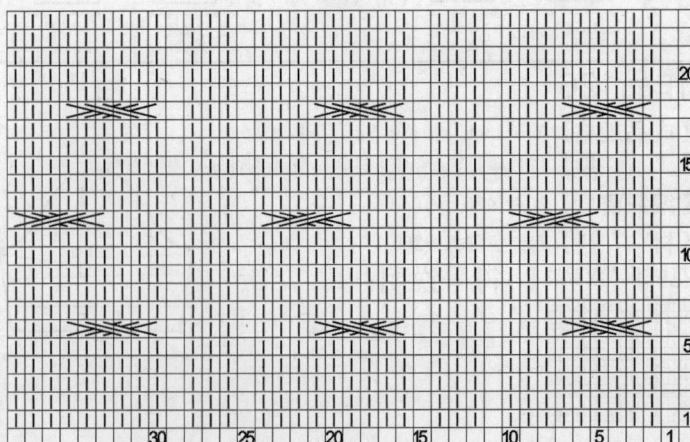

## 花样A

## 花样B

## 花样C

30cm
80针

织花样B
**后片**

织花样A

28cm
48针

织花样C

织花样C

15cm
35针

起始35针

**前片** **前片**
织花样B 织花样B

15cm
32针

15cm
32针

28cm
48针

26cm
72行

### 符号说明：

□=⊟
☑= 1针放3针
= 中上3针并1针
= 6针左上交叉
= 6针右上交叉

### 门襟

门襟沿前片挑针织桂花针，在一侧留下扣眼，另一侧缝缝扣子。

挑144针

9cm
32针

5cm
10行

---

## 作品128

**帽编织花样**

**【成品规格】** 衣长30cm

**【工　　具】** 10号棒针

**【编织密度】** 25针×28行=10cm²

**【材　　料】** 玫红色宝宝绒线250g

### 制作说明：

1. 背心一片连织，起140针织桂花针，平织至袖隆减针，分两个前片和后片，前片各35针，后片70针。袖窝两侧共收10针，织平袖，平织完成后片平收。前片平织至开领窝，缝合肩完成。

2. 帽。起135针，织10行平针，上面织桂花针织74行，织好先缝合好侧边，然后将帽顶合成四边形，将四条边的中心点固定即可。

---

帽顶缝盒四条边的中心点

**帽**

**帽**
织桂花针

织平针

26.5cm
74行

3.5cm
10行

54cm
135针

编织花样 □=⊡

缝合肩

胸针

6cm 6.5cm 6.5cm 11cm 6.5cm 6.5cm 6cm
14针 16针 16针 28针 16针 16针 14针

平织6行
2-1-2
2-2-1
平收10针

平收10针

平收10针

**前片** **后片** **前片**
织桂花针

14.5cm
35针

28cm
70针

14.5cm
35针

5cm
14行

12cm
34行

18cm
50针

---

## 作品129

**【成品规格】** 衣长41cm，袖长21.2cm，裙长14.5cm

**【工　　具】** 10号棒针，10号环形针

**【编织密度】** 26.6针×32.3行=10cm²

**【材　　料】** 花色腈纶线250g，黑色腈纶线50g

### 符号说明：

□　上针

□=⊡　下针

2-1-3　行-针-次

↑ 编织方向

**花样A**
（单罗纹针）

2针一花样

112针

52针

3cm
(10行)

花样A

60针

**领片**
（10号棒针）

163

**口袋**

编织方向

10cm
(32行)

4行
4行
4行
4行
4行
8行

10.5cm
(28针)

**后片**

30cm
(80针)

5cm
(16行)

对折缝合

14cm
(46行)

31cm
(88行)

(10号棒针)
全下针

减21针
2-1-21

30cm
(80针)

13cm
(42行)

减21针
2-1-21

38针

## 前片、后片、袖片、领片制作说明：

1. 棒针编织法，上衣由前片1片，后片1片，袖片2片组成。裙片一片编织而成。从下往上织起。

2. 前片的编织。一片织成。

（1）起针，下起针法，起80针，编织下针，不加减针，织16行的高度，将首尾两行对折缝合。作双层衣摆。

（2）袖窿以下的编织。第17行起，全织下针，织成46行的高度，至袖窿。此时衣身织成62行的高度。

（3）袖窿以上的编织。第63行时，两侧同时减针，每织2行减1针，共减21次，织17次织成袖窿算起的34行时，进行领边减针，织片中间平收掉30针，然后两边每织2行减1针，共减4次，两边各余下1针，收针断线。

3. 后片的编织。下针起针法，起80针，编织下针，不加减针，织16行的高度。将首尾2行对折缝合。第17行全织下针，不加减针往上编织成46行的高度，至袖窿，然后袖窿起减针，方法与前片相同。当袖窿以上织成42行时，将所有的针数收掉。

4. 袖片的编织。袖片从袖口起织，下针起针法，起62针，全织下针，不加减针，往上织16行的高度，将首尾两行对折缝合，第17行起，全织下针，织成12行，下一行起，两边袖侧缝进行减针，每织2行加1针，共加11次，织成46行，至袖窿。下一行起进行袖山减针，两边同时减针，减针方法与衣身的减针方法相同，袖山织成6行时，下行起，改用黑色线编织，并根据花样B进行配色编织，织成28行，后改用花线织余下的行数。相同的方法去编织另一袖片。

5. 拼接。将前片的侧缝与后片的侧缝对应缝合，再将两袖片的袖山边线与衣身的袖窿边对应缝合。

6. 领片的编织。用10号棒针织，沿着前后领边，挑出112针，起织花样A单罗纹针，共10行，收针断线，上衣完成。用黑色和花线编织一个宽28针，高32行的口袋，依照结构图分配的配色行数进行编织。完成后，将口袋皱褶后收缩，将口袋用黑色线缝在前片上下摆处。

7. 裙片的编织。裙子一片编织，下针起针法，起160针，首尾连接，进行环织，不加减针织16行后，首尾两行对折缝合，然后往上编织40行后，在最后一行将40针均匀收掉，裙子自然形成喇叭状，收针断线。裙子完成。

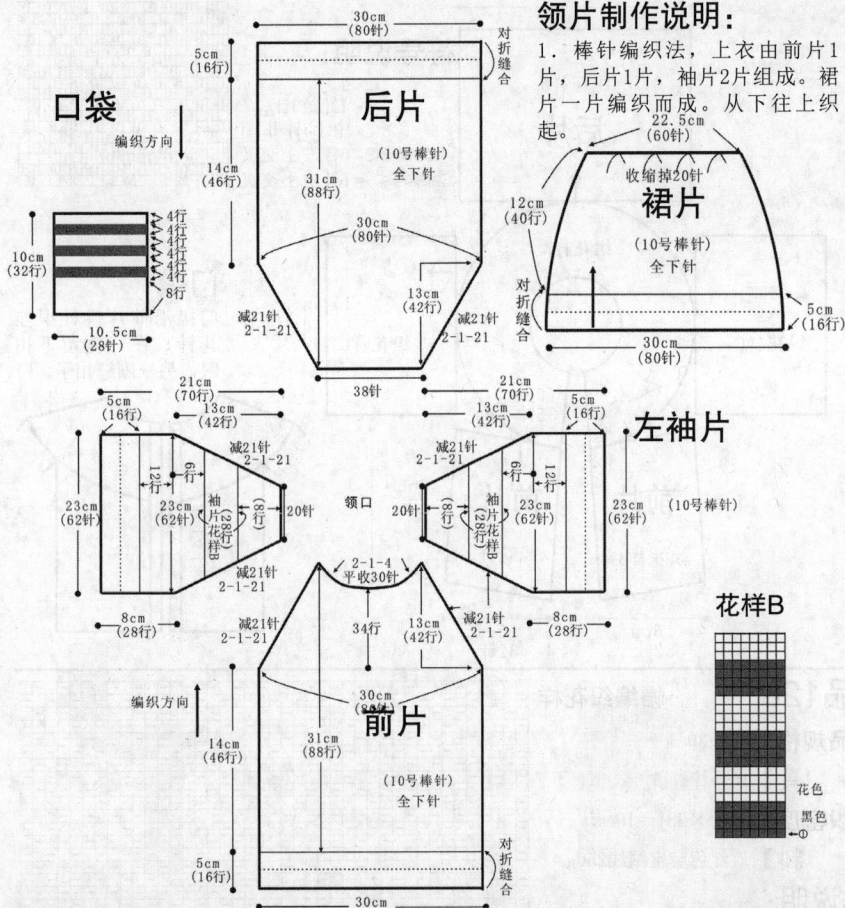

**裙片**

22.5cm
(60针)

收缩掉20针

12cm
(40行)

(10号棒针)
全下针

对折缝合

30cm
(80针)

5cm
(16行)

**左袖片**

21cm
(70针)

5cm
(16行)

13cm
(42行)

减21针
2-1-21

23cm
(62针)

23cm
(62针)

袖片花样B
(28行)

20针

领口

20针

减21针
2-1-21

23cm
(62针)

23cm
(62针)

袖片花样B
(28行)

21cm
(70针)

5cm
(16行)

13cm
(42行)

(10号棒针)

8cm
(28行)

减21针
2-1-21

34行

2-1-4
平收30针

13cm
(42行)

减21针
2-1-21

8cm
(28行)

**花样B**

花色

黑色

编织方向

14cm
(46行)

**前片**

31cm
(88行)

30cm
(80针)

(10号棒针)
全下针

5cm
(16行)

对折缝合

30cm

---

# 作品131

【成品规格】衣长36cm，袖长32cm，裤长45cm

【工　　具】11号棒针

【编织密度】27针×34.5行=10cm²

【材　　料】红色细宝宝绒线500g，红色大扣子3枚

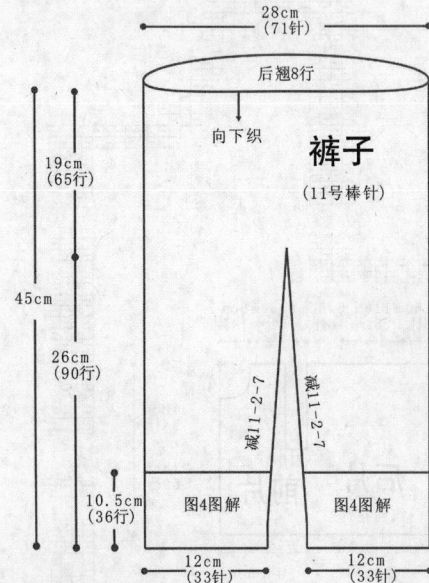

**裤子**

28cm
(71针)

后翘8行

向下织

(11号棒针)

19cm
(65行)

45cm

26cm
(90行)

减11-2-7

减11-2-7

10.5cm
(36行)

图4图解

图4图解

12cm
(33针)

12cm
(33针)

### 后身片制作说明：

1. 后身片为一片编织，从衣摆起织，往上编织至肩部。

2. 衣服先编织后身片，起82针编织两行下针，然后，从第3行起开始编织棒绞花样，每8针下针为一棒绞，再加1针下针间隔，花样的分布详解见图1，共编织26cm后，即88行，再换白色的毛线织一行上针，从第90行起，换回原来的毛线，按下针编织，开始袖窿减针，方法顺序为1-4-1、2-3-1、2-2-1、2-1-1，后身片的袖窿减少针数为10针。减针后，不加减针往上织8.5cm的高度后，从织片的中间留24针不织，可以收针，亦可以留作编织衣领连接，可用防解别针锁住，两侧余下的针数，衣领侧减针，方法为2-2-1、2-1-1，最后两侧的针数余下16针，收针断线。

**衣袖片**

6cm
(22行)

袖山减
2-1-2-6
2-2-7
1-4-1

余12针

26.7cm
(72针)

(11号棒针)

图3花样

26cm
(90行)

32cm
(111行)

加6-1-11

侧缝

侧缝

向上织

3cm
(10行)

18.5cm
(50针)

### 符号说明：

□ = 上针

□=□ 下针

□ 白色

▨ 右镂空针

▨ 2针相交叉，右2针在上

▨ 2针相交叉，左2针在上

↓ 长针

2-1-3 行-针-次

### 衣袖片制作说明：

1. 两片衣袖片，分别单独编织。

2. 从袖口起织，起50针编织上针，不加减针织10行后，两侧同时加针编织，加针方法为6-1-11，加至72行，然后不加减针织至90行。

3. 袖山的编织：从第1行起要减针编织，两侧同时减针，减针方法如图：依次1-4-1、2-2-7、1-2-6，最后余下12针，直接收针后断线。

4. 同样的方法再编织另一袖片。

5. 将两袖的袖山与衣身的袖窿线边对应缝合，再缝合袖片的侧缝。

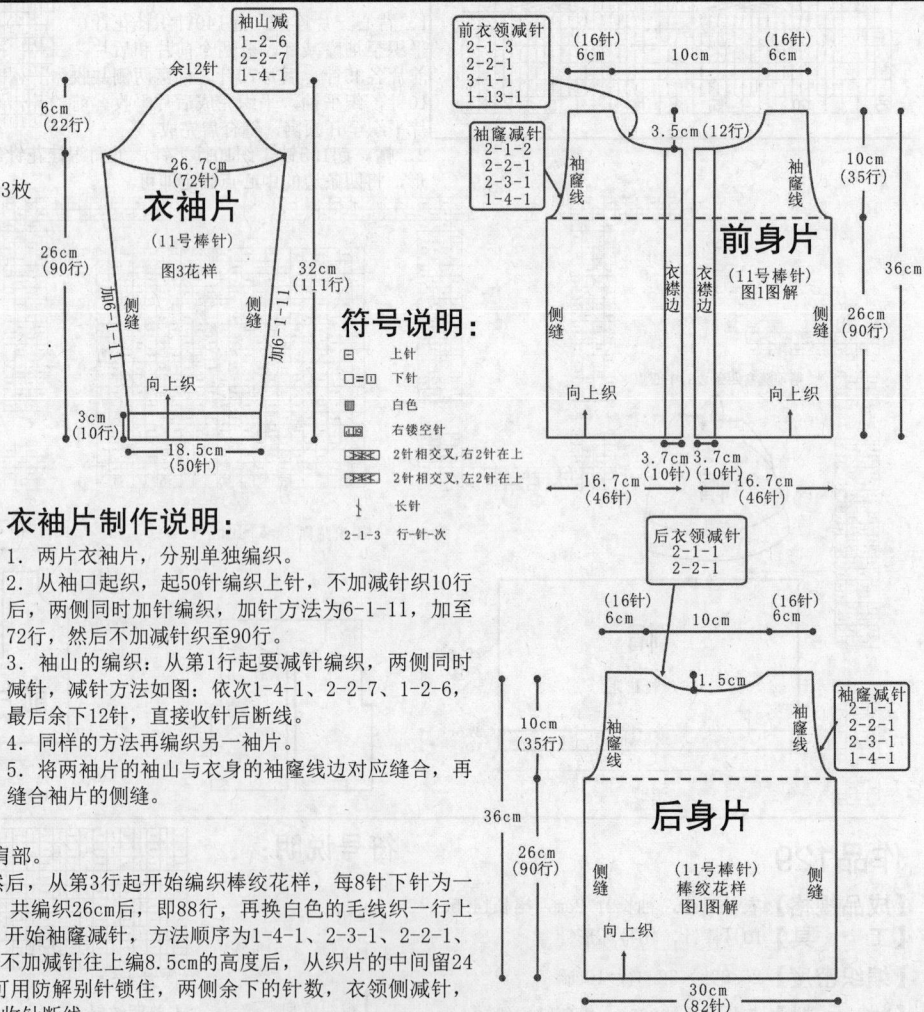

**前身片**

前衣领减针
2-1-2-6
2-2-1
3-1-1
1-13-1

3.5cm(12针)

袖窿减针
2-1-2
2-2-1
2-3-1
1-4-1

袖窿线

衣襟边

袖窿线

(11号棒针)
图1图解

36cm

26cm
(90行)

(16针)
6cm

10cm

(16针)
6cm

侧缝

向上织

衣襟边

侧缝

3.7cm  3.7cm
(10针) (10针)

16.7cm
(46针)

16.7cm
(46针)

后衣领减针
2-1-1
2-2-1

(16针)
6cm

10cm

(16针)
6cm

1.5cm

袖窿减针
2-1-1
2-2-1
2-3-1
1-4-1

**后身片**

10cm
(35行)

袖窿线

袖窿线

36cm

26cm
(90行)

(11号棒针)
棒绞花样
图1图解

侧缝

侧缝

向上织

30cm
(82针)

**前身片制作说明：**

1. 前身片分为两片编织，左身片和右身片各一片，花样相同。

2. 起织与后身片相同，前身片起46针后，先编织2行下针，然后继续往上编织衣身，衣襟处全部为10针上针，其余36针花样与后身片相同，详细图解见图1，共88行，从第89行起，再换白色的毛线织1行上针，从90行开始，换回原来的毛线，按下针编织，开始袖窿减针，方法顺序为1-4-1、2-3-1、2-2-1、2-1-2，将针数减少11针。减针后，不加减针往上织6.5cm的高度后，开始前衣领减针，减针方法顺序为：1-13-1、3-1-1、2-2-1、2-1-3，最后余下16针，织至36cm，共125行。详细编织图解见图1。

3. 同样的方法再编织另一前身片，完成后，将两前身片的侧缝与后身片的侧缝对应缝合，再将两肩部对应缝合。最后在一侧前身片钉上扣子。不钉扣子的一侧，要制作相应数目的扣眼，扣眼的编织方法为，在当行收起数针，在下一行重起这些针数，这些针数两侧正常编织。

4. 最后在衣下摆边钩上花边，钩针花边见图4。

## 图2 裤子花样图解

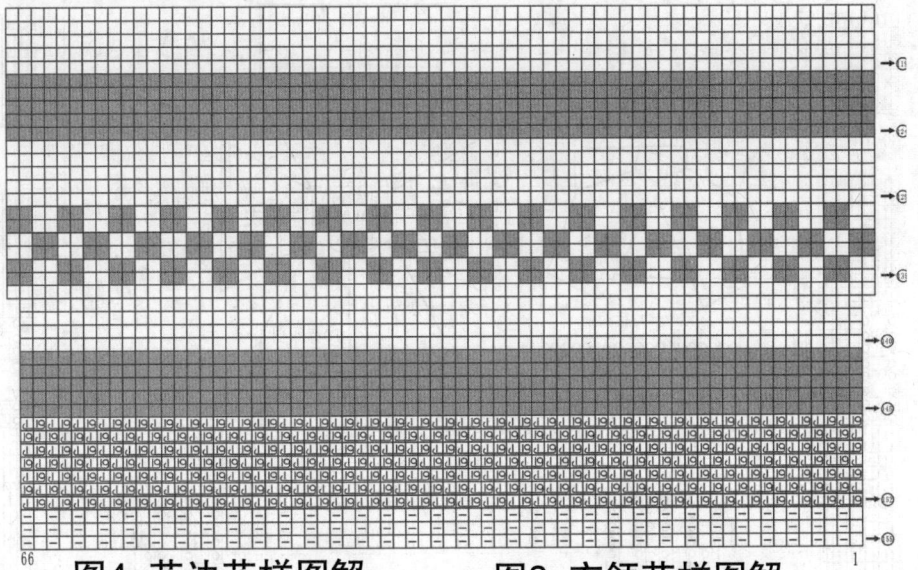

66　　　　　　　　　　　　　　　　　　1

## 图4 花边花样图解

## 图3 衣领花样图解

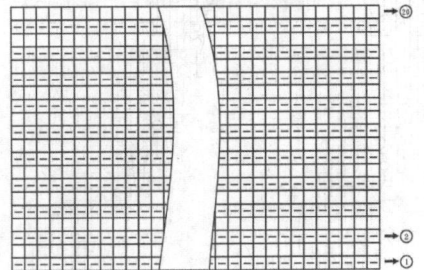

## 图1 前后身片花样图解

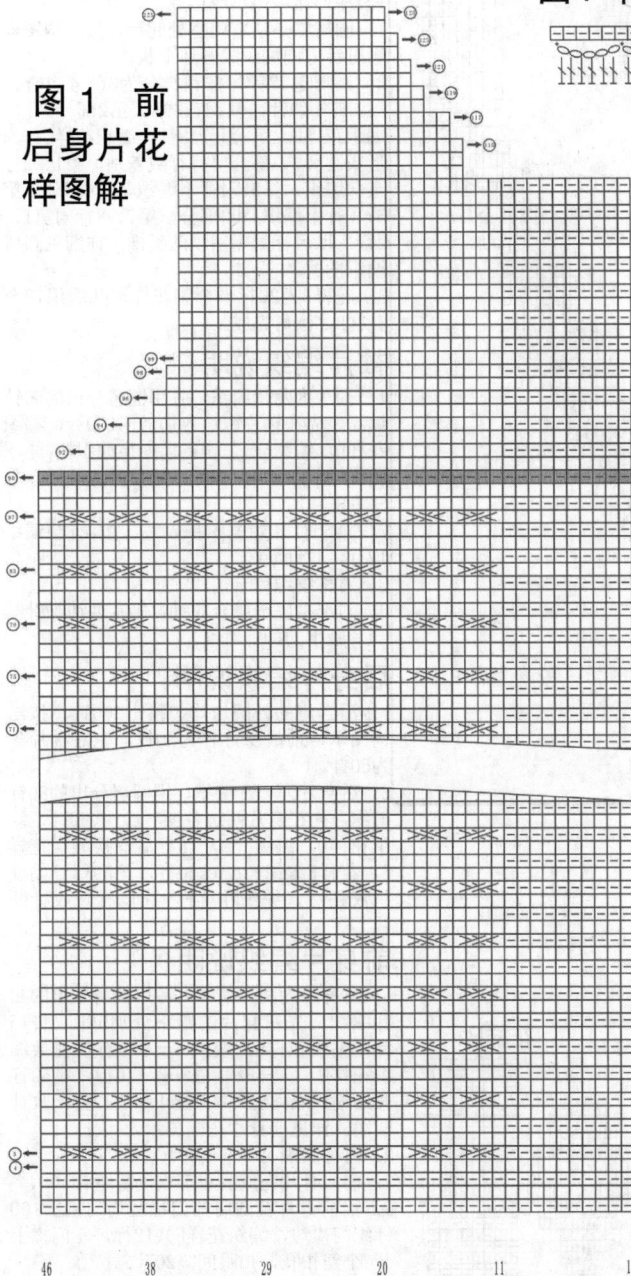

46　　38　　29　　20　　11　　1

**衣领制作说明：**

1. 一片编织完成。衣领是在前后身片缝好后的前提下起编的。

2. 沿着衣领边挑针起织，挑出的针数，要比衣领沿边的针数稍多些，然后按照图3的花样，起织，共编织20行后，收针断线。

3. 最后衣领边钩上花边，钩针花边见图4。

**裤子制作说明：**

1. 裤子为圈织，从腰开始起织，往下编织至裤腿。

2. 先起71针圈织下针，织至宽6cm，对折缝合，留3针穿孔。然后织后翘8行左右，将右棒针织到后片中间的11针处，返回来左棒针也织到11针处，这是第1个往返。第2个往返先同前面织11针，再针10针，左右加针都一样，来回4个往返直到加至71针。继续圈织，织到19cm后加针，每次在前片与后片的中间1针的边上各加1针，加5次，织到17cm织完，从前片或后片的中间取4针织下针，织4cm长，使用无缝缝合法与另一片的针数缝合在一起，然后左右两边挑针圈织裤腿，共80针，中间减针方法为11-2-7，最后余下66针，不加减针圈织至90行，直接收针后断线，编织花样见图2。

## 作品130

【成品规格】衣长28cm

【工　　具】10号棒针，3mm钩针

【编织密度】17针×26行=10cm²

【材　　料】粉色宝宝绒线250g，彩线少许

**编织要点：**

片织。

1. 由领口起79针往下织，后片为27针，两袖各为9针，前片各为15针。

2. 织6行纽针单罗纹为领，按分针开始在径加针，每2行加1针，加针为空针，第2行织纽针形成实心，各加18针，袖加14针后开始织纽针单罗纹，最后8行为袖边。平收。

3. 前后片加针完成后织10行平针，再织8行纽针单罗纹为腰线，下面织20行平针，平收。

4. 前片门襟钩3行短针，领口缝上卡通扣。另绣上花装饰。完成。

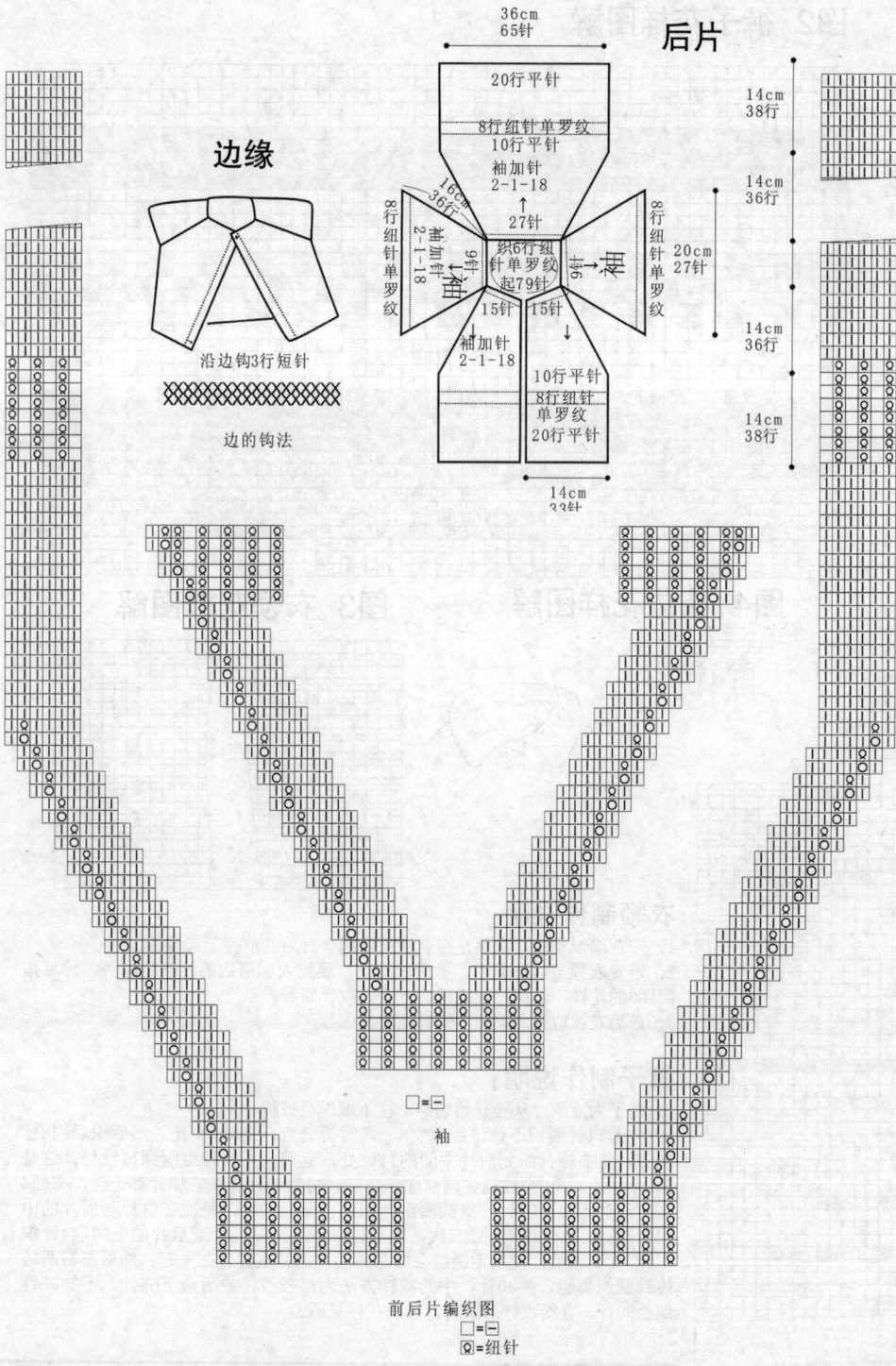

后片

边缘

36cm
65针

20行平针
8行纽针单罗纹
10行平针
袖加针
2-1-18
27针
16cm
36行
织6行纽针单罗纹
起79针
袖加针
2-1-18
9针
15针  15针
袖加针
2-1-18
10行平针
8行纽针单罗纹
20行平针

14cm
38行

14cm
36行

20cm
27行

14cm
36行

14cm
38行

14cm
33针

8行纽针单罗纹

8行纽针单罗纹

沿边钩3行短针

边的钩法

□=┌
袖

前后片编织图
□=┌
◎=纽针

## 作品132

【成品规格】衣长38cm，胸围75cm，
袖长36cm，裤长52cm，
腰围66cm
【工　　具】8号棒针，缝针
【编织密度】24针×30行=10cm²
【材　　料】毛线500g，纽扣4枚

### 裤片编织说明：

1. 裤片为两片编织。
2. 起针80针，编织下针10行作为裤腰内翻边，从第11行开始按结构图编织，裤片两边进行直裆加针，方法为18-1-1、8-1-1、6-1-5、4-1-1、2-1-4、2-5-1。
3. 第71行开始编织裤腿并进行下裆缝减针，方法为2-1-6、4-1-8、6-1-6。第151行开始编织裤腿边，按花样F编织12行，收针断线。
2. 对称编织另一裤片。
3. 裤片完成后，对准直裆及下裆缝缝合裤子，然后缝合裤腰内翻边。

### 圆肩编织说明：

1. 圆肩围是从右门襟处起针，按结构图样顺时针方向编织成圆环形状。
2. 圆肩起37针，按花样分为3部分组合，第1部分10针，编织花样A。第2部分9针，编织花样B。第3部分18针，编织花样C。为形成圆环，3部分要有行数差别，第1、2行全部编织，第3、4行不编织花样A部分，第5、6行不编织花样A和B部分，第7、8行同第1、2行，以后行数差别以此类推，详细见圆肩编织图解。
3. 花样B为20行一个整花样，共编织12个花样B，圆肩完成。

### 袖片编织说明：

1. 袖片为两片编织，各用圆肩分出的50针编织，先在袖片两边各加5针共60针，编织花样D，编织5cm，14行后变换编织花样E，花样E编织13cm，40行。袖片两边减针，方法为8-1-5。
2. 第55行开始编织袖口边，按花样F编织12行，收针断线。
3. 对称编织另一袖片。
4. 对准袖底缝缝合衣袖，袖片两边加针与身片腋下的加针对准。

### 后身片编织说明：

1. 沿圆肩的外圆边均匀挑出260针，按结构图示，前后身片各为80针，左右袖片各为50针。
2. 后身片为一片编织，用圆肩分出的80针编织，先在身片两边各加5针，共90针，编织花样D，编织6cm，18行后变换编织花样E，花样E编织13cm，40行，第59行开始编织衣摆边，编织花样F，共12行，收针断线。

### 前身片编织说明：

1. 前身片为两片编织，各用圆肩分出的40针编织，先在身片的腋下处加5针，共45针，编织花样D，编织6cm，18行后变换编织花样E，花样E编织13cm，40行，第59行开始编织衣摆边，按花样F编织12行，收针断线。详见前身片花样图示。
2. 对称编织另一前身片。
3. 前后身片完成后对准衣侧缝缝合。
4. 沿前身片及圆肩的门襟边均匀挑出100针织门襟边，编织花样F共12行，左门襟上开4个纽扣孔，扣眼间隔20针。

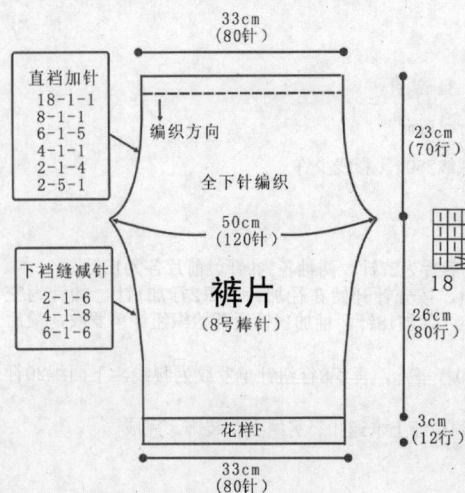

33cm
（80针）

直裆加针
18-1-1
8-1-1
6-1-5
4-1-1
2-1-4
2-5-1

编织方向
全下针编织
50cm
（120针）

下裆缝减针
2-1-6
4-1-8
6-1-6

裤片
（8号棒针）

花样F

33cm
（80针）

### 符号说明：

| | | | | | |
|---|---|---|---|---|---|
| □ 下针 | | 回 右上2针并1针 | | 浮针 | |
| 国 上针 | | 回 中上3针并1针 | | | |
| 回 镂空针 | | 左上1针交叉 | | 右上3针交叉 | |
| 回 左上2针并1针 | | 回 右上1针交叉 | | 右上3针交叉 | |

23cm
（70行）

26cm
（80行）

3cm
（12行）

花样C
18    8    1
④
①

花样A
10    1
④
①

花样B
9    8    1
⑨
①

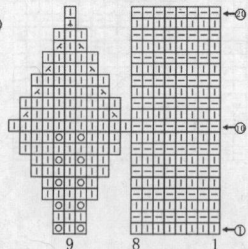

圆肩编织花样图解　　　　　　　　　　左前身片花样图解

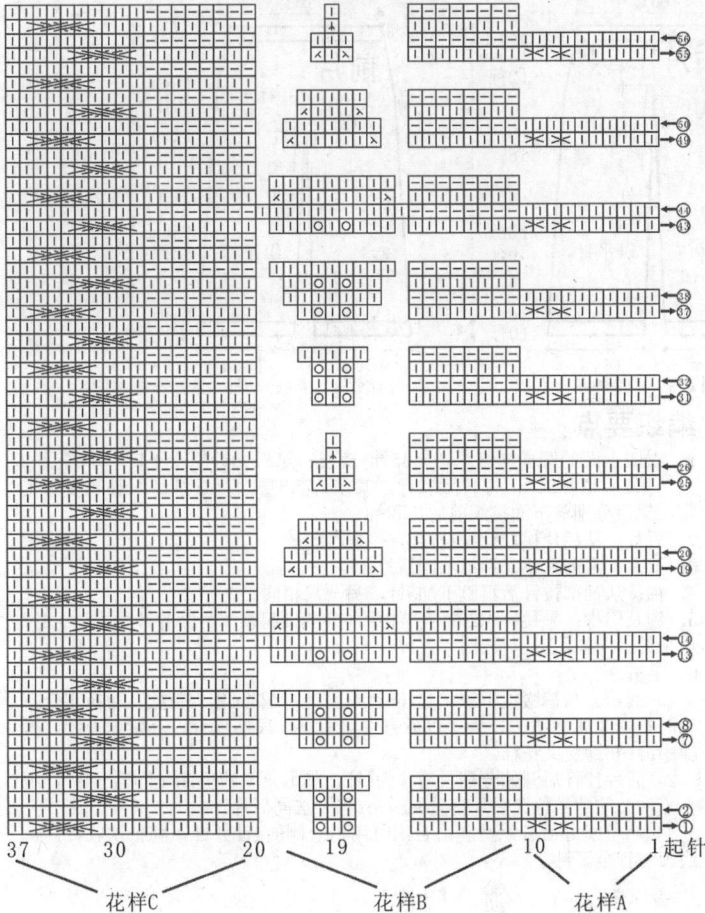

37　　30　　20　　19　　10　　1起针

花样C　　　花样B　　　花样A

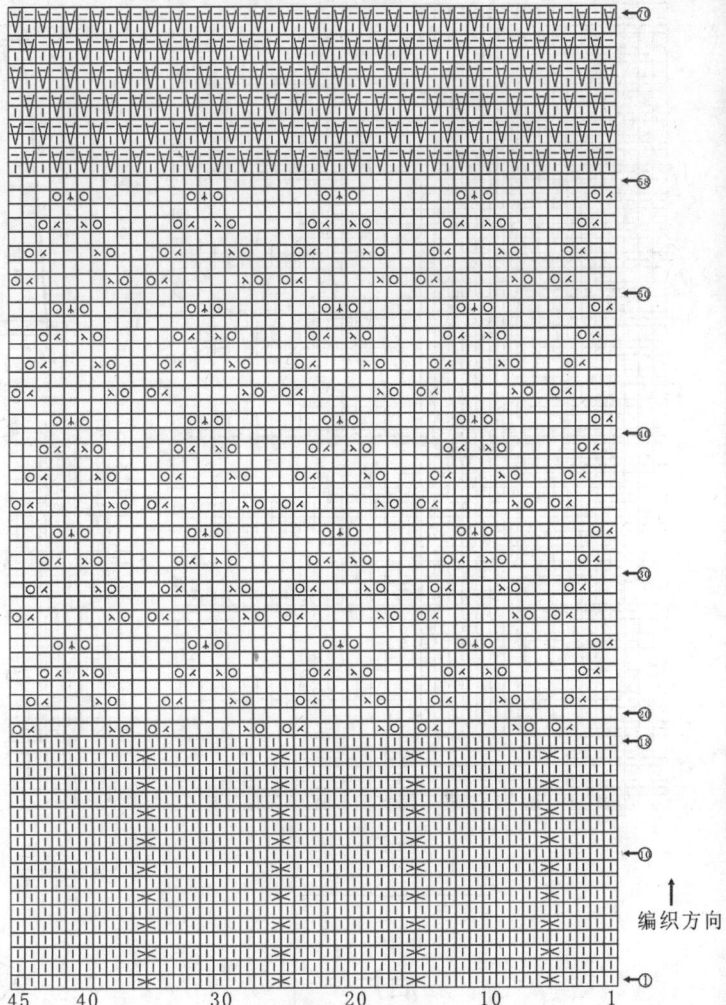

45　40　　30　　　20　　　10　　1①

↑
编织方向

---

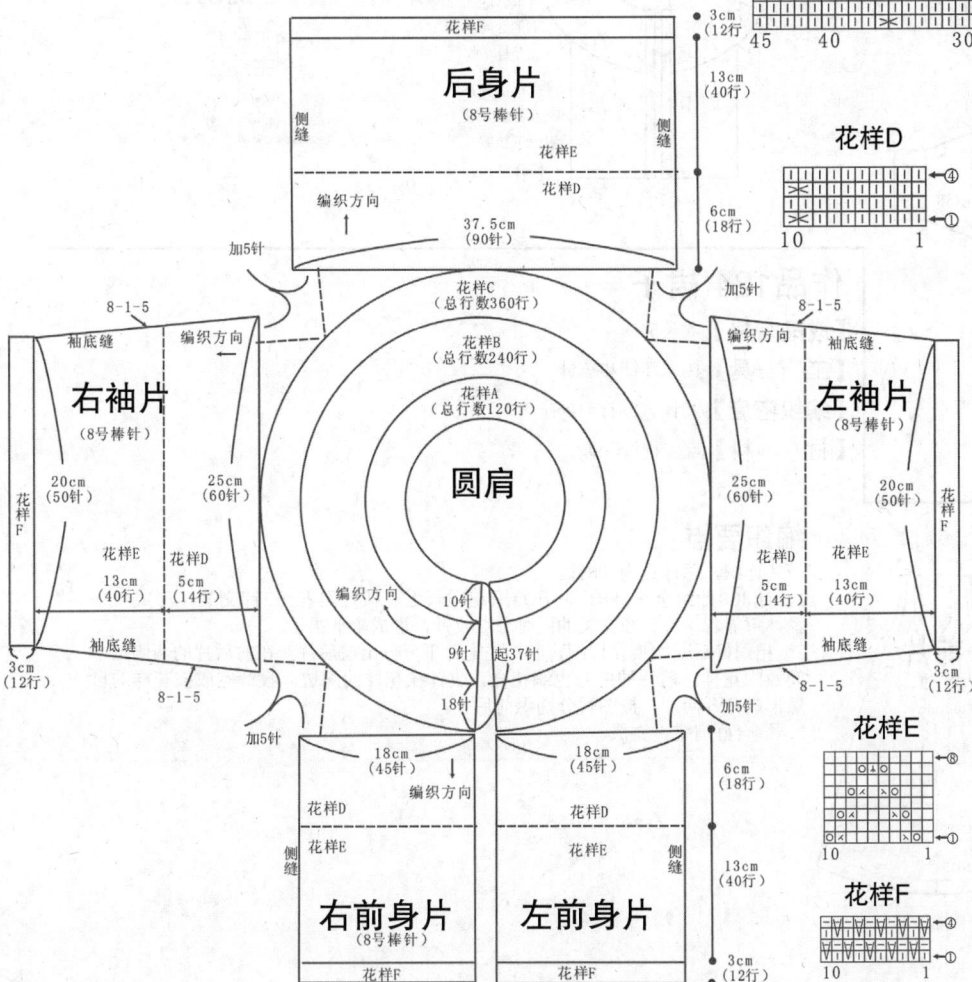

花样F

后身片
（8号棒针）

侧缝　　　　　　　　　　侧缝

花样E

花样D

编织方向

37.5cm
（90针）

3cm
（12行）

13cm
（40行）

6cm
（18行）

花样D
④
①
10　　　　1

加5针　　　　　　　　　　　　　加5针

花样C
（总行数360行）

8-1-5　　　　　　　　　　　　　8-1-5

袖底缝　　编织方向
←

右袖片
（8号棒针）

花样B
（总行数240行）

花样A
（总行数120行）

圆肩

编织方向
←　袖底缝.

左袖片
（8号棒针）

20cm
（50针）

25cm
（60针）

25cm
（60针）

20cm
（50针）

花样F

花样E

花样D
5cm
（14行）

花样D
5cm
（14行）

花样E

花样F

13cm
（40行）

编织方向

13cm
（40行）

10针

3cm
（12行）

袖底缝

9针　起37针

18针

3cm
（12行）

8-1-5

8-1-5

加5针

18cm
（45针）
↓
编织方向

18cm
（45针）

加5针

6cm
（18行）

右前身片
（8号棒针）

左前身片

侧
缝

13cm
（40行）

3cm
（12行）

花样F

花样E
②⑧
①
10　　　1

花样F
④
①
10　　　1

---

作品133

【成品规格】毛衣：衣长35cm，袖长28cm；
　　　　　　毛裤：腰围38cm，裤长41cm

【工　　具】11号环针和棒针

【编织密度】24针×26行=10cm²

【材　　料】宝宝棉线500g，纽扣5枚

花样A

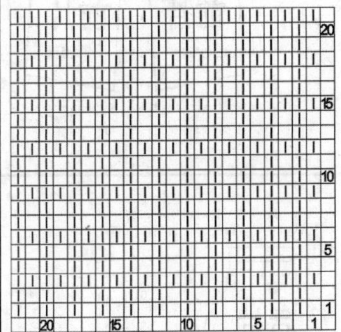

26cm
66针

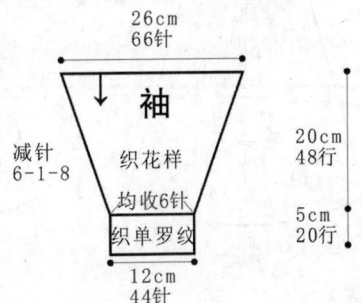

减针
6-1-8

袖

织花样

匀收6针

织单罗纹

20cm
48行

5cm
20行

12cm
44针

167

## 花样B

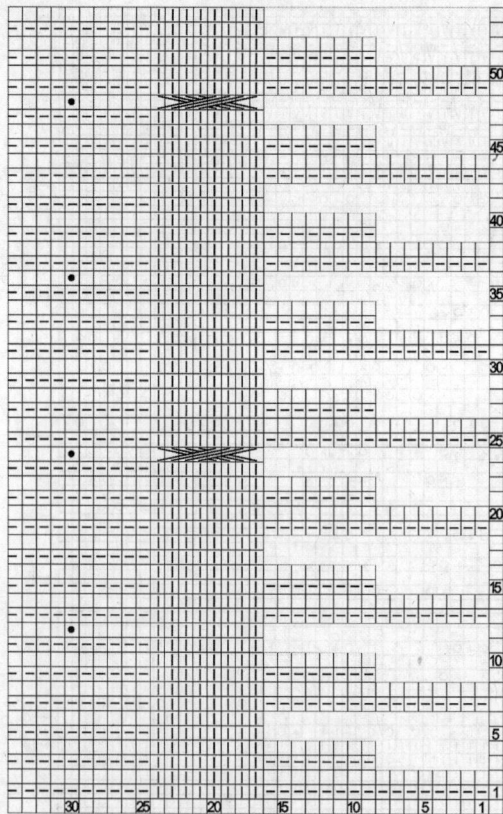

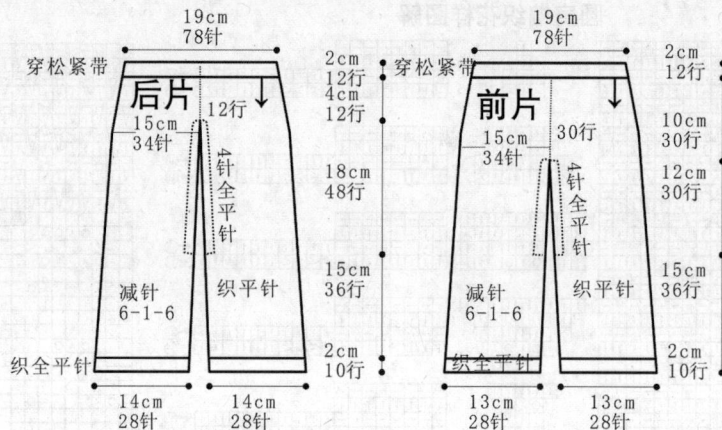

后片
前片

穿松紧带
19cm 78针
2cm 12行
4cm 12行
15cm 34针
12行
18cm 48针
4针全平针
15cm 36针
减针 6-1-6
织平针
织全平针
2cm 10行
14cm 28针
14cm 28针

穿松紧带
19cm 78针
2cm 12行
10cm 30行
15cm 34针
30行
12cm 30行
4针全平针
15cm 36针
减针 6-1-6
织平针
织全平针
2cm 10行
13cm 28针
13cm 28针

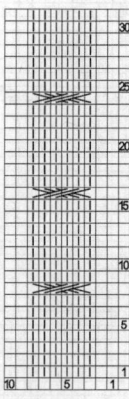

□=1

裤侧缝图解

### 编织要点：

1. 衣服上面的圆横向编织，起35针分3层：第1层8针织全平针，每6行织2行。第2层也是8针，每4行织2行，其余为第3层，行行织。织够长度后平收。然后分别从下面挑织前后片和袖。

2. 后片：从后片挑72针织花样B，平织至收针。

3. 前片：从前片挑36针织法同后片。

4. 袖：从袖部挑针后再腋下加5针，另一只相同。

5. 领及门襟：领挑针织20行花样B后，分别挑起领子两侧的针织边，织4行全平针。门襟织双罗纹针。

6. 毛裤。

（1）圈织。从裤腰往下织，起156针织平针，织4cm作为裤腰，对折重合，同时把松紧带穿进去，为了以后方便可留下一段不重合。开始织平针，裤腿中缝织6针交叉花样。

（2）后片12行后开始分档，边各为4针，从另一侧的里针同位挑出4针，织全平针。前片档位比后片落差6cm，分档方法同后片。

（3）档位织好后合织裤腿，合织时用另一侧的4针并针，腿依次收针，裤边织12行全平针。

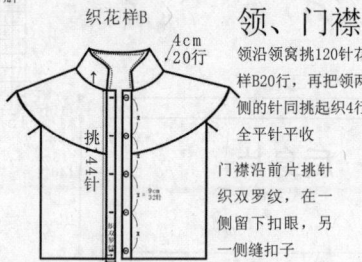

### 领、门襟

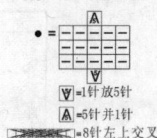

织花样B
4cm/20行

领沿领窝挑120针花样B20行，再把领两侧的针同挑起织4行全平针平收

门襟沿前片挑针织双罗纹，在一侧留下扣眼，另一侧缝扣子

### 符号说明：

· = A／V （1针）
∨ = 1针放5针
Λ = 5针并1针
⤬ = 8针左上交叉

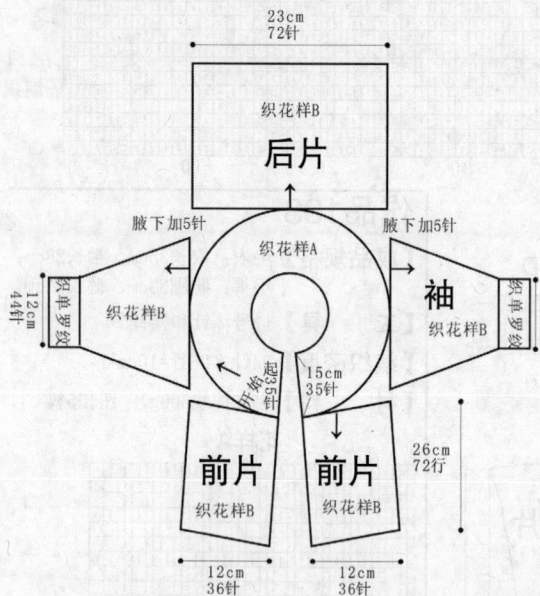

23cm 72针

后片 织花样B

腋下加5针
腋下加5针

织花样A
织花样B
织花样B

袖 织花样B

织单罗纹 12cm 44针

织单罗纹

起35针 15cm 35针

前片 织花样B
前片 织花样B

26cm 72行

12cm 36针
12cm 36针

## 作品134 裙子

【成品规格】衣长54cm

【工　　具】12号环针和棒针

【编织密度】28针×33行=10cm²

【材　　料】宝宝棉线500g

### 编织要点：

一片连织，总针数为308针。

1. 起308针织全平针8行，开始织花样一组。按每组花样织2针交叉，形成一条径，每隔若干行在径交叉的同时分散收针，形成伞形裙子。

2. 裙织好后开始换花样织背心，先把针平分出前后片，在前后片的两侧按中间数织花样，前片的中心也织花样。收针在花样的侧边。收针完成按花样的自然形成分开两片，按图解分别织前后片。

3. 缝合好肩带，完成。

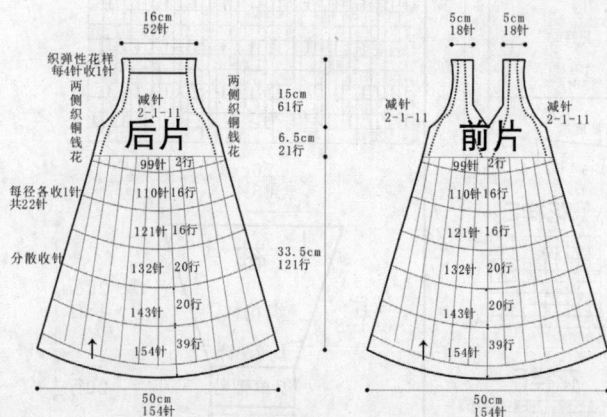

16cm 52针
织弹性花样 每4针收1针 两侧织铜钱花
减针 2-1-11
15cm 61行
5cm 18针
5cm 18针
减针 2-1-11
减针 2-1-11
6.5cm 21行
后片
两侧织铜钱花
前片
每径各收1针 共22针
分散收针
99针 2行
110针 16行
121针 16行
132针 20行
143针 20行
154针 39行
99针 2行
110针 16行
121针 16行
132针 20行
143针 20行
154针 39行
33.5cm 121行
50cm 154针
50cm 154针

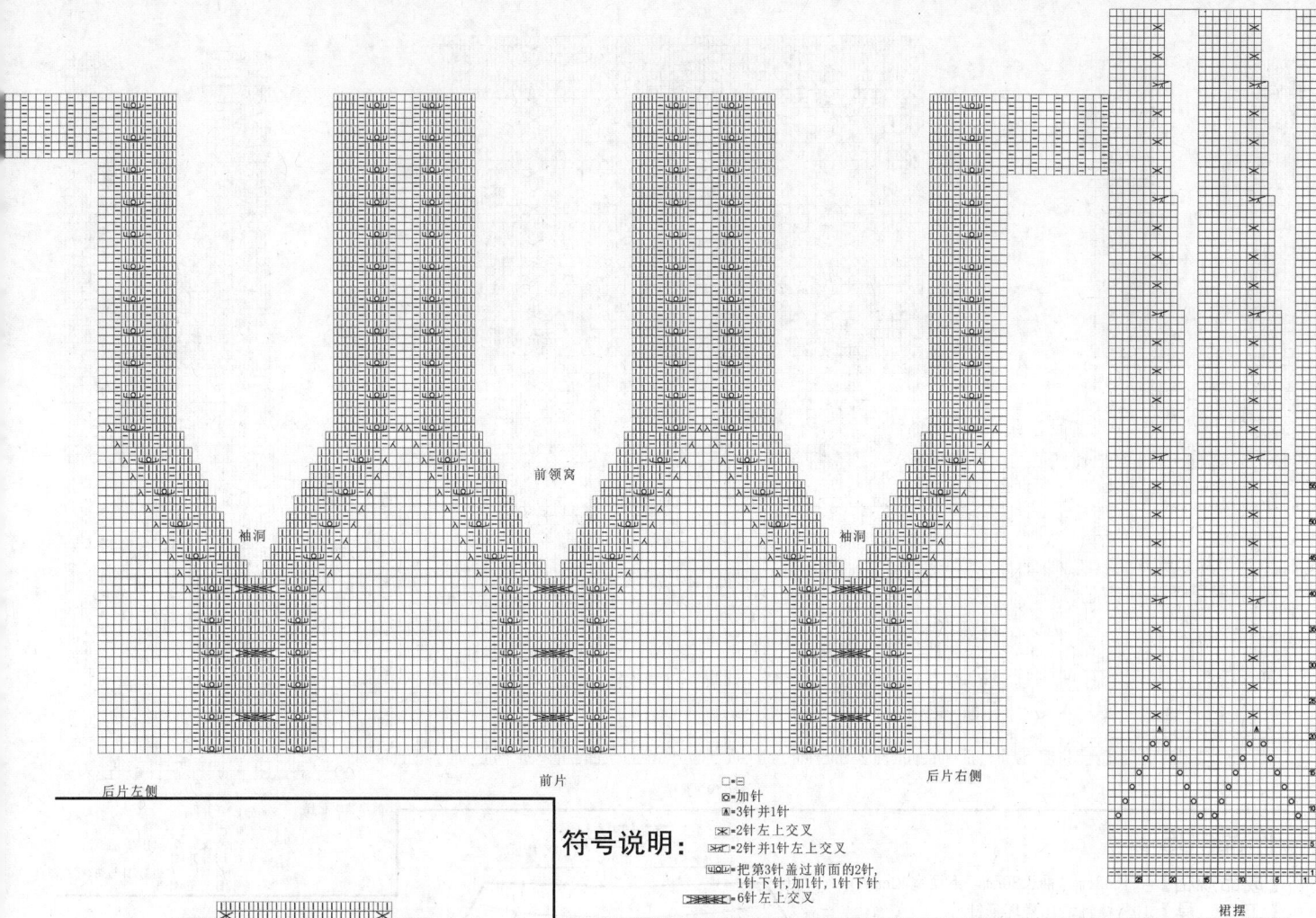

前领窝

袖洞

袖洞

后片左侧 前片 后片右侧

裙摆

**符号说明：**
- □=☑=☑
- ☑=加针
- ☒=3针并1针
- ☒=2针左上交叉
- ☒=2针并1针左上交叉
- ☒=把第3针盖过前面的2针，1针下针，加1针，1针下针
- ☒=6针左上交叉

## 作品134小外套

**【成品规格】** 衣长21cm，胸围27cm，袖长30cm

**【工　　具】** 12号环针和棒针

**【编织密度】** 28针×33行=10cm²

**【材　　料】** 宝宝棉线500g

### 编织要点

一片连织，总针数为146针。

1. 后片：分74针织花样，平织至袖窿减针，袖窝先平收4针，4行收2针收1次，4行3针并1针1次，平织至完成；

2. 前片：各为36针织法同后片；前片门襟边角每2行加1针加3次形成圆角；前侧领收针以中间针为径，直至余14针；

3. 门襟：前后片织好后挑针织边缘花样，底边1针对1针挑，门襟部分每2针挑3针；织4cm；

4. 袖：从袖山起针织袖，织花样；织好后缝合。

### 领、门襟制作说明：

各片完成后，沿边挑针织边缘花样12行
底边及后领窝1针对1针挑起，门襟每2个辫子里挑3针

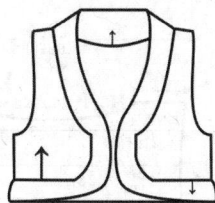

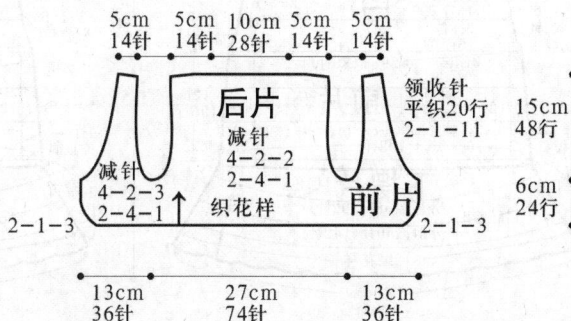

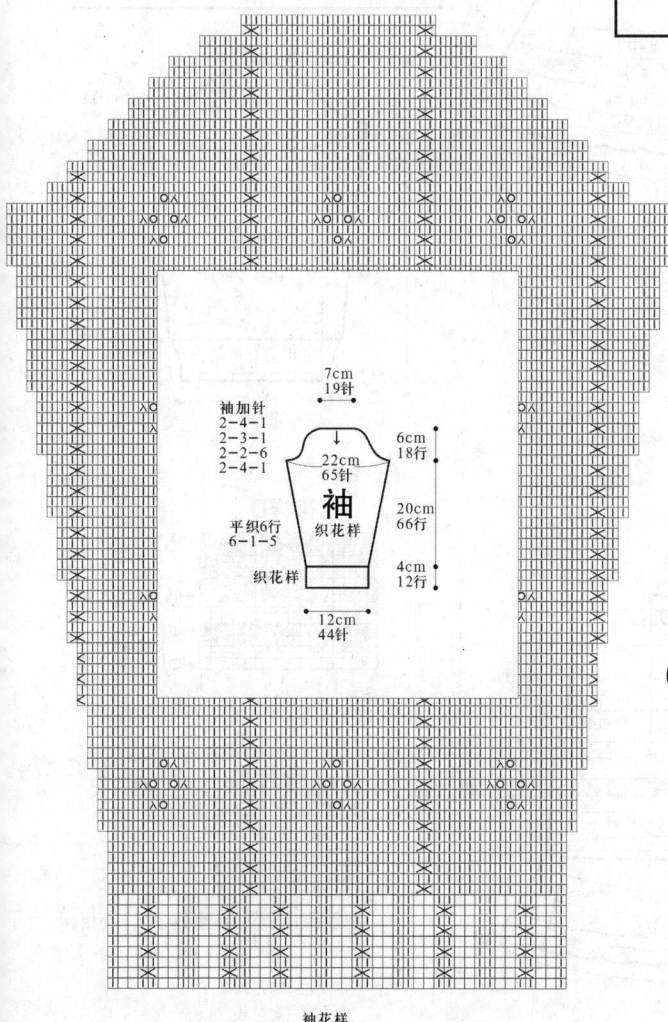

袖加针
2-4-1
2-3-1
2-2-6
2-4-1

7cm
19针

6cm
18行

22cm
65针

**袖**
织花样

20cm
66行

平织6行
6-1-5

4cm
12行

织花样

12cm
44针

袖花样

5cm 5cm 10cm 5cm 5cm
14针 14针 28针 14针 14针

**后片**

领收针
平织20行
2-1-11

15cm
48行

减针
4-2-2
2-4-1

减针
4-2-3
2-4-1

织花样

**前片**

6cm
24行

2-1-3

2-1-3

13cm 27cm 13cm
36针 74针 36针

169

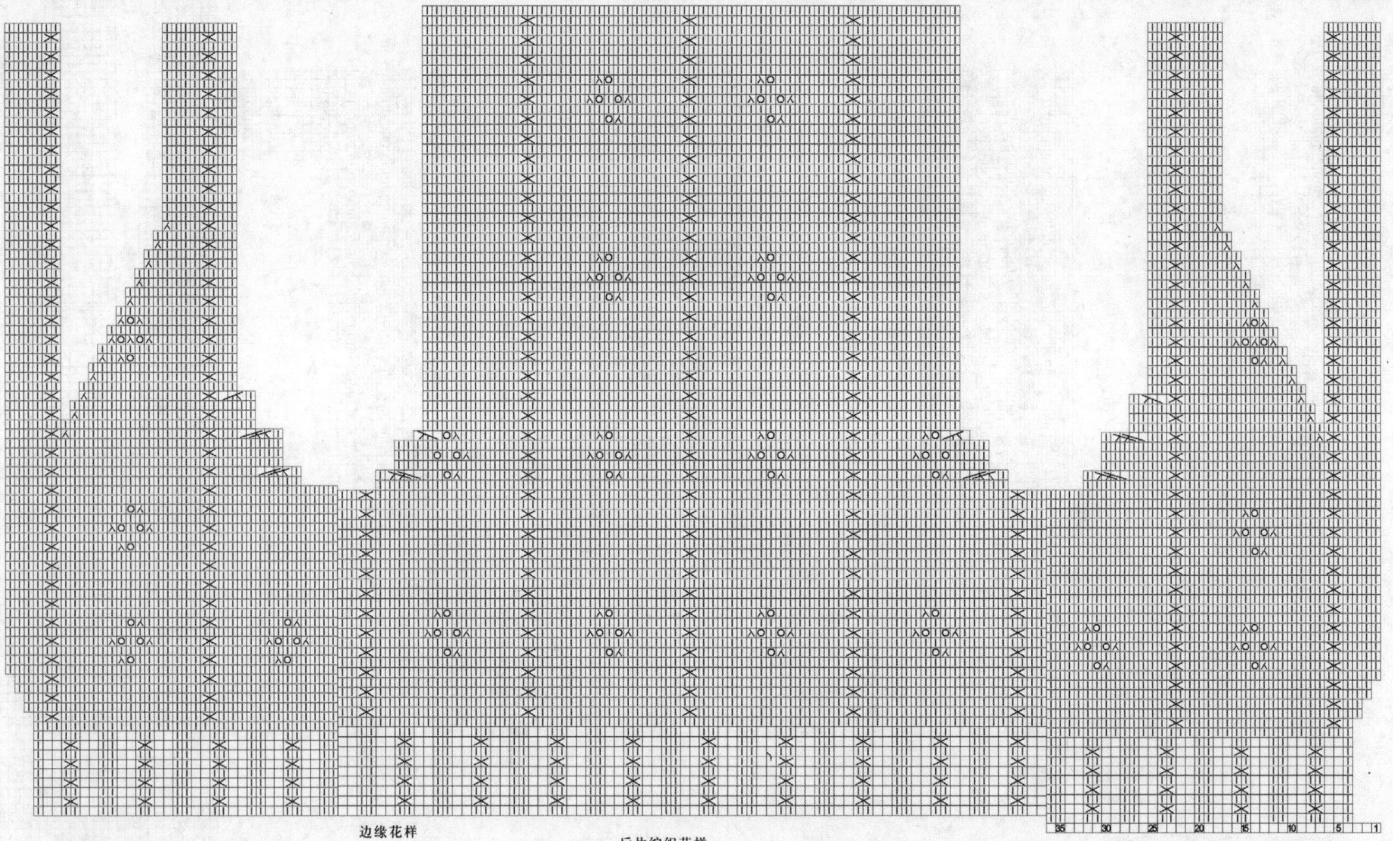

边缘花样　　　　后片编织花样

## 作品135

【成品规格】衣长43cm，袖长30cm，下摆宽42cm
【工　　具】10号棒针，10号环形针
【编织密度】30针×37行=10cm²
【材　　料】灰色腈纶线300g，棕色腈纶线100g，扣子3枚

### 下摆片 (10号棒针)

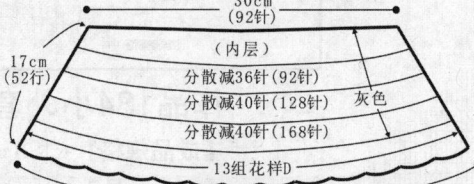

30cm (92针)
17cm (52行)
（内层）
分散减36针(92针)
分散减40针(128针)　灰色
分散减40针(168针)
13组花样D
42cm (208行)

### 花样B

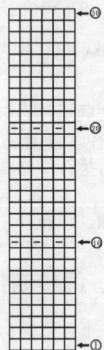

### 花样C （单罗纹针）

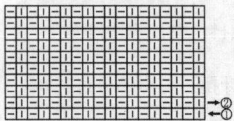
2针一花样

### 符号说明：
□ 上针
□=□ 下针
2-1-3 行-针-次

↑ 编织方向
⊠ 左并针
■ 右并针
■ 镂空针

### 领片 (10号棒针)

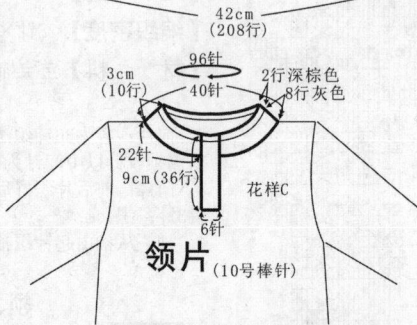

3cm(10行)　96针
40针　2行深棕色
8行灰色
22针(9针)
9cm(36行)　花样C
6针

### 袖片 (10号棒针)

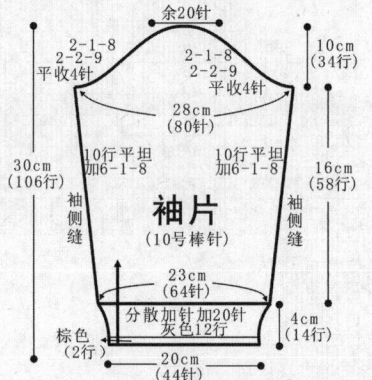

余20针
2-1-8　　　2-1-8
2-2-9　　　2-2-9
平收4针　　平收4针
10cm(34行)
28cm(80针)
30cm(106行)
10行平坦　10行平坦
加6-1-8　加6-1-8
16cm(58行)
袖侧缝　　　袖侧缝
23cm(64针)
分散加针加20针
灰色12行
棕色(2行)
20cm(44针)
4cm(14行)

### 花样D

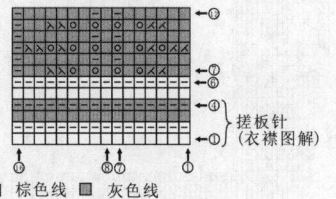
□ 棕色线　■ 灰色线

### 花样A

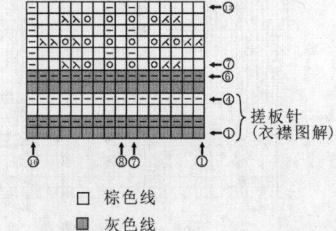
□ 棕色线
■ 灰色线

### 前片

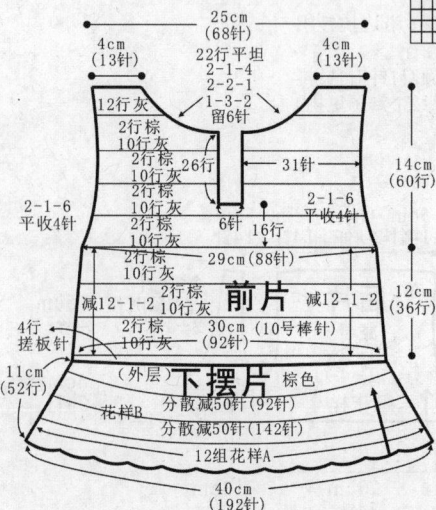

25cm(68针)
4cm(13针)　　　4cm(13针)
22行平坦
2-1-4
2-2-1
1-3-2
留6针
12行灰
2行棕
10行灰
2行棕　26行　31针
10行灰
2行棕
10行灰
2-1-6　　6针 16针　2-1-6
平收4针　　　　　平收4针
2行棕
10行灰
减12-1-2　2行棕
10行灰
4行搓板针
2行棕
10行灰　29cm(88针)
30cm(92针)
14cm(60行)
43cm
12cm(36行)
11cm(52行)
（外层）下摆片 棕色
花样B　分散减50针(92针)
分散减50针(142针)
12组花样A
40cm(192针)

### 后片

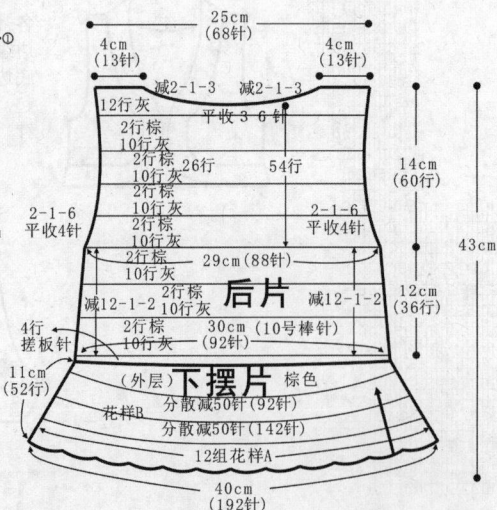

25cm(68针)
4cm(13针)　　　4cm(13针)
减2-1-3　减2-1-3
12行棕　平收3 6针
2行棕
10行灰
2行棕　26行　54行
10行灰
2行棕
10行灰
2-1-6　　　　　　2-1-6
平收4针　　　　　平收4针
2行棕
10行灰
减12-1-2　2行棕
10行灰
4行搓板针
2行棕
10行灰　29cm(88针)
30cm(92针)
14cm(60行)
43cm
12cm(36行)
11cm(52行)
（外层）下摆片 棕色
花样B　分散减50针(92针)
分散减50针(142针)
12组花样A
40cm(192针)

# 前片、后片、衣摆、袖片制作说明：

1. 棒针编织法，从下往上编织，分下摆片、前片、后片、袖片编织。
2. 下摆片的编织。下摆片分成内层和外层组成，再将2片合并为1片。
（1）内层的编织。内层够长，起416针，分成26组花样D进行编织。先用棕色线编织2行搓板针，再用灰色编织2行搓板针，再用棕色线编织2行搓板针，下一行起，全用灰色编织，编织花样B，每10行一层花样，但在每编织10行时，进行一次分散减针，一圈分散减针80针，余下336针，再编织第2个10行时，一圈分散减针80针，余下256针，再编织第3个10行时，一圈分散减针72针，余下184针，无加减针再织10行，完成内层的编织，共织52行，184针。不收针。下一步编织外层。
（2）外层的花样编织与内层相同。起织的配色不同，参照花样A进行配色，而以上全用棕色线编织。同样每织10行分散减1次针。只减2次针，共织成52行，184针1圈。与内层1针对应1针合并。
3. 袖窿以上的编织。合并后共184针，用灰色线起织，先织4行搓板针，再织9行下针，在编织第10行时，将织片对折，取两端减针，前片两边各减1针，后片两边各减1针，然后下一行用棕色线编织2行下针。然后灰色线织10行下针，同样在第10行的两边各减1针，再用棕色线织2行下针。最后再用灰色线编织10行下针，不减针，再用棕色线织2行下针。完成袖窿以下的编织。
4. 袖窿以上的编织。
（1）前片的编织。起织88针，继续10行灰色线，2行棕色的配色组合。两边同时收针4针，然后每织2行两边各减1针，共减6次，织成12行，再织4行后，进入衣领门襟的编织，中间选6针，与右边的31针作一片编织，这6针编织花样C单罗纹针，同样配色编织，右边的31针全织下针，

在编织过程，门襟上要制作2个扣眼。无加减针往上编织26行后，进入右边衣领减针，门襟单罗纹花样的6针与往右算起6针，用防解别针扣住不织。织片向右减针，每织1行减3针，减2次，然后每织2行减2针减1次，最后每织2行减1针减4次，织成12针，然后无加减针再织22行下针后，至肩部余下13针，不收针，用防解别针扣住。而另一半，31针下织，再在右边的门襟的6针后面，同一针脚中挑出6针，这6针编织单罗纹针，然后无加减针织26行的高度，余下的织法与右片相同。至肩部余下13针，用防解别针扣住不织。
（2）后片的编织。起织88针，继续10行灰色线，2行棕色的配色组合编织。两边袖窿减针与前片相同。无加减针再织42行后，进入后衣领减针，中间选取36针收针断线，两边减针，每织2行减2针，共减3次。两边肩部余下13针，与前片的肩部对应缝合。
5. 袖片的编织。从袖口起织，单罗纹起针法，用棕色线起44针，编织2行单罗纹，然后改用灰色线编织12行，在织最后1行时，分散加针，加20针，将针数加成64针一圈，然后开始进行10行灰色2行棕色的配色编织，并选其中的2针作加针，在这2针上，每织6行加1次针，共加8次，针数加成80针，无加减针再织10行，至袖窿。以加针的2针为中心，向两边减针，各减4针，环织变为片织，每织2行减2针，共减9次，然后每织2行减1针，共减8次。最后袖肩部余下20针，收针断线。相同的方法去编织另一袖片。然后将袖山边缘与身身的袖窿边对应缝合。
6. 领片的编织。挑出前片留出的针，再沿着前衣领边再挑16针，而后沿后衣领边挑40针，再到前衣领边挑16针，再挑出留出的针数，一圈共96针，起织用灰色线，织8行单罗纹针，再用深棕色线再织2行单罗纹针。在右边衣领侧边内，制作1个扣眼。完成后收针断线。

# 作品136

【成品规格】衣长34cm，下摆宽28.7cm，帽高15cm，帽围34cm；围巾长80cm，宽12cm
【工　具】12号环形针，1.75mm钩针
【编织密度】30针×38行=10cm²
【材　料】枣红色宝宝绒线530g，黄色毛线少许，衣服300g，围巾200g，帽子30g

## 围巾制作说明：

1. 棒针编织法，环织，全部编织为下针。
2. 起72针，织16行下针，第17行按图解花样B换线编织蜗牛花样，将两个蜗牛花样均匀分布，保证围巾正反面的蜗牛花样位于中间位置。继续往上编织，编织至272行后，又开始按花样B编织蜗牛花样，但要注意蜗牛花样须从蜗牛头部开始编织，并将两个蜗牛花样均匀分布。编织完花样B，继续编织16行后，收针断线。

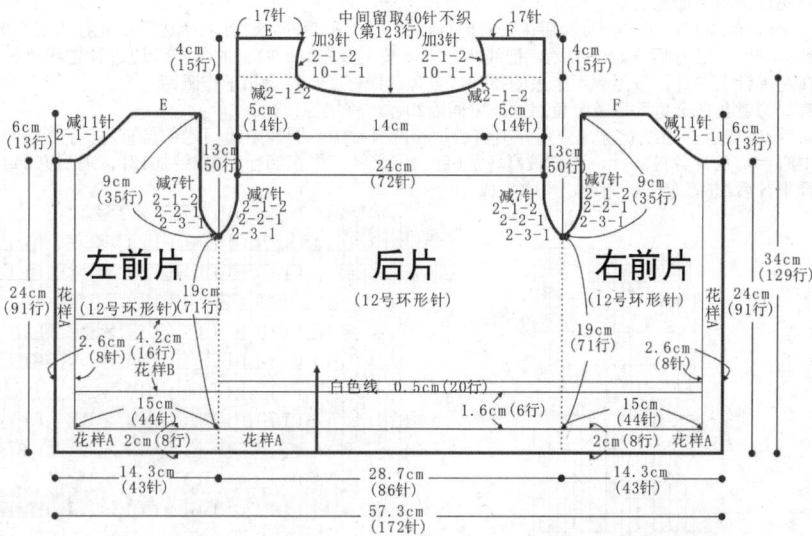

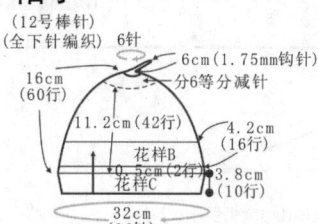

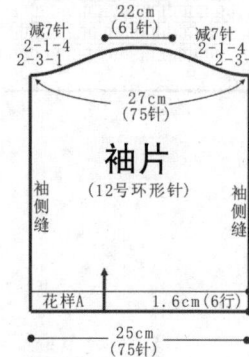

花样C（单罗纹）

2针一花样

## 符号说明：

- □　上针
- □=□　下针
- 右镂空针
- ＋　短针
- 狗牙针
- 2-1-2　行-针-次

## 前片、后片制作说明：

1. 棒针编织法，袖窿以下一片编织完成，袖窿起分为左前片、右前片、后片来编织。织片较大，可采用环形针编织。
2. 起织，下针起针法，起172针，先编织花样A，织8行的高度，然后在第9行时，取左右两边的8针编织花样A，而中间的针数全织下针，照此花样分配编织6行的高度，然后在第15行编织完8针花样A，再织9行下针，按花样B换线编织蜗牛花样，织到后片时，改用黄色线编织（共织2行高度），直至右前片花样A前。编织完蜗牛花样后（即30行），继续往上编织至79行，即21cm高度，第80行开始分配针数袖窿减针，将织片分成左前片、右前片、后片来编织。
3. 分配后身片的针数到棒针上，用12号针编织，起织时两侧需要同时减针织成袖窿，减针方法为2-3-1、2-2-1、2-1-2，两侧针数各减少7针，余下72针继续编织，两侧不再加减针，织至第123行时，中间选40针收针，两端相反方向减针编织，各减少2针，方法为2-1-2，最后两肩部余下14针。继续往上编织部分前衣领，两端相反方向加针编织，各加3针，方法为10-1-1、2-1-2，收针断线。
4. 左前片与右前片的编织，两者编织方法相同，但方向相反，以右前片为例，右前片的右侧为衣襟，起织时不加减针，照样编织花样A，左侧要减针织成袖窿，减针方法为2-3-1、2-2-1、2-1-2，针数减少7针，余下36针继续编织，当衣襟侧编织至91行时，衣襟的花样8针收针，织片向右减针织成前衣领，减针方法为2-1-11，将针数减少11针，余下17针，收针断线。左前片的编织顺序与减针法与右前片相同，但是方向不同。
5. 左前片"E"边与后片"E"边对应缝合，右前片"F"边与后片"F"边对应缝合。

**领片制作说明：**

1. 棒针编织法，往返编织。
2. 沿着前片后片缝合后，形成的衣领边，挑针起织下针，按花样A编织，挑针的辐度不宜太大，挑完衣领边后按图示加10针增加扣眼边，织10行的高度，然后收针断线。最后在一侧前身片钉上扣子。不钉扣子的一侧，要制作相应数目的扣眼，扣眼的编织方法为，在当行收起数针，在下一行重起这些针数，这些针数两侧正常编织。

**帽子制作说明：**

1. 棒针编织法，环织。全织下针。
2. 从帽沿起针，起96针，织10行单罗纹针，图解见花样C，然后往上不加减针，编织2行下针，第13行起按花样B换线编织蜗牛花样，编织至29行完成花样B的编织，无加减针成52行，然后将针数分为6等份，进行减针编织，每1行减1次针，每圈减少的针数为6，持续编织，最后针数余下12针时，再缩针为6针，改用1.75mm钩针圈钩短针，钩长6cm长，收针断线。

**袖片制作说明：**

1. 棒针编织法，编织两片袖片。从袖口起织。
2. 下针起针法，起75针，编织6行花样A，然后第7行起编织下针，往上编织，两侧不加减针往上编织至65行。接着就编织袖山，袖山减针编织，两侧同时减针，方法为2-3-1、2-1-4，两侧各减少7针，最后织片余下61针，收针断线。
3. 同样的方法再编织另一袖片。
4. 缝合方法：将袖山对应前片与后片的袖窿线，用线缝合，再将两袖侧缝对应缝合。

## 作品137

【成品规格】腰围54cm，衣长30cm

【工　具】13号棒针

【编织密度】32针×46行=10cm²

【材　料】淡蓝色宝宝绒线250g，扣子数枚

**符号说明：**

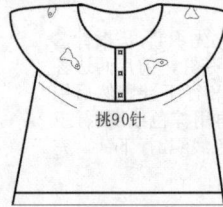

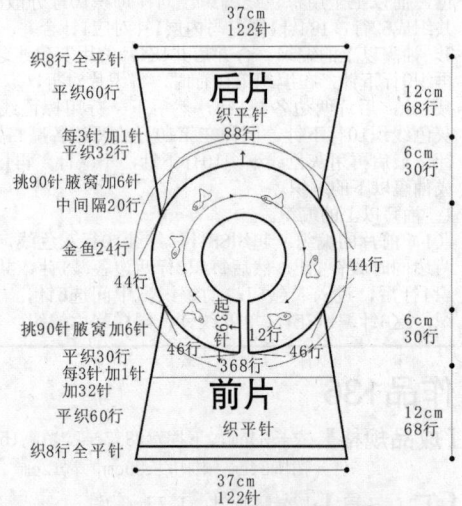

**编织要点：**

1. 从领部起针横向编织，起39针，分3层织：第1层8针，6针全平针2针交叉。第2层11针，7针全平针4针交叉（每2针一组相对交叉）。第3层20针，15针全平针（中间织金鱼），4针交叉（每2针一组相对交叉），1针为边。
2. 起针先6行全平针作为门襟，然后开始织圆。第1~2行第1层8针不织，第3~4行停织第2层。第5~6行全织。如此反复。
3. 金鱼的织法：第3层织7针后在第8针里放9针，织3行后开始收针，两边隔行先收后并收，最后3针并1针。织2行后开始织鱼尾，把线绕上来，按图解在3针并1针的下排旁边进针把线挑出来，再套在左手针上并针，按图解织金鱼的拉针，金鱼就织好了，钉上扣子作眼睛。
4. 一共织6条金鱼，每条金鱼24行，中间隔20行，首尾各12行。
5. 圆完成后开始织衣身，分别分出前后片和两只袖子。圆片中间门襟部位首尾6行重叠，作为前片中心。前后片各挑90针，两侧腋窝各加6针。织平针，平织20行后每3针加1针，前后共244针，织60行平针后织8行全平针为边，平收完成。

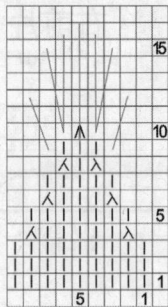

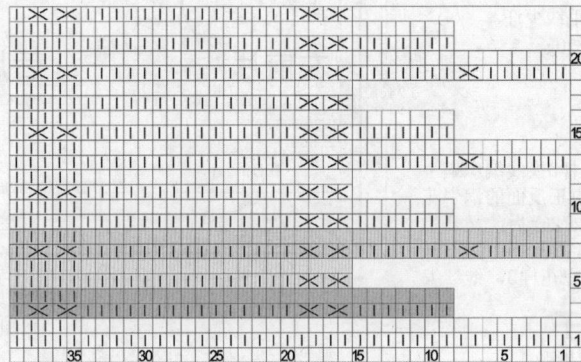

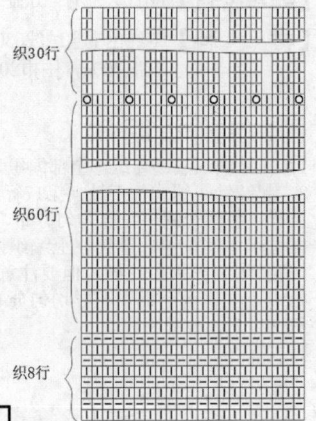

**前后片花样**

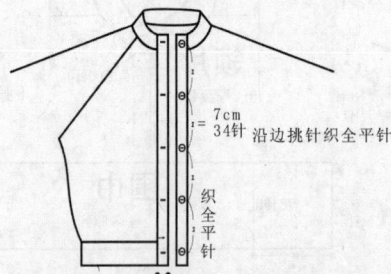

## 作品138

【成品规格】毛衣：衣长39cm，袖长37cm；
毛裤：腰围44cm，裤长52cm

【工　具】11号环形针和棒针

【编织密度】26针×28行=10cm²

【材　料】宝宝棉线500g，纽扣5枚

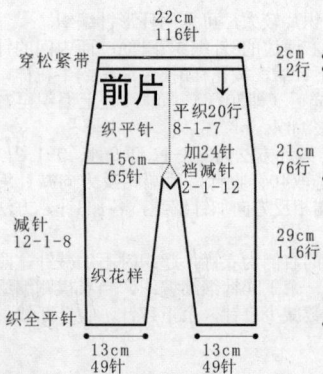

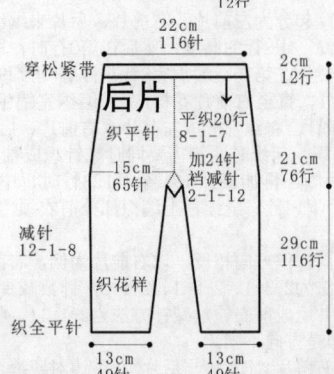

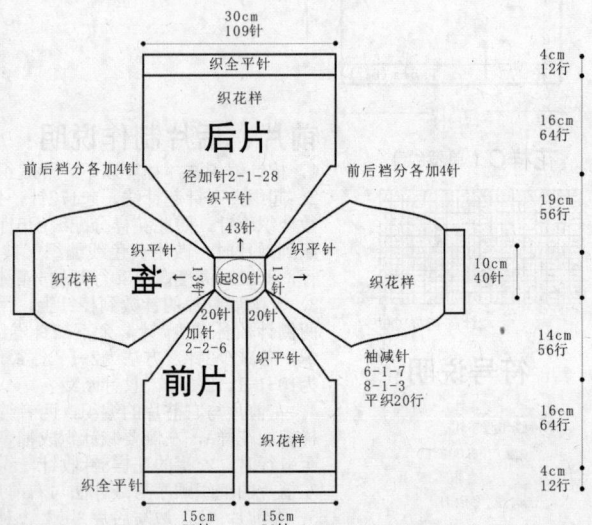

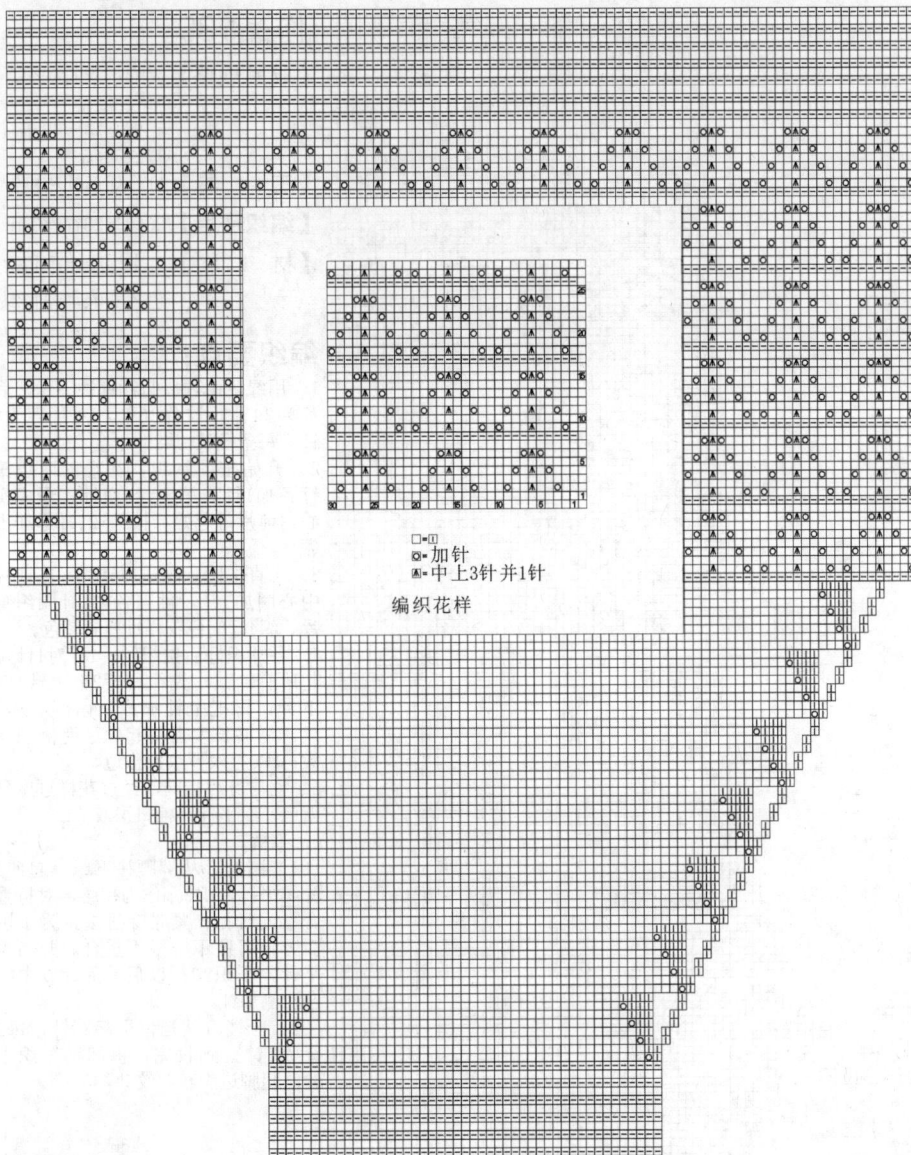

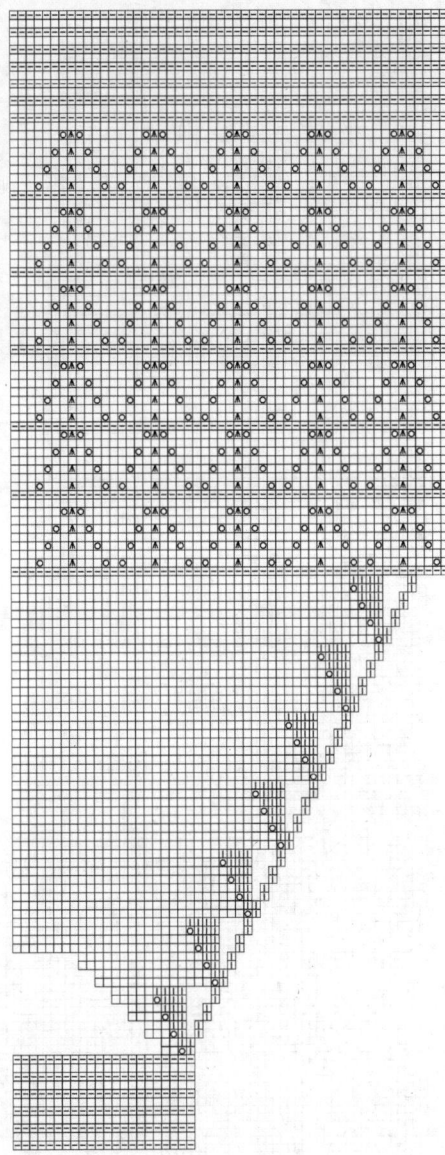

□=Ⅰ
☑=加针
☒=中上3针并1针
编织花样

**编织要点：**

1. 由领口起80针往下织，后片43针，前片各20针，两袖各为13针，每条径2针共8针。

2. 按图示织，织8行全平针为领，径的两边加针形成小燕子形式。前片每起始行按2-2-6递加出领窝。

3. 挂肩部分织完后开始织花样。

4. 最后挑起门襟织全平针。

5. 毛裤。

（1）圈织。从裤腰往下织，起232针织平针，织2cm作为裤腰，对折重合，同时把松紧带穿进去，为了以后方便可留下一段不重合。开始织平针，平织20行以后前后片在中线两侧加针。

（2）分裆。从裆位平起24针，每2行收1针直到收完，裤腿部分织平针，腿脚边织花样。

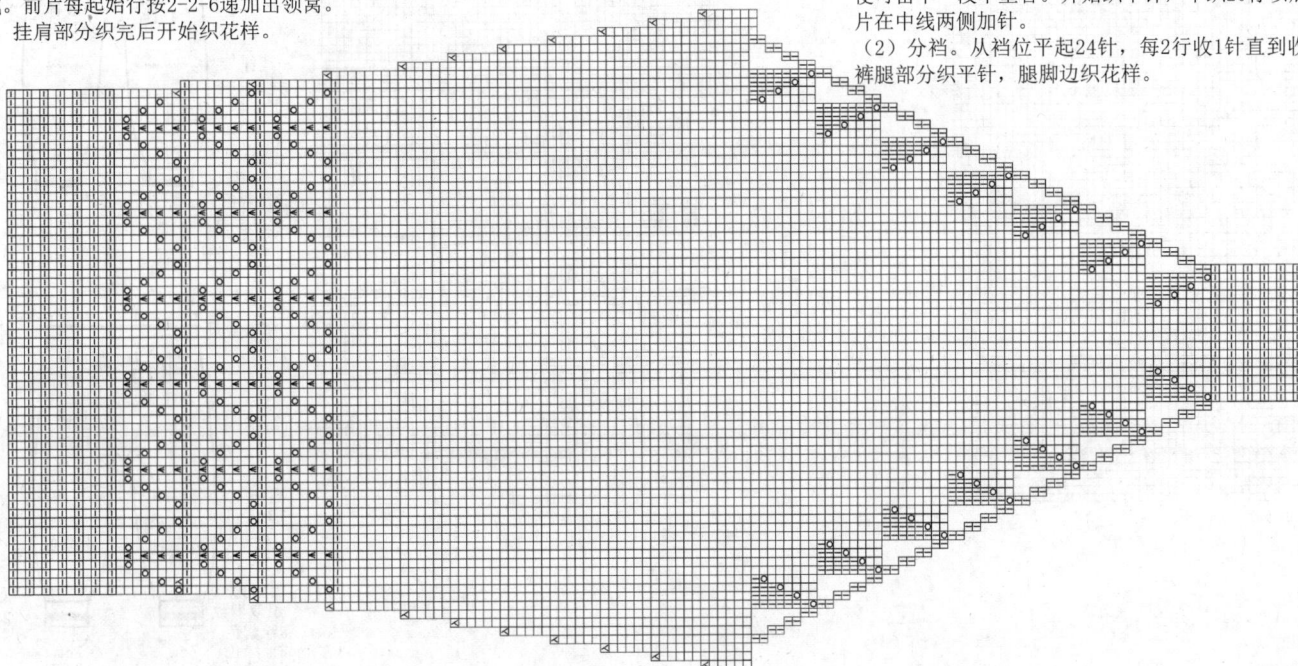

173

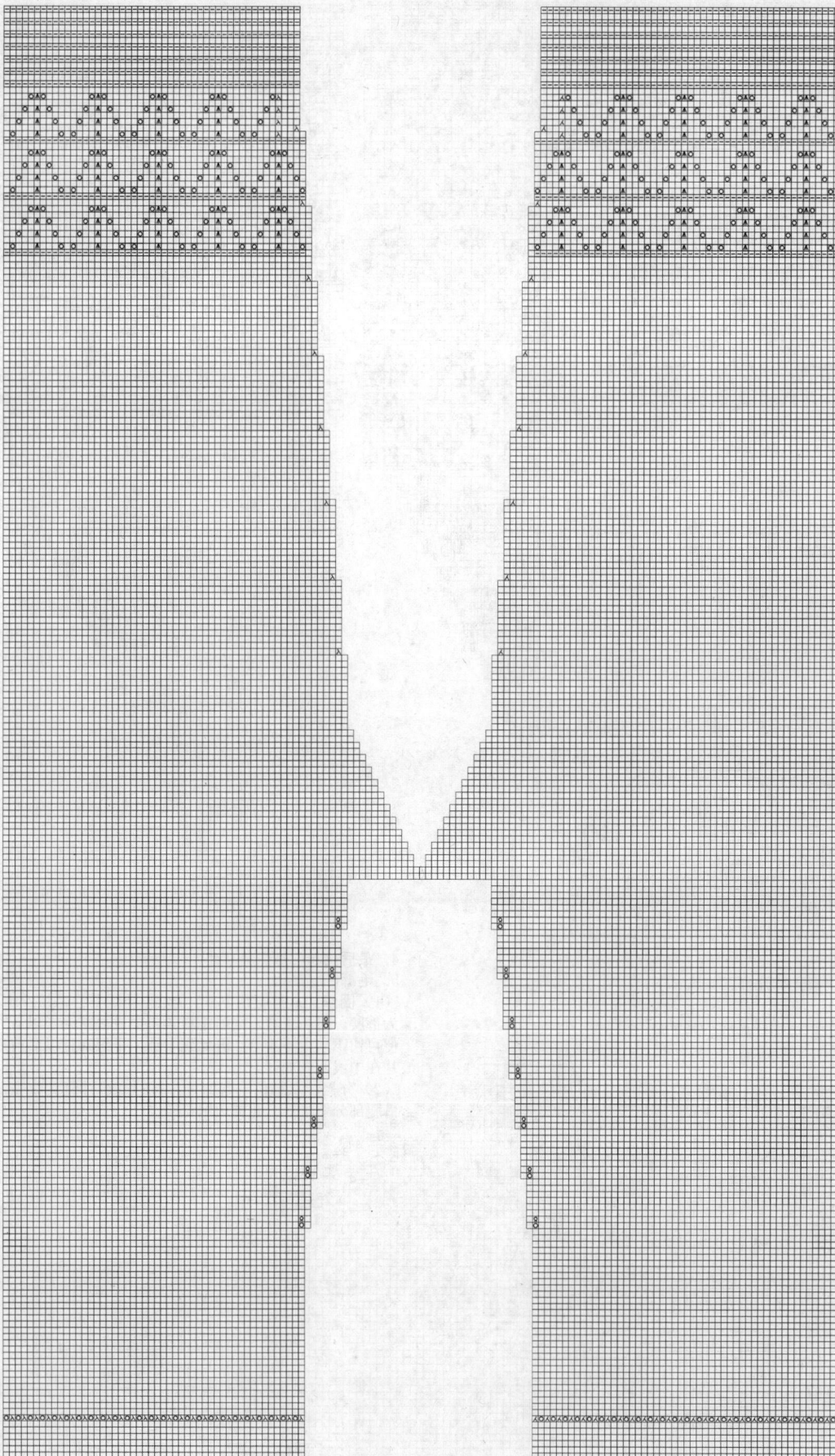

## 作品139

【成品规格】毛衣：衣长40cm，
袖长38cm；
毛裤：腰围48cm，
裤长50cm
【工　具】11号环形针和棒针
【编织密度】26针×28行=10cm²
【材　料】宝宝棉线绿色和紫
色各250g，纽扣2枚

### 编织要点：

1. 用绿色由领口起70针往下织，后片为24针，前片20针，两袖各为8针，每条径2针共8针。

2. 开始按图示织，在径的两边第1行各加1针，第2行织纽针，形成实心。前片每起始行按2、2、2递加出领窝。

3. 一直按图示织挂肩完成，在前片中心圈加1针，袖档各加4针圈织身片。织4行间色花样过度到紫色。

4. 各片织好后挑织领，1针对1针挑起所有针数，先织12行2针上针1针下针，再把上针加成2针，织双罗纹。织够长度后挑起领子两侧的针数再织6行双罗纹针作边。

5. 袖与身片相同，经过花样过度到紫色，织平针，袖口织双罗纹。

6. 毛裤。

（1）圈织。从裤腰往下织，起152针织平针，织2cm作为裤腰，对折重合，同时把松紧带穿进去，为了以后方便可留下一段不重合。开始织平针，平织20行以后前后片以中线在两侧加针。

（2）分档：从档位平起24针，每2行收1针直到收完，裤腿部分织平针，腿脚边织双罗纹针。

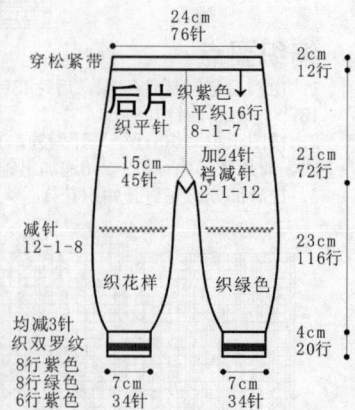

后片

24cm 76针
穿松紧带
织紫色
平织16行
8-1-7
织平针
2cm 12行
15cm 45针
加24针
档减针
2-1-12
21cm 72行
减针
12-1-8
23cm 116行
织花样
织绿色
均减3针
织双罗纹
8行紫色
8行绿色
6行紫色
7cm 34针
7cm 34针
4cm 20行

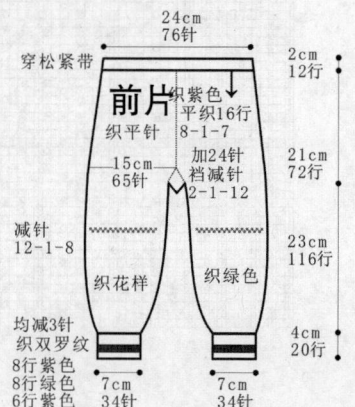

前片

24cm 76针
穿松紧带
织紫色
平织16行
8-1-7
织平针
2cm 12行
15cm 65针
加24针
档减针
2-1-12
21cm 72行
减针
12-1-8
23cm 116行
织花样
织绿色
均减3针
织双罗纹
8行紫色
8行绿色
6行紫色
7cm 34针
7cm 34针
4cm 20行

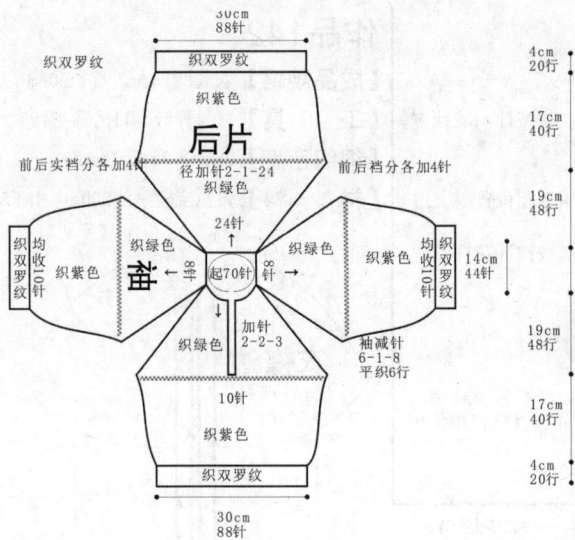

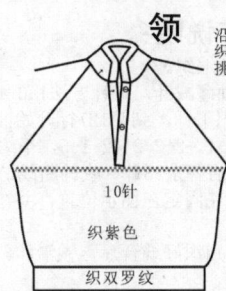

领

沿领窝挑起所有的针数织2针下1针上，织12行织成双罗纹织16行将门襟边挑起环织6行双罗纹平收。

## 前片、后片、袖片制作说明：

1．棒针编织法，从上往下织，织至袖窿以下，分出两个衣袖，前后身片连起来编织完成。

2．衣领编织，双罗纹针起针法，起138针，起织花样B，将织片分为左前片、左袖片、后片、右袖片、右前片5部分，针数分别为19+26+48+26+19针，五织片接缝处为四条插肩缝，一边织一边在插肩缝两侧加针，方法为2-1-26、1-4-1，编织至52行，织片变为346针，左右袖片各留起78针不织，将左前片、后片、右前片连起来编织衣身。

3．分配前后片的针眼共100针到棒针上，先织左前片45针，完成后加起8针，然后织后片100针，再加起8针，最后织右前片45针，往返编织，织花样B，不加减针往下编织80行的高度，织全部改织花样A，织20行后，收针断线。

4．编织袖片，分配袖片的78针到棒针上，袖底挑起8针环织，织花样B，选取袖底的2针作为袖片缝，一边织一边两侧减针，方法为8-1-10，织80行后，将织片均匀减针成56针，改织花样A，织20行后，收针断线。同样的方法编织另一衣袖片。

5．编织帽子，沿衣领边挑针起织，挑起108针编织花样B，重复往上织84行，收针，将帽顶缝合。

6．挑织衣襟。沿左右前片及帽边挑针起织，先织左前片衣襟及帽襟，挑起206针，编织花样A双罗纹针，织12行后，收针断线。同样的方法挑织右前片的衣襟，在右边衣襟要制作7个扣眼，方法是在当行收起2针，在下一行重起这2针，形成一个眼。

## 作品140

【成品规格】上衣长37cm，插肩连袖长39cm；裤子长51cm，裤宽26.5cm

【工　　具】12号棒针

【编织密度】36针×40.5行=10cm²

【材　　料】咖啡色棉线共800g，其中上衣用400g，裤子用400g，纽扣7枚

## 裤子制作说明：

1．棒针编织法，从腰间起织，用环形针编织，进行环织，自裤裆以下，分成左右两个裤管，分别环织而成。

2．下针起针法，起192针环织，编织下针，编织13行后，将织片折回后缝合，形成空间作穿过松紧带所用。继续往下编织花样B，编织53行起，在织片前后裤线两侧同时加针，方法为8-1-6，前后各加12针，织至102行，将织片分为左右两个裤管，各取108针编织，先编织右裤管，而左裤管的针眼用防解别针锁住，暂时不织。

3．分配右裤管的针数到棒针上，用12号针编织，进行环织，靠裤裆线的侧缝处，一边织一边减针，方法为8-1-10，织84行后，第86行将织片均匀减针至72针，改织花样A，不加减针编织20行，收针断线。

4．左裤管的编织方法与右裤管相同。

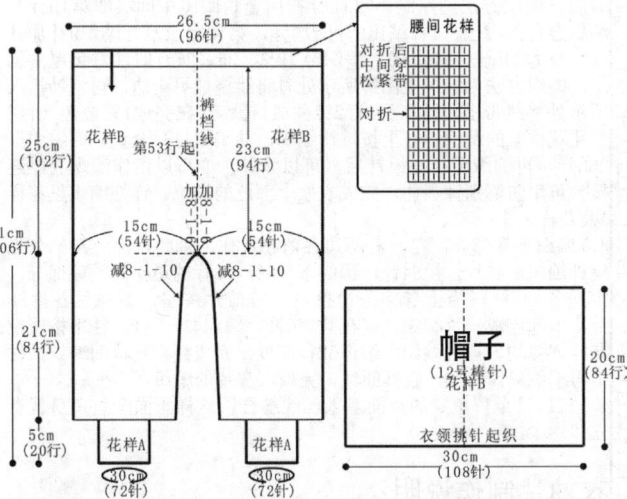

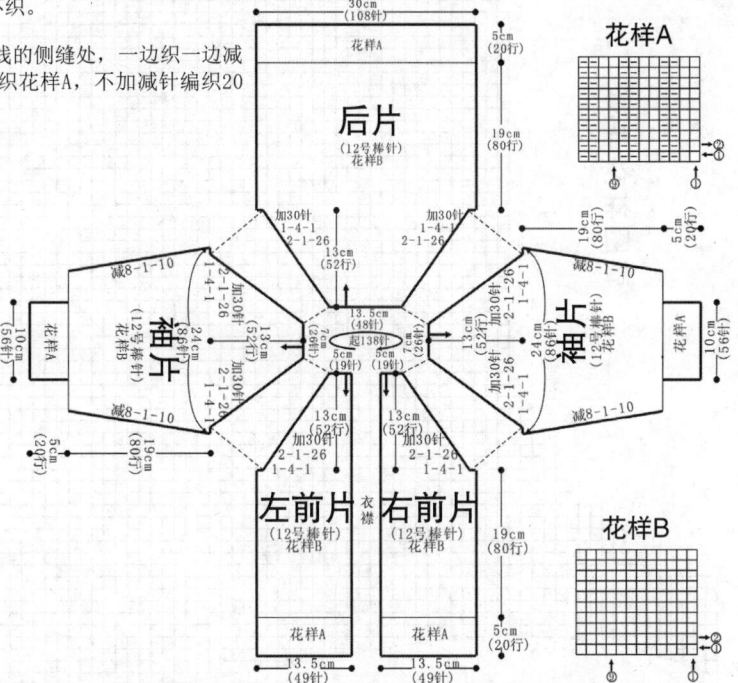

## 作品141

【成品规格】衣长32cm，袖长27cm

【工　　具】11号棒针

【编织密度】37针×47行=10cm²

【材　　料】黄色宝宝绒线250g，透明米珠少许

## 衣袖片制作说明：

1．两片衣袖片，分别单独编织。

2．起92针按图解向上编织下针82行，侧缝加针方法：6-1-12、5-1-2。

3．第83行开始袖山减针，减针方法1-5-1、2-2-4、2-1-9、2-2-9，平织2行。

4．第128行余40针收针断线。

5．将袖子侧缝缝合后，袖山与袖窿对应部分缝合。

6．袖口按钩针花样图解钩边。

## 符号说明：

□=□　下针
2-1-1　行-针-次

玫瑰花制作

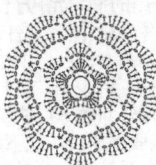

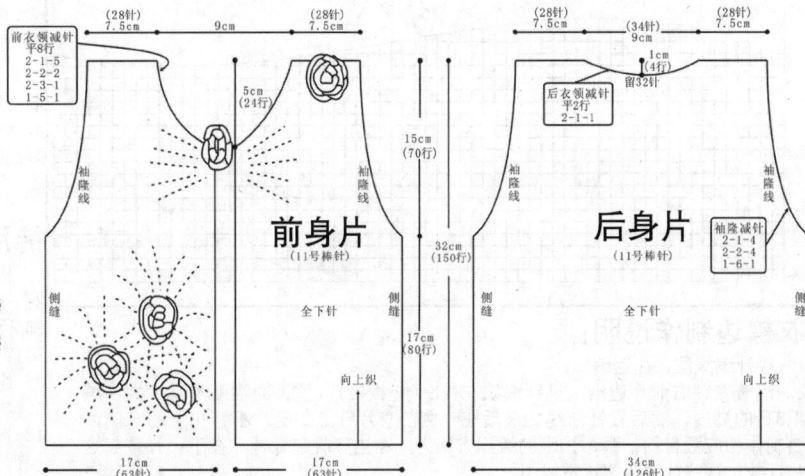

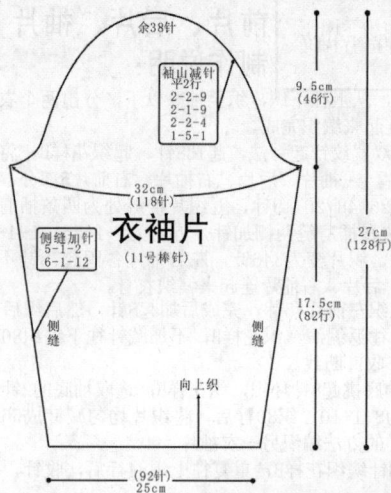

## 前身片制作说明：

1. 前身片分两片编织。
2. 第81行开始袖窿减针，减针方法1-6-1、2-2-4、2-1-4。
3. 继续向上编织下针，到第127行开始前衣领减针，减针方法：1-5-1、2-3-1、2-2-2、2-1-5，平织8行。
4. 第150行，两肩各余28针，收针断线。
5. 制作5朵玫瑰花固定在图示位置，并在图示相应位置缝上透明米珠。

注：前后身片分别织好缝合后，领沿和门襟按钩针花样图解钩边。

## 后身片制作说明：

1. 后身片起126针按图解编织下针80行。
2. 第81行开始袖窿减针，减针方法1-6-1、2-2-4、2-1-4。
3. 继续向上编织下针，到第147行开始后衣领减针，中间留32针，两侧减针按2-1-1，平织2行。
4. 第150行，2肩各余28针，收针断线。

衣袖片
(11号棒针)

余38针
袖山减针
平2行
2-2-9
2-1-9
2-2-4
1-5-1

侧缝加针
5-1-2
6-1-12

9.5cm(46行)
27cm(128行)
17.5cm(82行)
32cm(118针)
(92针)25cm

侧缝　向上织

## 作品142

**【成品规格】** 衣长32.8cm，裤长50cm
**【工　　具】** 11号棒针，11号环形针
**【编织密度】** 28针×33行=10cm²
**【材　　料】** 黄色宝宝绒线500g，扣子5枚

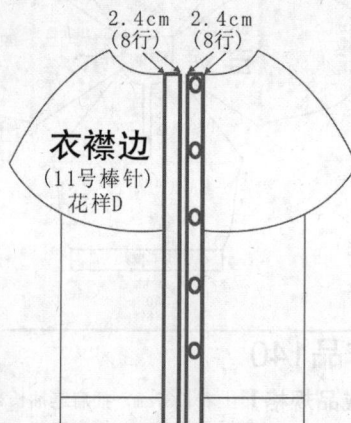

2.4cm(8行)　2.4cm(8行)

衣襟边
(11号棒针)
花样D

花样D

## 衣身片制作说明：

1. 衣身片先编织上身部分，横向编织，后沿上身部分边挑针编织下身部分，往下编织至衣摆。
2. 衣服先编织上身部分，起41针编织1行上针1行下针，第3行按花样A图解编织，分3部分编织。第1部分共22针，其中1针边针，6针棒绞花样，15针搓板针。第2部分共11针，其中4针棒绞花样，11针搓板针。第3部分共8针，其中2针棒绞花样，6针搓板针。往上按花样A编织第3、4行，第5、6行第3部分不编织，第7、8行仅编织第1部分。往上按第3行至第8行的编织规律往上编织（除金鱼的编织）。第9行开始金鱼的编织，如花样A所示，第14行编织金鱼的左眼，1针编出5针的加针，见小球织法，隔1针，第16针编织金鱼的右眼，编织方法同左眼。第10行在两金鱼眼睛中间（即第15针）编织金鱼的嘴巴，1针编出9针的加针，第10行至21行编织9针加针（鱼身）的编法见花样B，编织至第23、25、27行时注意鱼尾的编织，编织方法为编织至图解所示处时将线绕成另一边，再将针插入所示处将线带出，再在另1行2针并成1针。现在完成1只金鱼（1层变化花样）的编织。往上按规律编织，共编织11只金鱼，即编织至266行，再编织两行搓板针后，可以收针，亦可以留作编织衣襟连接，可用防解别针锁住，完成衣服上部分的编织。详细编织见花样A及花样B。
3. 编织下身部分，左、右两边各留48针作为袖窿，沿上身部分先挑针编织后身片，挑84针，编织下针8行，8行的边作为袖窿部分，中间各加8针，沿上身部分边挑左、右前片，左、右前片各挑38针，串起连成一片编织，现在共176针。编织4行下针，往下按缕空花样规律均匀排列编织，编织52行高度，完成缕空花样的编织，往下再编织8行花样D，收针断线，完成衣身片的编织。
4. 在11只金鱼鱼身的反面塞入丝绵缝合，这样正面金鱼鱼身就有立体感了。

## 衣袖片制作说明：

1. 两片衣袖片，分别单独编织，编织下针。
2. 从袖山起针，起44针往下编织，两袖山加针，加针方法为1-1-6，加完针后，共56针，再往下编织，两侧面减针，减针方法为8-1-4，一直往下编织至44行，再往下不加减针按花样D编织8行后，收针断线。
3. 同样的方法再编织另一袖片。
4. 将两袖片的袖山与衣身的袖窿线边对应缝合，再缝合袖片的侧缝。

## 裤片制作说明：

1. 棒针编织法，下针编织。从裤腰部起织，往下织至裤管口。
2. 下针起针法，起152针，编织花样F，织8行下针，第9行织棒狗牙针，再织8行下针，以狗牙针所在行为中心对折，将起针行与第17行合并成一行编织。这部分形成的空管用于穿入松紧带。
3. 织成腰部后，往下编织，编织60行的高度，没有加减针。
4. 将144针分为两半，分别编织，将裤管织成85行，并按减针方法12-1-6减针，最后按花样D编织6行，收针断线，同样的方法编织另一裤管。

身片花样图解

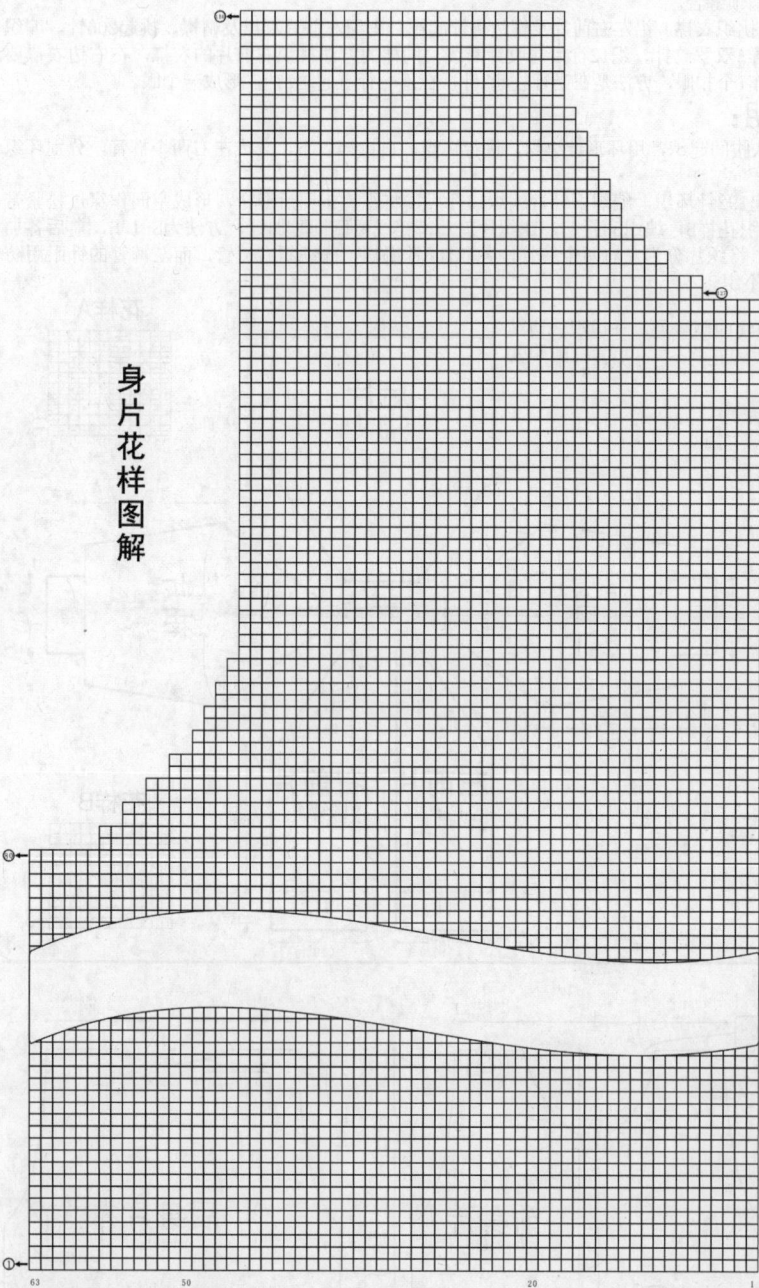

63　50　20　1

## 衣襟边制作说明：

1. 棒针编织法，往返编织。
2. 沿着左、右前片边沿，挑针编织花样E（搓板针），挑针的幅度不宜太大，编织8行的高度，然后收针断线。最后在一侧前身片钉上扣子。不钉扣子的一侧，要制作相应数目的扣眼，扣眼的编织方法为，在当行收起数针，在下一行重起这些针数，这些针数两侧正常编织。

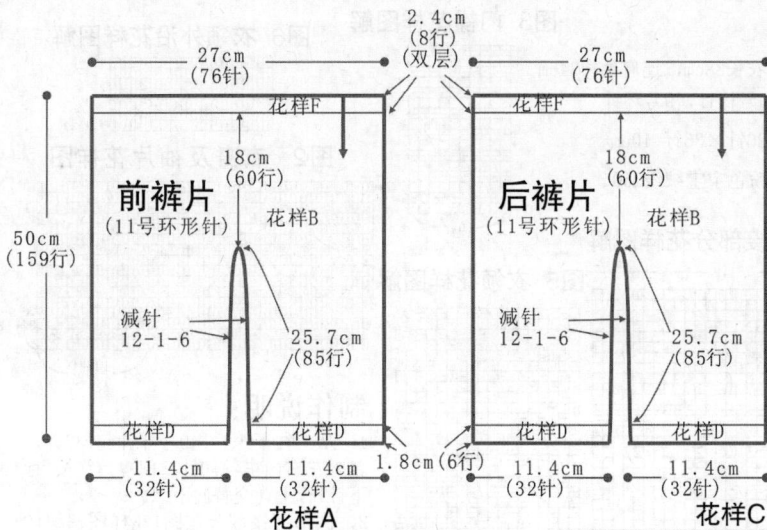

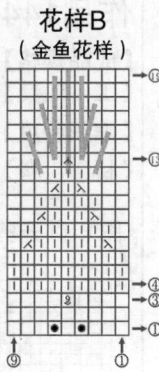

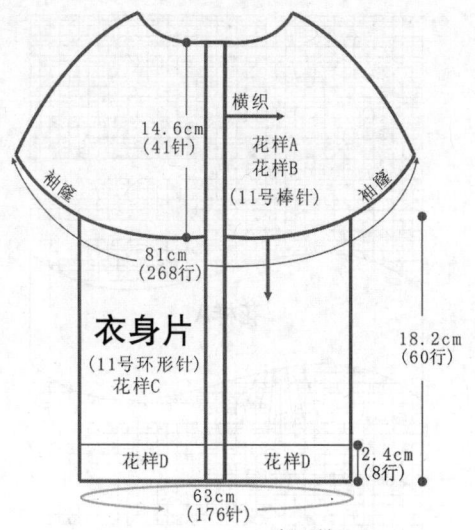

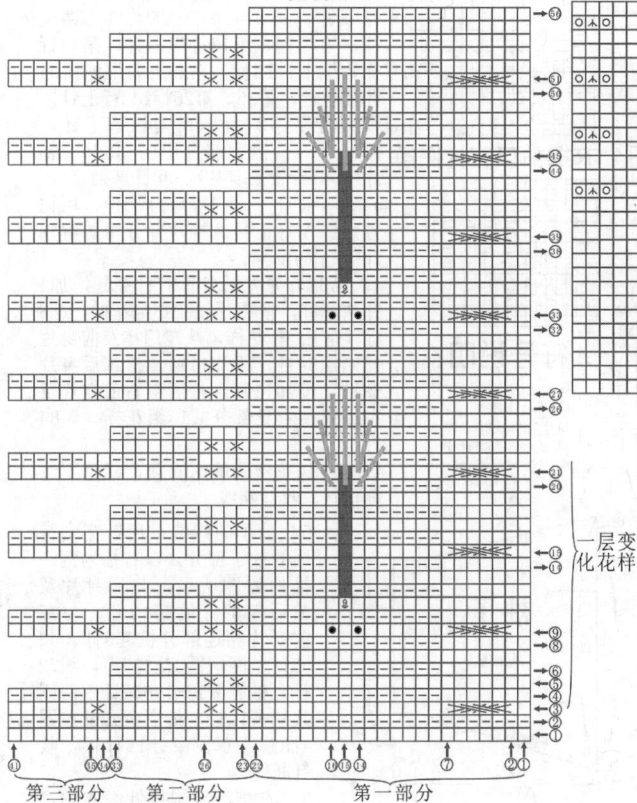

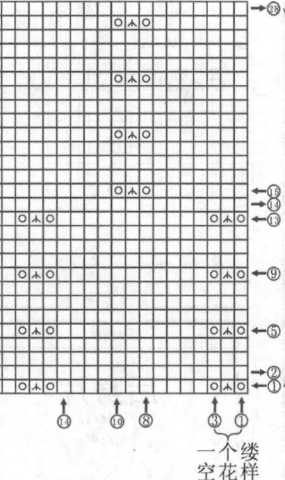

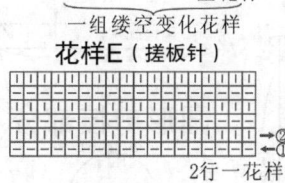

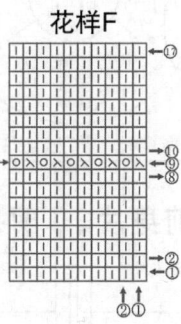

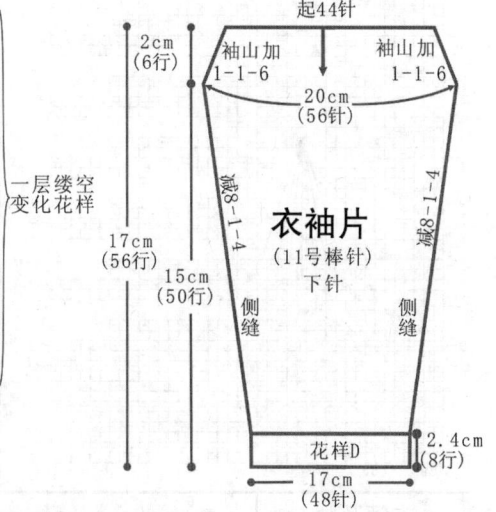

**前裤片 / 后裤片 区域**

2.4cm（8行）（双层）

27cm（76针）　　27cm（76针）

花样F　　花样F

前裤片（11号环形针）花样B　　后裤片（11号环形针）花样B

18cm（60行）

50cm（159行）

减针 12-1-6　　25.7cm（85行）　　减针 12-1-6　　25.7cm（85行）

花样D　　花样D　　花样D　　花样D

11.4cm（32针）　11.4cm（32针）　1.8cm（6行）　11.4cm（32针）　11.4cm（32针）

**花样B（金鱼花样）**

**衣身片 区域**

14.6cm（41针）　横织

花样A 花样B（11号棒针）

袖隆　　袖隆

81cm（268行）

衣身片（11号环形针）花样C

18.2cm（60行）

花样D　　花样D

2.4cm（8行）

63cm（176针）

**衣袖片 区域**

起44针

2cm（6行）

袖山加 1-1-6　　袖山加 1-1-6

20cm（56针）

17cm（56行）

减8-1-4　　减8-1-4

衣袖片（11号棒针）下针

15cm（50行）

侧缝　　侧缝

花样D

2.4cm（8行）

17cm（48针）

**花样A**

第三部分　第二部分　第一部分

■ 鱼身织法（见花样B）

一层变化花样

**花样C**

一层缕空变化花样

一个缕空花样

一组缕空变化花样

**花样E（搓板针）**

2行一花样

**花样F**

以这行为中心对折

**符号说明：**
- □ 上针
- □＝□ 下针
- 右上2针并1针
- 左上2针并1针
- ◎ 镂空针
- 12-1-6 行-针-次
- 右镂空针
- 左上1针交叉
- 右上1针交叉
- 右上3针与左下3针交叉
- 下针中上3针并1针
- ■ ＝ 1针编出9针的加针
- 小球织法

**符号说明：**
- □ 上针
- □＝□ 下针
- 镂空针
- 左上2针并1针
- 右上1针与左下1针交叉
- 右上1针与左下1针交叉
- 右上3针与左下3针交叉
- 2-1-3 行-针-次

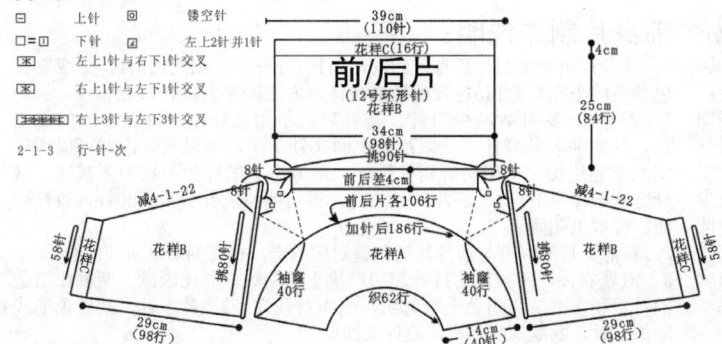

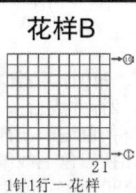

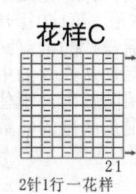

**前/后片 区域**

39cm（110针）

左右各花样C（16行）

前/后片（12号环形针）花样B

34cm（98针）　花样A

4cm

25cm（84行）

**花样B** 1针1行一花样

**花样C** 2行1针一花样

减4-1-22　　减4-1-22

前后各4cm

前后片各106行

加针共186行

花样B　　花样A　　花样B

袖隆40行　　袖隆40行

58针　　58针

挑80针　　挑80针

织62行

29cm（98行）　14cm（40针）　29cm（98行）

8针　　8针

**作品143**

**【成品规格】** 衣长43cm

**【工　具】** 12号棒针，12号环形针

**【编织密度】** 28.5针×33.5行=10cm²

**【材　料】** 白色棉线350g，红色棉线30，彩色扣子3枚

**上身片制作说明：**

1. 棒针编织法，横向一片编织。
2. 起40针编织花样A，前12行编织1行下针1行上针间隔，织到第7行时，留3个纽扣孔，详细编织方法见图解。右边共编织132行，左边共编织372行，收针断线。在收针处对应位置钉上纽扣。

**衣袖制作说明：**

1. 挑织衣袖，先挑上身片66针，再挑起下身片加起的8针，再挑起前后片差6针，圈织，一边织，一边袖底减针，方法为4-1-22，共织98行，最后留58针，改织花样C，织16行，收针断线。
2. 同样方法挑织另一袖片。

**下身片制作说明：**

1. 棒针编织法，一片圈织。
2. 将后背纽扣扣好，将重叠的12行合并，以此12行为中心，左右对称，挑针起织，共挑90针，编织12行，从第13行起开始圈织，先织完后片的90针，加起8针，再以前片中心对称挑起前片的90针，再加起8针，圈织，织84行，然后改织花样C，织16行后，收针断线。

177

花样A

## 作品144

【成品规格】衣长38cm，连肩袖长34cm
【工　　具】9号棒针，9号环针
【编织密度】26针×36行=10cm²
【材　　料】粉色宝宝绒线250g

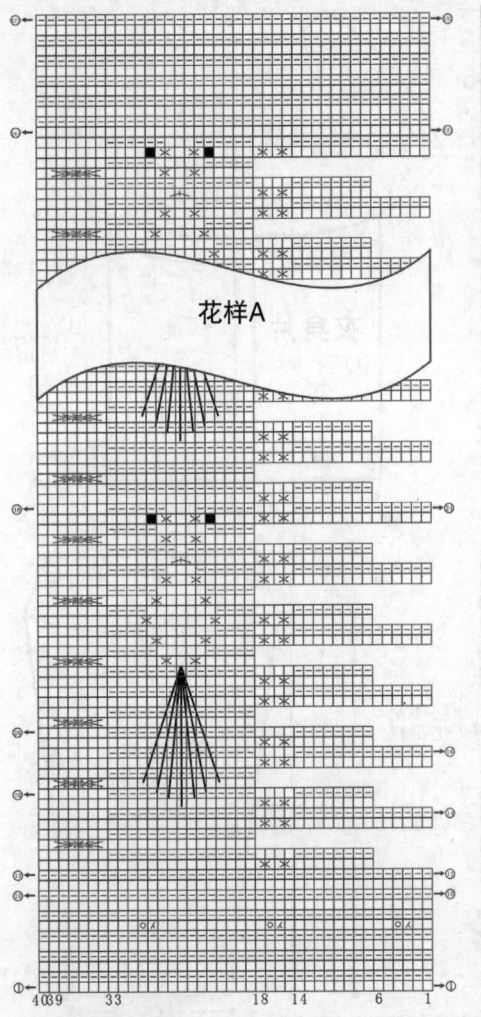

**图1　圆开剪接部分花样图解**

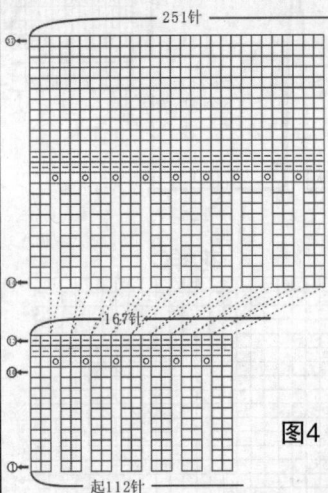

251针

167针

起112针

**图3　门襟花样图解**

10针

**图6　衣领外沿花样图解**

**图2　衣身及袖片花样图**

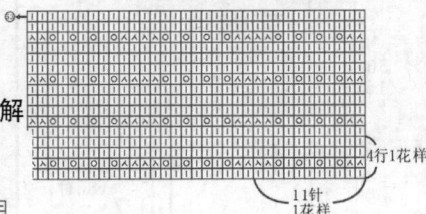

4行1花样

11针
1花样

**图5　衣领花样图解**

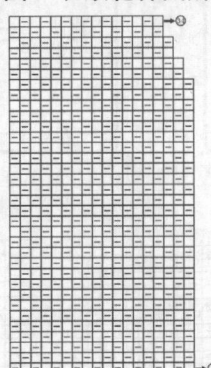

**图4　衣摆袖口花样图解**

**符号说明：**

□　上针
□=□　下针
囚　右上2针并1针
囚　左上2针并1针
回　镂空针
12-1-6　行-针-次

### 制作说明：

1. 从上往下织，用9号环针起132针，包含左右门襟各10针，门襟始终按1行下针1行上针交替向下织。

2. 圆形剪接部分按图1花样图解织10行下针，第11行每隔2针加1针镂空针，第12行、第13行织上针，第14行开始织下针10行，第24行每隔2针加1针镂空针，第25、第26行织2行上针，第27行至第37行织11对性行下针。按54针（门襟、前身片）、38针（袖片）、87针（后身片）、38针（袖片）、54针（前身片、门襟）分成5份，用记号别针作好记号。袖片部分用防解别针穿起待用。

3. 第38行先将后身片87针穿起，加1针共88针，按图2图解织8组花样，织8行（前后差）花样，从左门襟及前身片开始织54针，平加11针，再织后身片88针，平加11针，最后织右前身片及右门襟，衣身部分共18组花样。织84行。

4. 按图4花样图解织衣摆，即单罗纹针18行。收针断线。

5. 袖子的织法：用针穿到待用的袖子部分，以右袖为例，袖片如图所示，与后身片及前后差部分挑针12针，与左前身片相连部分挑起5针。共55针，圈织图2花样5组，织72行，袖侧按12-1-6减针，两侧共减去12针。最后余42针按图4图解织单罗纹针14针行，收针断线。

6. 衣领沿领围挑针织衣领，按图5图解织单桂花针34行，第29行起，两端按2-1-3减针，第34行收针断线。再沿领的外沿挑针3行下针，第4行收1针添1针，再织3行下针往下翻折，在领的反面缝合。详见图6花样图解。

### 衣领及袖口花样图解

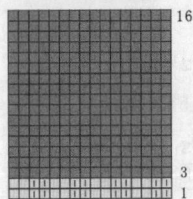

## 作品145

【成品规格】衣长51.2cm
【工　　具】13号棒针
【编织密度】33针×42行=10cm²
【材　　料】1根红色丝带

38cm
(100针)

图4图解

**后身片**
(9号棒针)
图2图解

6针　6针

2cm(8针) 前后差
34cm(88针)

6针　6针
6针　6针

后片
34cm
(87针)

**袖子**
(9号棒针)
图2图解

16cm
(42针)

图2图解

侧缝减针12-1-6

圆形剪接部分
(9号棒针)
图1图解

连门襟
起132针

**袖子**
(9号棒针)
图2图解

21cm
(55针)

14.5cm
(38针)

14.5cm
(38针)

袖子
14.5cm
38针

袖子
14.5cm
38针

16cm
(42针)

图2图解

侧缝减针12-1-6

侧缝减针12-1-6

侧缝减针12-1-6

5针

5针

5针

前片
17cm
(44针)

10针10针

前片
17cm
(44针)

10cm
(31行)

5针

4cm
(14行)

20cm
(72行)

单桂花针

图5
图6
图

**前身片**
(9号棒针)
图2图解

**前身片**
(9号棒针)
图2图解

23cm
(84行)

5cm
(18行)

18.5cm
(49针)

10针10针

18.5cm
(49针)

**符号说明：**

□　上针
□=□　下针
囚　左上2针并1针
回　镂空针
■　红色
■　黑色
□　黄色
2-2-1　行-针-次

### 后身片制作说明：

1. 后身片为一片编织，从衣摆起织，往上编织至肩部。

2. 衣服先编织后身片，用红色毛线起140针编织下针8行，第9行并2针加1针，从第10行编织下针，至17行，然后从中间第9针合并，2行并成1行，编织高度2.5cm，完成狗牙边的编织。从第11行起开始按图解换色编织花样，每20行为一花样，编织高度4.8cm，即20行。从第31行开始换黑色毛线编织下针，共编织至30cm后，即125行，第126行均匀并针缩成90针，完成裙身的编织。第127行开始，织至139行，形成穿红色丝带的小孔。第140行开始袖窿减针，方法顺序为1-4-1、2-3-1、2-2-1、2-1-1，后身片的袖窿减少针数为10针。减针后，不加减针往上编织14.5cm的高度后，从织片的中间留24针不织，可以收针，亦可以留作编织衣领连接，可用防解别针锁住，两侧余下的针数，衣领侧减针，方法为2-2-1、2-1-1，最后两侧的针数余下20针，收针断线。详解见图解。

### 前身片制作说明：

1. 前身片裙身编织与后身片相同，第127行开始，织至139行，形成穿红色丝带的小孔。第140行开始袖窿减针，方法顺序为1-4-1、2-3-1、2-2-1、2-1-2，将针数减少11针。减针后，不加减针往上编织13cm的高度后，开始前衣领减针，从织片的中间16针不织，可以收针，亦可以留编织衣领连接，可用防解别针锁住，两侧收下的针数，衣领侧减针，减针方法顺序为3-1-1、2-2-1、2-1-3，最后两侧的针数余下20针，收针断线。详解见图解。

2. 将前身片的侧缝与后身片的侧缝对应缝合，再将两肩部对应缝合。

3. 沿着衣领、两袖口边挑针起织，挑出的针数，要比衣领、两袖口沿边的针数稍多些，用黄色毛钱起针，先织2行2针上针2针下针，换红色毛线编织下针，共编织16行后，收针断线。

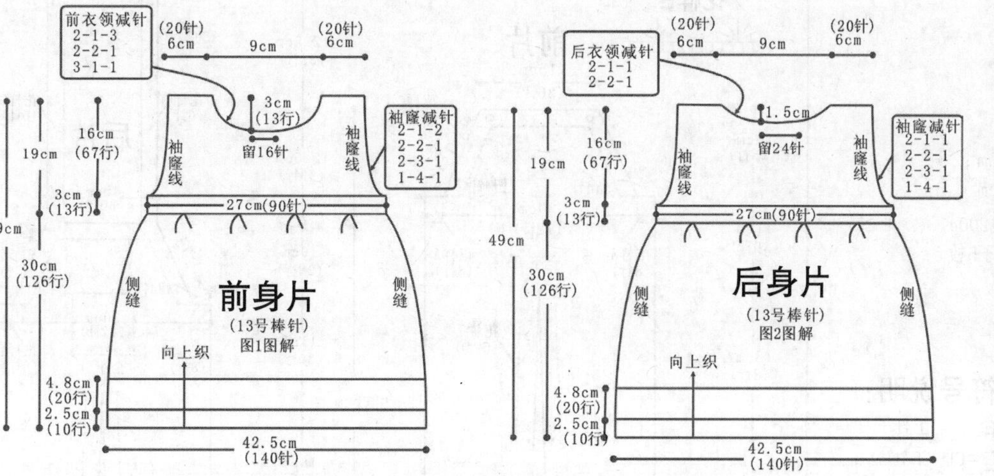

## 前身片

前衣领减针
2-1-3
2-2-1
3-1-1

(20针) 6cm
9cm
(20针) 6cm

16cm (67行)
19cm
3cm (13行)
49cm
30cm (126行)

3cm (13行)
留16针

袖窿减针
2-1-1
2-2-1
2-3-1
1-4-1

袖窿线
27cm(90针)
侧缝
侧缝

**前身片**
(13号棒针)
图1图解

向上织

4.8cm (20行)
2.5cm (10行)
42.5cm (140针)

## 后身片

后衣领减针
2-1-1
2-2-1

(20针) 6cm
9cm
(20针) 6cm

16cm (67行)
19cm
3cm (13行)
49cm
30cm (126行)

1.5cm
留24针

袖窿减针
2-1-1
2-2-1
2-3-1
1-4-1

袖窿线
27cm(90针)
侧缝
侧缝

**后身片**
(13号棒针)
图2图解

向上织

4.8cm (20行)
2.5cm (10行)
42.5cm (140针)

### 身片花样图解

90
1

140
1

## 作品146

【成品规格】裤长69cm，胸围60cm

【工　　具】7号、9号棒针

【编织密度】花样A、B:10cm=19针×16行；
花样C、D:10cm=22.5针×29行

【材　　料】咖啡色棉线300g，白色棉线200g，红、黄、天蓝色棉线少量，扣子2枚

### 上身片制作说明：

1. 沿裤腰处挑起136针往上圈织，前12行编织花样C，在第13行改织花样D，编织8行后，开始袖窿减针，方法是两侧各留8针不织，将织片分成前后身片分别编织。

2. 先编织后片。编织花样D，一边织一边两侧减针，方法是2-1-13，两侧各减去13针，注意织至19行时，中间26针改为花样E编织，共织8行后，将中间26针收针，两侧各4针继续不加减针往上织68行，收针断线。

3. 编织前片。编织花样D，图案位置见图示。一边织一边两侧减针，方法是2-1-22，两侧各减22针，最后中间留16针，改为花样E，不加减针往上织4行，两侧留出2个扣眼，再织4行，收针断线。

### 下身片制作说明：

1. 下身片为横向编织，先编织左下身片。起78针，10针花样A与68针花样B组合编织，花样A每编织6行，花样B加织2行，如此编织48行后，将第1~20针与起针对应缝合，第21~78针收针断线。

2. 同样方法编织右下身片。

3. 编织完成后，将左下身片收针的66~78针与右下身片起针的66~78针缝合，左下身片起针的66~78针与右下身片收针的66~78针缝合。

### 袖窿制作说明：

挑织袖窿，挑起来的针数要比衣服本身稍多些，编织花样，织8行，收针断线。

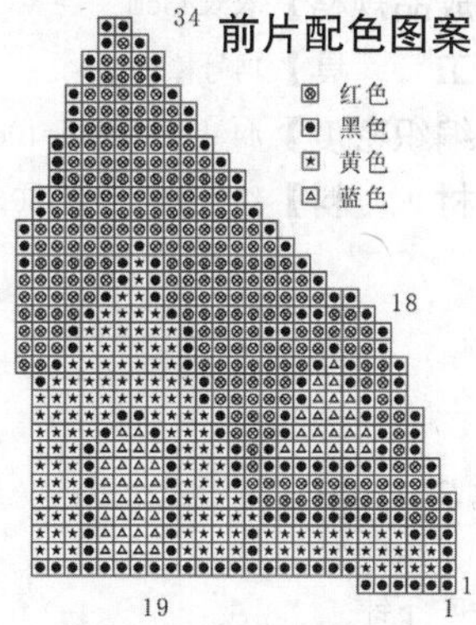

### 前片配色图案

34

🞕 红色
🞒 黑色
✳ 黄色
△ 蓝色

18
19
1

对折

### 下身片

60cm (96行)

**左　下身片　右**

花样B　　　花样B

向右织　　　向右织

花样A　　　花样A

36cm (68行)
5cm (10针)

22cm (36行)
22cm (36行)
30cm (48行)
30cm (48行)

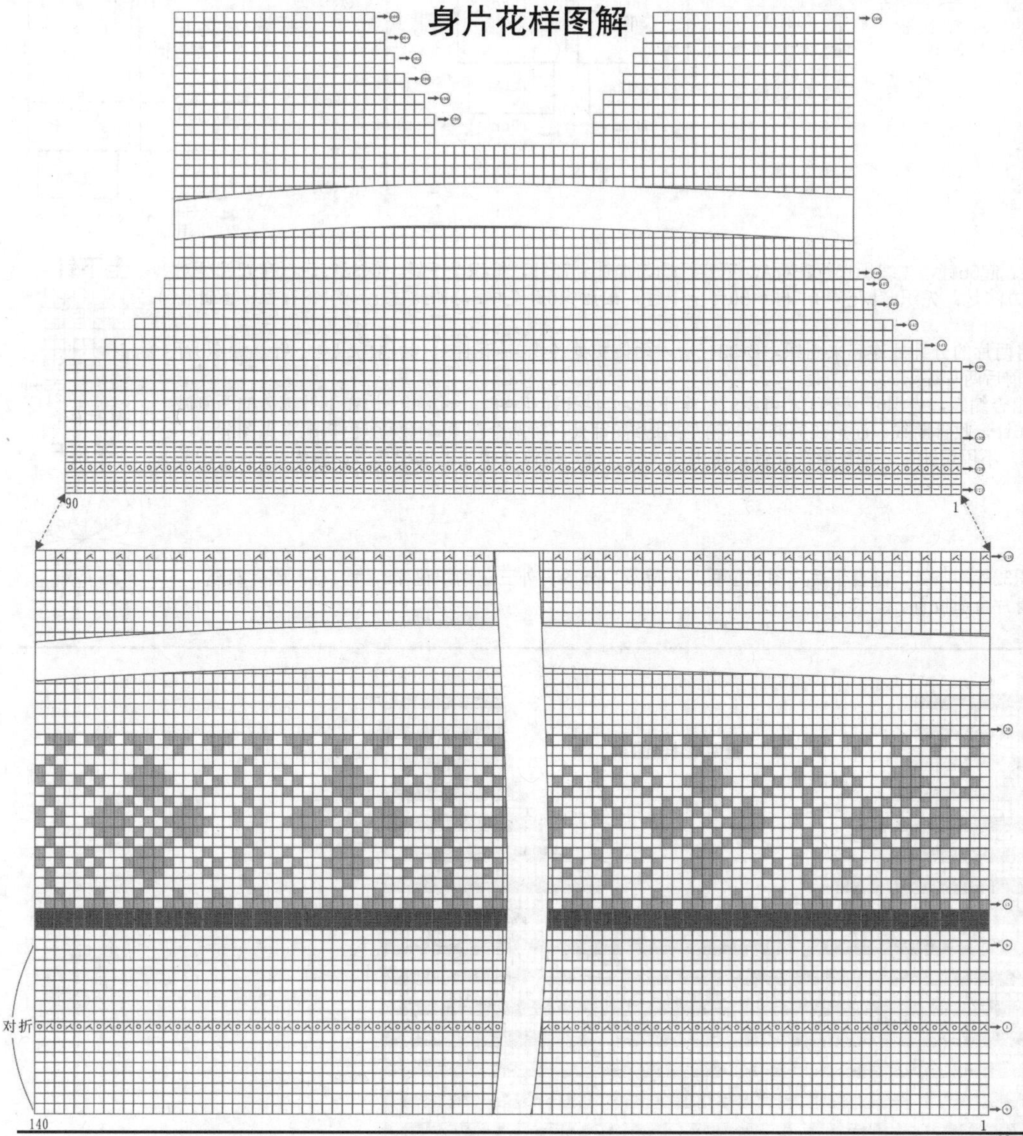

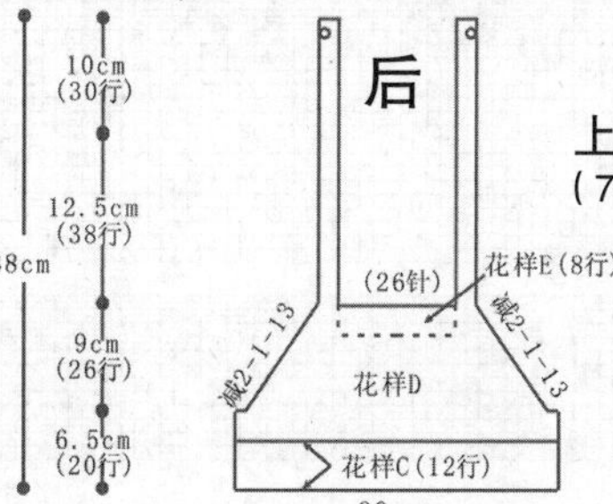

### 上身片 (7号针)

10cm (30行)
12.5cm (38行)
38cm
9cm (26行)
6.5cm (20行)

**后**
(26针)
花样E(8行)
减2-1-13
减2-1-13
花样D
花样C(12行)
30cm (68针)

**前**
(16针)
花样E(8行)
减2-1-22
减2-1-22
花样D
花样C(12行)
30cm (68针)

14.5cm (44行)
23.5cm
6.5cm (20行)

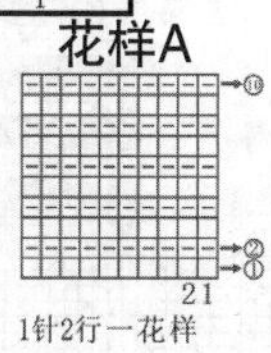

### 花样A

21
1针2行一花样

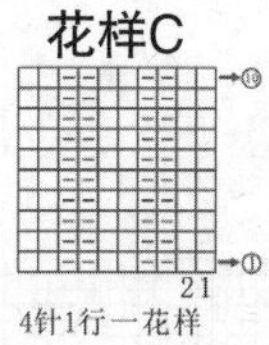

### 花样C

21
4针1行一花样

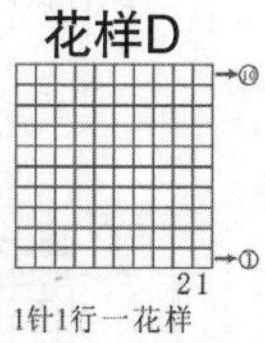

### 花样D

21
1针1行一花样

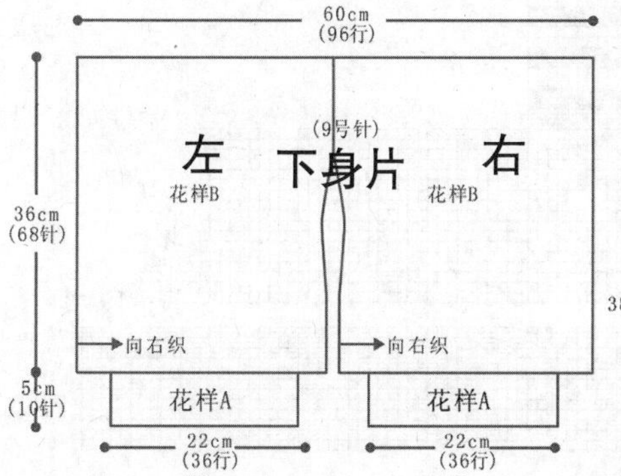

### 花样B

21
1针4行一花样

179

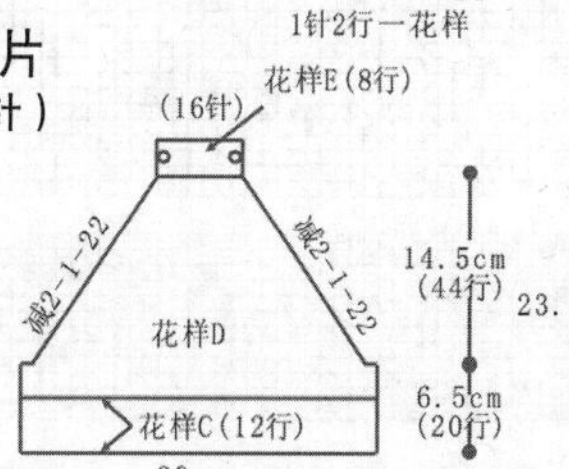

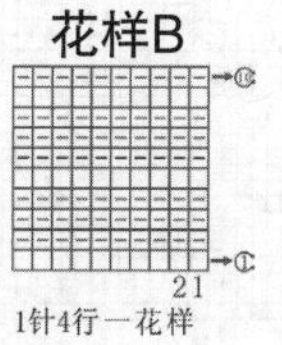

# 作品147

**【成品规格】** 裤长69.5cm

**【工　　具】** 7号棒针

**【编织密度】** 花样A：26针×28行=10cm²；
花样B：24针×28行=10cm²

**【材　　料】** 蓝色棉线220g,白色棉线200g,
红、绿色棉线少量,扣子5枚

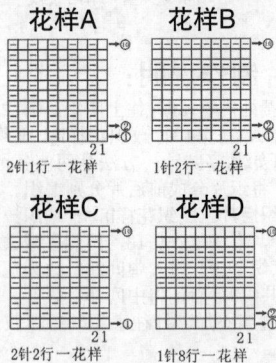

花样A　花样B

2针1行一花样　　1针2行一花样

花样C　花样D

2针2行一花样　　1针8行一花样

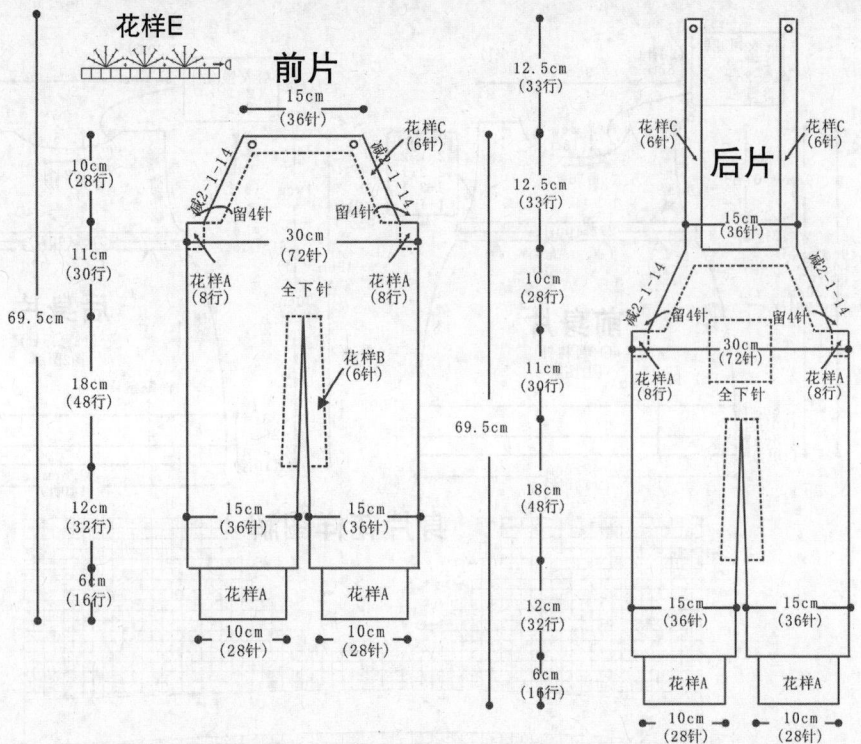

花样E

前片

**符号说明：**

□　上针

□=□　下针

2-1-3　行-针-次

全下针

1针1行一花样

花样F

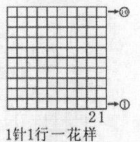
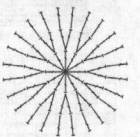

## 下身片制作说明：

1. 下身片为两片往上圈织，从裤脚起织。起56针，先编织16行花样A，第17行均匀加针到72针，编织全下针，织32行后，在起针处对应位置，将织片分开成片状编织，编织方法是：先织6针花样B，再织60针全下针，最后织6针花样B，如此往上编织48行后，留针待用。

2. 同样方法编织另一裤腿片。完成后将两片的分针处连起来圈织，织22行后，两侧腰处各织8针花样A，其他仍织全下针，编织8行后，将两侧共16针花样A收针，织片分成前后两片编织。

3. 先编织前片，前片为花样C与全下针组合编织，先织6针花样C，再织52针全下针，再织6针花样C，一边织一边在下针部分的两侧减针，方法是2-1-14，共织28行，最后余36针，收针断线。注意在第25行两侧距离边缘3针处，留两个扣眼。图案颜色搭配详见图解。

4. 编织后片，后片编织方法与前片一样，不用留扣眼，减针后余36针，将中间24针收针，两侧继续往上编织背带，编织花样C，织66行，收针断线。在背带顶部钉好扣子。

## 口袋及饰花制作说明：

1. 编织口袋，起22针，编织花样D，共织32行，收针，缝合于后片图示位置。在除袋口外的另外三边钩织花样E，钩1行，收针断线。

2. 钩织两片如花样F的圆片，缝合于前身片合适位置。

3. 钩织裤脚处花边，钩织花样E。

# 作品148

**【成品规格】** 衣长43cm

**【工　　具】** 14号棒针

**【编织密度】** 44针×55.5行=10cm²

**【材　　料】** 红色细羊毛线250g

身片花样1图解

**符号说明：**

□　上针

□=□　下针

☒　左上2针并1针

1-4-1　行-针-次

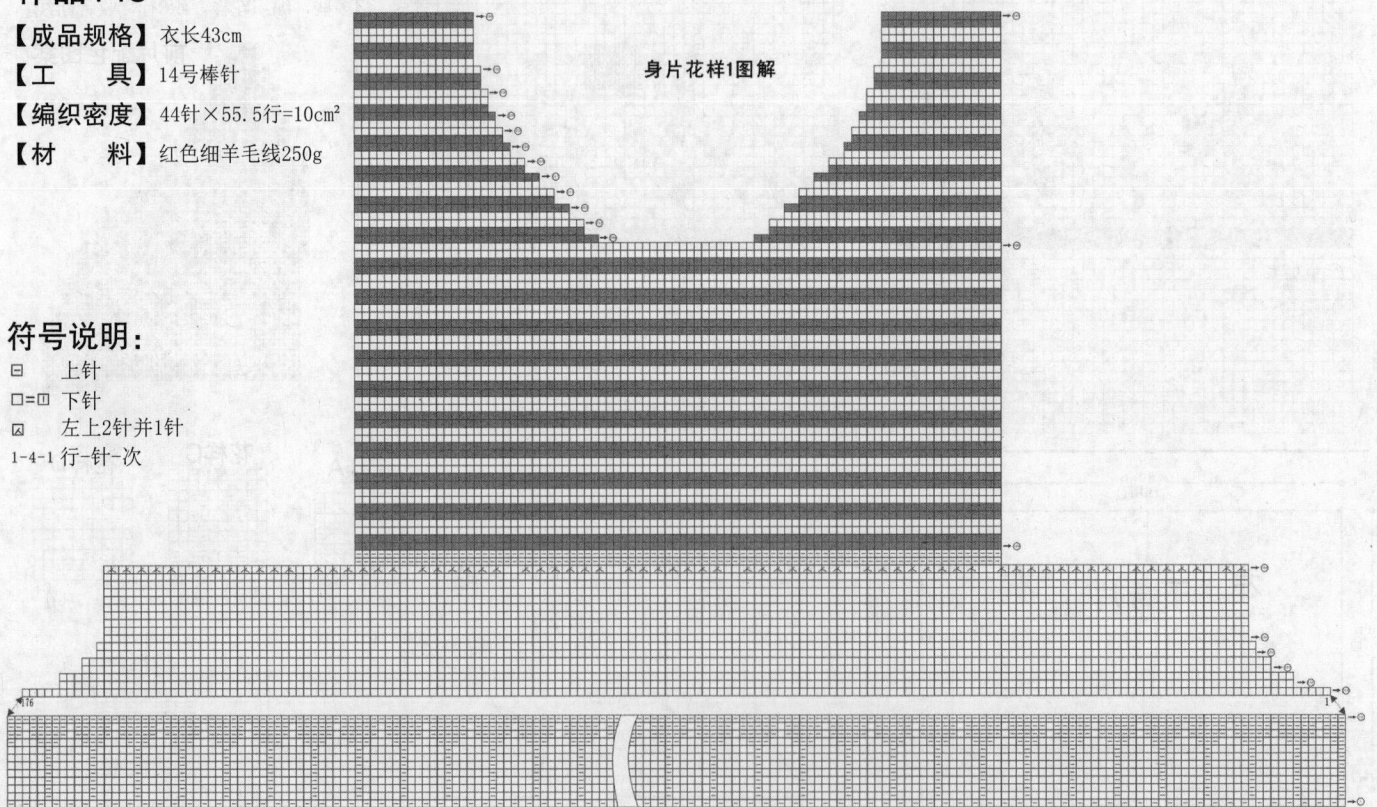

花样图解

## 前身片制作说明：

1. 前身片衣边编织与后身片相同，编织至31行，第32行开始按图解换线编织天鹅花样，一直编织至136行，完成花样的编织，往上编织与后身片同。直到编织至168行，第169行开始往上换线编织，按图解2行白色2行红色交替换线编织，不加减针往上编10.6cm的高度后，开始前衣领减针，从织片的中间留21针不织，可以收针，亦可以留作编织衣领连接，可用防解别针锁住，两侧余下的针数，衣领侧减针，减针方法顺序为2-21-1、2-2-6、2-1-3、3-1-2，最后两侧的针数余下16针，收针断线。详解见图解。

2. 将前身片的侧缝与后身片的侧缝对应缝合，再将两肩部对应缝合。

3. 沿着衣领、两袖口挑针起织，挑山的针数，要比衣领、两袖口沿边的针数稍多些，织双罗纹针（2针上2针下），共编织10行后，收针断线。最后在后身片上部分一侧衣襟边钉上扣子。不钉扣子的一侧，要制作相应数目的扣眼，扣眼的编织方法为，在当行收起数针，在下一行重起这些针数，这些针数两侧正常编织衣襟处。

## 后身片制作说明：

1. 后身片为一片编织，从衣摆起织，往上编织至肩部。

2. 衣服先编织后身片，用红色毛线起216针，按图解编织至2cm，即12行。第13行将针数缩至176针，向上编织下针，一直织至27cm，即150行，第151行开始袖窿减针，方法顺序为1-5-1、2-3-1、2-2-1、2-1-1，后身片的袖窿减少针数为11针。减针后，第166行将针数均匀缩至87针，织2行上针。第169行将上部分成两片编织，先织左上片，织44针加8针（衣襟边），共52针，往上换线编织，按图解2行白色2行红色交替编织，不加减针往上编织14cm的高度后，从织片的右边留45针不织，可以收针，亦可以留作编织衣领连接，可用防解别针锁住，两侧余下的针数，衣领侧减针，方法为2-2-1、2-1-3，最后两侧的针数余下16针，收针断线。按同样的方法织右上片，不同的是衣襟边8针应在左片里面重新起针。详解见图解。

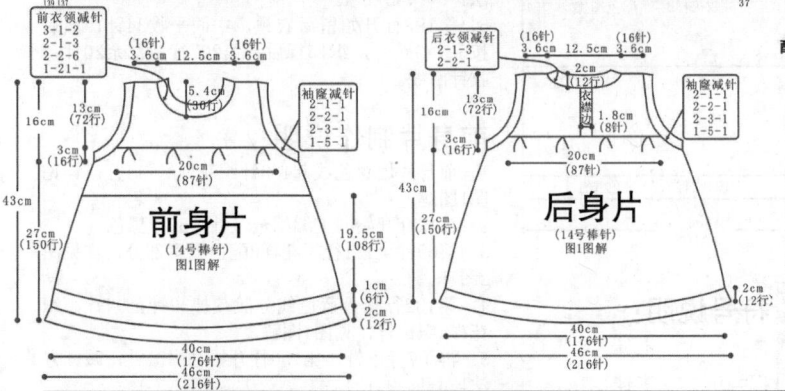

### 前身片制作说明（尺寸图）

前衣领减针
3-1-2
2-1-3
2-2-6
1-21-1

(16针) (16针)
3.6cm 12.5cm 3.6cm

5.4cm (30针)

16cm
13cm (72行)

3cm (16行)

20cm (87针)

43cm

**前身片**
(14号棒针)
图1图解

27cm (150行)

19.5cm (108行)

1cm (6行)
2cm (12行)

40cm (176针)
46cm (216针)

袖窿减针
2-2-1
2-2-1
2-3-1
1-5-1

### 后身片（尺寸图）

后衣领减针
2-1-3
2-2-1

(16针) (16针)
3.6cm 12.5cm 3.6cm

2cm (12行)

衣领连接 (8针)

16cm
13cm (72行)

3cm (16行)

20cm (87针)

1.8cm (8针)

43cm

**后身片**
(14号棒针)
图1图解

27cm (150行)

袖窿减针
2-1-1
2-2-1
2-3-1
1-5-1

1cm (6行)
2cm (12行)

40cm (176针)
46cm (216针)

### 配色说明：
- 灰色
- 白色
- 黑色
- 蓝色
- 桔黄色
- 绿色
- 黄色

### 花样A

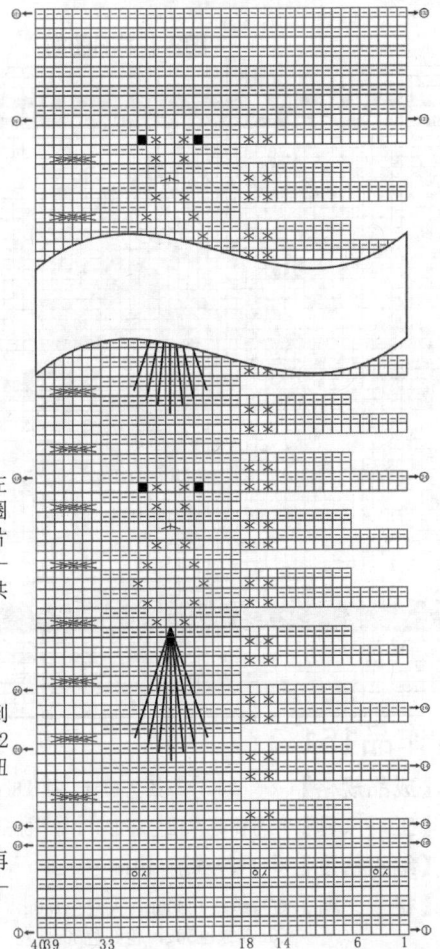

### 花样C

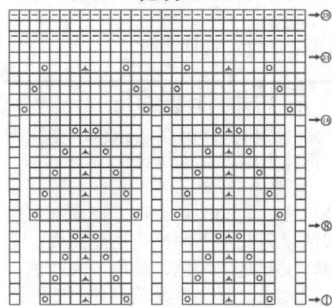

10针28行一花样

## 作品149

【成品规格】衣长43cm

【工 具】9号棒针

【编织密度】28.5针×33.5行=10cm²

【材 料】橙色棉线550g，白色棉线30，彩色扣子3枚

## 下身片制作说明：

1. 棒针编织法，一片圈织。

2. 将后背纽扣扣好，将重叠的12行合并，以此12行为中心，左右对称，挑针起织，共挑90针，编织12行，从第13行起开始圈织，先织完后片的90针，加起8针，再以前片中心对称挑起前片的90针，再加起8针，圈织，一边织一边两侧加针，方法为10-1-7，织70行，共加14针，然后开始编织花样，每10针1个花样，共编织21个花样，织28行后，收针断线。

## 上身片制作说明：

1. 棒针编织法，横向一片编织。

2. 起40针编织花样A，前12行编织1行下针1行上针间隔，织到第7行时，留3个纽扣孔，详细编织方法见图解。右边共编织132行，左边共编织372行，收针断线。在收针处对应位置钉上纽扣。

## 衣袖制作说明：

1. 挑织衣袖，先挑上身片66针，再挑起下身片加起的8针，再挑前后片差6针，圈织，一边织，一边袖底减针，方法为4-1-22，共织98行，最后留58针，改织花样D，织20行，收针断线。

2. 同样方法挑织另一衣袖。

### 花样B

21

1针1行一花样

### 花样D

21

2针1行一花样

## 符号说明：

- ☐ 上针
- ☐= ☐ 下针
- ⊡ 镂空针
- ⊿ 左上2针并1针
- ⋏ 中上3针并1针
- ⧖ 左上1针与右上1针交叉
- ⧗ 右上1针与左上1针交叉
- ⧓ 左上3针与右上3针交叉
- 2-1-3 行-针-次

## 作品150

【成品规格】衣长45cm

【工　　具】11号棒针

【编织密度】31针×46行=10cm²

【材　　料】天蓝色宝绒宝线70g，黑色90g，红色80g，香蕉黄、马丁绿、白色少许

前/后片

花样C

花样D

前/后片

花样D

39cm（110针）

8cm（28行）

21cm（70行）

加110-1-7

34cm（98针）

挑90针

前后差4cm

8针　8针　8针

减4-1-22

前后片各106行

加针后186行

花样A

花样B

花样B

花样D

挑80针

挑80针

减4-1-22

袖窿40行

袖窿40行

织62行

29cm（98行）

14cm（40针）

29cm（98行）

58针

### 衣领、袖口制作说明：

1. 衣领：前后身片缝合后，用天蓝色线沿领围钩短针3行。详见图3图解。

2. 袖口：前后身片缝合后，用天蓝色线沿袖窿线钩短针3行。图解见图3。

后领

钩短针3行　钩短针3行

钩短针3行　钩短针3行

前领

图3

### 后身片制作说明：

1. 后身片用黑色线起133针织花样A，11行。详见图1图解。

2. 第12行开始向上编织全下针，57行黑色。

3. 第69行至131行织花样B配色图案部分，详见图2图解。

4. 第132行换天蓝色线分散减掉39针至94针，织花样A织11行，见图1图解。

5. 再织7行下针，第150行开始袖窿减针，减针方法1-3-1、2-1-4。

6. 第193行开始留后衣领，中间平收34针，然后按5-1-3减针，织15行后，第207行肩部余20针，收针断线。

### 前身片制作说明：

1. 前身片用黑色线起133针织花样A，11行。详见图1图解。

2. 第12行开始向上编织全下针，57行黑色。

3. 第69行至131行织花样B配色图案部分，详见图2图解。

4. 第132行换天蓝色线分散减掉39针至94针，织花样A织11行，见图1图解。

5. 再织7行下针，第150行开始袖窿减针，减针方法1-3-1、2-1-4。

6. 第170行开始留前衣领，中间平收30针，然后按5-1-3、6-1-2减针。

7. 第207行肩部余20针，收针断线。

前身片（11号棒针）

减5针 6-1-2 5-1-3

8cm（38行）

减5针 6-1-2 5-1-3

减7针 2-1-4 1-3-1

第170行中间平收30针

4.5cm（20行）

减7针 2-1-4 1-3-1

图1花样A 天蓝

1.5cm（7行）

30cm（94分散减39针）

2.5cm（11行）

133针

图2花样B 配色图案

侧缝　侧缝

前身片（11号棒针）

12.5cm（58行）

4cm（18行）

13.5cm（63行）

12.5cm（57行）

2.5cm（11行）

45cm（207行）

黑色 全下针

向上织

图1花样A　黑色

43cm（133针）

后身片（11号棒针）

减3针 5-1-3

3cm（15行）5-1-3

减7针 2-1-1 1-3-1

第193行中间平收34针

11行（50行）

30cm（94分散减39针）

133针

图2花样B 配色图案

侧缝　侧缝

黑色 全下针

向上织

图1花样A　黑色

43cm（133针）

## 图2 花样B图解

## 符号说明：

| 符号 | 说明 |
|---|---|
| □ | 上针 |
| □=□ | 下针 |
| ＋ | 短针 |
| ◎ | 镂空针 |
| ◿ | 上针左上2针并1针 |

## 图1 花样A图解

□ 红色
□ 香蕉黄
■ 黑色
□ 马丁绿
☒ 白色
□ 天蓝

## 图3 衣领钩针花样图解

第3行
第1行

### 前片、后片制作说明：

1. 钩针编织法和棒针编织法结合。先钩织下摆片，再往上编织前片与后片。

2. 起钩，衣服由5行单元花，每行一圈共16个单元花组成，共80个单元花，根据制作说明，衣服的单元花由不同颜色搭配而成，无固定规律，主要是由绿色、黄色、大红色、粉红色钩织而成，每个单元花最外一圈网眼连接，均采用大红色钩织。将单元花连接成环状。

3. 在环状单元花下摆的上侧边缘，钩织1行短针锁边，用红色线钩织，然后用棒针，沿着短针行挑针编织，挑织下针，一圈共244针，正面全织下针，均用红色线编织，织成40行后，将织片分成前片和后片编织。

4. 织片分成前片和后片，各122针，先编织后片，两边同时减针，减针方法为：2-6-1、2-2-2、2-1-4。减成袖窿，然后无加减针继续编织下针，正面织下针，反面织上针，来回编织，将织片织成100行，中间留取42针收针掉，两侧相反方向减针，各减少4针，减针方法2-1-4，减织成10行，最后两肩部余下22针，收针断线。藏好线尾。

5. 前片的编织，袖窿减针与后片相同，各减少14针，前片织62行后，中间留取26针不织，收针掉，两边相反方向减针，减针方法为：2-8-1、2-1-4，各减少12针，然后两侧各自无加减针，往上编织，前片织成110行，肩部余下22针后，与后片的肩部相对应缝合。

6. 沿着前后衣领边，用钩针沿边钩织1行短针，1行狗牙拉花。

7. 单独钩织腰间装饰带，用红色线钩织，往返编织4行后，改用绿色线钩织2行，中间折叠两层，再单独钩织一段短针花样将之扎成一团。最后将这带子的下端与前片的连接处用线缝合。衣服的下摆边缘，钩织花样C锁边。

## 作品151

【成品规格】衣长47cm，下摆宽40cm，袖长8cm

【工　　具】12号棒针，12号环形针，1.75mm钩针

【编织密度】30.5针×50行=10cm²

【材　　料】宝宝绒线共300g，大红色150g，黄色50g，绿色50g，粉红色50g

前片 全下针（12号棒针）
7cm（22针）沿边钩花样B 7cm（22针）
8cm（40行）
减12针 2-1-4 2-8-1
14cm 13cm（70行）（40针）
沿边钩花样B
减14针 2-1-4 2-6-1
留26针
12.4cm（62行）
前片装饰腰带花样C
8cm（40行）
40cm（122针）
47cm
下摆片
25cm 5行单元花（1.75mm钩针）
40cm（8个单元花）

后片 全下针（12号棒针）
7cm（22针）沿边钩花样B 7cm（22针）
8cm（40行）
减2-1-4 留42针 减2-1-4
14cm 13cm（70行）（40针）
减14针 2-1-4 2-6-1
20cm（100行）
8cm（40行）
40cm（122针）
下摆片
25cm 5行单元花（1.75mm钩针）
40cm（8个单元花）

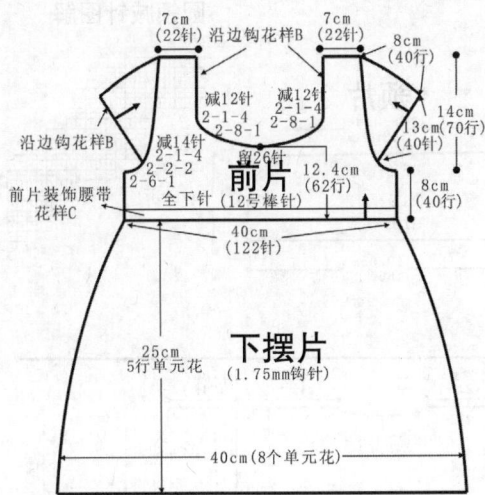

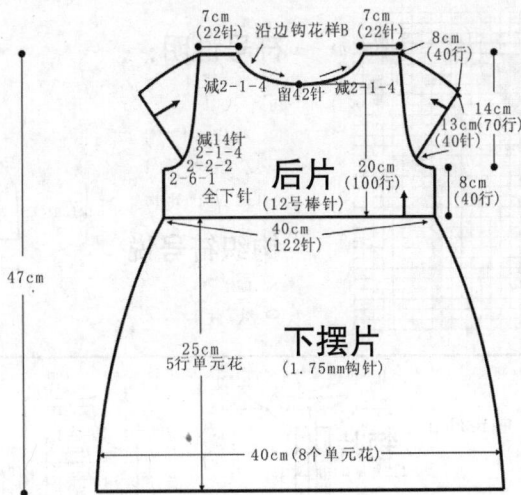

单元花排列图（前片）
5cm
5cm
5个
8个
5cm

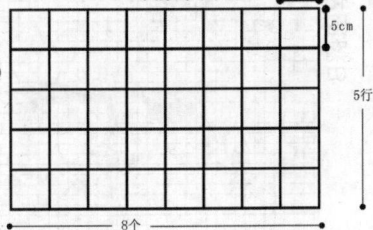

花样A（单元花图解）
花样B（狗牙拉针）
花样C（前片装饰带图解）
绿色
红色

## 制作说明：

衣服的单元花由不同颜色的毛线搭配钩织而成，无固定规律，可一起，要相间错落。以随意搭配，主要是由绿色、黄色、大红色、粉红色搭配钩织而成。在排列时，不要将两个相同的单元花并列在一起，要相间错落。

## 袖片制作说明：

1. 棒针编织法与钩针编织法结合。
2. 下针起针法，起80针，编织4行后，两边同时减针，减2-1-18，袖山余下8针，收针2-1-3断线。起针处，用钩针钩织2行短针和1行狗牙拉针，整袖片全用大红色编织。
3. 同样的方法再编织另一袖片。
4. 缝合方法：将袖山对应前片与后片的袖窿线，用线缝合，再将两袖侧缝对应缝合。

## 符号说明：

| □=□ | 下针 |
| + | 短针 |
| | | 长针 |
| ∞ | 锁针 |

减2-1-3 行-针-次

# 作品152

【成品规格】衣长61.5cm
【工　具】11号棒针，1.5mm钩针，缝衣针
【编织密度】34针×40行=10cm²
【材　料】棉线300g

## 后身片制作说明：

1. 后身片由裙片和上身片组成，先编织裙片，缩针后编织上身片。
2. 裙片起174针，交替编织1行下针，1行上针共16行，从第17行起全部编织下针。不加减针编织至33cm，132行。第133行进行缩针，方法是：用1针下，2针并1针的针法每3针减去1针，共减58针。减针后裙片剩余116针。
3. 用缩针后的116针编织上身片，全下针编织32行后，开始袖窿减针，方法顺序为平收8针，然后为2-3-1、2-2-1、2-1-1。上身片编织到80行后，开始后领窝减针，方法为平收24针，然后两边2-2-2、2-1-2，上身片编织到98行，每个肩部剩余针数为26针，收针断线。

**衣领边钩花：** 用钩针沿单片衣领的外边沿均匀挑钩1行短针，返回的第2行也钩短针，第3行用辫子针法钩花边。详细见领边钩花图解。同样针法钩另一衣领的花边。

**裙片绣花：** 用色线在裙片A、裙片B上绣出花样，绣花采用毛线十字绣针法，颜色按绣花图案配置。在裙片A上按绣花图案绣花，在裙片B上按绣花图案B绣花。

**袖口：** 沿着袖窿边均匀挑出110针，然后环形编织1针上针，1针下针单罗纹针10行，收针断线。同样编织另一个袖口。

**衣领：** 衣领以前后领窝的中心线分为左右对称的两片编织，单片衣领沿着领窝边均匀挑出66针，然后编织1行下针1行上针，编织至34行后，开始在领片两边收圆领角，方法是2-2-6，详见圆领减针图解，编织46行后收针断线。同样方法圆领完成对称的另一个衣领。

**缝合：** 分别对齐前后身片的肩缝、侧缝后用缝衣针缝合。

## 前身片制作说明：

1. 前身片由裙片A、裙片B和上身片组成。先分别编织裙片A和裙片B，然后两裙片缩针并合为一片编织上身片。
2. 裙片A：起86针，交替编织1行下针，1行上针共16行，从第17行起裙片右边的8针作为前襟边，继续编织1行下针1行上针，其余78针全部编织下针。不加减针编织至33cm，132行。第133行进行缩针，方法是：78针下针部分采用1针下针，2针并1针的针法每3针减去1针，共减26针。8针衣襟边部分采用2针下针，2针并1针的针法每4行减去1针，共减2针，减针后裙片A剩余58针留在针上。
3. 裙片B：从起针到16行均与裙片A相同，编织第17行时，8针衣襟边的位置方向与裙片A对称，留在裙片B的左边，编织33cm，132行后，86针全部留在针上。

## 绣花图案A

4. 按前片结构图的方向位置，接着裙片A的58针编织裙片B的第133行，同时进行缩针，方法是：8针衣襟部分采用2针下针，2针并1针的针法每4行减去1针，共减2针。78针下针部分采用1针下针，2针并1针的针法每3针减去1针，共减26针。这样缩针后合在一起的A、B裙片共116针。
5. 继续编织32行平针，开始袖窿减针，方法顺序为平收8针，然后2-3-1、2-2-1、2-1-1。上身片编织到66行后，开始前领窝减针，方法为平收12针，然后两边2-3-1、2-2-1、2-1-7，上身片编织到98行，每个肩部剩余针数为26针，收针断线。

前领窝减针 2-1-7 2-2-1 2-3-1
（26针）7.6cm 11cm （26针）7.6cm
8cm
收12针
2-1-1 2-2-1 2-3-1
16.5cm（66行）
16.5cm（66行）
前身片（11号棒针）
收8针
34cm（116针）
8cm（32行）

裙片B（11号棒针）全下针编织
裙片A（11号棒针）全下针编织
33cm（132行）
侧缝 向上织 8针 8针 侧缝 向上织
4cm（16行）
1行下针1行上
25.5cm（86针）25.5cm（86针）

领窝减针 2-1-2 2-2-2

（26针）7.6cm 11cm （26针）7.6cm
4.5cm
收24针
2-1-1 2-2-1 2-3-1
16.5cm（66行）
后身片（11号棒针）
收8针
34cm（116针）
8cm（32行）
20cm（80行）

袖片（11号棒针）
33cm（132行）
侧缝 全下针编织 侧缝
向上织
4cm（16行）1行下针1行上
51cm（174针）

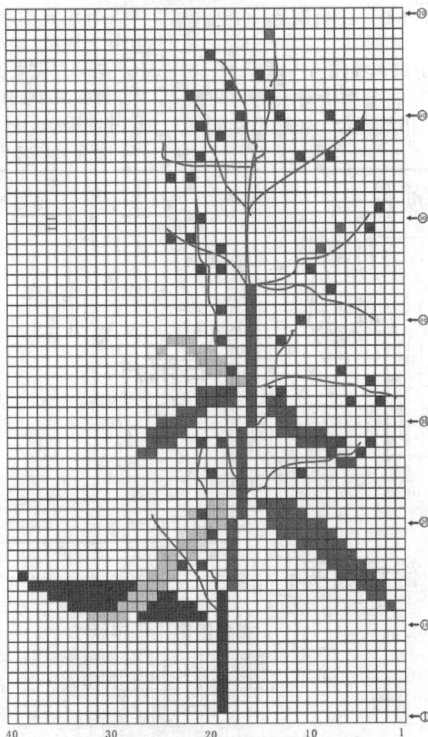

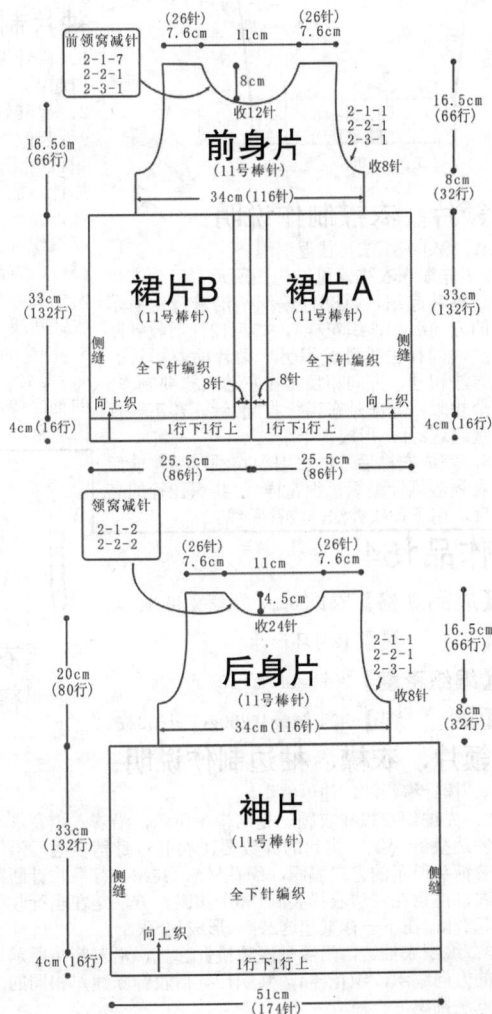

## 领边钩花图解

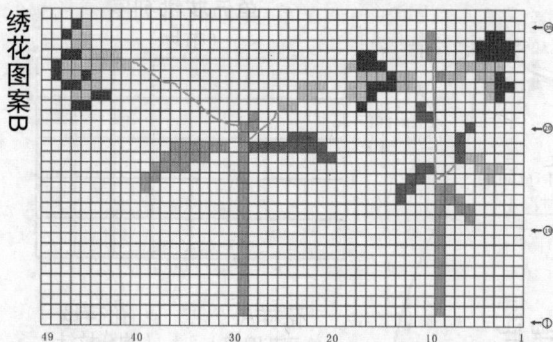

绣花图案B

49　40　30　20　10　1

**符号说明：**

□　上针
□　下针
☑　左上2针并1针
☑　右上2针并1针

2-1-3　行-针-次

**钩织符号说**

×　短针
○　辫子针

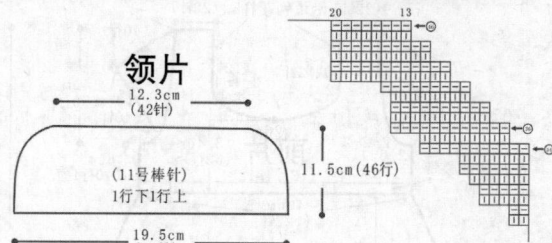

圆领减针图解

20　13

领片

12.3cm（42针）

（11号棒针）
1行下1行上

8.5cm（34行）

11.5cm（46针）

19.5cm（66针）

---

# 作品153

【成品规格】衣长34cm，下摆宽32cm，袖长29cm

【工　具】12号棒针，12号环形针

【编织密度】30针×40行=10cm²

【材　料】宝宝绒线共250g，纽扣5枚

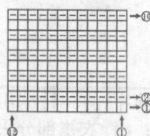

花样A（搓板针）

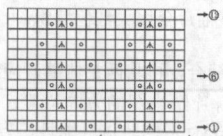

花样B

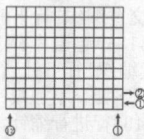

**符号说明：**

□　上针
□=□　下针
☒　中上3针并1针
☒　镂空针

花样C

领片
（12号棒针）

2.5cm（12行）

衣襟
（12号棒针）

29.5cm（88针）

2.5cm（12行）

**袖片制作说明：**

1. 棒针编织法，编织两片袖片。从袖口起织。
2. 起56针，编织8行花样A搓板针，第9行起改织花样B，共7个单元花样，编织12行后，改织花样C下针，两侧同时加针，加8-1-10，两侧的针数各增加10针，将织片织成76针，共100行。接着就编织袖山，袖山减针编织，两侧同时减针，方法为1-4-1、2-2-1、2-1-19，两侧各减少25针，最后织片余下26针，收针断线。
3. 同样的方法再编织另一片袖片。
4. 缝合方法：将袖山对应前片与后片的袖窿线，用线缝合，再将两袖侧缝对应缝合。

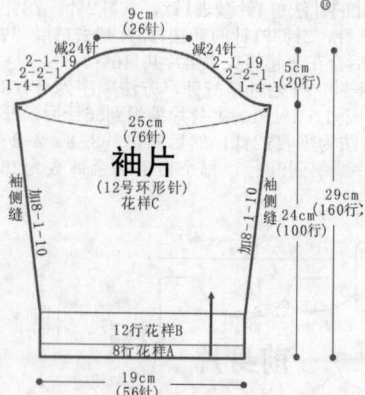

减24针　减24针
2-1-1-19　2-1-1-19
2-1-1　2-1-1
1-4-1　1-4-1

9cm（26针）

5cm（20行）

25cm（76针）

袖片
（12号环形针）
花样C

袖侧缝　加8-1-10

袖侧缝　加8-1-10

29cm（160行）

24cm（100行）

12行花样B
8行花样A

19cm（56针）

**领片、衣襟制作说明：**

1. 棒针编织法，往返编织。
2. 先编织衣襟，见结构图所示，沿着衣襟边挑针起针，挑88针编织，沿着箭头所示的方向编织，织花样A，共织12行后收针断线，同样去挑针编织另一前片的衣襟边。方法相同，方向相反。在左边衣襟要制作5个扣眼，方法是在当行收起2针，在下一行重起这2针，形成一个眼。
3. 完成衣襟后才能去编织衣领，沿着前后衣领边挑针编织，织花样A，共织12行的高度，用下针收针法，收针断线。

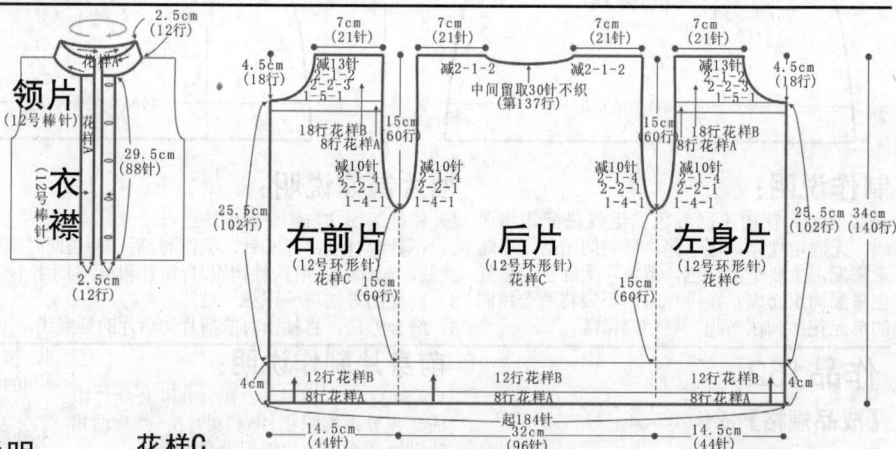

7cm（21针）　7cm（21针）　7cm（21针）　7cm（21针）

4.5cm（18行）　减13针　减2-1-2　减2-1-2　减13针　4.5cm（18行）
2-2-1　　　　　　　　　2-2-1
1-5-1　　　　　　　　　1-5-1

18行花样B　中间留取30针不织（第137行）　18行花样B
8行花样A　　　　　　　　　8行花样A

15cm（60行）　　　　　　　　　15cm（60行）

减10针　减10针　　减10针　减10针
2-2-1　2-2-1　　2-2-1　2-2-1
1-4-1　1-4-1　　1-4-1　1-4-1

右前片　后片　左身片
（12号环形针）　（12号环形针）　（12号环形针）
花样C　花样C　花样C

25.5cm（102行）　　　　　　25.5cm（102行）　34cm（140行）

15cm（60行）　15cm（60行）　15cm（60行）

4cm　12行花样B　12行花样B　12行花样B　4cm
8行花样A　8行花样A　8行花样A

起184针
14.5cm（44针）　32cm（96针）　14.5cm（44针）

**前片、后片制作说明：**

1. 棒针编织法，袖窿以下一片编织完成，袖窿起分为左前片，右前片，后片来编织。织片较大，可采用环形针编织。
2. 起织，起184针起织，起织花样A搓板针，共织8行，从第9行起改织花样B，共织23个单元花，织至20行，第21行起，改织花样C下针，织至80行，从第81行起将织片分片，分为右前片、左前片和后片，右前片与左前片各取44针，后片取96针编织。先编织后片，而右前片与左前片的针眼用防解别针锁住，暂时不织。
3. 分配后身片的针数到棒针上，用12号针编织，起织时两侧需要同时减针织成袖窿，减针方法为1-4-1、2-2-1、2-1-4，两侧针数各减少10针，余下76针继续编织，两侧不再加减针，织至第137行时，中间留取30针不织，用防解别针锁住，两端相反方向减针编织，各减少2针，方法为2-1-2，最后两肩部余下21针，收针断线。
4. 左前片与右前片的编织，两者编织方法相同，但方向相反，以右前片为例，右前片的左侧为衣襟边，起织时不加减针，右侧要减针织成袖窿，减针方法为1-4-1、2-2-1、2-1-4，针数减少10针，织至114行，第115行起，改织花样A，织8行后，改织花样B，同时右侧要减针织成衣领，减针方法为1-5-1、2-2-3、2-1-2，针数减少13针，编织至140行，肩部余下21针，收针断线。左前片的编织顺序与减针法与右前片相同，但是方向不同。
5. 前片与后片的两肩部对应缝合。

---

# 作品154

【成品规格】衣长30cm，下摆宽30cm

【工　具】12号环形针

【编织密度】30针×40行=10cm²

【材　料】宝宝绒线共200g，纽扣3枚

**领片、衣襟、袖边制作说明：**

1. 棒针编织法，往返编织。
2. 先编织衣襟和衣领，见结构图所示，沿着衣襟及衣领边挑针起针，挑起的针数要比衣服本身稍多些，沿着箭头所示的方向编织，织花样A，共织12行后收针断线，注意在左边衣襟要制作3个扣眼，方法是在当行收起2针，在下一行重起这2针，形成1个眼。
3. 编织衣袖边，沿着袖窿边挑针起针，沿着箭头所示的方向编织，织花样A，共织12行后收针断线，相同的方法挑织另一袖边。

领片
（12号棒针）

袖边
（12号棒针）

衣襟
（12号棒针）

3cm（12行）

**符号说明：**

□　上针
□=□　下针

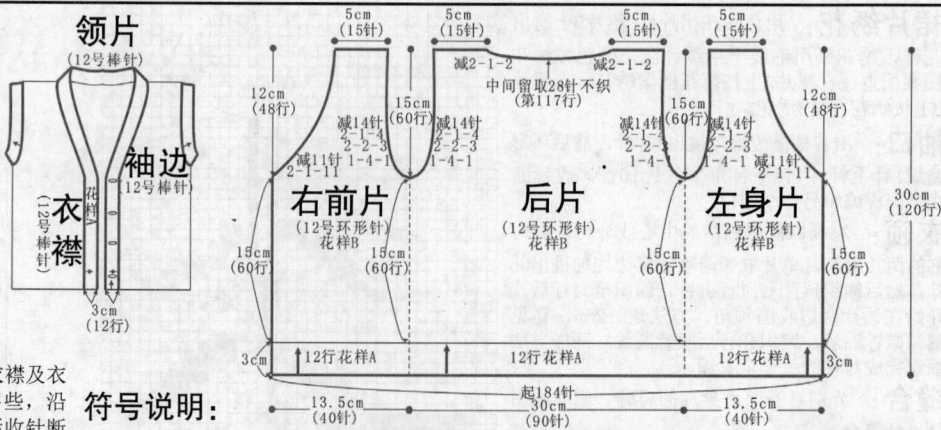

5cm（15针）　5cm（15针）　5cm（15针）　5cm（15针）

12cm（48行）　减2-1-2　减2-1-2　12cm（48行）
中间留取28针不织（第117行）

15cm（60行）　15cm（60行）　15cm（60行）

减14针　减14针　减14针　减14针
1-4-1　1-4-1　1-4-1　1-4-1
减11针　1-4-1　1-4-1　减11针
1-4-1　　　　　　　1-4-1

右前片　后片　左身片
（12号环形针）　（12号环形针）　（12号环形针）
花样B　花样B　花样B

15cm（60行）　15cm（60行）　15cm（60行）

3cm　12行花样A　12行花样A　12行花样A　3cm

起184针
13.5cm（40针）　30cm（90针）　13.5cm（40针）

30cm（120行）

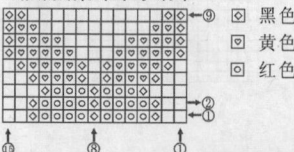

蝴蝶图案（十字绣）

□　黑色
□　黄色
□　红色

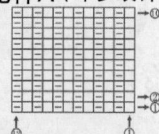

花样A（单罗纹针）

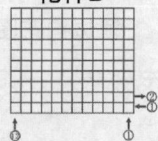

花样B

**前片、后片制作说明：**
1. 棒针编织法，袖窿以下一片编织完成，袖窿起分为左前片、右前片、后片来编织。织片较大，可采用环形针编织。
2. 起织，起170针起织，起织花样A单罗纹针，共织12行，从第13行起改织花样B下针，织至72行，第73行起，将织片分为右前片、左前片和后片，右前片与左前片各取40针，后片取90针编织。先编织后片，而右前片与左前片的针眼用防解别针锁住，暂时不织。
3. 分配后身片的针数到棒针上，用12号针编织，起织时两侧需要同时减针织成袖窿，减针方法为1-4-1、2-2-3、2-1-4，两侧针数

各减少14针，余下62针继续编织，两侧不再加减针，织至第117行时，中间留取28针不织，用防解别针锁住，两端相反方向减针编织，各减少2针，方法为2-1-2，最后两肩部余下15针，收针断线。
4. 左前片与右前片的编织，两者编织方法相同，但方向相反，以右前片为例，右前片的左侧为衣襟边，右侧为袖窿边，起织时两侧要同时减针织成衣领和袖窿，左侧减针方法为2-1-11，针数减少11针，右侧减针方法为1-4-1、2-2-3、2-1-4，减少14针，减针后不加减针织至120行，肩部余下15针，收针断线。左前片的编织顺序与减针方法与右前片相同，但方向不同。
5. 前片与后片的两肩部对应缝合。
6. 十字绣刺绣法，在左右前片各绣一只蝴蝶图案。

---

# 作品155

【成品规格】衣长44cm，袖长38cm
【工　　具】12号棒针，12号环形针
【编织密度】27针×30行=10cm²
【材　　料】宝宝绒线共350g

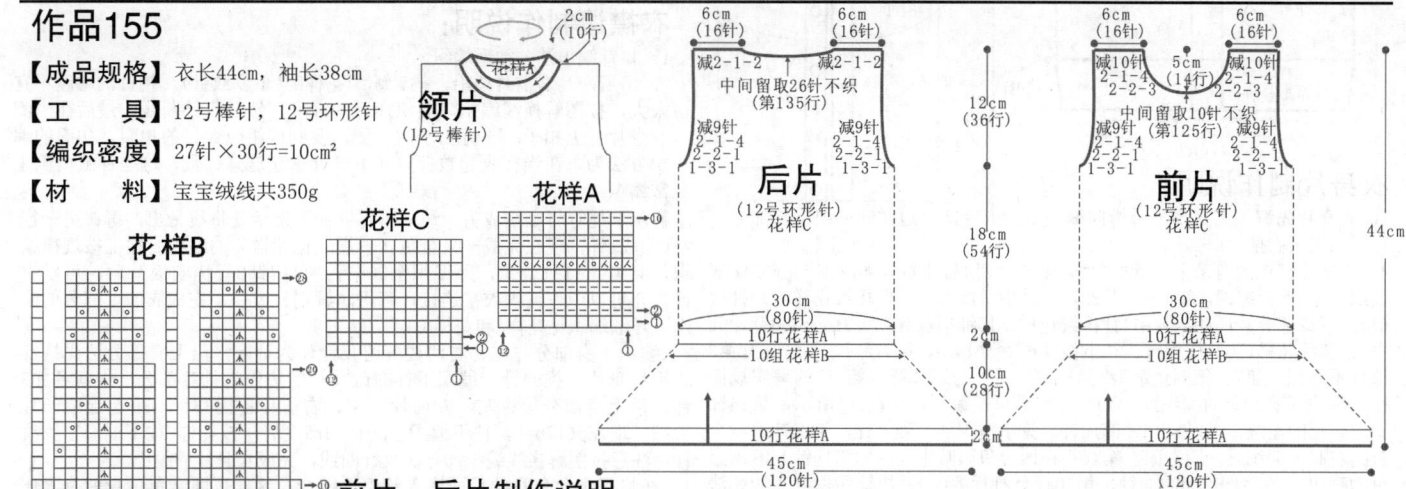

花样B

花样C

花样A

领片
（12号棒针）

后片
（12号环形针）
花样C

前片
（12号环形针）
花样C

袖片
（12号环形针）
花样C

**前片、后片制作说明：**
1. 棒针编织法，袖窿以下一片环形编织完成，袖窿起分为前片、后片来编织。织片较大，可采用环形针编织。
2. 起织，起240针，起织花样A，共织10行，从第11行起改织花样B，共织10组单元花，织至38行，织片变为160针，再织10行花样A，第49行起，改织花样C下针，织至102行，从第103行起将织片分片，分为前片和后片，各取80针编织。先编织后片，而前片的针眼用防解别针锁住，暂时不织。
3. 分配后身片的针数到棒针上，用12号针编织，起织时两侧需要同时减针织成袖窿，减针方法为1-3-1、2-2-1、2-1-4，两侧针数各减少9针，余下62针继续编织，两侧不再加减针，织至第135行时，中间留取26针不织，用防解别针锁住，两端相反方向减针编织，法为2-1-2，最后两肩部余下16针，收针断线。
4. 前片的编织，起织时两侧需要同时减针织成袖窿，减针方法为1-3-1、2-2-1、2-1-4，两侧针数各减少9针，余下62针继续编织，两侧不再加减针，织至第125行时，中间留取10针不织，用防解别针锁住，两端相反方向减针编织，各减少10针，方法为2-2-3、2-1-4，最后两肩部余下16针，收针断线。
5. 前片与后片的两肩部对应缝合。

**袖片制作说明：**
1. 棒针编织法，编织两片袖片。从袖口起织。
2. 起84针，起织花样A，共织10行，从第11行起改织花样B，共织7组单元花，织至38行，织片变为56针，再织10行花样A，第49行起，改织花样C下针，两侧同时加针，加8-1-6，两侧的针数各增加6针，将织片织成68针，共104行。接着编织袖山，袖山减针编织，两侧同时减针，方法为1-3-1、2-3-5、2-2-2，两侧各减少22针，最后织余下24针，收针断线。
3. 同样的方法再编织另一袖片。
4. 缝合方法：将袖山对应前片与后片的袖窿线，用线缝合，再将两袖侧缝对应缝合。

袖片
（12号环形针）
花样C

**符号说明：**
□　上针
□=□　下针
囚　中上3针并1针
回　镂空针

**领片制作说明：**
1. 棒针编织法，往返编织。
2. 编织衣领，见结构图所示，沿着衣领边挑针起织，挑起的针数要比衣领本身稍多些，沿着箭头所示的方向编织，织花样A，共织10行后，用下针收针法，收针断线。

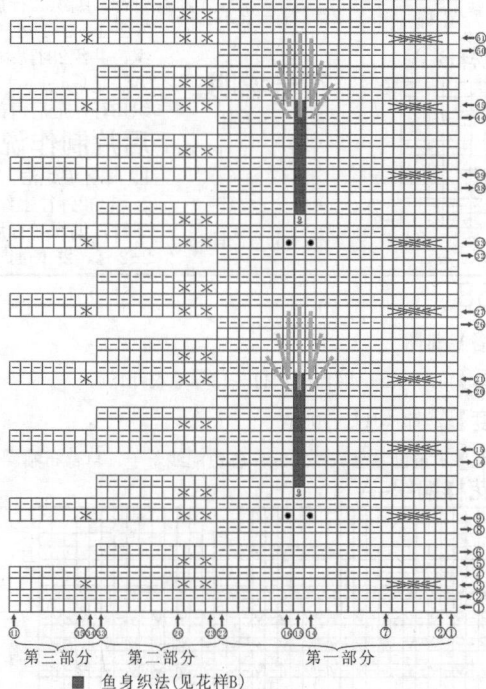

花样B
（金鱼花样）

花样A

一层变
化花样

第三部分　第二部分　　第一部分
■鱼身织法（见花样B）

---

# 作品156

【成品规格】衣长45cm，袖长32cm
【工　　具】11号棒针，11号环形针
【编织密度】28针×33行=10cm²
【材　　料】红色宝宝绒线400g，白色毛线少许，红色扣子5枚

**符号说明：**
□　上针
□=□　下针
囚　右上2针并1针
囚　左上2针并1针
回　镂空针
12-1-7　行-针-次
　　左上1针交叉
　　右上1针交叉

右上3针与
左下3针交叉

1针编出9针的加针

小球织法

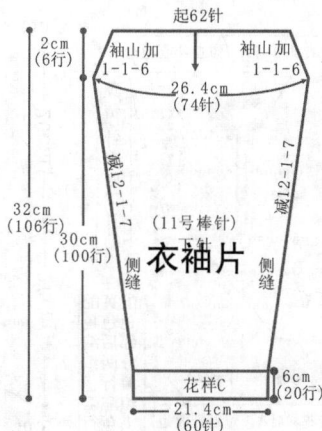

衣袖片
（11号棒针）
花样C

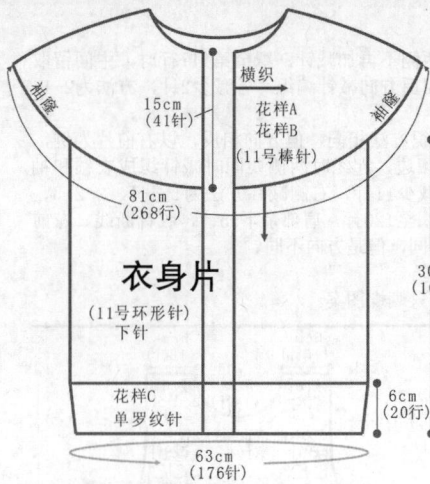

横织
花样A
花样B
（11号棒针）

15cm
（41针）

81cm
（268行）

衣身片

（11号环形针）
下针

袖窿

袖窿

30cm
（100）

花样C
单罗纹针

6cm
（20行）

63cm
（176针）

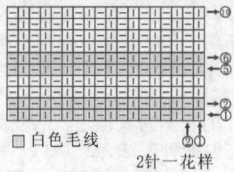

花样D（单罗纹）

□白色毛线

2针一花样

3cm
（10行）

3cm
（10行）

（11号棒针）
花样D

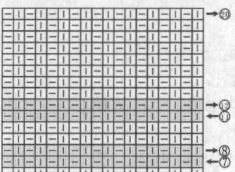

花样C（单罗纹）

1白色毛线

2针一花样

## 衣袖片制作说明：

1. 两片衣袖片，分别单独编织，编织下针。
2. 从袖山起织，起62针往下编织，两袖山加针，加针方法为1-1-6，加完针后，共74针，再往下编织，两侧面减针，减针方法为12-1-7，一直往下编织至86行，再往下不加减针按花样C编织单罗纹针，注意按图解换线编织，编织20行后，收针断线。
3. 同样的方法再编织另一衣袖片。
4. 将两袖片的袖山与衣身的袖窿线边对应缝合，再缝合袖片的侧缝。

## 衣襟边制作说明：

1. 棒针编织法，往返编织。
2. 沿着左、右前片边沿，挑针编织花样D（单罗纹针），挑针的幅度不宜太大，按图解换线编织，编织10行的高度，然后收针断线。最后在一侧前身片钉上扣子。不钉扣子的一侧，要制作相应数目的扣眼，扣眼的编织方法为，在当行收起数针，在下一行重起这些针数，这些针数两侧正常编织。

图解所示处缝时将线绕成另一边，再将针插入所示处将线带出，再在另一行2针并成1针。现在完成一只金鱼（一层变化花样）的编织。往上按规律编织，共编织11只金鱼，即编织至266行，再编织2行搓板针后，可以收针，亦可以留作编织衣襟连接，可用防解别针锁住，完成衣服上部分的编织。详细编织见花样A和花样B。

3. 编织下身部分，左、右两边各留48针作为袖窿，沿上身部分边先挑针编织前身片，编织下针8行，8行的边作为袖窿部分，中间各加8针，沿上身部分边挑左、右前片，左、右前片各挑38针，串起连成一片编织，现在共176针。往下编织至80行的高度后，按花样C往下编织单罗纹针，注意按图解换线编织20行，收针断线，完成衣身片的编织。

4. 在11只金鱼鱼身的反面塞入丝绵，缝合，这样正面金鱼身就有立体感了。在金鱼的眼睛上缝上黑色的丝绵或小纽扣。

## 衣身片制作说明：

1. 衣身片先编织上身部分，横向编织后沿上身部分边挑针编织下身部分，往下编织至衣摆。
2. 衣服先编织上身部分，起41针编织1行上针1行下针，第3行按花样A图解编织，分3部分编织。第1部分共22针，其中1针边针，6针棒绞花样，15针搓板针。第2部分共15针，其中4针棒绞花样，15针搓板针。第3部分共8针，其中2针棒绞花样，6针搓板针。往上按花样A编织第3、第4行；第5、6行第3部分不编织，第7、第8针仅编织第1部分。往上按第3行至第8行的编织规律往上编织（除金鱼的编织）。第9行开始金鱼的编织，如花样A所示，第14针编织金鱼的左眼，1针编出5针的加针，见小球织法，隔一针，第16针编织金鱼的右眼，编织方法同左眼。第10行在两金鱼眼睛中间（即第15针）编织金鱼的嘴巴，1针编出9针的加针，第10针至21行编织9针加针（鱼身）的编法见花样B，编织至第23、第25、第27行时注意鱼尾的编织，编织方法为编织至

---

## 作品157

【成品规格】衣长30cm

【工　　具】9号棒针

【编织密度】33针×33行=10cm²

【材　　料】草绿色羊毛线220g，灰白色羊毛线30g，彩色扣子9枚

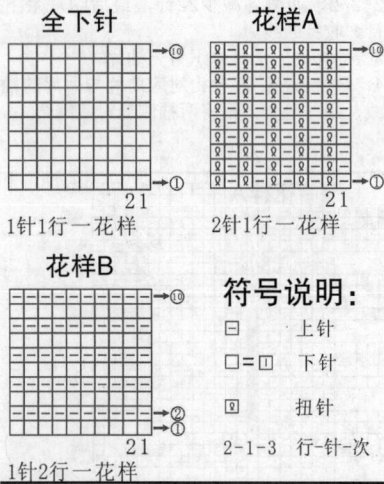

全下针

花样A

1针1行一花样
21

2针1行一花样
21

花样B

1针2行一花样
21

符号说明：

| 符号 | 说明 |
|---|---|
| □ | 上针 |
| □=□ | 下针 |
| ⊡ | 扭针 |
| 2-1-3 | 行-针-次 |

（上部图示）

3.5cm（11针）　15cm（50针）　3.5cm（11针）

5.5cm（18行）

减2-1-4 2-1-2
减2-2-1 2-2-4 2-2-1
减2-2-4 2-2-1 2-1-4
1-4-1 2-1-4 1-4-1

留22针

8.5cm（28行）

30cm

16cm（52行）

前片

14cm（46针）

9cm（30针）

全下针（9号棒针）

花样B（8行）

花样A（10行）

28cm（92针）

3.5cm（11针）　15cm（50针）　3.5cm（11针）

5.5cm（18行）

减2-1-4 2-1-2
减2-1-2 2-1-4
1-4-1 1-4-1

留46针

8.5cm（28行）

30cm

16cm（52行）

后片

全下针（9号棒针）

花样A（10行）

28cm（92针）

## 前片制作说明：

1. 棒针编织法，一片编织。
2. 起92针往上织，前10行编织花样A，在第11改织全下针，编织42行后，开始袖窿减针，方法顺序是1-4-1、2-2-1、2-1-4，两侧各减去10针，然后不减针往上编织，共织28行。中间留22针不织，两侧相反方向减针，方法是1-4-1、2-2-4、2-1-2，各减14针，不减针往上共织18行，最后肩部余下11针，收针断线。

## 后片制作说明：

1. 棒针编织法，一片编织。
2. 起92针往上织，前10行编织花样A，在第11改织全下针，编织42行后，开始袖窿减针，方法顺序是1-4-1、2-2-1、2-1-4，两侧各减去10针，然后不减针往上编织，共织42行。中间留46针不织，两侧相反方向减针，方法是2-1-2，各减2针，最后肩部余下11针，收针断线。

## 衣领及袖口制作说明：

1. 挑织衣领，挑起来的针数要比衣服本身稍多些，编织全下针，织10行，收针断线。
2. 挑织袖口，挑起来的针数要比袖窿本身稍多些，编织花样B，织10行，收针断线。同样方法挑织另一袖口。

口袋制作说明：

编织口袋。起46针，编织22行全下针后，改织8行花样B，收针。将口袋片缝合于前片图示位置。

---

## 作品158

【成品规格】见图

【工　　具】1.5～2mm钩针1副，11～13号毛衣钩针1副

【编织密度】28针×31行=10cm²

【材　　料】米黄色宝宝绒线200g，各色配线若干，草莓布贴

花样编织-A

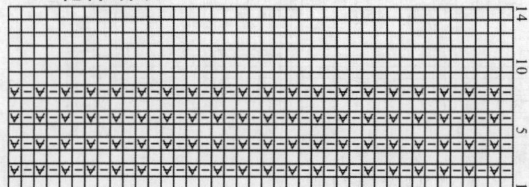

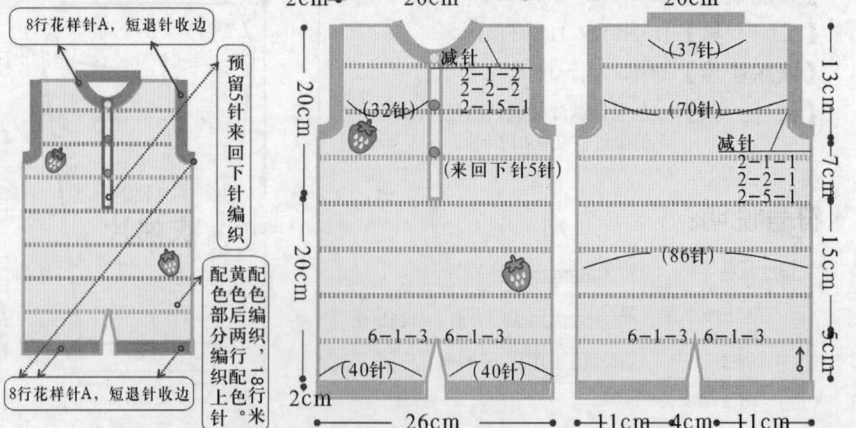

8行花样针A，短退针收边

预留5针来回下针编织

配黄配色部分编织，配配色后两行，织配色上色行。米

8行花样针A，短退针收边

2cm　20cm

20cm

20cm

2cm

2cm

减针
2-1-2
2-1-5-1

（32针）

（46针）

来回下针5针

6-1-3　6-1-3

（40针）

26cm

20cm

（37针）

减针
2-1-1
2-2-1
2-5-1

（70针）

减针
2-1-1
2-2-1
2-5-1

（86针）

6-1-3　6-1-3

（40针）

13cm

7cm

15cm

5cm

+1cm+4cm+1cm

186

袖窝的减针

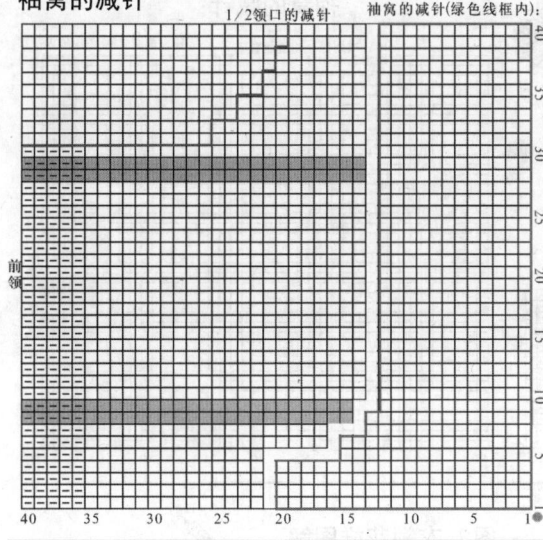

1/2领口的减针

袖窝的减针(绿色线框内)

符号说明：

| | 上针 |
| □=□ | 下针 |
| □ | 配色黄色 |
| ▨ | 配色绿色 |
| ▨ | 配色蓝色 |
| ▨ | 配色橘色 |

## 制作说明：

宝宝的无袖前开襟连体装，轻柔的绒线贴身穿着也不刺激皮肤。采用下针配色编织，衣边以及门襟等为来回下针法。减针及花样见上页图。完成后将草莓布贴在图示位置作装饰，并钉好扣子。

### A花样针

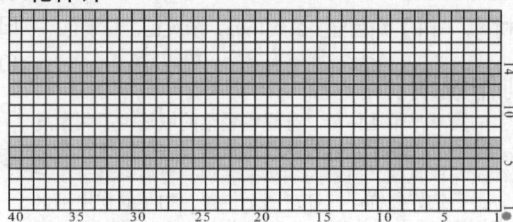

## 制作说明：

宝宝圆领配色编织的套装。如结构图，花样见右图。各部分花样见下图所示。完成后如右图绣太阳和钩针小花装饰。

装饰花的制作：

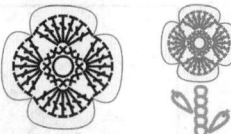

前襟中和裤腿中缝的花样

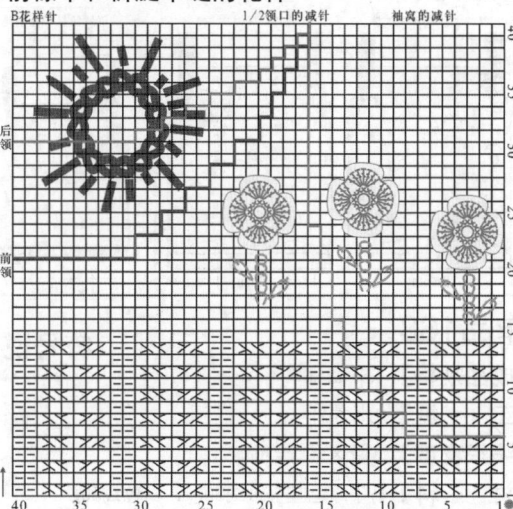

B花样针　　　1/2领口的减针　　袖窝的减针

## 作品159

【成品规格】见图

【工　　具】1.5～2mm钩针1副，8～10号毛衣针1副

【材　　料】绿色、黄色宝宝绒线各200g，红色、白色、草绿色少许

### 上衣结构示意图

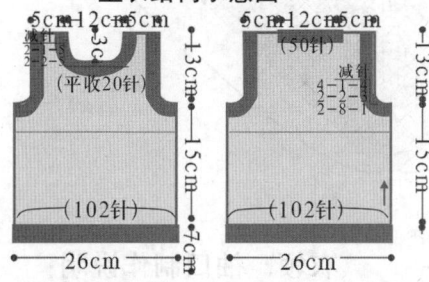

绿色下针12行

配色编织见花样A

小花和太阳装饰

见右图B花样下部分

符号说明：

| | 上针 | + = × | 短针 | ↑ | 长针 |
| ○ | 锁针 | □=□ | 下针 | | |

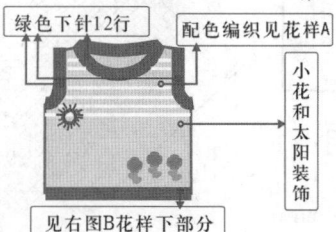

## 作品160

【成品规格】衣长33cm

【工　　具】11号棒针

【编织密度】29针×36行=10cm²

【材　　料】粉红色棉线200g，淡黄色线少许，粉色缎带1根

符号说明：

| | 上针 | 図 | 扭针 |
| □=□ | 下针 | 図図図 | 3针相交叉，左3针在上 |

### 图2 前身片花样图解

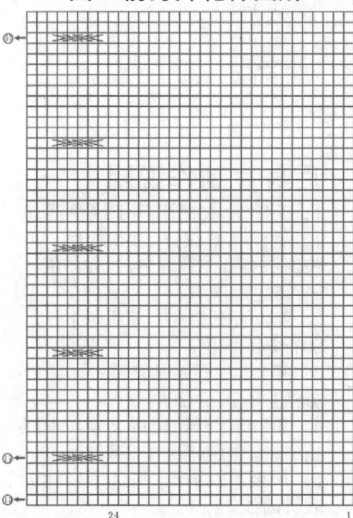

### 图3 衣领、袖口花样图解

■ 淡黄
□ 粉红

### 图1 衣摆花样图解

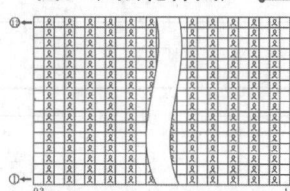

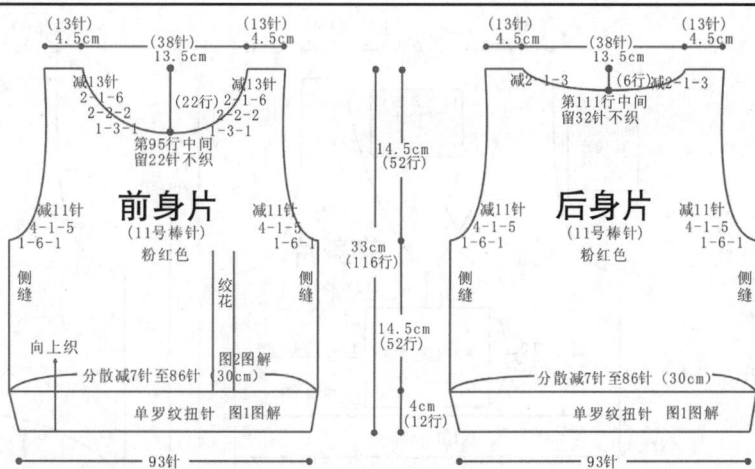

前身片　（11号棒针）　粉红色

后身片　（11号棒针）　粉红色

### 前身片制作说明：

1. 前身片衣摆用粉红色线起93针织单罗纹扭针，织12行。
2. 第13行右起第25针至30针，为绞花部分，详见图2图解，花样至57行止。
3. 第58起继续向上织全下针。
4. 第65行开始袖窿减针，减针方法1-6-1、4-1-5。
5. 第95行开始留前衣领，中间留22针，两侧按1-3-1、2-2-2、2-1-6减针。
6. 织至第116行，肩部余13针，收针断线。
7. 将粉色缎带穿入绞花部分的空隙里，系结装饰。

### 衣领、袖口制作说明：

1. 衣领：前后身片缝合后，用粉红色线挑114针，圈织单罗纹扭针，织7行后换淡黄色线织3行收针断线，详见图3图解。
2. 袖口：前后身片缝合后，用粉红色线挑110针，圈织单罗纹扭针，织7行后换淡黄色线织3行收针断线，详见图3图解。

### 后身片制作说明：

1. 后身片衣摆用粉红色线起93针织单罗纹扭针，织12行后，再继续向上织全下针52行。
2. 第65行开始袖窿减针，减针方法为1-6-1、4-1-5。
3. 第111行开始留后衣领，中间留32针不织，两侧按2-1-3减针。
4. 织至第116行，肩部余13针，收针断线。

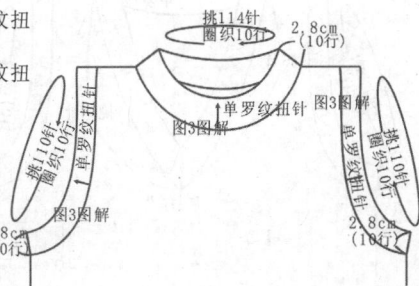

## 作品162

【成品规格】见图
【工　　具】1.5mm钩针1副，11~13号毛衣针1副
【编织密度】27针×30行＝10cm²
【材　　料】绿色宝宝绒线150g，米黄色，粉紫色少许，深绿色少许，纽扣3枚

**制作说明：**

宝宝的夏季吊带连体装，身穿着轻柔的绒线也不刺激皮肤。采用下针编织，衣边以及吊带部分为单罗纹针法。减针及花样见图。肩带为顺挑来编织，再肩部缝合在一起。最后钩好装饰小花订在图示位置。扣子的作用可以使衣服有3种不同的穿法，当宝宝大些的时候衣服就变化为吊带衫了。

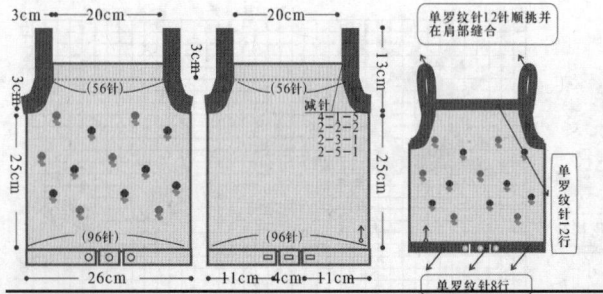

装饰花的制作：

**符号说明**

| □ | 上针 |
| □=□ | 下针 |
| ○ | 锁针 |
| +=× | 短针 |
|  | 长针 |

花样编织：

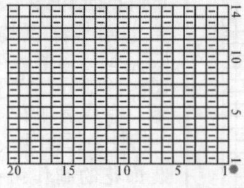

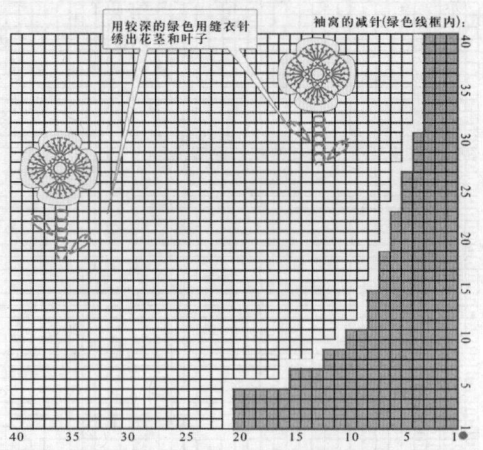

袖窝的减针：

用较深的绿色用缝衣针绣出花茎和叶子

图3 衣领花样图解

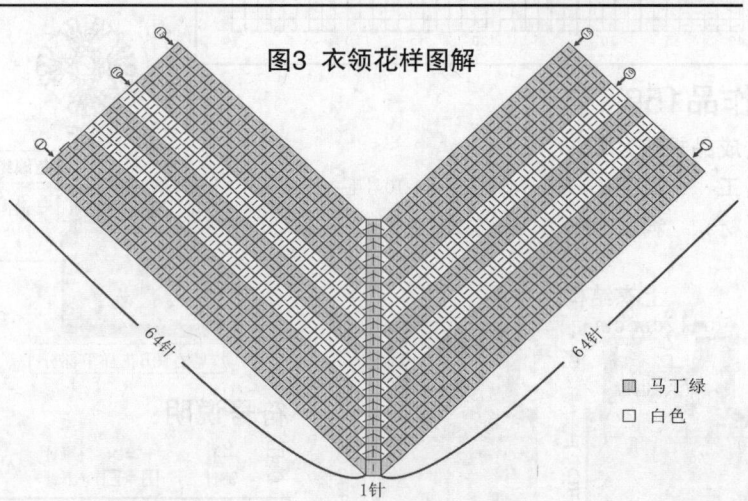

64针　　64针
1针
■ 马丁绿　□ 白色

## 作品163

【成品规格】衣长42cm
【工　　具】12号棒针
【编织密度】36针×50行＝10cm²
【材　　料】马丁绿色宝宝绒线200g，白色线50g

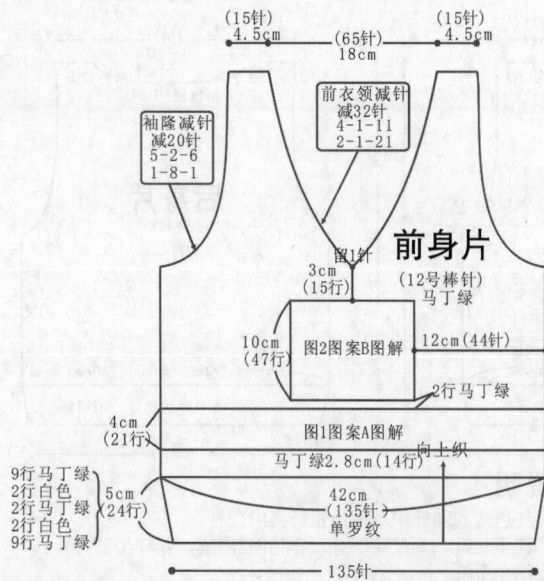

前身片

后身片

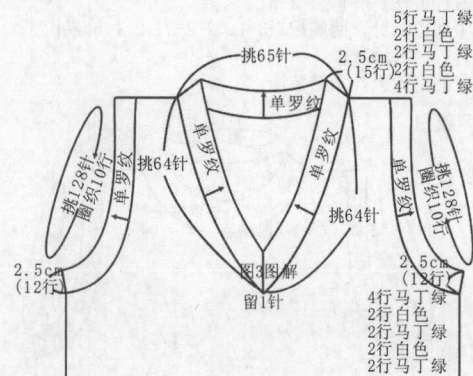

**衣领、袖口制作说明：**

1. 衣领：前后身片缝合后，用马丁绿色挑194针，圈织单罗纹针，织4行换白色线织2行，织马丁绿色2行，再换白色织2行，最后换马丁绿色织5行收针断线，详见图3衣领花样图解。

2. 袖口：前后身片缝合后，用马丁绿色沿袖窿线挑128针，圈织单罗纹针，织2行后换白色织2行，织马丁绿2行，再换白色织2行，最后换马丁绿色织4行收针断线。

**前身片制作说明：**

1. 前身片衣摆用马丁绿色线起135针织单罗纹针，织9行后，再按2行白色，2行绿色，2行白色，9行绿色顺序织。

2. 第25行开始向上编织全下针，织14行马丁绿色后开始按图1图案A图解织配色图案21行，换马丁绿色线织2行，第62行右起第45针开始图案B配色图案编织，见图2图解，图案B织至108行止。

3. 第109行开始全下针织马丁绿色。

4. 第124行开始织袖窿减针，减针方法1-8-1、5-2-6，各减20针。

5. 第124行同时开始前衣领减针，中间留1针，然后减针方法为2-1-21、4-1-11，各减32针。

6. 织至第209行，肩部余15针，收针断线。

**后身片制作说明：**

1. 后身片衣摆用马丁绿色线起135针织单罗纹针，织9行后，再按2行白色，2行绿色，2行白色，9行绿色顺序织。

2. 第25行开始向上编织全下针，99行马丁绿色。

3. 第124行开始袖窿减针，减针方法1-8-1、5-2-6。

4. 第205行开始织后衣领，中间留61针，两侧各按2-1-2减针。

5. 织至第209行，肩部余15针，收针断线。

图2 前身片图解B图解

47行

100　61　45

前身片中心

图1 前身片图解A图解

21行

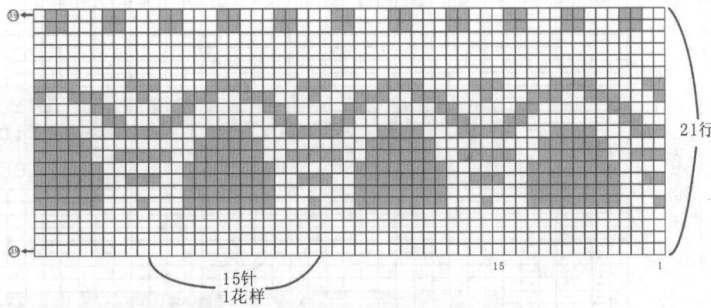

■ 马丁绿
□ 白色

15针
1花样

15　1

## 作品164

【成品规格】衣长42cm
【工　　具】12号棒针
【编织密度】32针×42行=10cm²
【材　　料】艾绿色宝宝绒线200g，白色50g，
黄色、黑色、咖啡色、橘红色、
洋红色、蓝色各少许

### 后身片制作说明：

1. 后身片衣摆用艾绿色线起121针织22行单罗纹针。
2. 第23行开始按图1图解向上编织，全下针，6行艾绿色、2行白色向上交替织88行。
3. 第110行开始袖隆减针，减针方法1-9-1、2-1-11。
4. 第177行开始织后衣领，中间留47针，两侧按2-1-2减针。
5. 织至第180行，肩部余15针，收针断线。

### 衣领、袖口制作说明：

1. 衣领：前后身片缝合后，用艾绿色挑164针圈织，织10行单罗纹针，收针断线，V领收针方法详见图3衣领花样图解。
2. 袖口：前后身片缝合后，沿袖隆线挑130针圈织10行单罗纹针收针断线。

### 前身片制作说明：

1. 前身片衣摆用艾绿色线起121针织22行单罗纹针。
2. 第23行开始按图1图解向上编织，全下针，6行艾绿色、2行白色向上交替织88行。
3. 第10行开始按图2图解配色图案编织。图案部分织至76行止。
4. 第111行开始袖隆减针，减针方法1-9-1、2-1-11，前衣领减针的减针方法：第111行，中间留1针，然后按2-1-15、4-1-10减针。
5. 织至第180行，肩部余15针，收针断线。

图1 前后身片花样图解

### 符号说明：

□　上针
□=□　下针
田　下针中上3针并1针

图2 前身片图案图解

■ 艾绿
□ 白色
■ 黑色
■ 桔红
■ 洋红
■ 黄色
■ 咖啡
■ 宝蓝

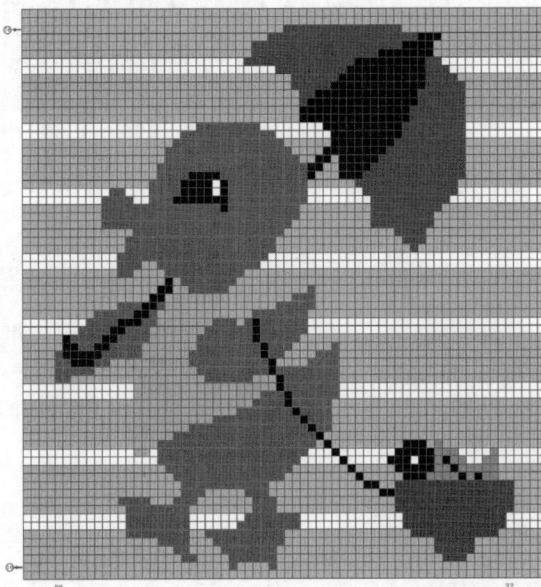

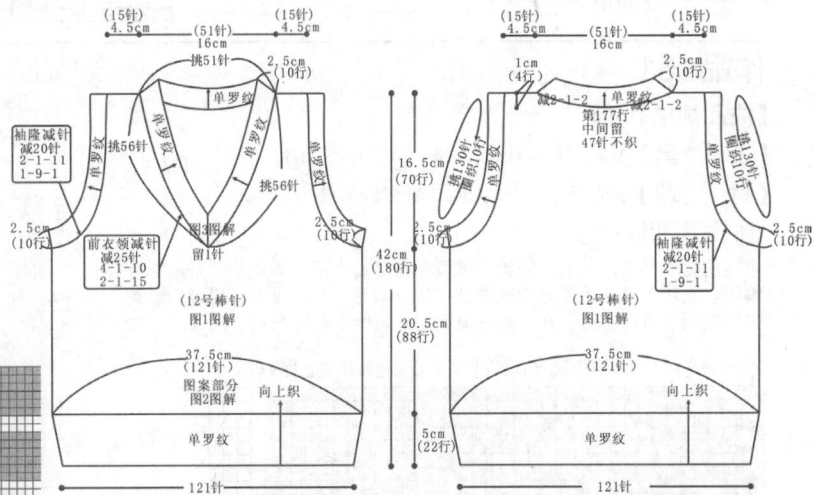

图3 衣领花样图解

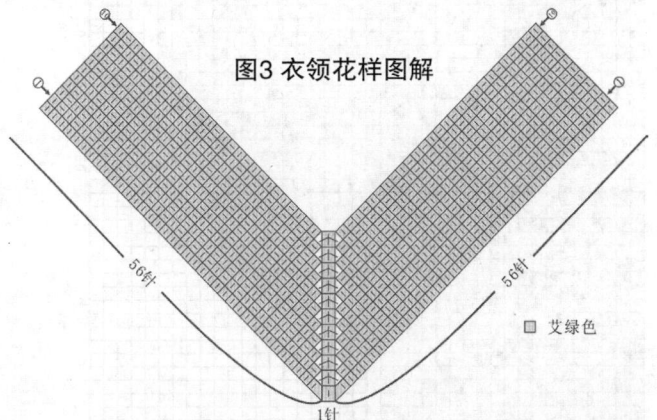

56针　56针

1针

□ 艾绿色

189

## 作品165

**【成品规格】** 见图

**【工　具】** 1.5～2mm钩针1副，8～10号毛衣针1副

**【材　料】** 米黄色宝宝绒线100g，黑白段染线100g，白色段染线少许，按扣5对

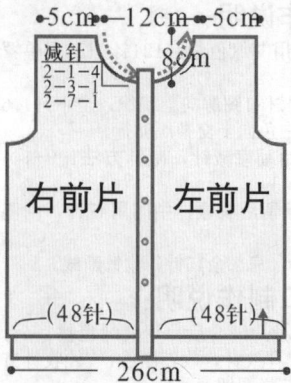

**制作说明：**

宝宝圆领开襟的坎肩。如图结构图分片编织，花样见右图。从衣边开始向上织，领口的减针见图示。完成后从肩到领窝分前后片挑织对合圆领，并钉好扣子。衣边、袖口、门襟、领口花样为单罗纹针。配色花样针见图A。

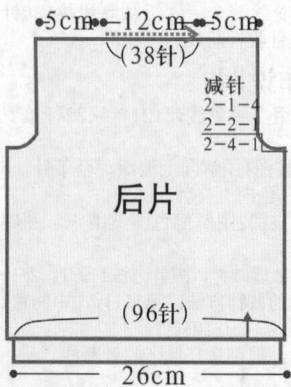

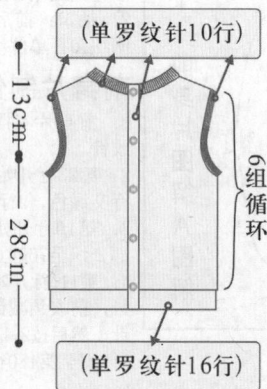

左前襟的花样编织
左前襟的花样方向相反　　袖窝减针线
领口减针线
A花样针

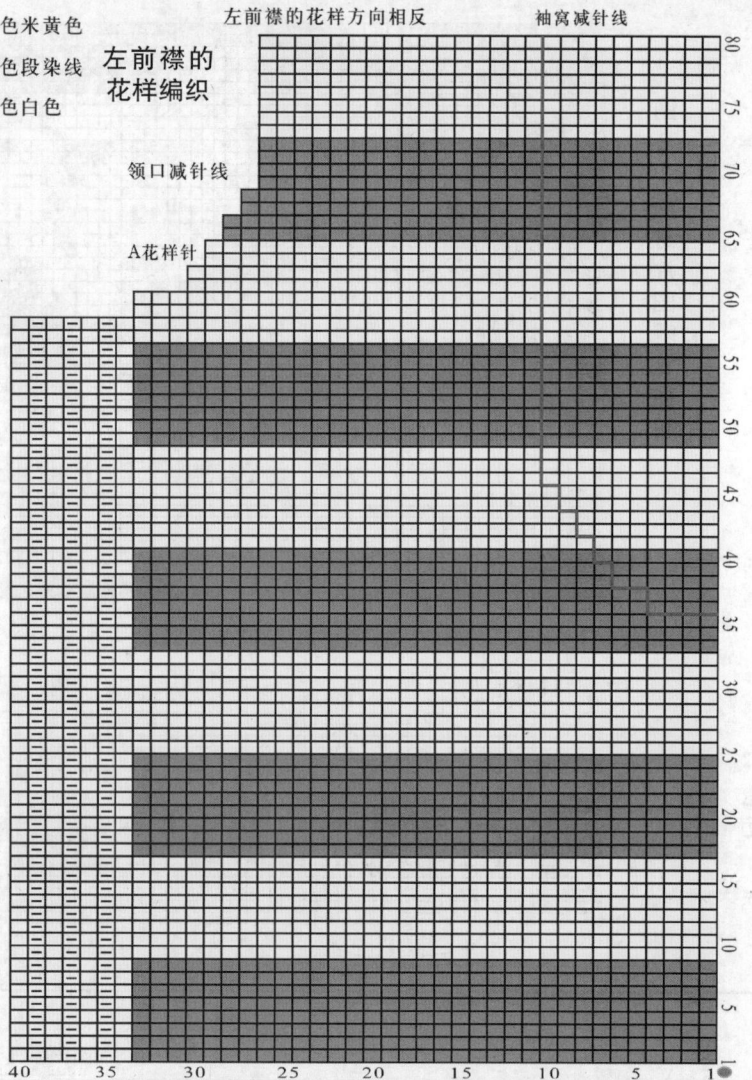

右前片　左前片

减针
2-1-4
2-3-1
2-7-1

●5cm─12cm─5cm●
8cm
13cm
28cm

（48针）（48针）
26cm

后片

减针
2-1-4
2-2-1
2-4-1

●5cm─12cm─5cm●
（38针）
13cm
28cm
（96针）
26cm

单罗纹针10行
6组循环
单罗纹针16行

---

## 作品161

**【成品规格】** 见图

**【工　具】** 1.5～2mm钩针1副，11～13号毛衣针1副

**【材　料】** 天蓝色宝宝绒线150g，花形胸饰1枚

**制作说明：**

宝宝的夏季吊带连体装，轻柔的绒线贴身穿着也不刺激皮肤。采用下针编织，衣边以及吊带部分为单罗纹针法。减针及花样见图。肩带为顺挑来回编织，再肩部缝合在一起。最后钩好装饰小花钉在图示位置。

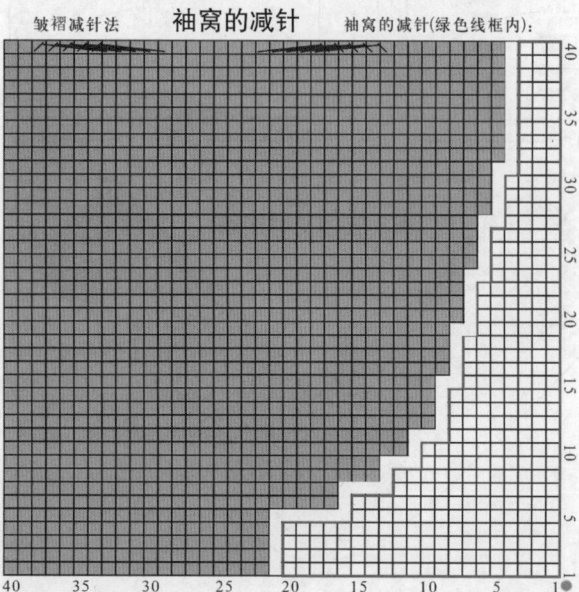

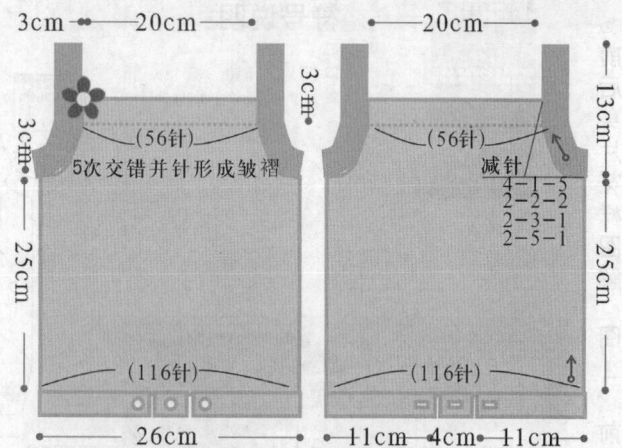

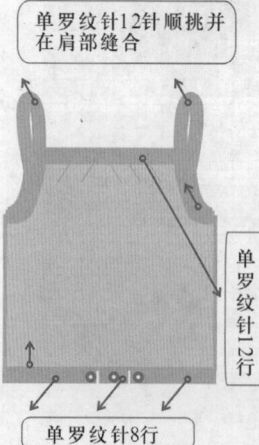

皱褶减针法　**袖窝的减针**　袖窝的减针（绿色线框内）：

3cm─20cm─　　3cm─20cm─
5次交错并针形成皱褶
3cm
（56针）　　（56针）
25cm　　25cm
13cm

减针
4-1-5
2-2-2
2-3-1
2-5-1

（116针）　（116针）
26cm　　11cm─4cm─11cm

单罗纹针12针顺挑并在肩部缝合

单罗纹针12行

单罗纹针8行

190

## 作品166

【成品规格】衣长34cm，袖长（含肩）37.5cm

【工　　具】5号棒针

【编织密度】37.5针×61行＝10cm²

【材　　料】浅橙色棉线120g，深橙色棉线100g，白色
棉线30g，黑、绿、红等彩色线各少量

### 制作说明：

1. 编织衣身。起256针往上圈织，前22行编织花样A，在第23行改织全下针，编织100行后，用别针将衣身两侧各留起8针，将织片分成前后两片。

2. 起74针往上圈织，前22行编织花样A，在第23行改织全下针，在袖底用别针标记2针作为袖底缝，两侧对称加针，方法是6-1-21，共加42针，编织122行后，用别针将袖底6针锁住，开始插肩减针。

3. 同样方法编织另一衣袖片。

4. 编织完成后，将衣身及左右袖连起来圈织，注意别针别起来的针数先不用理会，再用别针标记出4条连接的中心骨，两侧一边织一边减针，减针法如图示，每隔1行，中心骨左右各减1针，编织62行后，开始前领减针方法是2-2-2、2-1-6，减针后不加减针往上织8行，最后前片两侧各留2针，收针断线。

### 衣领制作说明：

挑织衣领，编织花样A，织22行，收针断线。

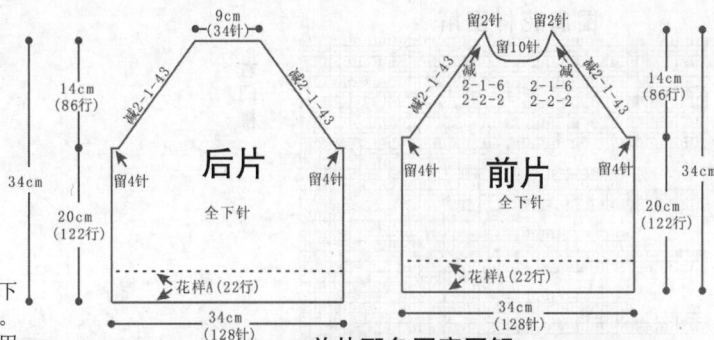

后片　全下针

前片　全下针

前片配色图案图解

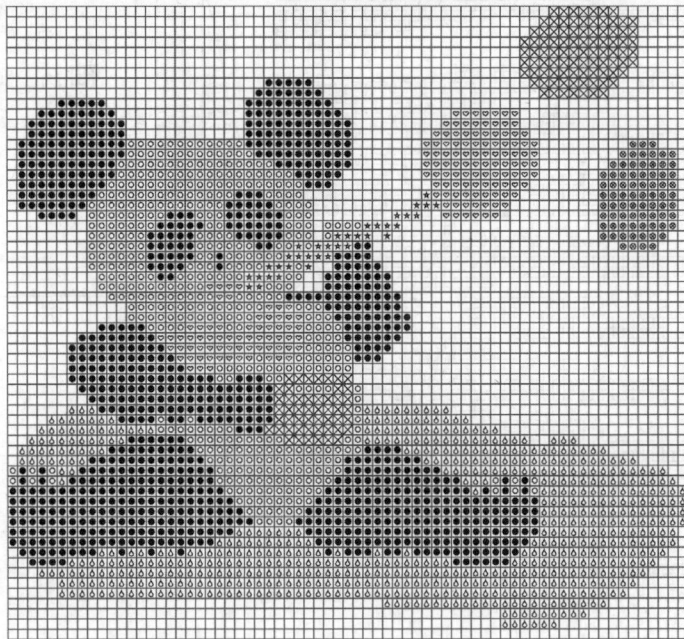

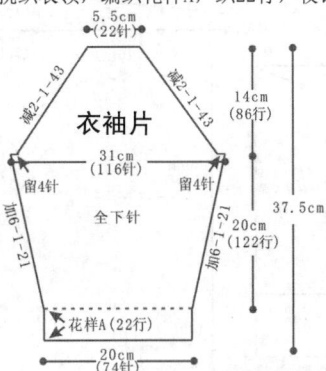

衣袖片　全下针

插肩减针法

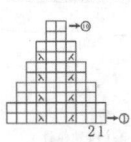

全下针

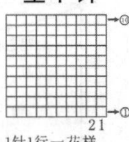

1针1行一花样

### 符号说明：

| □ | 上针 |
| □=Ⅰ | 下针 |
| ⊼ | 右上2针并1针 |
| ⊼ | 左上2针并1针 |

花样A

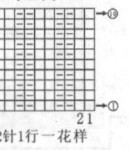

2针1行一花样

2-1-3　行-针-次

图案位置图

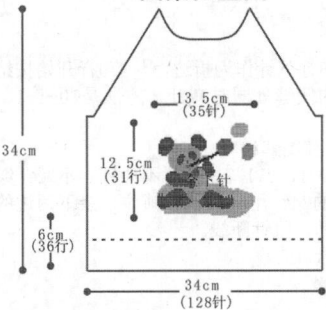

## 作品167

【成品规格】衣长52cm，胸围60cm

【工　　具】11号棒针，缝针

【编织密度】38针×46行＝10cm²

【材　　料】细毛线350g　纽扣3枚

### 袖片编织说明：

1. 袖片为两片编织，各用圆肩分出的65针编织，先在袖片两边加针，共加11至76针，编织花样A，共120行，同时在袖片两袖底缝处进行减针，方法为6-1-2、8-1-2、10-1-8。

2. 第121行开始编织袖口，针法为1针上针1针下单罗纹，罗纹段的第11、12、15、16行换袖口深红色线编织，袖口编织26行后收针断线。

3. 对称编织另一袖片。

4. 对准袖底缝缝合衣袖，缝合时袖片2边加针与身片腋下的加针对齐。

### 围肩编织说明：

1. 围肩是从前门襟处起针，逆时针方向编织成圆环形状。按围肩花样图解，起41针，先编织1行下针、1行上针，共12行为左门襟。

2. 然后分为3个单元编织，第1单元22针，织麻花和金鱼部分。第2单元11针，第3单元8针。为形成圆环，第3单元编织2行，第2单元编织4行，第1单元编织6行，以后行数按此阶梯类推。

3. 第19行至42行为一个金鱼花样。金鱼部分按金鱼编织花样说明编织，注意，织金鱼时要换成红色毛线。从第43行开始重复19至42行，共编织12个金鱼。

4. 第101行开始编织右门襟，第307行均布织出3个纽扣孔。

5. 沿围肩的外圆边挑300针，门襟处将右门襟压在左门襟上，编织3cm（14行）10下针、1针上针花样。这里要注意花样的分布要对称。

6. 从围肩分出衣身和衣袖的针数，单个袖片65针，单个衣片85针。

7. 换红线，在1针内放3针，编织平针15行，1行上针、1行下针，6行，收针完成。

### 金鱼编织花样说明：

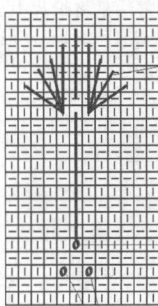

鱼尾采用上拉针针法编织

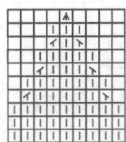

1针放9针，此9针按上图编

金鱼眼是按"5针3行的玉编织"针法制作的，即：1针放5针直接从反面织此5针上针翻回正面，5针并1针

### 符号说明：

| □ | 上针 | ⊼ | 左上2针并1针 |
| □ | 下针 | ⊼ | 右上2针并1针 |
| ⊙ | 镂空针 | ⋏ | 中上3针并1针 |
| 图案 | 左上3针交叉 | | |

### 前、后身片编织说明：

1. 前身片用圆肩分出的针数编织，先在前身片两边的腋下加针，加到96针，然后编织花样A，共140行。

2. 第141行开始编织花样B，共30行。

3. 第171行进行加针，方法是每针都进行1针下针放3针，加针后总针数为288针，留在针上。

4. 同样方法编织后身片。

5. 换深红色线，用环形针将前后身片的留针一起编织，先编织15行平针，然后编织1行上针、1行下针共6行，收针断线。

6. 前后身片对准衣侧缝缝合。

花样A

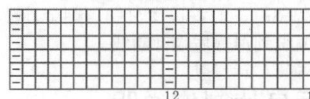

花样B

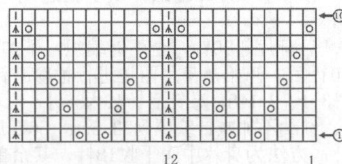

左门襟

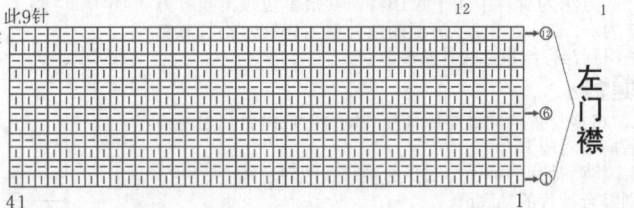

41

1

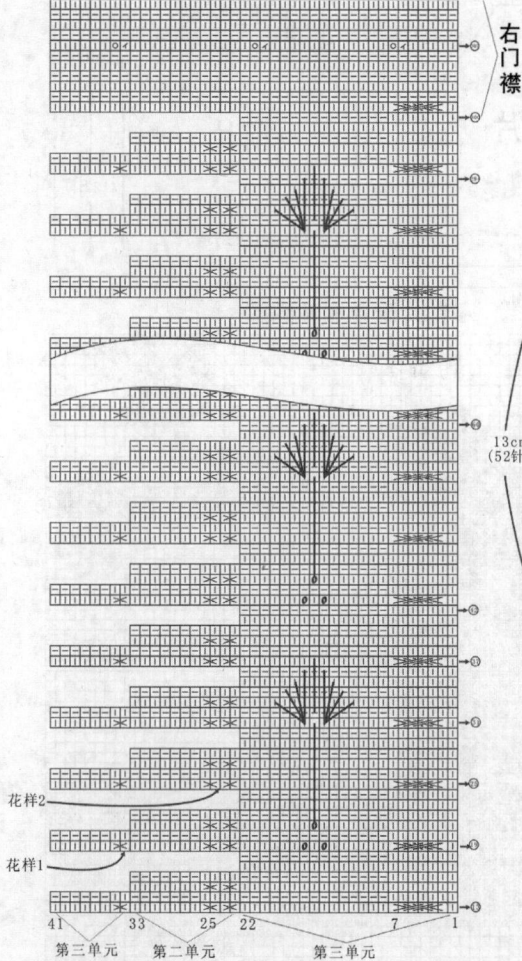

围肩花样图解

右门襟

花样2

花样1

41　　33　　25　22　　　　7　　　1

第三单元　　第二单元　　第三单元

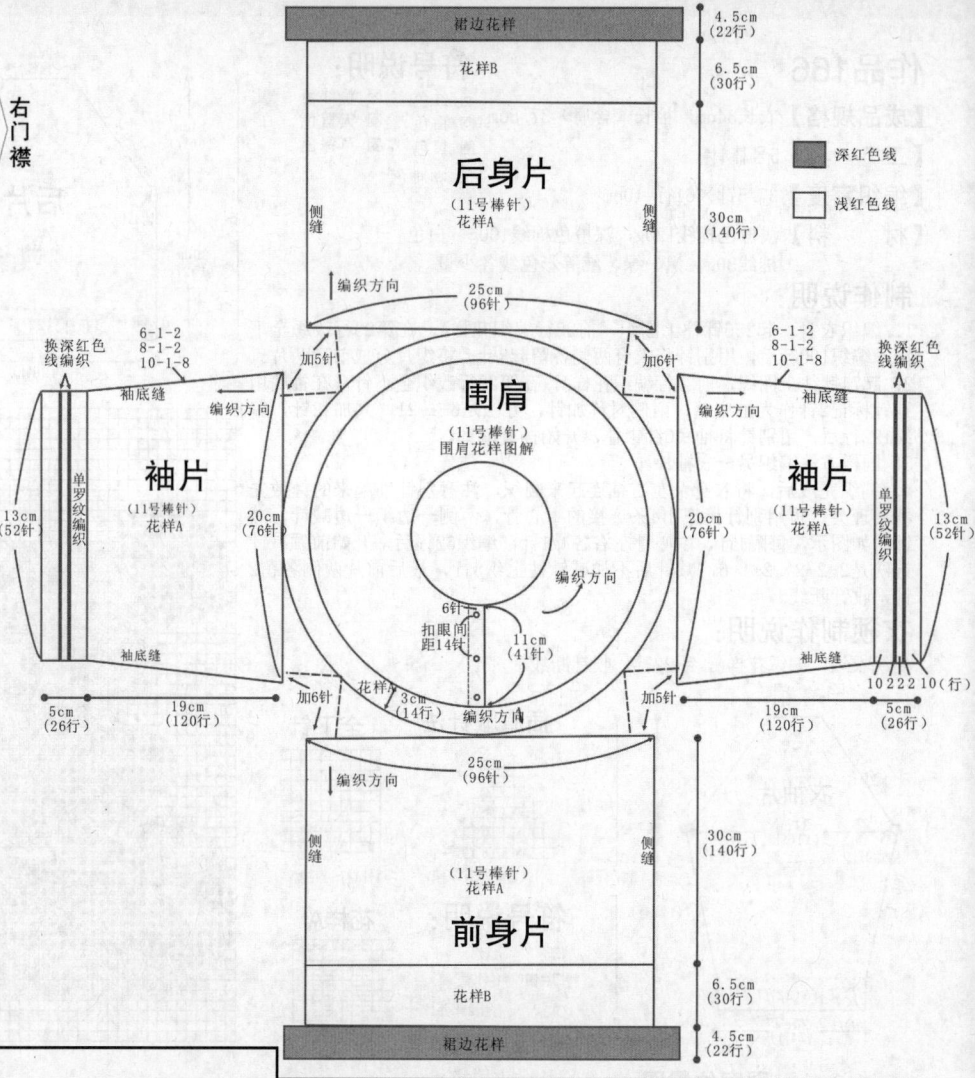

裙边花样

花样B

后身片
（11号棒针）
花样A

侧缝　　侧缝

4.5cm
（22行）

6.5cm
（30行）

30cm
（140行）

深红色线

浅红色线

换深红色线编织

编织方向　25cm（96针）

6-1-2
8-1-2
10-1-8

袖底缝　　编织方向

加5针　　加6针

6-1-2
8-1-2
10-1-8

换深红色线编织

袖底缝

袖片
（11号棒针）
花样A

单罗纹编织

围肩
（11号棒针）
围肩花样图解

袖片
（11号棒针）
花样A

单罗纹编织

13cm
（52针）

20cm
（76针）

20cm
（76针）

13cm
（52针）

编织方向

袖底缝

6针　　11cm（41针）

扣眼间距14针

编织方向

袖底缝

5cm
（26行）　19cm（120行）　加6针　花样B　3cm（14行）　编织方向　加5针　19cm（120行）　5cm（26行）

10 2 2 2 10（行）

编织方向　25cm（96针）

侧缝　　侧缝

前身片
（11号棒针）
花样A

30cm
（140行）

花样B

6.5cm
（30行）

裙边花样

4.5cm
（22行）

---

## 作品168

【成品规格】披肩长33cm，袖长36.5cm；裙子长54cm，宽44cm

【工　　具】7号棒针，7号环形针，缝衣针

【编织密度】24针×28行=10cm²

【材　　料】棉线500g，装饰线少许

### 披肩前身片制作说明：

1. 前身片分为左右两片编织，从衣摆起织，往上编织至肩部。详细见前身片图解。

2. 单个前身片起35针，全下针编织。第2行开始在衣襟处加针编织圆角，方法是2-1-5，共加5针。然后不加减针编织到7cm，20行。从第21行起开始袖隆减针，方法顺序为1-3-1、2-1-8，共减11针。继续不加减针编织至17cm，48行后开始前领窝减针，方法为1-5-1、2-3-1、2-2-1、2-1-3，剩余针数为16针，不加减针编织到74行后收针断线。

3. 对称编织另一身片。

### 披肩后身片制作说明：

1. 后身片为1片编织，从衣摆起织，往上编织至肩部。

2. 后身片起80针，全下针编织，不加减针编织7cm，20行后。开始在身片两边进行袖隆减针，方法顺序为1-3-1、2-1-8，减针后针数为58针。

3. 继续不加减针编织到23.5cm，66行后开始后领窝减针，方法为身片中间平收18针，其余单边领窝收针方法为2-2-1、2-1-2，肩部剩余针数为16针，不加减针编织到74行结束，收针断线。

### 缝合：

1. 将前身片的侧缝与后身片的侧缝对应缝合，再将前后肩部对应缝合。

2. 将两袖片的袖山与衣身的袖隆线边对应缝合，再分别缝合袖片的袖底缝。

### 背心后身片制作说明：

1. 后身片为1片编织，从衣摆起针往上编织至肩部。

2. 后身片裙摆边是双层结构，织法是：起针106针，编织8行下针作为折边，从第9行开始按结构图编织，从下摆至88行采用全下针编织。身片两边的侧缝处同时减针，方法是10-1-1、8-1-9。

3. 从第89行开始。变换编织花样，花样与连身裙前身片上部图解相同。

4. 编织到37.2cm，104行后开始袖隆减针，方法顺序为1-7-1、2-1-7，然后不加针，不减针继续向上编织。第143行开始收后领窝，方法是将织片中部的24针用防解别针锁住，余下两边的针数，在衣领侧减针，顺序为2-2-2、2-1-2，最后余下11针，收针断线。

5. 身片编织好后用缝衣针将8行折边在裙摆边内侧均匀缝合。

### 前身片制作说明：

1. 前身片为1片编织，从衣摆起针往上编织至肩部。

2. 前身片裙摆边是双层结构，织法是：起针106针，编织8行下针作为折边，从第9行开始按结构图编织，从下摆至88行采用全下针编织。身片两边的侧缝处同时减针，方法是10-1-1、8-1-9。

3. 从第89行开始。变换编织花样，详细见连身裙前身片上部图解。

4. 编织到37.2cm，104行后开始袖隆减针，方法顺序为1-7-1、2-1-7。然后不加针，不减针继续向上编织。第131行开始收前领窝，方法是将织片中部的14针用防解别针锁住，余下两边的针数，在衣领侧减针，顺序为2-3-1、2-2-1、2-1-6，最后余下11针，收针断线。

5. 身片编织好后用缝衣针将8行折边在裙摆边内侧均匀缝合。

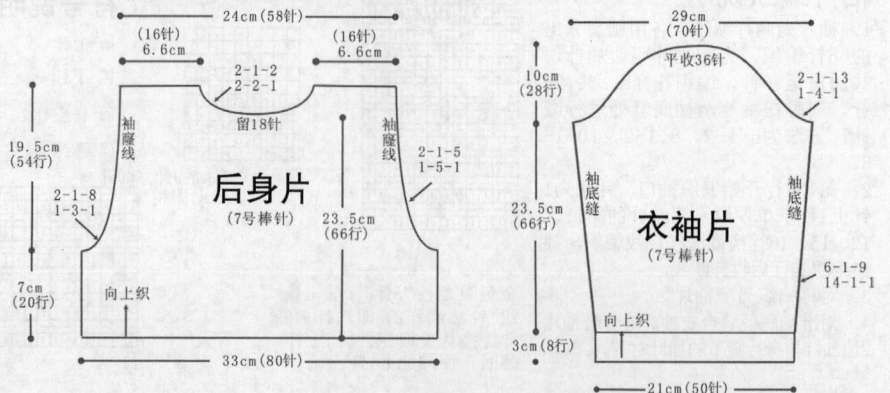

24cm（58针）

29cm（70针）

（16针）6.6cm　（16针）6.6cm

2-1-2
2-2-1

留18针

10cm（28行）

平收36针

2-1-13
1-4-1

19.5cm
（54行）

袖隆线　　袖隆线

2-1-1
1-5-1

后身片
（7号棒针）

23.5cm
（66行）

衣袖片
（7号棒针）

袖底缝　　袖底缝

2-1-8
1-3-1

23.5cm
（66行）

7cm
（20行）

向上织

3cm（8行）　向上织

33cm（80针）

6-1-9
14-1-1

21cm（50针）

192

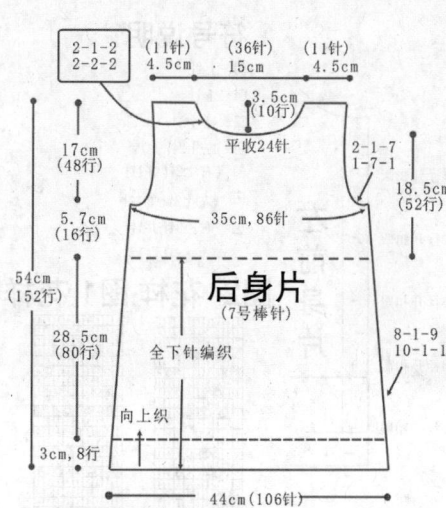

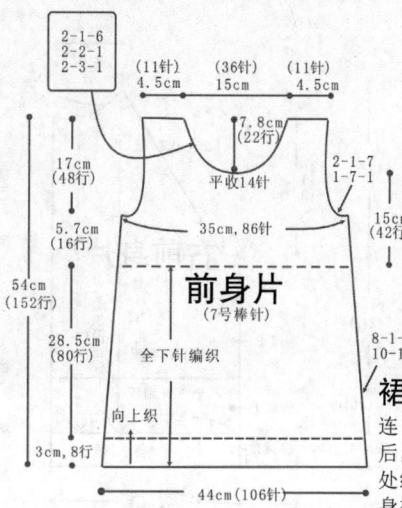

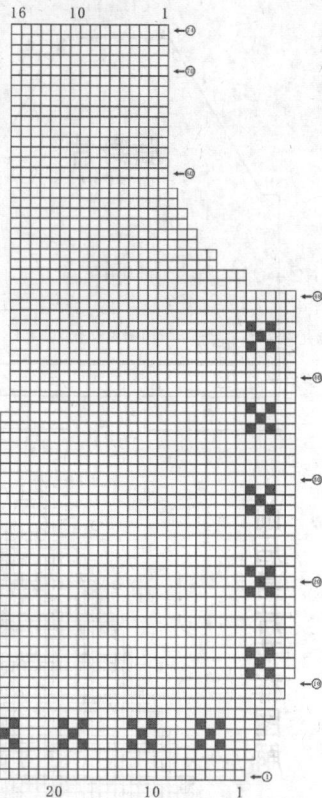

前身图解

上衣绣花：
用白色线在前身片上绣花，花样按前身片图解用十字针法绣制，左右前身片对称绣花。

上衣边图解

裙摆绣花：
连身裙编织完成后，用色线在裙摆处绣花，花样按连身裙绣花图样进行配线和绣制。

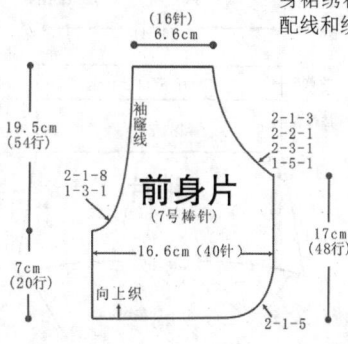

## 上衣边制作说明：
1. 上衣身片、袖片缝合后，用7号环形针编织衣边。
2. 衣边沿前后身片的下摆、门襟、领窝均匀挑起一圈356针，然后环形编织，针法为1针扭针，1针上针。共编织6行后收针断线。

## 领边、袖口制作说明：
1. 领边：前后身片缝合好后，沿着领窝边均匀挑出112针，然后环形编织1针上针，1针下针单罗纹针8行，收针断线。
2. 袖口：沿着袖窿边均匀挑出110针，然后环形编织1针上针，1针下针单罗纹针8行，收针断线。同样编织两个袖口。

## 符号说明：
□ 上针
□ 下针
☒ 左上2针并1针
☒ 右上2针并1针
☒ 左上2针交叉
☑ 扭针
2-1-3 行-针-次

## 连身裙绣花图样
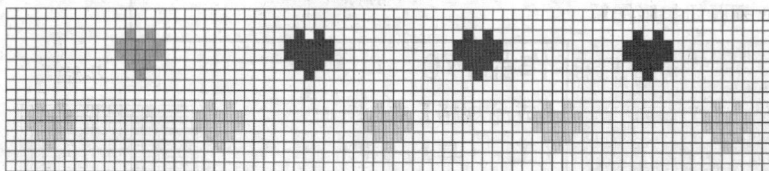

## 作品169
【成品规格】衣长38.5cm
【工　　具】7号棒针
【编织密度】23针×30行=10cm²
【材　　料】棉线200g

## 衣片缝合：
1. 前后身片及袖片全部织好后进行缝合。
2. 对准前后身片侧缝缝合衣身。
3. 对准袖底线缝合单只袖子。
4. 衣身斜肩和袖片斜袖山对准，将衣袖缝合到衣身上。

## 后身片制作说明：
1. 后身片为一片编织，从衣摆处起织，向上编织至肩部，详细见身片花样图解。
2. 后身片先用沙黄色毛线起92针，交替编织1行下针，1行上针共12行，从第9行起换橘红色线编织同时开始全部编织下针。第33行开始换白色线继续全下针编织，身片两边侧缝不加减针编织到24.5cm，74行后进行斜肩收针，方法是先在腋下一次收8针，然后按1-1-1、2-1-21，编织117行，剩余32针，留作衣领挑针用。

## 前身片制作说明：
1. 前身片为左右对称的两片编织，从衣摆起织，向上编织至肩部。详细见身片花样图解。
2. 先编织左前身片：用沙黄色线前起50针，交替编织1行下针，1行上针共12行，从第9行起换橘红色线编织20行，同时从第9行起衣襟边的8针继续编织1行下针，1行上针至领窝处，注意按图解所示开门襟处的5个纽扣眼。
2. 从第9行起第9针至第17针编织图1花样。剩余33针全部织下针。不加减针编织，第33行开始换白色线编织，至24.5cm，74行后。进行斜肩收针，方法是先在腋下一次收8针，然后1-1-1、2-1-21。
3. 第109行开始前领窝减针，方法是门襟处11针留着挑衣领，其余收针2-3-1、2-2-1、2-1-1。最后剩3针留着一起挑衣领。总行数为117行。
4. 对称编织右身片。注意右身片第9行起第9针至第17针编织图2花样。门襟不开纽扣眼。

## 袖片制作说明：
1. 袖片为一片编织，从袖山处起织，向上编织至袖口。
2. 先用白色毛线起24针，全下针编织，同时在衣袖片两侧加针，方法是2-1-21、1-8-1，至43行时针数为84针，然后开始在两侧袖底缝处减针，方法是6-1-7，减至68针后不加减针编织。
3. 第92行开始换橘红色毛线同时按图3花样编织，图3花样编织完成后为105行。
4. 第106行开始换沙黄色毛线编织，针法为1行上针，1行下针，编织至117收针结束。
5. 同样方法编织另一个衣袖。

## 衣领编织：
1. 领边要在衣身和衣袖缝合后才能挑针编织。
2. 按衣领示意图沿着前后身片的领窝及袖片留针处共挑出120针，然后编织1行下针、1行上针。
3. 领边编织到第5行时，在左前身片上部第5、6针处按示意图解开纽扣眼。领边共编织12行，收针断线。

## 斜肩及袖山收针说明：
右边收针方法：
右边第1针编织下针不变，右边第2针压在右边第3针上织左上2针并1针。
左边收针方法：
左边第1针编织下针不变，左边第2针压在左边第3针上面织右上2针并1针。

## 衣袖片制作说明：
1. 两片衣袖片，分别单独编织。从袖口起针全下针往上编织至肩部。
2. 衣袖的袖口边是双层结构，方法是起50针后，先编织8行下针作为折边，从第9行开始按结构图编织。编织到第14行在袖片的两边侧缝处各加1针，然后按6-1-9加针。编织到26.5cm，74行时针数为70针。
3. 第75行开始袖山的编织：从两侧同时减针，减针方法依次1-4-1、2-1-13，最后余下36针，编织102行收针后断线。
4. 同样的方法再编织另一衣袖片。
5. 袖片编织好后用缝衣针将袖口的8行袖折边在袖边内侧均匀缝合。

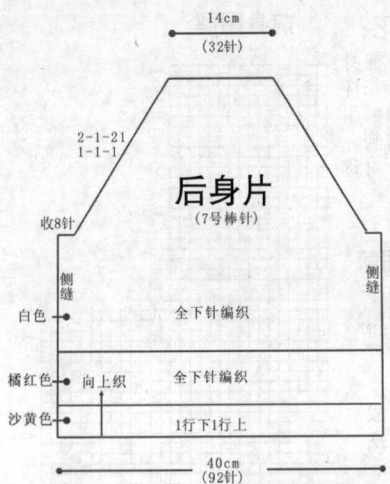

后身片
(7号棒针)

14cm
(32针)

2-1-21
1-1-1

收8针

侧缝　　　　　　侧缝

白色　　全下针编织

橘红色　向上织　全下针编织

沙黄色　　1行下针1行上

40cm
(92针)

14.3cm
(43行)

14cm
(42行)

7cm(20行)

3.5cm(12行)

14.3cm
(43行)

14cm
(42行)

7cm(20行)

3.5cm(12行)

11.3cm
(34行)

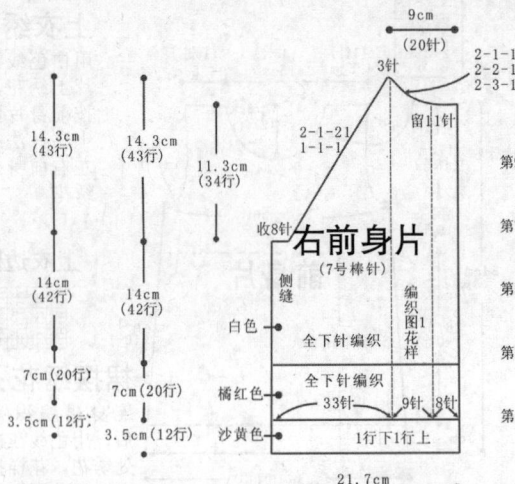

9cm
(20针)

3针

留11针

2-1-1
2-2-1
2-3-1

2-1-21
1-1-1

收8针

右前身片
(7号棒针)

侧缝

白色　　全下针编织

橘红色　　全下针编织

33针　9针　8针

沙黄色　1行下针1行上

编织图1花样

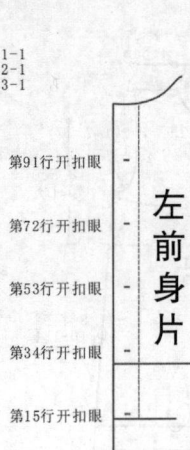

第91行开扣眼

第72行开扣眼

第53行开扣眼

第34行开扣眼

第15行开扣眼

左前身片

21.7cm
(50针)

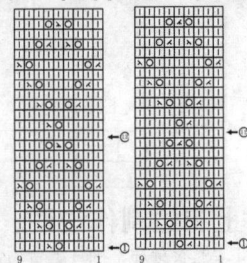

符号说明：
□ 上针
□ 下针
□ 镂空针
☑ 左上2针并1针
☑ 右上2针并1针
☑ 左上3针并1针
☑ 右上3针并1针
2-1-3　行-针-次

图2 花样　图1 花样

前后身片花样图解

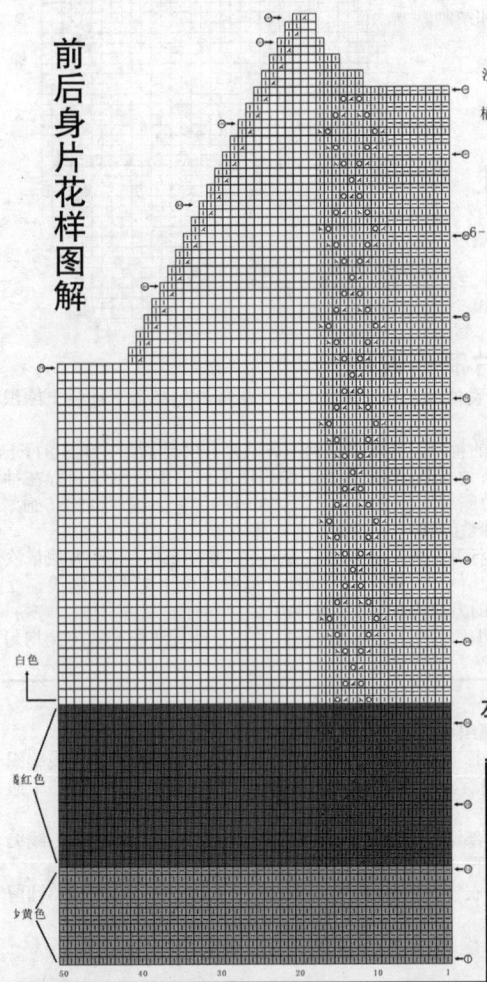

白色

葱红色

夕黄色

50　40　30　20　10　1

图3 花样

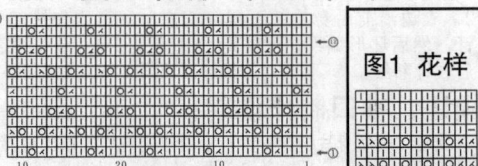

沙黄色　　1行下针1行上针
橘红色
白色　　图3花样

袖片
(7号棒针)

袖底缝　　　　袖底缝

36.5cm
(84针)

全下针编织

向上织

10.4cm
(24针)

1-8-1
2-1-21

29cm
(68针)

3.5cm(12行)

7cm
(20行)

16cm
(48行)

14.3cm
(43行)

6-1-7

衣领

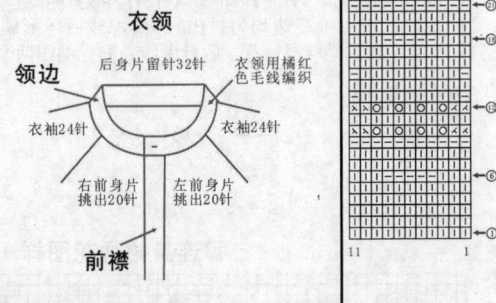

10　20　10

领边

后身片留针32针　衣领用橘红色毛线编织

衣袖24针　　衣袖24针

右前身片挑出20针　　左前身片挑出20针

前襟

衣领开纽扣眼图解

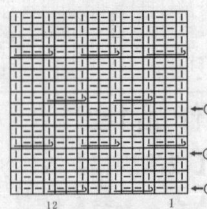

领边

左前身片

图1 花样

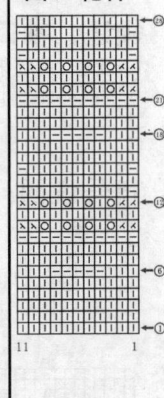

11　　　　1

图2 花样

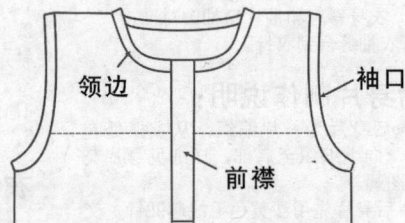

12　　　　1

作品170

【成品规格】衣长47cm

【工　　具】8号棒针

【编织密度】26.6针×30行=10cm²

【材　　料】棉线200g

领边、前襟、袖口制作说明：

1. 领边：前后身片缝合好后，沿着领窝边均匀挑出96针，然后编织1针上，1针下1单罗纹针10行，收针断线。

2. 前襟：左前襟：沿领边及前开襟均匀挑出48针，然后编织1针上针、1针下针单罗纹针10行，收针断线。右前襟：沿领边及前开襟均匀挑出49针，然后编织1针上针、1针下针单罗纹针法，编织第5行时开扣眼，详见右前襟编织图解。从第6行继续编织单螺纹针法至第10行，收针断线。将右前襟放在上、左前襟在下对齐，底部与身片一起缝合。

3. 袖口：沿着袖窿边均匀挑出96针，然后环形编织1针上针、1针下针单罗纹针10行，收针断线。同样编织两个袖口。

前身片制作说明：

1. 前身片为一片编织，从衣摆起织，往上编织至肩部。采用组合花样编织。

2. 前身片起110针，交替编织1行下针、1行上针共8行，从第9行起编织图1花样至36行，从第37行开始全部编织下针，不加减针编织至27.5cm，82行。从第83行开前襟，方法是将中间第52针至第59针平收共8针，前身片分成左右两片，每边各51针。

3. 先编织左身片，编织平针至31cm后从第93行开始袖窿减针，方法顺序为1-4-1、2-1-2，减针后针数为45针。不加减针编织至33.5cm，100行。第101行开始编织图2花样，同时在此行按图解位置缩减针数到34针。编织至40.2cm，120行后开始前领窝减针，方法为1-6-1、2-3-1、2-2-1、2-1-7，剩余两肩余下针数为16针，不加减针编织到140行结束，收针断线。

4. 对称编织右身片。

后身片制作说明：

1. 后身片为一片编织，从衣摆起织，往上编织至肩部。采用组合花样编织。

2. 后身片起110针，交替编织1行下针、1行上针共8行，从第9行起编织图1花样至36行，从第37行开始全部编织下针，不加减针编织至31cm。

3. 第93行开始袖窿减针，方法顺序为1-4-1、2-1-2，减针后针数为98针，编织至33.5cm，100行。

4. 从第101行开始编织图2花样，同时在此行按图解位置缩减针数到76针。详细编织见后身片肩部图解。编织至43cm，128行后开始后领窝减针，方法为身片中间平收22针，其余单边领窝收针方法为2-4-1、2-3-1、2-2-1、2-1-2，肩部剩余针数为16针，不加减针编织到140行结束，收针断线。

身片缝合：

将前后身片的肩缝、侧缝分别对齐缝合。

符号说明：
□ 上针
□ 下针
□ 镂空针
☑ 左上2针并1针
☑ 右上2针并1针
☒ 上针左上2针并1针
▨ 右拉针(4针时)
2-1-3　行-针-次

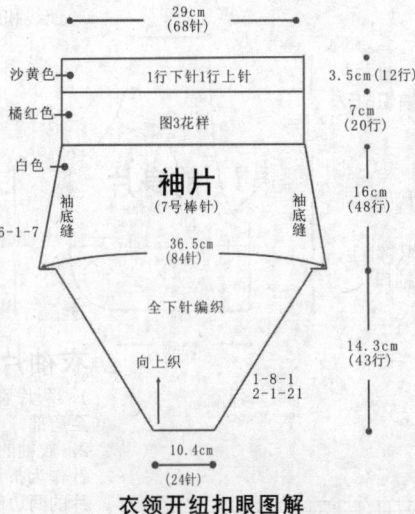

领边

袖口

前襟

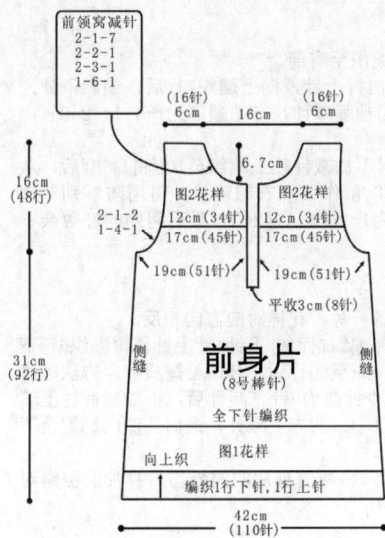

前领窝减针
2-1-7
2-2-1
2-3-1
1-6-1

后领窝减针
2-1-2
2-2-1
2-3-1
2-4-1

## 作品171

【成品规格】衣长44cm
【工　具】7号棒针，缝衣针
【编织密度】20针×24行=10cm²
【材　料】棉线400g

**符号说明：**
□ 上针
□ 下针
◎ 镂空针
☑ 左上2针并1针
☒ 右上2针并1针
◢ 中上3针并1针
　　2-1-3　行-针-次

### 前身片制作说明：

1. 前身片为一片编织，详细针法参照身片花样图解编织，按图解在织片的对角线处不断加针，织成方形的身片。
2. 从中心起20针，平分在4根针上，编织过程用5根针绕圈编织。按身片花样图解每行针法编织4次为一圈。
3. 第55行时，选定一边开前领窝，方法是先在此边中部平收17针，然后按2-1-7减针。由于身片是整圈编织，所以领窝收针时采用正面编织左边领窝收针后，翻面从身片反面编织到右边领窝收针。重复此方法，共编织73圈后收针完成前身片。

### 衣领、袖口、底边编织：

1. 衣身和衣袖缝合后再分别挑针编织衣领边、袖口及衣身底边。
2. 衣领：着前后身片的领窝均匀挑出110针，用4根针环行编织1行下针，1行上针单螺纹针法，共编织12行后收针断线。
3. 衣身底边罗纹：前后身片的底边均匀挑156针，用4根针环行编织1行下针、1行上针单罗纹针法，共编织26行后收针断线。
4. 袖口：将袖片留的57针缩针到44针（每4针减1针），用4根针环行编织1行下针、1行上针单罗纹针法，共编织20行后收针断线。

### 袖片制作说明：

1. 袖片为两片编织，从（肩部）袖山处起织，向上编织至袖口。
2. 起74针，详细编织针法见袖片编织图解。编织10行时开始在衣袖片两侧减针，方法是10-1-8。袖片编织到84行，剩余针数为57针后，用环形针穿入，留待后续编织袖口用。
3. 同样方法编织另一个衣袖。

### 后身片制作说明：

1. 后身片为一片编织，在织片的对角线处不断加针，织成方形的身片。
2. 从中心起20针，平分在4根针上，编织过程用5根针绕圈编织。按身片花样图解每行针法编织4次为一圈。
3. 第65行时，选定一边开后领窝，方法是先在此边中部平收19针，然后按2-3-1、2-2-1、2-1-1减针。由于身片是整圈编织，所以领窝收针时采用正面编织左边领窝收针后，翻面从身片反面编织到右边领窝收针。重复此方法，共编织73圈后收针完成后身片。

---

（16针）6cm　16cm　（16针）6cm
6.7cm
图2花样　图2花样
12cm（34针）　12cm（34针）
2-1-2
1-4-1
17cm（45针）　17cm（45针）
19cm（51针）　19cm（51针）
平收3cm（8针）
16cm（48针）
31cm（92针）
侧缝　**前身片**（8号棒针）　侧缝
全下针编织
向上织　图1花样
编织1行下针，1行上针
42cm（110针）

6.7cm（20行）
6.7cm（20行）
2.5cm（8行）
3.5cm（10行）
15.5cm（46行）
9.5cm（28行）
2.5cm（8行）

（16针）6cm　16cm　（16针）6cm
4cm（12针）　平收22针
图2花样
28cm（76针）
37cm（98针）
2-1-2
1-4-1
42cm（110针）
侧缝　**后身片**（8号棒针）　侧缝
全下针编织
向上织　图1花样
编织1行下针，1行上针
42cm（110针）

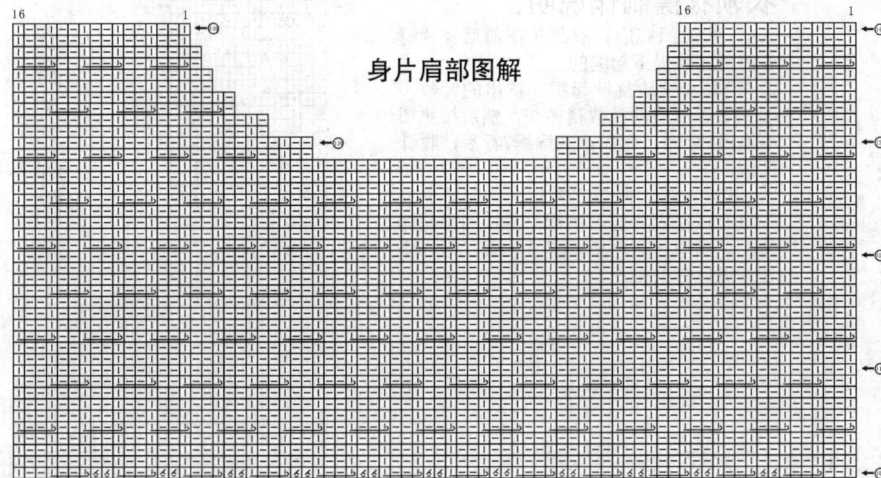

**身片肩部图解**

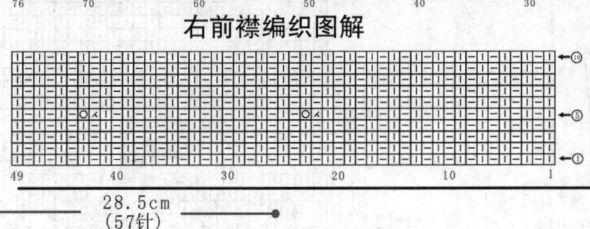

**右前襟编织图解**

28.5cm（57针）

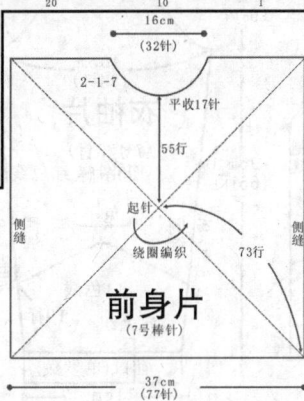

16cm（32针）
2-1-7
平收17针
55行
侧缝　侧缝
起针
绕圈编织
73行
**前身片**（7号棒针）
37cm（77针）

**袖片**（7号棒针）
35cm（84行）
↑ 向上编织
37cm（74针）

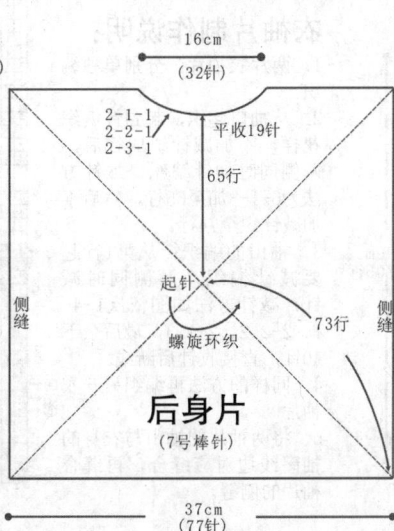

16cm（32针）
2-1-1
2-2-1
2-3-1
平收19针
65行
侧缝　侧缝
起针
螺旋环织
73行
**后身片**（7号棒针）
37cm（77针）

**织片组合图**

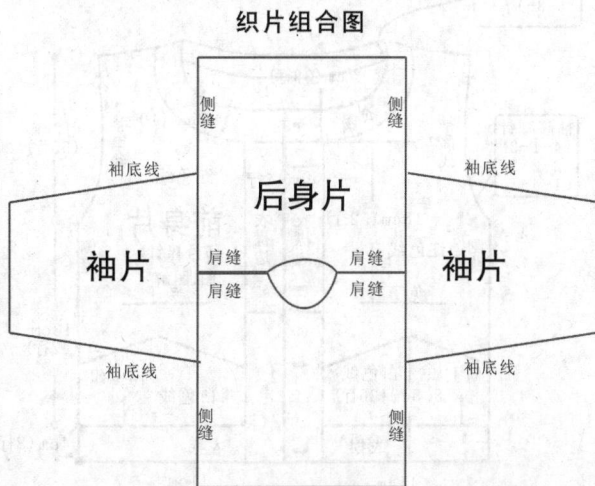

侧缝　侧缝
**后身片**
袖底线　袖底线
肩缝　肩缝
**袖片**　**袖片**
肩缝　肩缝
袖底线　袖底线
侧缝　侧缝

### 衣片缝合：

1. 前后身片及袖片全部织好后进行缝合。
2. 先对准前后身片的肩缝进行缝合。
3. 按织片组合图示缝合袖片。
4. 对准前后身片侧缝、袖底线缝合衣身及衣袖。

前身片领窝收针

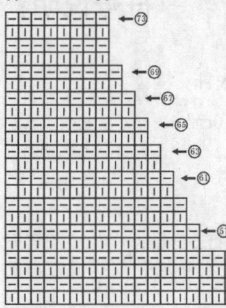

63　56　　　　　　　　24　17

**后身片制作说明：**

1. 后身片为一片编织，从衣摆起织，往上编织至肩部。
2. 衣服先编织后身片，起64针编织1针下针1针上针，向上编织7行后，编织下针，花样的分布详解见图解，织至50行后，开始袖窿减针，方法顺序为1-4-1、2-2-1、4-1-3。
3. 后身片的袖窿减少针数为9针。减针后，不加减针往上编织至10cm的高度后，从织片的中间留26针不织，可以收针，亦可以留作编织衣领连接，可用防解别针锁住，两侧余下的针数，衣领侧减针，方法为1-26-1，1-2-3，最后两侧的针数余下12针，收针断线。

**前身片制作说明：**

1. 前身片分为两片编织，左身片和右身片各一片，花样对应方向相反。
2. 起织与后身片相同，前身片起32针后，先编织7行1针下针1针上针，再编织6行下针后，编织下针，花样的分布详解见图解1，织至50行后，开始袖窿减针，方法顺序为1-4-1、2-2-1、4-1-3，前身片的袖窿减少针数为9针。减针后，不加减针往上编织至7cm的高度后，从织片的内侧按2-2-6、1-3-1的方法减针，最后两侧的针数余下12针，收针断线。详细编织图解见图解。
3. 同样的方法再编织另一前身片，完成后，将两前身片的侧缝与后身片的侧缝对应缝合，再将两肩部对应缝合。

**作品172**

【成品规格】衣长29cm，袖长22cm
【工　　具】7号棒针
【编织密度】21针×25.5行=10cm²
【材　　料】红色三七毛线150g，白色三七毛线80g，粉色、
　　　　　　中黄色、绿色及黑色毛线少许

衣领及衣襟花样图解

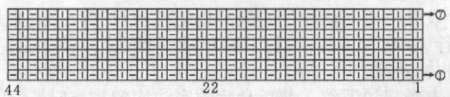

44　　　　　22　　　　　1

**衣领衣襟制作说明：**

1. 一片编织完成。衣领是在前后身片缝合好后的前提下起编的。
2. 沿着衣领边挑针起织，挑出的针数，要比衣领沿边的针数稍多些，然后按照图4的花样分布，起织，共编织7行后，收针断线。
3. 衣襟方法大概与衣领相同，在前后片缝合后在衣襟边沿挑针，再按图解花样编织，其中一侧注意要留下扣眼，另一侧在完成后钉上扣子。

**符号说明：**

□ 上针　　　　粉红色
□ 下针　　　■ 黑色
□ 白色　　　　黄色
　 绿色　　　■ 红色

衣身片花样图解

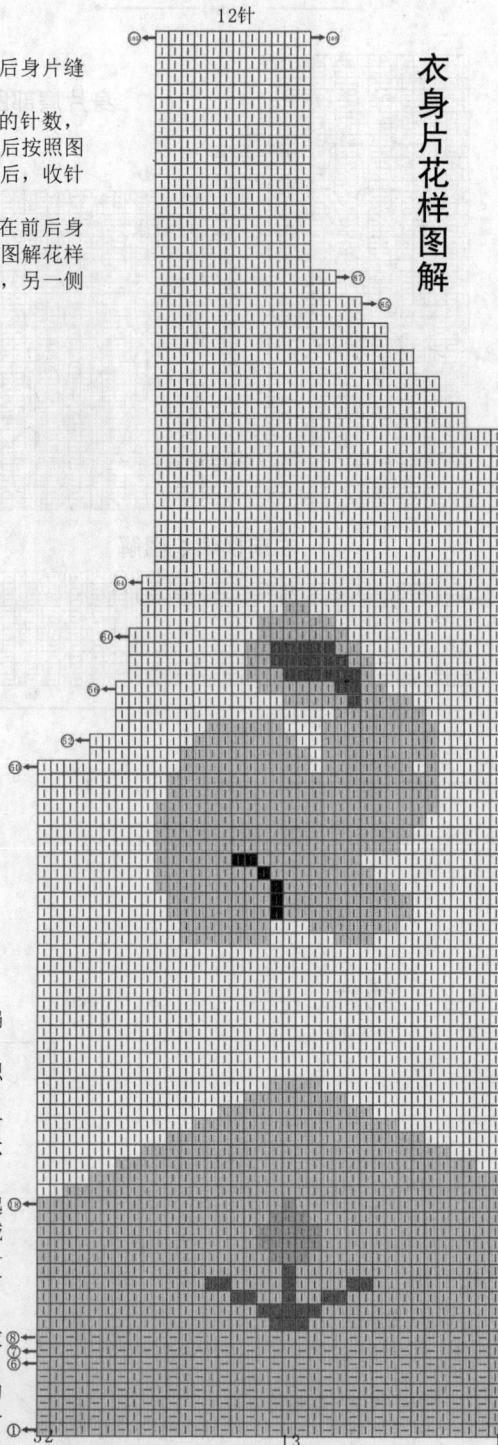

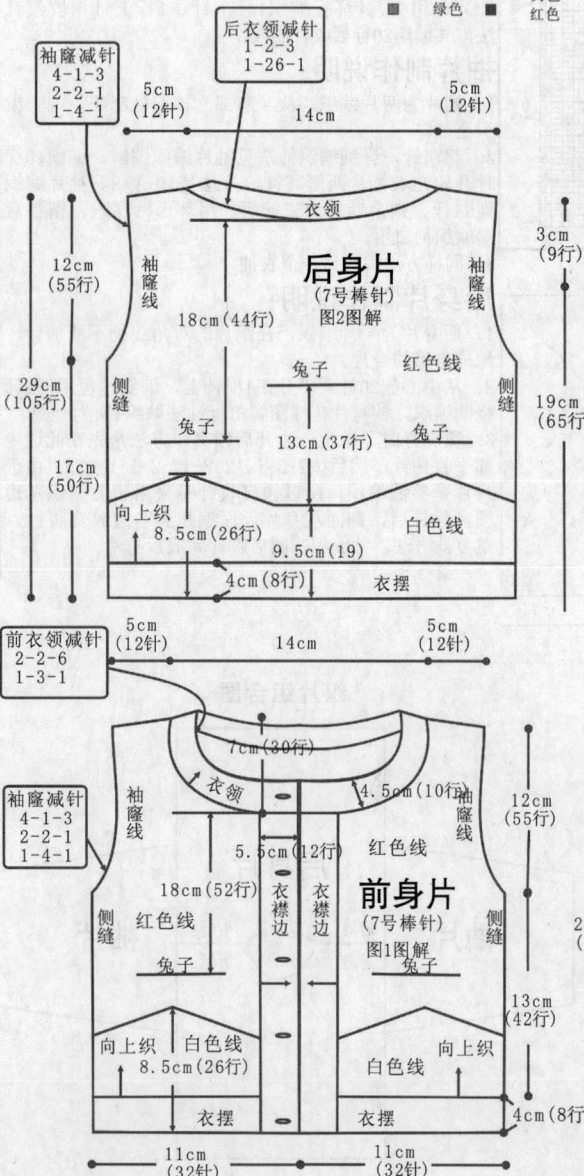

12针

袖窿减针
4-1-3
2-2-1
1-4-1

后衣领减针
1-2-3
1-26-1

5cm(12针)　14cm　5cm(12针)

衣领

12cm(55行)

袖山减
2-1-3
2-2-2
1-4-1

**后身片**
(7号棒针)
图2图解

18cm(44行)

袖窿线　　　　　袖窿线

余40针

3cm(9行)

40cm(84针)

29cm(105行)

侧缝　　　　　　侧缝

红色线

兔子

兔子　　　　兔子

13cm(37行)

**衣袖片**
(7号棒针)
图3图解 红色线

19cm(65行)

兔子

17cm(50行)

向上织
8.5cm(26行)　9.5cm(19)

白色线

4cm(8行)　衣摆

22cm(74行)

侧缝　　　侧缝

加6-1-8

白色线

向上织　19行

袖口(单罗纹)

11cm(44针)

前衣领减针
2-2-6
1-3-1

5cm(12针)　14cm　5cm(12针)

7cm(30行)

衣领

4.5cm(10行)

袖窿减针
4-1-3
2-2-1
1-4-1

袖窿线　　　　　袖窿线

12cm(55行)

5.5cm(12行)　红色线

18cm(52行)

衣襟边　衣襟边

**前身片**
(7号棒针)
图1图解

侧缝　红色线　　　　侧缝

兔子　　　兔子

29cm(105行)

13cm(42行)

向上织　白色线　　　向上织
8.5cm(26行)　　白色线

衣摆　　　　衣摆

4cm(8行)

11cm(32针)　11cm(32针)

**衣袖片制作说明：**

1. 两片衣袖片，分别单独编织。
2. 从袖口起织，起44针编织花样，不加减针织14行后，两侧同时加针编织，加针方法为6-1-8加至65针，然后不加减针织至74行。
3. 袖山的编织：从第1行起要减针编织，两侧同时减针，减针方法如图依次1-4-1、2-2-2、2-1-3，最后余下40针，直接收针后断线。
4. 同样的方法再编织另一衣袖片。
5. 将两袖片的袖山与衣身的袖窿线边对应缝合，再缝合袖片的侧缝。

196

# 作品173

【成品规格】毛衣：衣长42cm，袖长28cm；
　　　　　　毛裤：腰围32cm，裤长44cm
【工　　具】12号环形针和棒针
【编织密度】28针×40行=10cm²
【材　　料】宝宝棉线500g

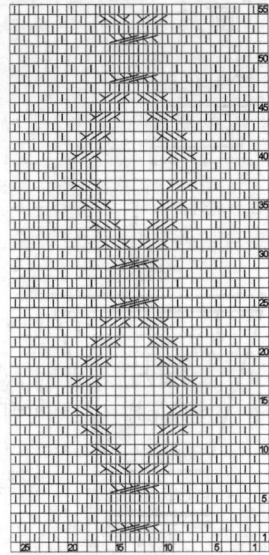

□=⊟
⟩⟩⟩⟨⟨=4针交叉，右边3针在上面
⟩⟩⟨⟨⟨=4针交叉，左边3针在上面
⟩⟩⟩⟨⟨⟨=6针左上交叉
袖中心花样

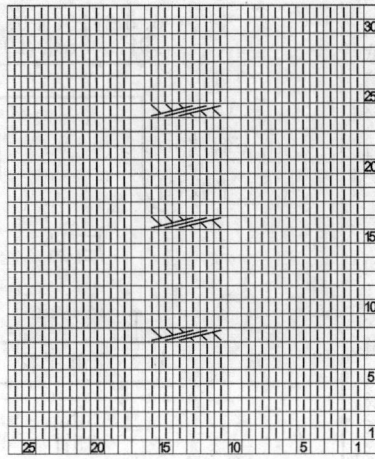

□=⊟
⟩⟩⟩⟨⟨⟨=6针左上交叉
裤子侧缝花样

前片领窝收针线

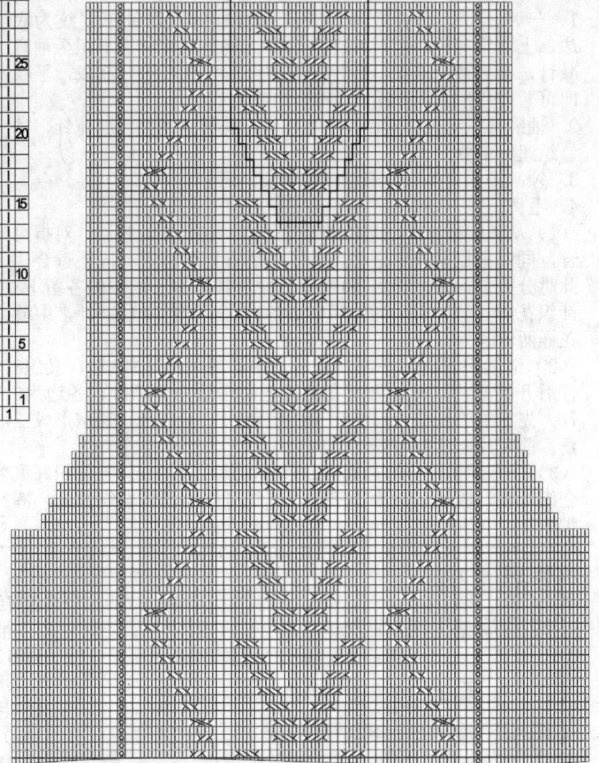

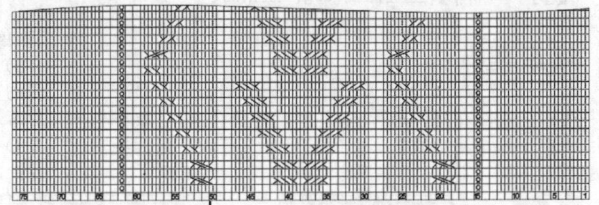

前后片中心

□=⊟　⊡=纽针
⟩⟩⟩⟨⟨=3针交叉，左边2针在上面
⟩⟩⟩⟨⟨⟨=4针交叉，右边3针在上面
⟩⟩⟨⟨⟨=4针交叉，右边2针在上面

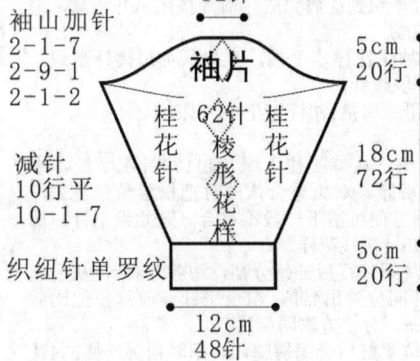

5cm 12针
袖山加针
2-1-7
2-9-1
2-1-2

袖片
62针梭形花样
桂花针　桂花针

减针
10行平
10-1-7

织纽针单罗纹

5cm 20行
18cm 72行
5cm 20行

12cm 48针

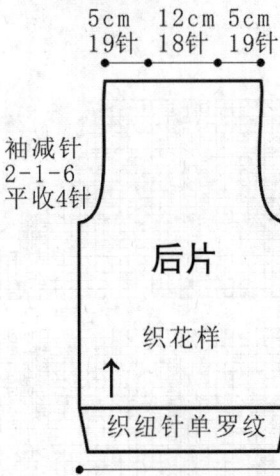

5cm 19针　12cm 18针　5cm 19针

袖减针
2-1-6
平收4针

后片
织花样
织纽针单罗纹

16cm 55行
21cm 60行
5cm 24行

24cm 74针

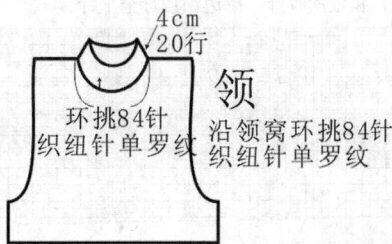

4cm 20行
环挑84针
织纽针单罗纹

领
沿领窝环挑84针
织纽针单罗纹

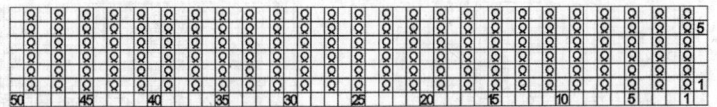

纽针单罗纹　　□=⊟　⊡=纽针

5cm 19针　12cm 18针　5cm 19针

领减针
平织6针
2-1-2
2-2-2
平收7针

前片
织花样
织纽针单罗纹

16cm 55行
21cm 60行
5cm 24行

24cm 74针

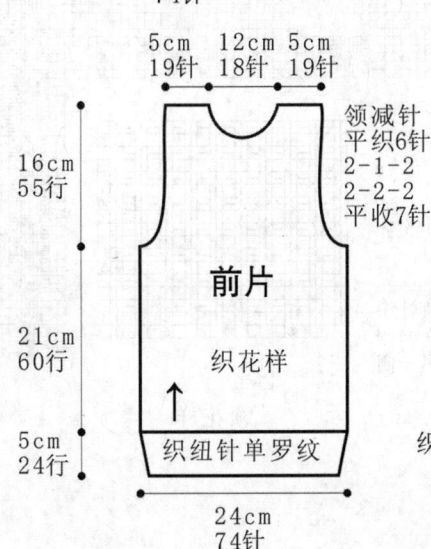

16cm 64针
穿松紧带

后片
14行 8行
13cm 33针
6针全平针
两侧织花样织平针　两侧织花样织平针

减针
10-1-4
3行平
织纽针单罗纹

7cm 22针　7cm 22针

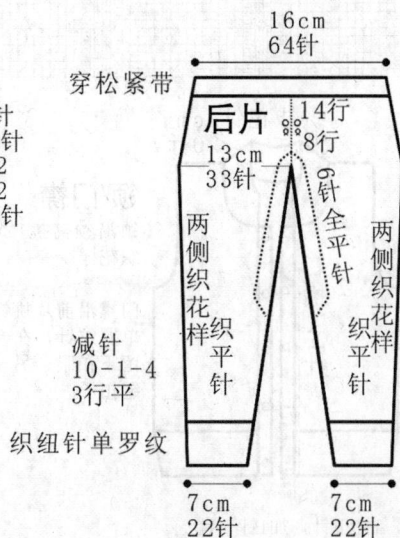

16cm 64针
穿松紧带

前片
14行 20行
13cm 33针
6针全平针
两侧织花样织平针　两侧织花样织平针

减针
10-1-4
3行平
织纽针单罗纹

3cm 12行
8cm 24行
16cm 48行
12cm 36行
5cm 16行

3cm 12行
11cm 36行
13cm 40行
12cm 36行
5cm 16行

7cm 22针　7cm 22针

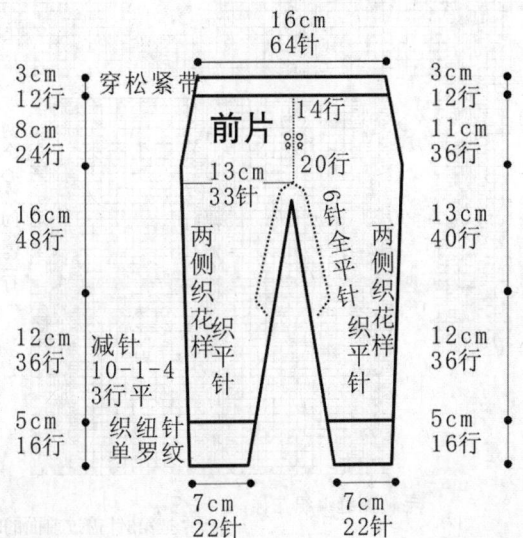

**编织要点：**

1．一片连织，总针数为148针。起148针织纽针单罗纹为底边，上面织花样，前后片花形对称。整个身片一直平织至袖窿减针，前后片分开织。后片袖窝收针后一直平织到完成，平收即可。前片按图示开领窝，缝合肩线完成。

2．袖：袖织组合花样，袖中心织棱形花样，两侧织桂花针，袖口织纽针单罗纹。

3．领：沿领窝挑84针织纽针单罗纹，织4cm。

4．毛裤：
（1）从裤腰往下织，起128针织平针，织6cm作为裤腰，对折重合，同时把松紧带穿进去，为了以后方便可留下一段不重合。此时分好前后片，前后各1针作为中心线，裤子的中侧各留下8针织花样。分针布局为前后中心各1针，两侧中缝各8针，中缝花样两侧各为31针。
（2）继续织平针，平织14行后在中心线两侧各加1针，又织8行后开始开裆。开始做准备织裤裆边，边为全平针，各边为6针。先在中心线织1针上针，第3行织3针。至12针，递增形成三角。前后片裆落差为3cm。
（3）分开织裤腿，裤裆后片为17cm，前片为14cm。裆位织好重合织裤腿，收边依然为小三角。裤腿可按自己需要织长度，裤脚织5cm纽针单罗纹。

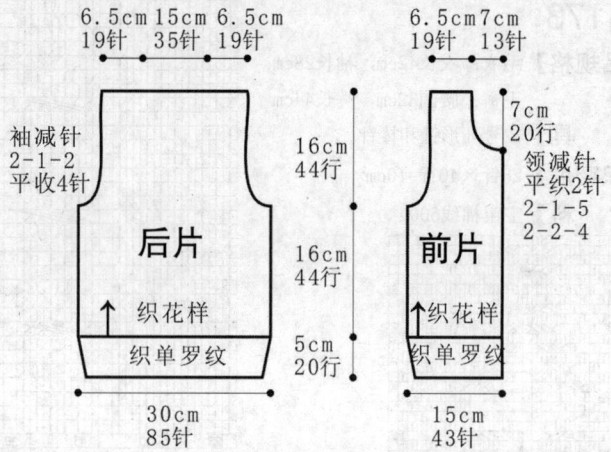

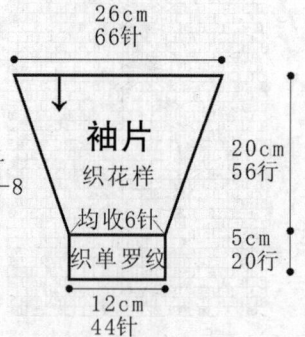

# 作品174

【成品规格】毛衣：衣长37cm，袖长25cm。
　　　　　　毛裤：腰围48cm，裤长43cm
【工　　具】11号环形针和棒针
【编织密度】26针×28行=10cm²
【材　　料】宝宝棉线500g，纽扣5枚

**编织要点：**

1．一片连织，总针数为171针。起171针织单罗纹针为底边，上面织花样，后片4组花样，前片各2组。整个身片一直平织至袖窿减针，此时前后片分开织。后片袖窝收针后一直平织到挂肩完成。前片按图示开领窝，缝合肩线完成。

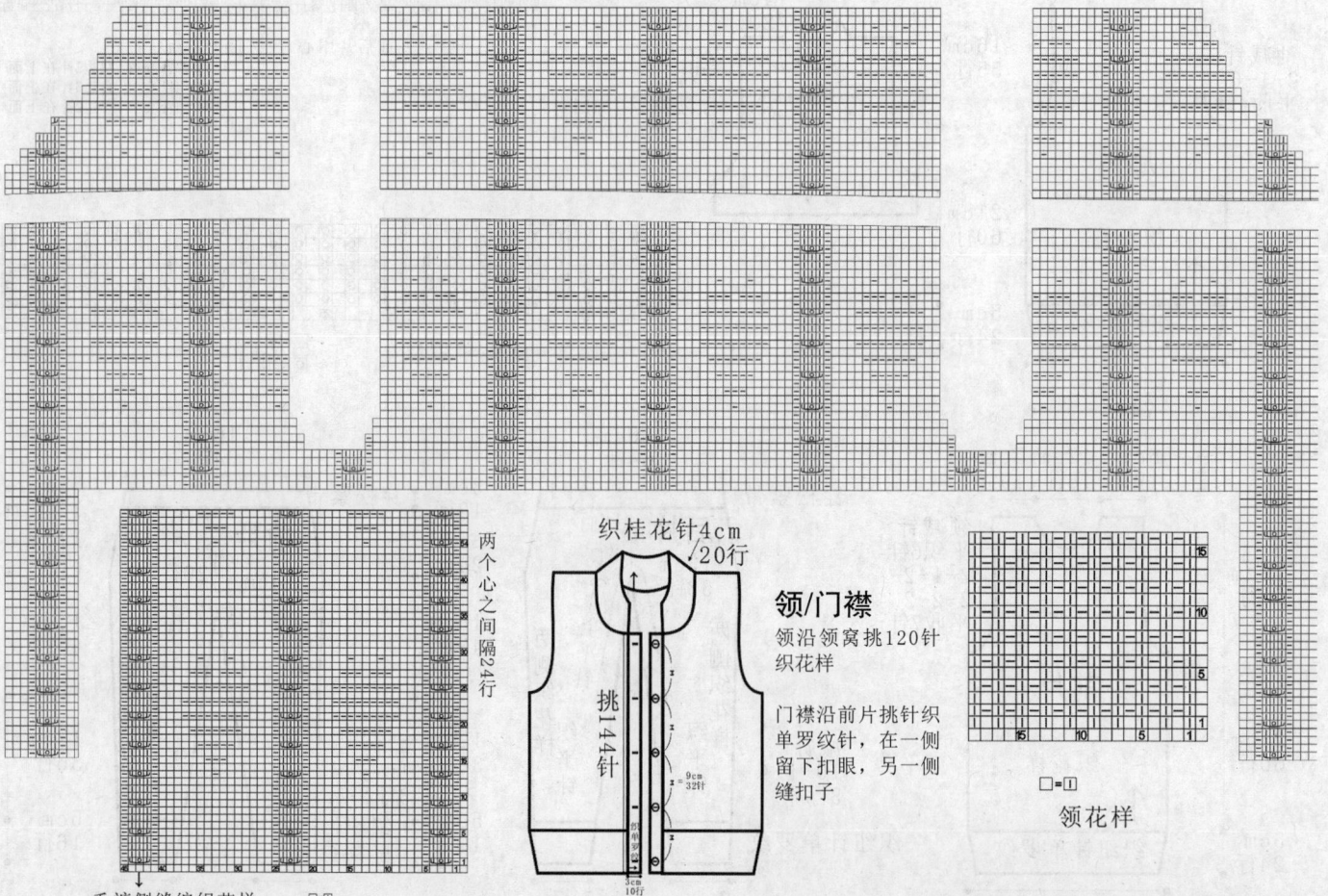

2．袖：袖织花样，平袖，直接从袖口挑针平织，袖口织单罗纹针。

3．领：沿领窝挑120针织花样，织8cm。

4．毛裤：
（1）圈织。从裤腰往下织，起124针织平针，织4cm作为裤腰，对折重合，同时把松紧带穿进去，为了以后方便可留下一段不重合。开始织平针，裤腿中缝织5针铜钱花样。
（2）后片织16行后开始分裆，边各为4针，从另一侧的里针同位挑出4针，织全平针。前片裆位比后片落差6cm，分裆方法同后片。
（3）裆位织好后合织裤腿，合织时用另一侧的4针并针，腿依次收针，裤边织12行全平针。

后片
6.5cm 15cm 6.5cm
19针 35针 19针
袖减针 2-1-2 平收4针
16cm 44行
织花样
16cm 44行
织单罗纹
5cm 20行
30cm 85针

前片
6.5cm 7cm
19针 13针
7cm 20行
领减针 平织2针 2-1-5 2-2-4
织花样
织单罗纹
15cm 43针

袖片
26cm 66针
减针 7-1-8
织花样
均收6针
织单罗纹
20cm 56行
5cm 20行
12cm 44针

毛裤侧缝编织花样
两个心之间隔24行
□=□

把第3针盖过前面的2针，1针下针，加1针下针

织桂花针4cm 20行
挑144针

领/门襟
领沿领窝挑120针织花样

门襟沿前片挑针织单罗纹针，在一侧留下扣眼，另一侧缝扣子。

领花样
□=□

配色A

□ 白色线
■ 蓝色线
■ 黑色线

花样B（单罗纹）
（帽沿花样）（黑色线）

2针一花样

**符号说明：**

□ 上针
□=□ 下针
2-1-3 行-针-次

□ 浅杏色
■ 黑色线
■ 蓝色线
□ 白色线

后片
穿松紧带
24cm 62针
15cm 40针
16行
4针全平针
侧缝5针织铜钱花样
织平针
减针 8-1-3
织全平针
14cm 36针  14cm 36针
2cm 12行
6cm 16行
18cm 50行
15cm 42行
2cm 10行

前片
穿松紧带
24cm 62针
15cm 40针
28行
4针全平针
侧缝5针织铜钱花样
织平针
减针 8-1-3
织全平针
14cm 36针  14cm 36针
2cm 12行
10cm 30行
14cm 40行
15cm 42行
2cm 10行

**毛线球制作方法：**
1. 用毛线球制作器制作。
2. 无制作器者，可利用身边废弃的硬纸制作。剪两块长约10cm，宽3cm的硬纸，剪一段长于硬纸的毛线，用于系毛线球，将剪好的两块硬纸夹住这段毛线（见上图）。下面制作毛线球球体，用毛线缠绕两块硬纸，绕得越密，毛线球越结实，缠绕足够圈数后，将夹住的毛线，从硬纸板夹缝将缠绕的毛线系结，拉紧，用剪刀穿过另一端夹缝，将毛线剪断，最后将散开的毛线剪圆即成。

毛线
硬纸夹住这条线
硬纸（两张）

# 作品175

**【成品规格】** 上衣长23.8cm，下摆宽27cm，袖长16cm，帽高12.5cm，帽围54cm；手套长9cm，宽6cm；围巾长74cm，宽11cm

**【工　　具】** 12号棒针，12号环形针

**【编织密度】** 24针×54行=10cm²

**【材　　料】** 宝宝绒线共200g，上衣用100g，帽子30g，手套30g。围巾40g，黑色线20g，白色线10g，蓝色线10g，浅杏色线160g，纽扣2枚

前片
两黑边重叠缝合
24cm（54针）
6行（黑色线）
浅杏色
11cm（50行）
减5针 2-1-1 2-4-1
花样A（12号棒针）
减5针 2-1-1 2-4-1
2.6cm（14行）
23.8cm（50行）
缝合
2.2cm 配色A（12行）
侧缝8cm（44行）
浅杏色
27cm（64针）
侧缝

后片
24cm（54针）
6行（黑色线）
8cm
浅杏色
11cm（50行）
减5针 2-1-1 2-4-1
花样A（12号棒针）
减5针 2-1-1 2-4-1
2.6cm（14行）
23.8cm（50行）
缝合
2.2cm 配色A（12行）
侧缝8cm（44行）
浅杏色
27cm（64针）
侧缝

袖片
19cm（46针）
减4针 2-2-2
减4针 2-2-2
2cm（10行）
23cm（54针）
袖片（12号棒针）花样A
16cm（78行）
袖侧缝
加8-1-6
加8-1-6
袖侧缝
11.8cm（56行）
配色A（12行）
2.2cm
18cm（42针）

**花样A**（单罗纹针）

2行一花样

□ 浅杏色
■ 黑色线
■ 蓝色线
□ 白色线

**花样D**（手套减针图解）

余下4针收为1针

**袖片制作说明：**
1. 棒针编织法，编织两片袖片。从袖口起织。袖片全织花样A搓板针花样。
2. 下针起针法，起42针，编织配色A，编织顺序是6行黑色线，2行蓝色线，2行白色线，2行黑色线，然后第13行起往上编织，全用浅杏色线，两侧同时加针，加针方法为8-1-6，两侧的针数各增加6针，将织片织成54针，共56行。接着就编织袖山，袖山减针编织，两侧同时减针，方法为2-2-2，两侧各减少4针，最后织片余下46针，收针断线。
3. 同样的方法再编织另一袖片。
4. 缝合方法：将袖山对应前片与后片的袖窿线，用线缝合，再将两袖侧缝对应缝合。

**手套制作说明：**
1. 棒针编织法，编织两只手套。制作两个毛线球。
2. 单罗纹起针法，用黑色线起针，起32针，织4行单罗纹针，而后手套织花样A，从第5行起，配色编织，图解见花样D，顺序为：从下而上，2行蓝色线，2行白色线，2行黑色线，余下的全用浅杏色线编织，从第5行起，织成30行后，从31行开始减针，将32针分成8等份减针编织，每2行减1次针，一圈共减少4针，减至最后余下1针，将这4针收为1针，尾线藏于帽内。同样的方法再编织另一只手套。
3. 制作2只毛线球，每只手套系上1只，两毛线球各用黑色线和蓝色线制作，毛线球的制作方法见上。

帽子
余下8针 黑色 白色 见毛线球制作方法
11cm（58行）
分8等份减针
帽子（12号棒针）
6行花样B（黑色线）
1.5cm
54cm（128针）

蓝色小球
8cm（44行）
左 花样D
1cm
6cm 4行花样B（黑色线）
起32针

黑色小球
8cm（44行）
右 花样D
1cm
6cm 4行花样B（黑色线）
起32针

手套（12号棒针）

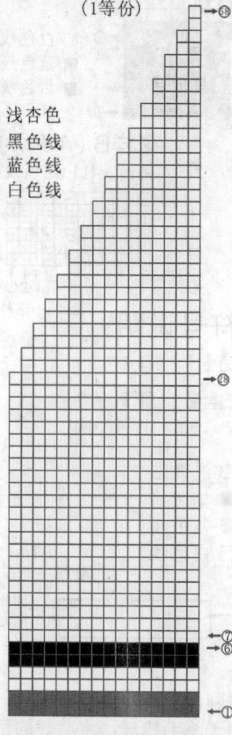

**花样C**

（帽子减针图解）
（1等份）

□ 浅杏色
■ 黑色线
▨ 蓝色线
□ 白色线

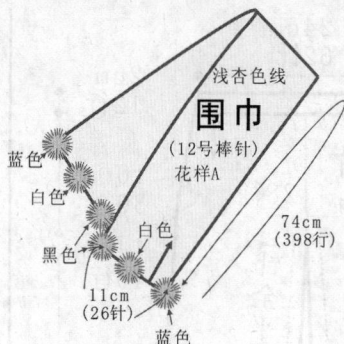

浅杏色线

**围巾**

（12号棒针）
花样A

蓝色
白色
黑色
白色
黑色

74cm
（398行）

11cm
（26针）

蓝色

## 前片、后片制作说明：

1. 棒针编织法，分为前片与后片两片编织。
2. 起织，下针起针法，先用浅杏色线起64针，起织花样A，衣服的主体花样为花样A，用浅杏色线编织44行，织配色A花样，往上编织顺序为：用黑色线编织6行，蓝色线编织2行，白色线编织2行，再用黑色线编织2行。然后再用浅杏色线继续编织，织14行后，下一行开始减针织袖窿，减针方法为：2-4-1，2-1-1，将两侧的针数各减少5针，织片余下54针继续编织，从袖窿算起织成44行后，改用黑色线编织6行，然后收针断线。
3. 后片的编织方法与前片完全相同，但在肩部黑色线编织部分，要制作两个扣眼，两扣眼间的距离为8cm，扣眼的制作方法为：在当行收针2针，在下一行时重起这2针，而后继续编织。在前片的扣眼对应位置，钉上纽扣。
4. 缝合：这件衣服需缝合的位置特别，只需缝合四条短边，即结构图中所示的四个缝合的短边，其他边不用缝合。

## 棒针帽子制作说明：

1. 棒针编织法。从帽沿起织，四色搭配编织。
2. 单罗纹针起针法，起128针，编织花样B单罗纹花样，用黑色线编织，共织6行，从第7行起至帽顶，全织花样A搓板针，不同的是用不同颜色编织，从第7行起编织顺序为：蓝色线编织2行，白色线织2行，黑色线织2行，以上全用浅杏色线编织，从第7行起编织共28行时，将织片的128针分成8等份减针编织，每等份减1针，一圈共减掉8针，每2行减1次针，减至每等份余下1针，帽顶共余下8针，收为1针。将线藏于帽内。
3. 分别用黑色线和白色线各制作1个小球，系于帽顶，小球做法见毛线球的制作方法。

## 围巾制作说明：

1. 棒针编织法，制作6个毛线球。
2. 下针起针法，起26针编织，围巾全用浅杏色线编织，全部编织花样A搓板针花样，起针后，织成398行，共74cm长。织法很简单。
3. 制作6个小球，方法见毛线球制作方法，蓝色毛线球2个，白色毛线球2个，黑色毛线球2行，分别在围巾的两端，各系上蓝色1个，白色1个，黑色1个的小球。

# 作品176

【成品规格】衣长42.5cm
【工　　具】7号棒针，1.5mm钩针，缝衣针
【编织密度】22针×26行=10cm²
【材　　料】毛线200g

**花样B**

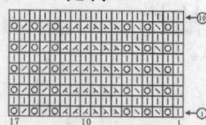

17 10 1

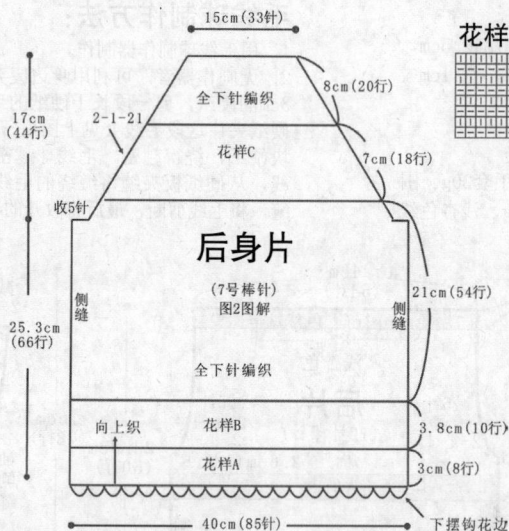

15cm（33针）

17cm
（44行）

2-1-21

8cm（20行）

全下针编织

花样C

收5针

7cm（18行）

**后身片**

（7号棒针）
图2图解

21cm（54行）

全下针编织

侧缝
侧缝

向上织

花样B

3.8cm（10行）

花样A

3cm（8行）

25.3cm
（66行）

40cm（85针）

下摆钩花边

**花样A**

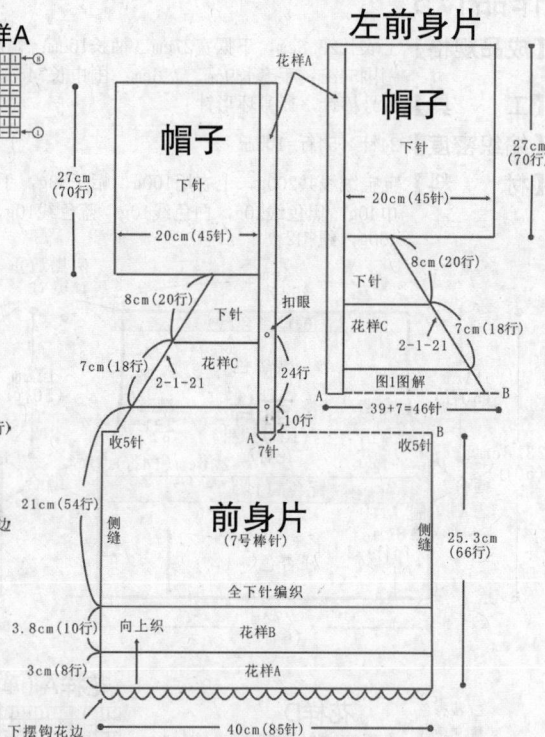

花样A

**左前身片**

**帽子**

下针

27cm
（70行）

**帽子**

下针

20cm（45针）

27cm
（70行）

下针

20cm（45针）

8cm（20行）

8cm（20行）

扣眼

下针

7cm（18行）

花样C

2-1-21

7cm（18行）

2-1-21

图1图解

花样C

24行

39+7=46针

10行

收5针

A

收5针

B

7针

21cm（54行）

**前身片**

（7号棒针）

全下针编织

侧缝
侧缝

向上织

花样B

3.8cm（10行）

花样A

3cm（8行）

25.3cm
（66行）

40cm（85针）

下摆钩花边

## 前身片制作说明：

1. 前身片为一片编织，从衣摆起织，往上编织至帽子顶部。
2. 前身片起85针，编织25.3cm，66行后，在织片中间开领，将织片分成左右两部分编织，编织左前身片方法是：在织片B处先平收5针，然后编织34针，接着在针上加7针（门襟边），再翻转到起针处，从第67行同时进行插肩减针，方法顺序为2-1-21，减少针数为21针。详细见花样图解。
3. 第110行时身片编织到肩部，针数为20针，此行完后在针上加出32针。继续编织帽子。帽子部分共编织70行，收针断线。
4. 将前身片剩余的46针按左前身片对称编织完成。在门襟边的第10行、第34开扣眼。
5. 将前、后身片插肩与袖片的袖山对齐缝合。将前身片与后身片侧缝对齐缝合。将前身片上的帽子顶缝与后缝对齐缝合，再与领冠缝合。
6. 前后身片缝合后在衣摆边上钩花边，花样见下摆钩花图解。

## 后身片制作说明：

1. 后身片为一片编织，从衣摆起织，往上编织至肩部。
2. 后身片起85针，编织25.3cm，66行后，开始插肩减针，方法顺序为1-5-1、2-1-21，减少针数为26针，编织至42.5cm，110行时剩余针数33针，收针断线。
3. 完成后，将后身片的侧缝与前身片的侧缝对应缝合。

**下摆钩花图解**

**花样C**

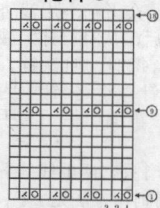

3 2 1

## 符号说明：

| 符号 | 说明 |
|---|---|
| □ | 上针 |
| □=□ | 下针 |
| ○ | 镂空针 |
| ⊁ | 左上2针并 |
| ⊀ | 右上2针并 |
| 2-1-3 | 行-针-次 |
| ◡ | 辫子针 |
| ↑ | 长针 |

## 衣袖片制作说明：

1. 两片衣袖片，分别单独编织。
2. 从袖口起织，用9号棒针蓝线起48针，织12行双罗纹针。
3. 第13行分散加针至62针继续向上织下针蓝色29行，白色配图案32行，上面小娃娃图案在袖片织好。
4. 第74行，两边各平收4针，换黄色线开始斜肩收针，两侧各留2针交叉针花样，收针在两侧第3针和第4针的地方。收针方法每2行收1针，收24次。以右袖片为例，织至第121行时，右侧开始减针，减针方法为1-2-2、2-2-2，平收2针。第129行，收针断线。
5. 同样的方法再编织另一衣袖片，斜肩部分加针方向与此衣袖片相反。

向上织
图4
衣袖
黄色
衣袖
蓝色
钩织
门襟

# 作品177

【成品规格】衣长38cm，连肩袖长39.5cm
【工　　具】9号棒针
【编织密度】25针×33行=10cm²
【材　　料】蓝色宝宝绒线100g，白色宝宝绒线100g，黄色宝宝线100g，其他颜色少许用作绣线

## 符号说明：

| 符号 | 说明 |
|---|---|
| □ | 上针 |
| □=□ | 下针 |
| ⊠ | 左上1针交叉 |
| ⊠ | 右上1针交叉 |
| 2-2-3 | 行-针-次 |

衣身片花样图解

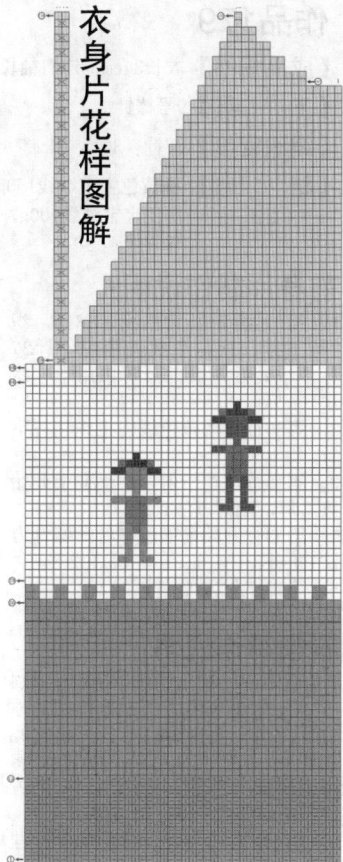

■ 绿色
□ 浅黄
■ 白色
■ 黄色
■ 蓝色
■ 红红
■ 桔红
■ 秋香绿
■ 深咖
■ 热粉
■ 浅紫

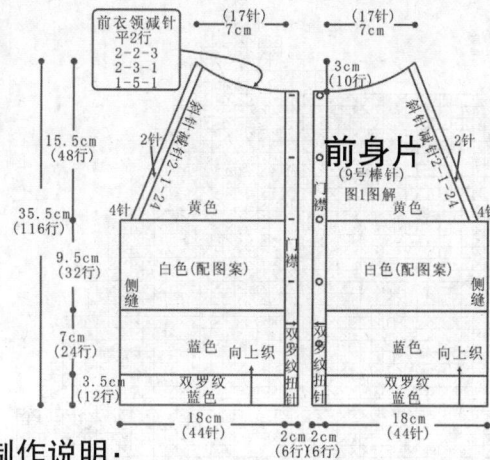

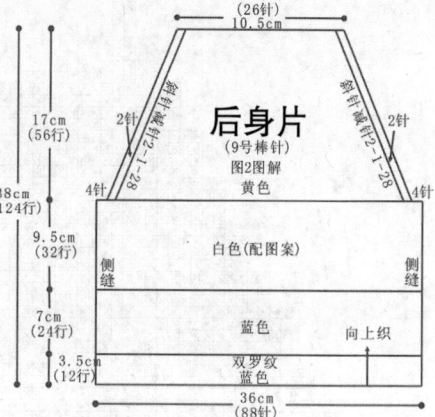

## 衣领制作说明：

1. 用黄色线沿领围挑100针，织4行下针穿起待用，在先前挑领的地方，在另一面1针对应1针再挑起100针织4行下针也穿起来。第5行，将前面穿起的两圈，按2针并1针的方法织上针并成一圈，形成筒状。

2. 第6行按图4图解织花样，第26行两侧开始减针，减针方法2-2-2。

3. 第29行余92针收针断线。

4. 织好后，沿领的外沿按钩针花样图解用蓝色线钩上边。

## 后身片制作说明：

1. 用9号棒针蓝色线起88针，织12行双罗纹针，继续织向上织24行蓝色。

2. 第25行开始白色配图案部分。

3. 第69行，两侧各收4针，换黄色线向上开始收斜肩，两侧各留2针织交叉针花样，收针在两侧第3针和第4针的地方。收针方法每2行收1针减针方法为2-1-28。

4. 第124行余26针，平收断线。

### 衣领花样图解

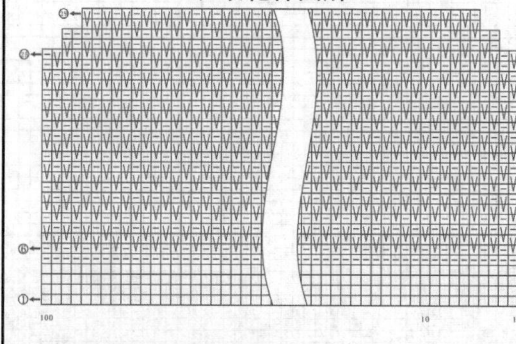

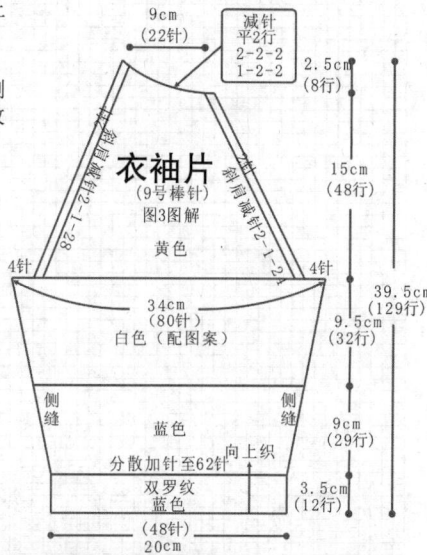

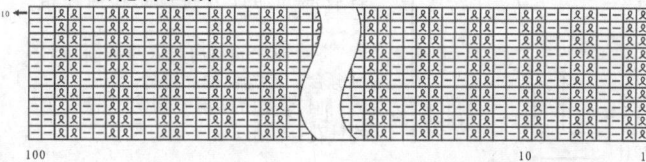

## 作品178

【成品规格】衣长50cm，胸围56cm

【工　　具】7号棒针

【编织密度】28针×24行=10cm²

【材　　料】蓝色宝宝绒线250g，白色宝宝绒线100g，黄色宝宝线少许

4cm（10行）　双罗纹扭针　蓝色　4行下针　向上圈织　图4

后身片
（7号棒针）
图2图解
白色

3针　　　　　　　3针

22cm（56行）

蓝色（4行）
白色（3行）

23.5cm（56行）　侧缝　17cm（42行）　蓝色　侧缝

向上织

4.5cm（10行）　双罗纹扭针

32cm（88针）

### 衣领花样图解

100　　　10　　1

---

前衣领减针
平2行
2-2-3
2-3-1
1-5-1

（17针）7cm　　（17针）7cm

3cm（10行）

前身片
（9号棒针）
图1图解
黄色

15.5cm（48行）

斜料减针2-1-24

2针　　黄色　　2针

4针　　　　　　　4针

35.5cm（116行）

9.5cm（32行）　侧缝　白色（配图案）　侧缝

7cm（24行）　蓝色　向上织

3.5cm（12行）　双罗纹　蓝色

18cm（44针）　2cm 2cm（6针×6针）　18cm（44针）

## 后身片制作说明：

1. 用9号棒针蓝色线起88针，织12行双罗纹针，继续织向上织24行蓝色。

2. 第25行开始白色配图案部分。

3. 第69行，两侧各收4针，换黄色线向上开始收斜肩，两侧各留2针织交叉针花样，收针在两侧第3针和第4针的地方。收针方法每2行收1针减针方法为2-1-28。

4. 第124行余26针，平收断线。

## 衣袖片制作说明：

1. 两片衣袖片，分别单独编织。

2. 从袖口起织，用蓝色线起52针，织10行双罗纹扭针，继续用蓝色线织40行，然后按2行白色、4行蓝色交替编织。

3. 从袖口开始织70行后，开始收斜肩。斜肩的收法：从第1行起两侧同时减针，减针方法如图。最后，其中一侧比另一侧高出8针。

4. 同样的方法再编织另一衣袖片，斜肩部分加针方向与此衣袖片相反。

5. 将两袖片的斜肩与衣身的斜边对应缝合，再缝合袖片侧缝。

## 衣领制作说明：

1. 前后身片及袖缝合后，用蓝色线挑100针，圈织14行下针。

2. 换织双罗纹扭针织10行，收针断线。花样详见衣领花样图解。

## 符号说明：

□　上针
□=□　下针
☒　扭针
1-6-2　行-针-次

---

（26针）10.5cm

斜针减针2-1-28

后身片
（9号棒针）
图2图解
黄色

17cm（56行）

2针　　　　　2针

38cm（124行）

4针　　　　　　　4针

9.5cm（32行）　侧缝　白色（配图案）　侧缝

7cm（24行）　蓝色

3.5cm（12行）　双罗纹　蓝色

36cm（88针）

## 前身片制作说明：

1. 用9号棒针蓝色线起88针，织12行双罗纹针，继续织向上织24行蓝色。

2. 第25行开始白色配图案部分。

3. 第69行，两侧各收4针，换黄色线向上开始收斜肩，两侧各留2针交叉针花样，收针在两侧第3针和第4针的地方。收针方法每2行收1针减针方法为2-1-24。

4. 第107行开始前衣领减针，减针方法1-5-1、2-3-1、2-2-3，平织2行。

5. 第116行余2针，收针断线。

9cm（22针）

减针
平2行
2-2-2
1-2-2

2.5cm（8行）

衣袖片
（9号棒针）
图3图解
黄色

斜肩减针2-1-28

15cm（48行）

4针　　　　　　　4针

34cm（80针）
白色（配图案）

39.5cm（129行）

9.5cm（32行）

侧缝　蓝色　侧缝

分散加针至62针　向上织

9cm（29行）

3.5cm（12行）　双罗纹　蓝色

（48针）20cm

## 前身片制作说明：

1. 前身片衣摆用蓝色起88针织10行双罗纹扭针。

2. 衣摆织先后继续用蓝色线织42行，再换白色线织3行，换蓝色线织4行，再换白色织，图案部分详见图1前身片花样图解。

3. 从衣摆开始共织66行后，开始收斜肩，减针方法顺序如图示。斜肩的收针方法同后片。

## 后身片制作说明：

1. 后身片衣摆用蓝色线起88针织10行双罗纹扭针。

2. 衣摆织先后继续用蓝色线织42行，再换白色线织3行，换蓝色线织4行，再换白色织。

3. 编织花样图从衣摆开始共织66行后，开始收斜肩，减针方法如图示。

4. 斜肩每4行收2针的方法：

(1)右边：第1、第2、第3针织下针，第4针不织挑到右针，第5针和第6针交换，第6针在上面，然后6针和4针并1针，第5和第7针并1针，这样一边就减掉2针了。

(2)左边：织到左边剩7针的时候，第7针不织到右针上，第6针和第5针交换，第6针在上面，织第5针把第7针盖在第5针上面，第6针不织第4针把第6针盖在第4针上面，按下来按第1、第2、第3针织下针，左边完成。

(3)后领平收30针。

---

前身片
（9号棒针）
图1图解
黄色

斜料减针2-1-24

2针　　黄色　　2针

4针　　　　　　　4针

侧缝　白色（配图案）　侧缝

蓝色　向上织

双罗纹　蓝色

---

斜肩减针
平4行
4-2-12

---

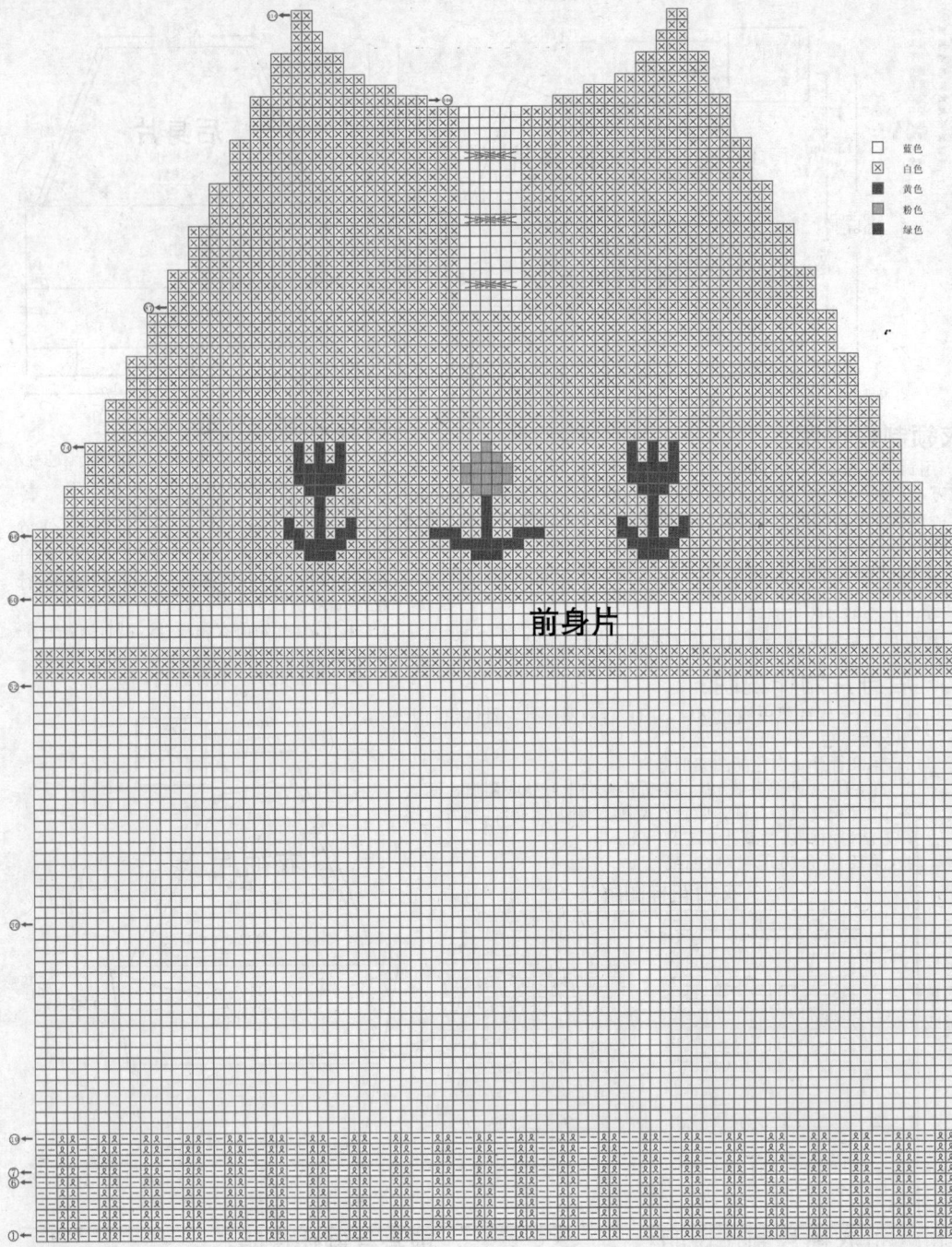

前身片

88　80　　　　　　　　34　23　20　　1

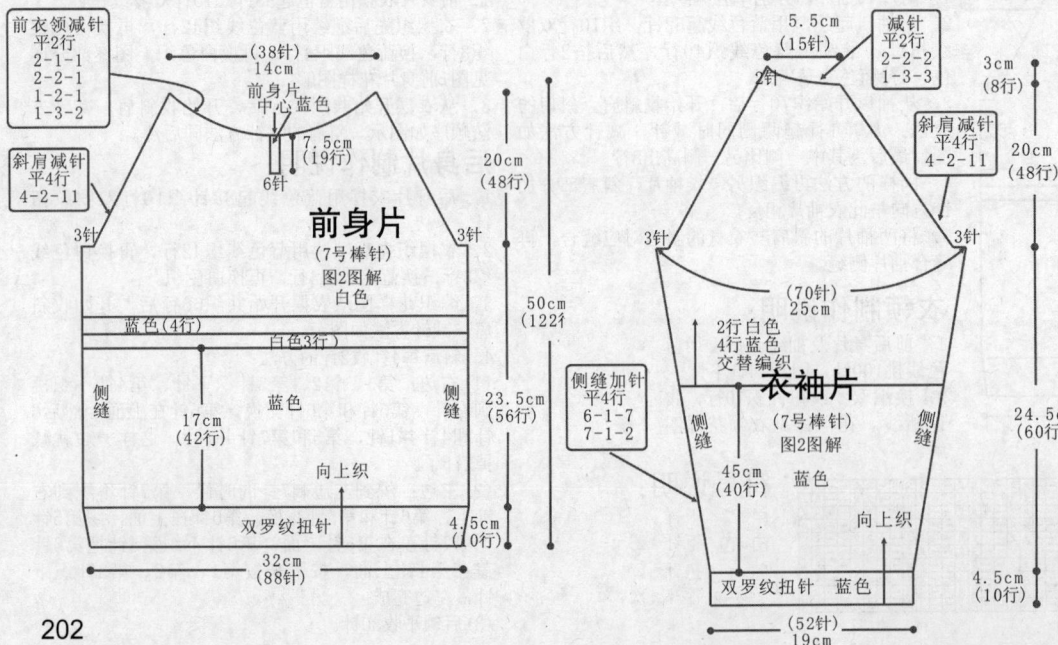

图例：
□ 蓝色
⊠ 白色
■ 黄色
■ 粉色
■ 绿色

## 作品179

【成品规格】衣长34cm，连肩袖长29cm

【工　　具】9号棒针

【编织密度】26针×30行＝10cm²

【材　　料】橘黄色宝宝绒线150g，
白色宝宝绒线100g，零
线少许

### 前身片制作说明：

1. 用9号棒针橘黄色线起88针，织2行下针，换白色线继续织下针27行。小娃娃图案部分可以用十字绣法。

2. 第30行换橘黄色线向上织15行下针。

3. 第45行，在一侧，然后向上开始收斜肩，减针方法4-2-12。

4. 第93行开始前衣领减针，减针方法1-6-1、1-4-1、1-3-1、1-2-1。

5. 第96行余2针收针断线。

### 衣领制作说明：

1. 用橘黄色线沿领围挑92针，织4行下针穿起待用，在先前挑领的地方，在另一面1针对应1针再挑起92针织4行下针也穿起来。第5行，将前面穿起的两圈，按2针并1针的方法织上针并成一圈，形成筒状。

2. 第6行换白色针，按图解织双桂花针。

3. 织6行后第12行开始两侧减针，减针方法2-1-5，平织2行，第21行收针断线。

4. 织好后，沿领的外沿按钩针花样图解钩上花边。

5. 编4针的长绳穿入领圈的筒中，两头缝上两个叶子花，叶子花图解如图解。

叶子制作说明：

1. 以单片叶子花为例，用橘黄色线起3针，按图解编织。

2. 中间一针作茎，每2行在茎干嘛间我侧各加1针，第9行共11针，在叶片两侧减针，减针方法2-1-5，平2行。

3. 第20行只剩1针收针断线。

4. 再编织一片，在反面缝合，形成筒状，缝到长绳的一端。如此法再制作1个叶子花，缝到长绳的另一端。

5. 如果选择圈织，起针6针，加减针方法参照图解，第20行余2针收针断线，形成1个叶子花。如此法再织1个。

### 衣袖片制作说明：

1. 两片衣袖片，分别单独编织。

2. 从袖口起织，用9号棒针橘黄色线起70针，织2行下针换白色线织。小娃娃部分可以用十字绣法。

3. 第30行两侧各平织3针，开始向上收斜肩，每4行减2针，减针方法如图。第82行按图示减针1-2-2、2-2-2，平织2行。

4. 同样的方法再编织另一衣袖片，斜肩部分加针方向与此衣袖片相反。

5. 将两袖片的斜肩与衣身的斜边对应缝合，再缝合袖片侧缝。

6. 袖口花边为钩织，钩织方法详见钩针花样图解。

### 前身片图（左下）

前衣领减针
平2行
2-1-1
2-2-1
1-2-1
1-3-2

斜肩减针
平4行
4-2-11

3针

前身片
（7号棒针）
图2图解
白色

（38针）
14cm
前身片
中心蓝色
7.5cm
（19行）
6针
3针

20cm
（48行）

50cm
（122针）

蓝色(4行)
白色3行
侧缝
17cm
（42行）
蓝色
向上织
侧缝
23.5cm
（56行）

双罗纹扭针
4.5cm
（10行）
32cm
（88针）

### 衣袖片图（右下）

5.5cm
（15针）
2行

减针
平2行
2-2-2
1-3-3
3cm
（8行）

斜肩减针
平4行
4-2-11

3针

3针

（70针）
25cm

2行白色
4行蓝色
交替编织

衣袖片
（7号棒针）
图2图解
蓝色

侧缝加针
平4行
6-1-7
7-1-2

侧缝

20cm
（48行）

24.5cm
（60行）

45cm
（40行）
蓝色
向上织

双罗纹扭针　蓝色
4.5cm
（10行）
（52针）
19cm

衣领花样图解

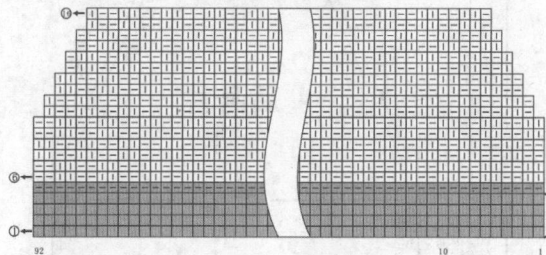

符号说明：
- □ 上针
- □=1 下针
- 図 扭针

1-6-2 行-针-次

叶子
花样图解

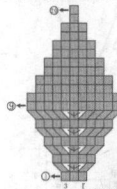

衣身花样图解

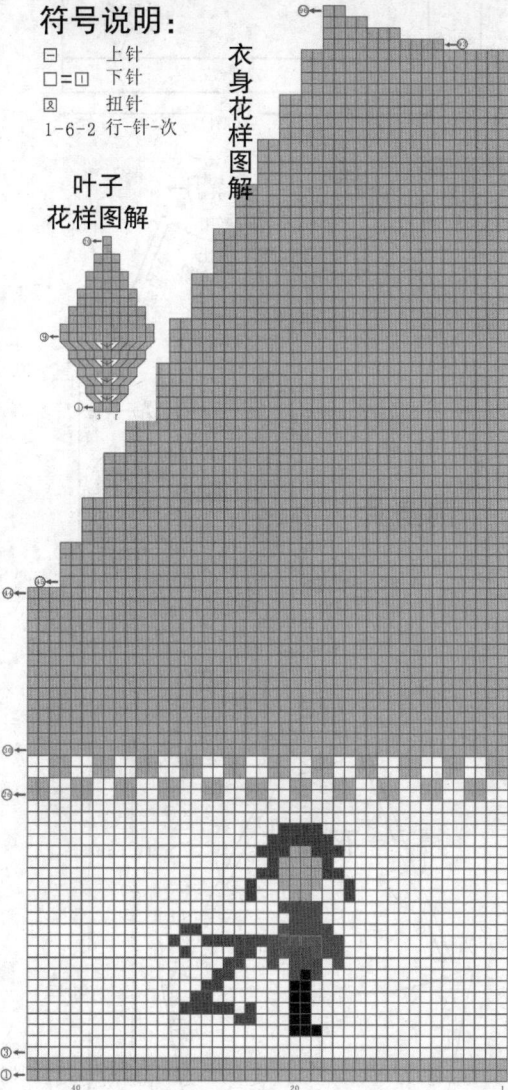

?cm
(12针)

减针
平2行
2-2-2
1-2-2

斜肩加针
平4行
4-2-14

斜肩减针
平4行
4-2-12

衣袖片
(9号棒针)
图3图解
桔黄

27cm
(70针)

侧缝    侧缝

白色（配图案）

向上织

2行橘黄

(70针)
27cm

3cm
(8行)

17cm
(52行)

29cm
(89行)

9cm
(29行)

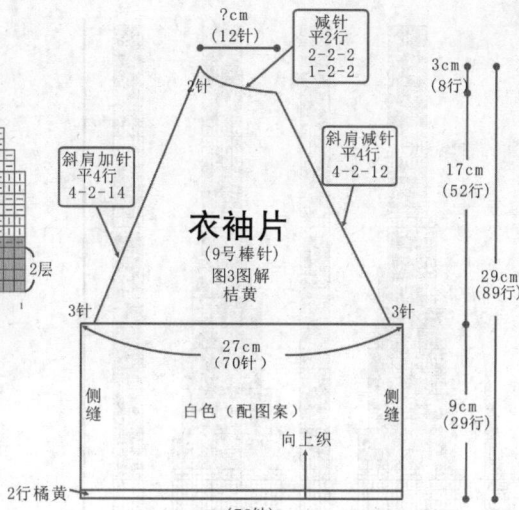

## 后身片制作说明：

1. 用9号棒针橘黄色线起88针，织2行下针，换白色线继续织下针27行。
2. 第30行换橘黄色线向上织15行下针。
3. 第45行，两侧各收3针，然后向上开始收斜肩，减针方法4-2-14。
4. 第104行余26针，平收断线。

桔黄1行上针
1行下针（双层）
回上桃
织92针
白色 双桂花 钩花

## 作品180

【成品规格】衣长60cm，袖长40cm

【工　具】9号棒针

【编织密度】24针×21行=10cm²

【材　料】宝宝绒线橘黄色300g，黑色、浅绿色、白色、咖啡色各少许

### 后身片制作说明：

1. 后身片全部用橘黄色线，衣摆起100针织6行，然后全部织下针，织至81行，与前身片相同高度时，两端各收5针，中间余74针继续向上织10行，用防解别针穿起来待用。
2. 侧缝减针按10-1-7。

### 前身片制作说明：

1. 前身片衣摆用橘黄色线起100针，按图1图解织6行。
2. 织至21行开始配色图案。
3. 侧缝减针按10-1-7。
4. 前身片织至81行，两边各收5针，中间余76针用防解别针穿起待用。

(26针)
10cm

后身片
(9号棒针)
图2图解
橘黄

斜肩减针
平4行
4-2-14

20cm
(60行)

34cm
(104行)

14cm
(44行)

3针    3针

侧缝    侧缝

白色（配图案）

向上织

2行桔黄

34cm
(88针)

### 圆形剪接部分制作说明：

1. 前后身片及袖侧缝合后，将前后身片及袖穿起待用的针按图示顺序用针全部穿起，共306针。
2. 按图解编织16个花样，花样分面为前后身片、2个袖片各4个花样。
3. 编织69行收针断线。

注：前、后身片及袖片缝合完毕后，沿前后身片下摆钩织，最后沿右前襟，衣下摆，左前襟的顺序钩织，钩织方法详见钩针花样图解。

符号说明：
- □ 上针
- □=1 下针
- 図 上针右上2针并1针
- 図 上针左上2针并1针
- ◎ 镂空针
- □ 右加针
- □ 左加针

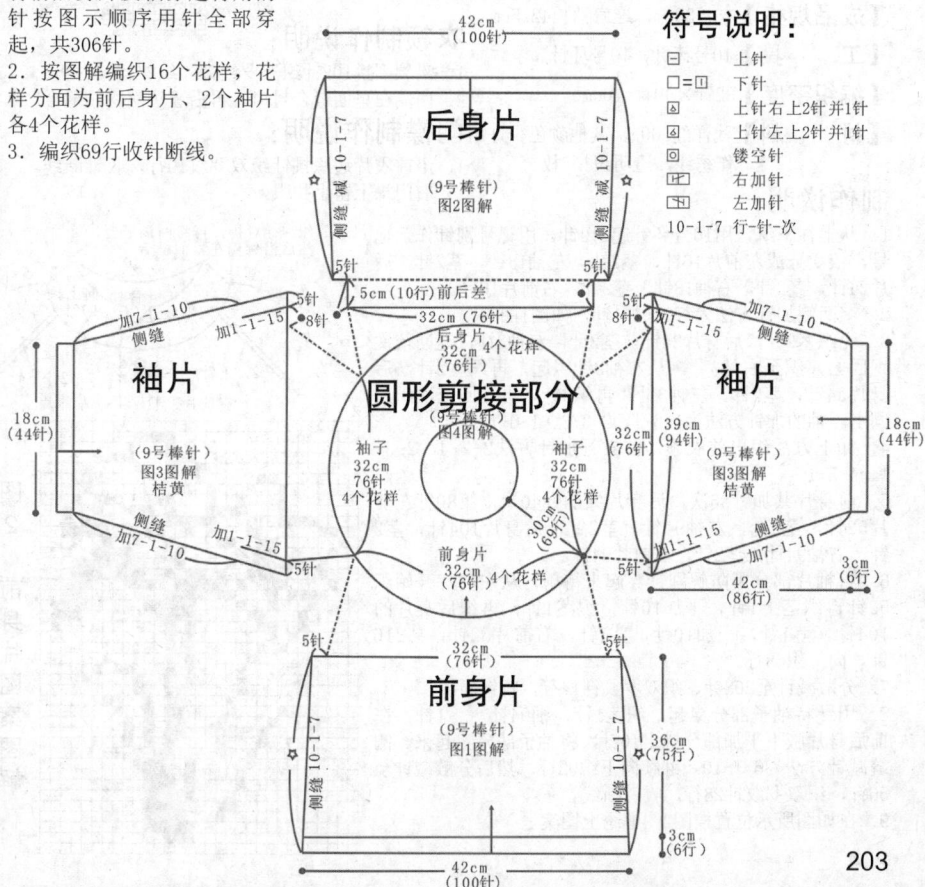

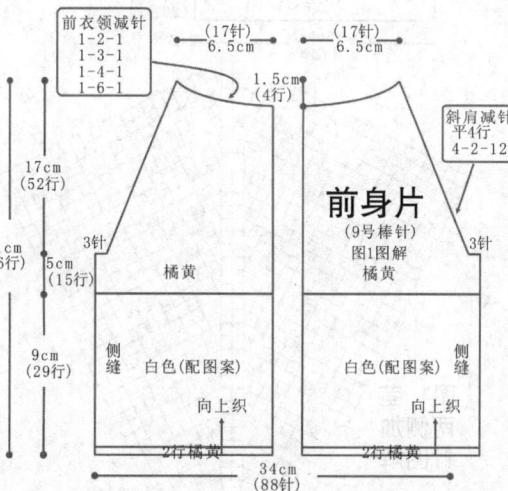

10-1-7 行-针-次

42cm
(100针)

后身片
(9号棒针)
图2图解

侧缝减针 10-1-7    侧缝减针 10-1-7

5针    5针

5cm(10行)前后差

32cm(76针)

5针    后身片    5针
32cm（76针）    8针
4个花样

加17-1-10    加1-1-15    加17-1-10
侧缝    侧缝

袖片    袖片
(9号棒针)    (9号棒针)
图3图解    图3图解
桔黄    桔黄

18cm
(44针)

圆形剪接部分
(9号棒针)
图4图解

袖子    袖子
32cm    32cm
76针    76针
4个花样    4个花样

30cm
(69行)

前身片
32cm
(76针)4个花样

加17-1-10    加1-1-15    加17-1-10
侧缝    侧缝

5针    5针    5针    5针

39cm
(94行)

32cm
(76针)

42cm
(86针)

18cm
(44针)

3cm
(6行)

32cm
(76针)

5针    5针

前身片
(9号棒针)
图1图解

侧缝减针 10-1-7    侧缝减针 10-1-7

36cm
(75行)

42cm
(100针)

3cm
(6行)

前衣领减针
1-2-1
1-3-1
1-4-1
1-6-1

(17针)
6.5cm

(17针)
6.5cm

1.5cm
(4行)

斜肩减针
平4行
4-2-12

17cm
(52行)

3针    3针

前身片
(9号棒针)
图1图解
橘黄

31cm
(96行)

5cm
(15行)

橘黄

9cm
(29行)

侧缝    侧缝

白色（配图案）    白色（配图案）

向上织

2行橘黄    2行橘黄

34cm
(88针)

203

圆形剪接部分花样图解

16个花样

19针1花样

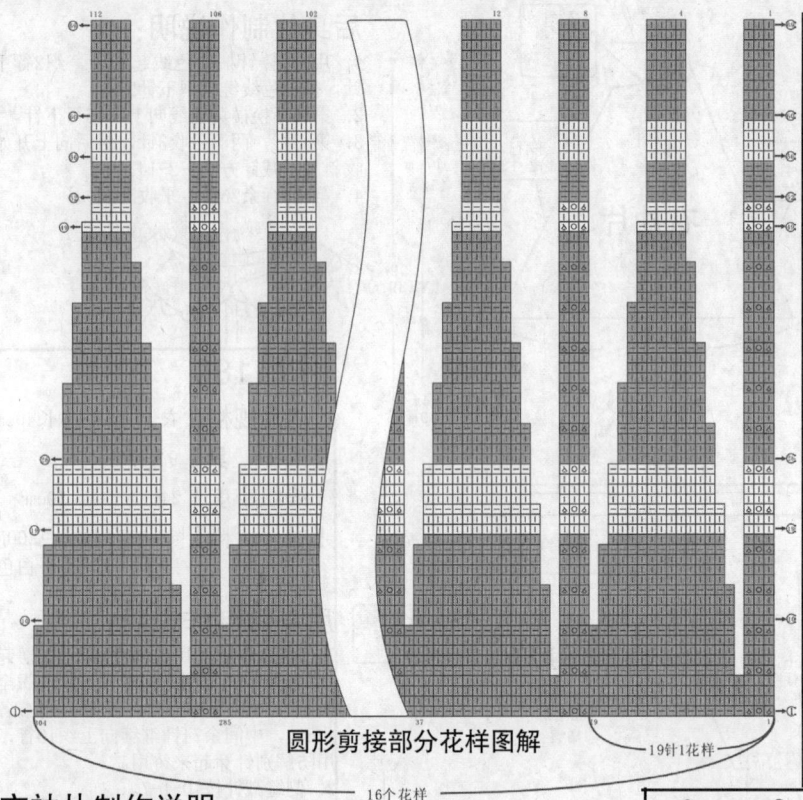

## 衣袖片制作说明：

1. 两片衣袖片，分别单独编织，全部用橘黄色线。
2. 从袖口起织，起44针按图解织6行作袖口，向上继续编织71行下针，侧缝加针7-1-10。
3. 第77行开始，在侧缝隙向中心方向数5针处加针，1-1-15。
4. 织到92行时，以左袖片为例，袖片右侧平收13针，边上5针与后身片平收的5针缝合，剩下8针与后身片多织的10行侧缝缝合。袖片左侧平收5针，与前身片平收的5针缝合，余下76针用防解别针穿起来待用。
5. 用同样的方法编织另一袖片，注意留针的方法相同，方向与前一只相反。

## 作品181

【成品规格】衣长38cm，连肩袖长42.5cm

【工　　具】10号棒针，10号环针

【编织密度】32针×40行=10cm²

【材　　料】浅洋红300g，其他颜色少许用作绣线，透明纽扣5枚

## 制作说明：

1. 从上往下织，用10号环针起110针，用记号别针作上记号，依次分成左前片16针，茎2针，左袖18针，茎2针，后片24针，茎2针，右袖18针，茎2针，右前片16针。
2. 茎两侧加针方法为每2行加1针，如图1图解。
3. 先织茎2针，后身片24针，茎2针，左袖3针，返回依次织回去，织至左袖3针。从右袖3针起织，再织茎2针，后身片24针，茎2针，左袖3针，再织3针，再返回依次织，同上。袖的加针方法为1-3-1、2-3-3、1-6-1。
4. 如上方法织出前衣领，前身片加针方法2-2-4、2-3-1、1-5-1。
5. 前身片共加针36次，后身片共加针40次，第80行左前片52针，茎2针，左袖94针，茎2针，后身片104针，茎2针，左袖94针，茎2针，右前片94针。
6. 将袖片部分用防解别针穿起来待用，从左前片开始织52针再织茎上1针，平加10针，织茎1针，再织后身片的104针，茎1针，平加10针，茎1针，右前片52针，共216针。向下织68行。
7. 分散减针至208针，织双罗纹针14行，收针断线。
8. 用针将袖子部分穿起，织茎1针，袖94针，茎1针，在前后身片腋下平加部分挑出10针，将袖子部分圈起来。侧缝减针方法为6-1-10。继续向下织62行，然后分散减针至56针，织双罗纹针28行，收针断线。
9. 在如图所示位置按图2图解绣上图案。

## 衣领制作说明：

1. 沿领圈挑102针织织双罗纹针，织24行，对折。
2. 两端在里面缝合封口，再沿着领圈将领缝合。

## 门襟制作说明：

1. 沿前衣片边缘挑针织双罗纹10行，收针断线。
2. 右门襟上留上扣眼。

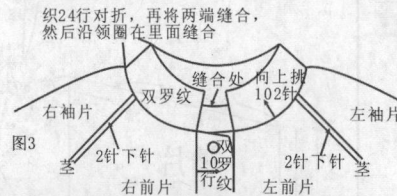

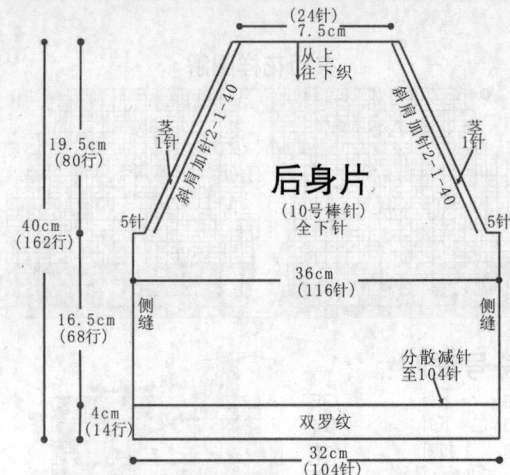

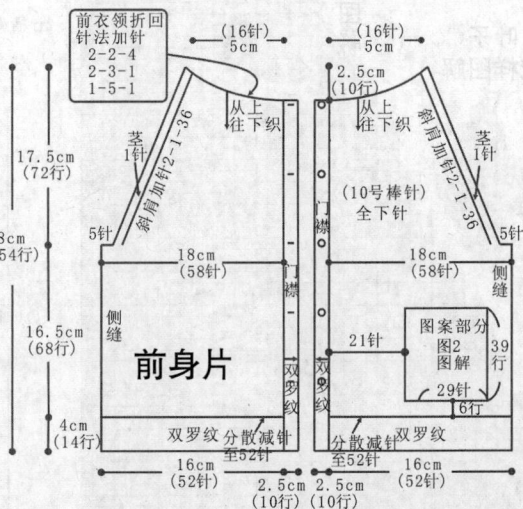

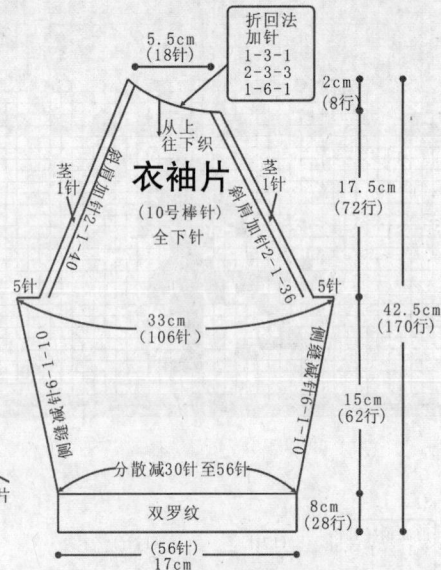

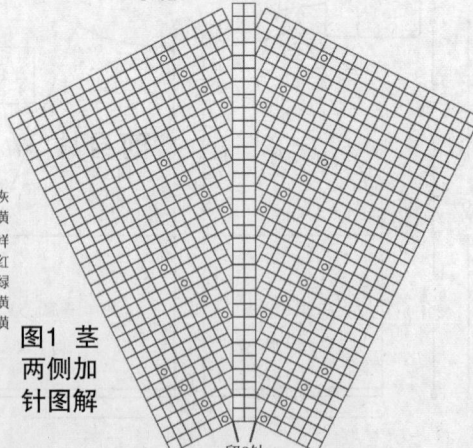

织24行对折，再将两端缝合，然后沿领圈在里面缝合

图3
右袖片　　缝合处　向上挑102针　左袖片
双罗纹
茎　2针下针　10　2针下针　茎
　　　　双罗　　
右前片　行纹　左前片

后身片
（10号棒针）
全下针

（24针）7.5cm
斜肩加针2-1-40　茎1针　斜肩加针2-1-40　茎1针
19.5cm（80行）
40cm（162行）
5针　5针
36cm（116针）
侧缝　侧缝
16.5cm（68行）
分散减针至104针
4cm（14行）
双罗纹
32cm（104针）

前身片
（10号棒针）全下针
前衣领折回针法加针 2-2-4　2-3-1　1-5-1
（16针）5cm　（16针）5cm
斜肩加针2-1-36　茎1针
2.5cm（10行）
从上往下织
门襟
17.5cm（72行）
5针　5针
18cm（58针）　18cm（58针）
38cm（154行）
21针
图案部分图2图解　39针
29针　6针
16.5cm（68行）
侧缝　侧缝
双罗纹分散减针至52针　分散减针双罗纹至52针
4cm（14行）
16cm（52针）　16cm（52针）
2.5cm（10行）2.5cm（10行）

衣袖片
（10号棒针）全下针
折回法加针 1-3-1　2-3-3　1-6-1
5.5cm（18针）　2cm（8行）
从上往下织
茎1针　茎1针
斜肩加针2-1-40　斜肩加针2-1-36
17.5cm（72行）
5针　5针
33cm（106针）
侧缝减针6-1-10　侧缝减针6-1-10
42.5cm（170行）
15cm（62行）
分散减30针至56针
8cm（28行）
双罗纹
17cm（56针）

图2
前身片图案图解

■蓝灰
▨浅黄
□浅洋
▩棕红
▨青绿
▨桔黄
▨藤黄

图1　茎两侧加针图解
留2针下针作茎

204

## 作品182

【成品规格】衣长55cm，连肩袖长49cm

【工　　具】9号棒针

【编织密度】23针×26行=10cm²

【材　　料】黄色宝宝绒线300g

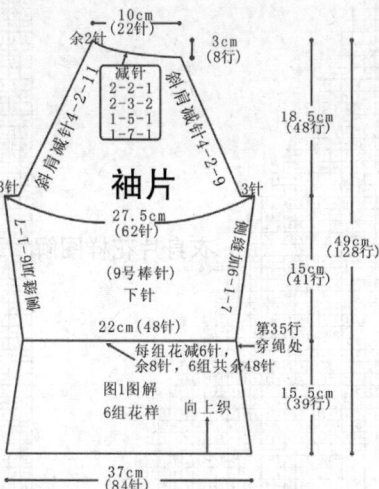

### 前片、后片制作说明：

1. 从下摆起18组花，14针一组花共224针，用9号棒针按图1图解向上编织39行，至39行，每组花余8针，18组花共144针。

2. 第40行开始向上织全下针56行。

3. 第96行，分前后片织，前后片各9组花。

4. 前身片：两侧各平收3针，开始收斜肩，斜肩缝始终留2针上针，留待缝合用，在2针上针内侧减针，减针方法为4-2-9。第128行，开始前衣领减针，平收10针，再按1-4-1、2-3-1、2-2-1、2-1-1-1减针。

5. 后身片：两侧各平收3针，开始收斜肩，斜肩缝始终留2针上针，留待缝合用，在2针上针内侧减针，减针方法为4-2-11。第143行，余22针，收针断线。

图2 衣领花样图解

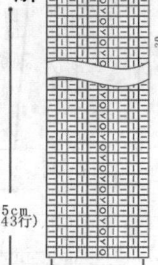

### 符号说明：

| 符号 | 说明 |
|---|---|
| □ | 上针 |
| □=□ | 下针 |
| △ | 中上3针并1针 |
| △ | 右上2针并1针 |
| ◎ | 镂空针 |
| 4-2-9 | 行-针-次 |

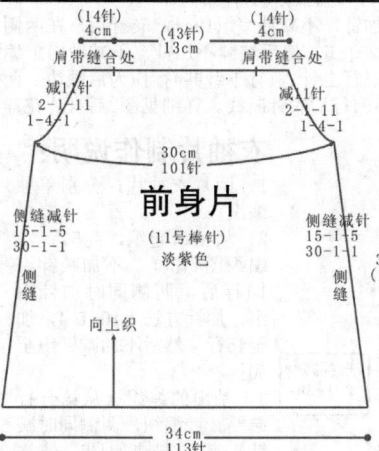

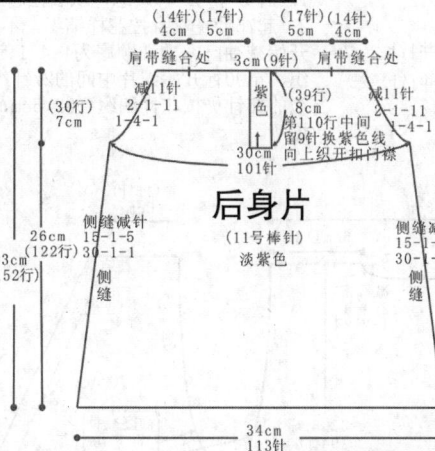

袖片

前片

后片

### 袖片制作说明：

1. 从袖口起84针，14针一组花共6组花样，向上圈织39行。第39行，余48针。

2. 第40行向上织41行全下针，侧缝加针方法为6-1-7，两端各减3针后，开始收斜肩，每4行减2针，共减40行减9次，一端减针按1-7-1、1-5-1、2-3-2、2-2-1，另一端仍然按每4行减2针，继续织8行，余下2针平收断线。注意另一只袖子最后8行减针方法与此袖相反。

3. 用4股线拧2根绳，依次穿入袖摆上的小洞中，系结装饰。

### 衣领制作说明：

1. 袖子和衣身缝合后，沿着领围挑100针，按图2图解向上圈织10行，平收断线。

2. 用4股线拧绳，依次穿入衣领上的洞眼。另制作2个毛线球固定到绳的两端。

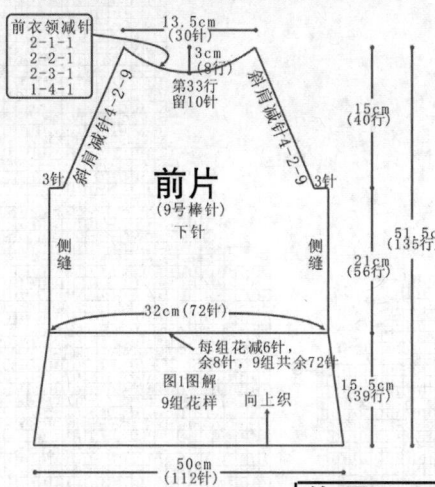

图1 衣摆、袖口花样图解

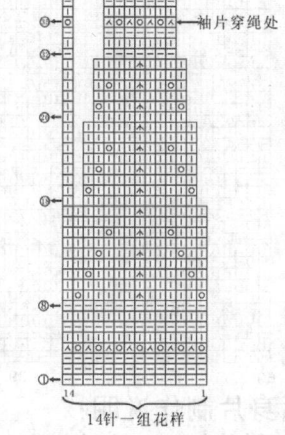

袖片穿绳处

14针一组花样

## 作品183

【成品规格】衣长41cm，衣摆宽34cm

【工　　具】11号棒针

【编织密度】34针×46行=10cm²

【材　　料】浅紫宝宝绒线200g，紫色线50g，纽扣2枚

### 肩带、褶皱花边制作说明：

1. 肩带：前后身片缝合后，用浅紫色线在前身片图示位置挑14针织搓板针，即1行下针1行上针织，织80行后，将另一端与后身片相应位置缝合。用同样方法织好另一肩带并缝合。最后用紫色线沿肩带两侧钩1行短针。

2. 褶皱花边：用紫色线织10行平针平收，然后抽褶缝到裙摆、袖及领口位置，如图。长度约为这些边长的2倍即可。

### 符号说明：

| 符号 | 说明 |
|---|---|
| □ | 上针 |
| □=□ | 下针 |

肩带（搓板针）图案图解

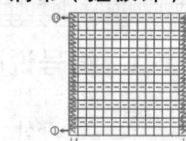

■ 紫色
□ 浅紫

肩带边缘用紫色线钩织短针1行

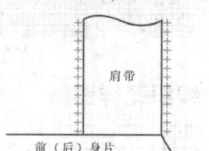

肩带

前（后）身片

### 前身片制作说明：

1. 前身片衣摆用浅紫线起113针织下针，侧缝按30-1-1、15-1-5减针。

2. 第122行开始袖隆减针，减针方法1-4-1、2-1-11。

3. 第145行开始不加不减织1行上针1行下针至152行，平收断线。

前身片
（11号棒针）
淡紫色

后身片
（11号棒针）
淡紫色

## 作品184

【成品规格】衣长33cm，袖长19cm

【工　　具】9号棒针，缝针

【编织密度】25针×29行=10cm²

【材　　料】棉线350g

### 后身片制作说明：

1. 后身片衣摆用浅紫线起113针织下针。侧缝按30-1-1、15-1-5减针。

2. 第122行开始袖隆减针，减针方法1-4-1、2-1-11。

3. 注意第110行时中间留9针作开扣门襟，以左侧为例，织平针至所留9针部位，换紫色线织9针，再反过来织。这个9针按图解编织搓板针39行，在图示相应位置留2个扣眼。

4. 第145行开始不加不减织1行上针1行下针至152行，平收断线。

5. 右侧编织方法与左侧相同，先用浅紫色线编织右侧的下针，到中间预留9针处，在内里再用紫色线挑织9针向上织扣门襟。

### 前身片制作说明：

1. 前身片分为两片编织，左身片和右身片各一片，从衣摆起针往上编织至肩部。

2. 起织与后身片相同，前身片起60针，衣襟边编织6针编织1行下针，1行上针，衣身按花样编织。编织8cm，22行后，在6针衣襟边的内侧开始减针织V形领，方法顺序为2-1-36。往上编织至19cm的高度后，开始袖隆减针，减针方法为1-4-1、2-1-5。继续编织到33cm，96行时收针断线。身片花样图解。

3. 同样的方法再编织另一前身片，完成后，将两前身片的侧缝与后身片的侧缝对应缝合，再将两肩部对应缝合。然后对应缝合两个衣袖和衣袖侧缝。另用线编织中间下针20cm长4根，整衣完成。

袖山减针
2-1-2
2-2-1
1-4-1

平收49针

3cm
(8行)

26cm
(65针)

19cm
(58行)

16.5cm
(50行)

## 衣袖片

（9号棒针）

图2花样

侧缝　10-1-4　　侧缝　10-1-4

向上织

23cm
(57针)

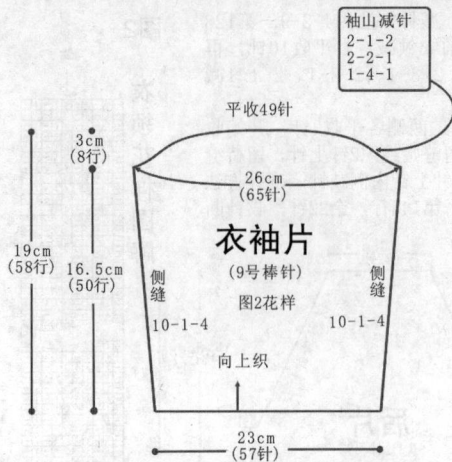

**衣袖花样图解**

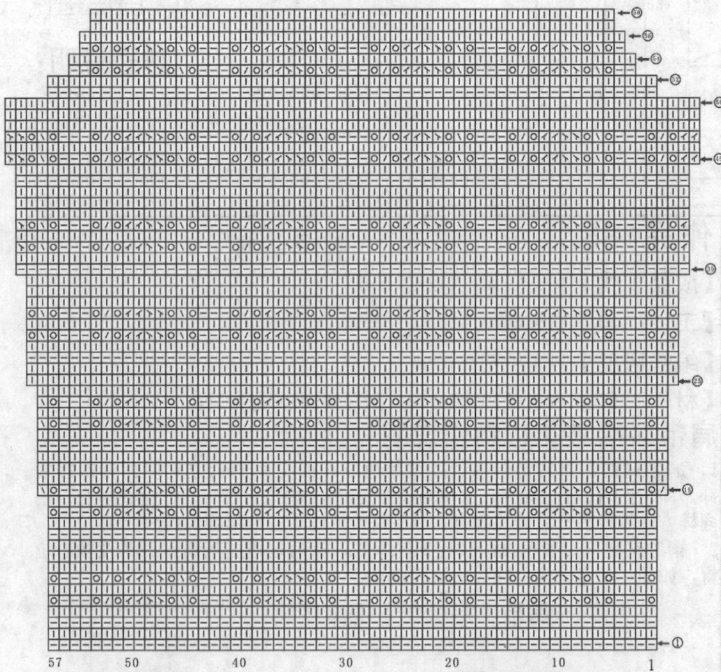

15　　7　　　　　　　　　　　　6　　　1

**衣身片花样图解**

57　　50　　40　　30　　20　　10　　1

**编织花样图解**

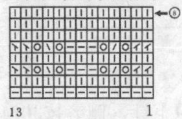

13　　1

## 符号说明：

□ 上针
□ 下针
☑ 左上2针并1针
☑ 右上2针并1针
◎ 镂空针

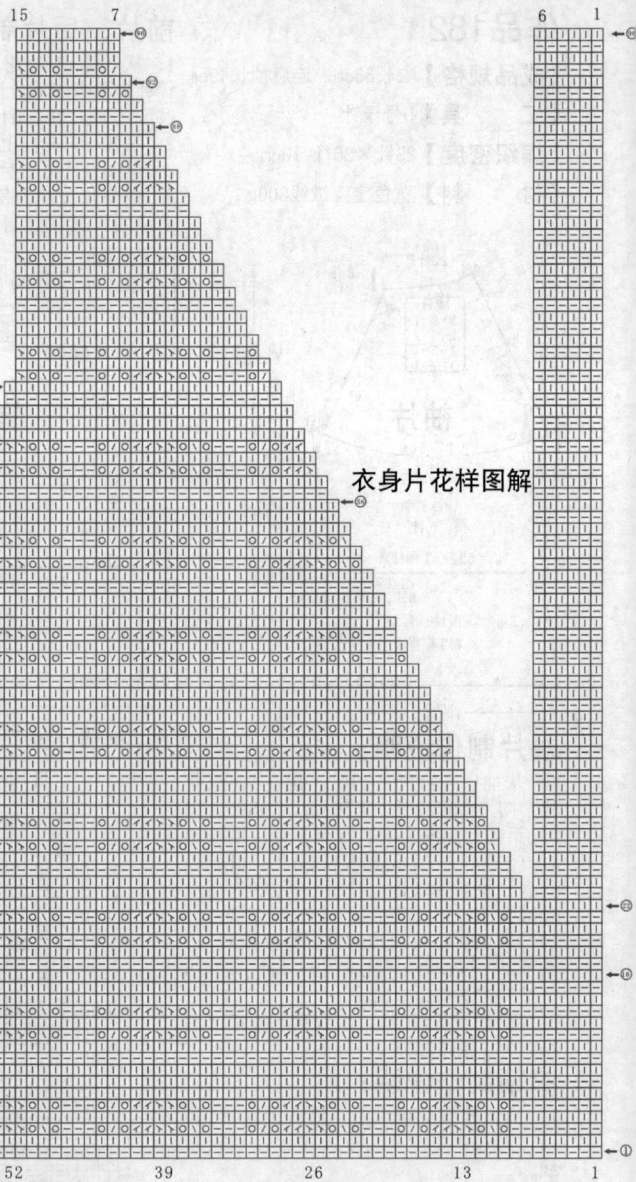

60　52　　　39　　　26　　　13　　　1

## 后身片制作说明：

1. 后身片为一片编织，从衣摆起织，往上编织至肩部。
2. 起75针，衣身按花样编织。不加针，不减针编织19cm，56行后，在两侧开始减袖隆，方法顺序为1-4-1、2-1-5。然后继续不加针，不减针向上编织，至90行开始织片中间的27针织1行上针、1行下针共4行作为后领边。两边的15针仍按花样编织到32.5cm，94行后收针断线。详细见图2后身片花样图解。

## 衣袖片制作说明：

1. 两片衣袖片，分别单独编织。
2. 从袖口起织，起57针，编织图4花样，不加减针织14行后，两侧同时加针编织，加针方法为10-1-4，加至45行，然后不加减针织至50行。
3. 袖山的编织：从第一行起要减针编织，两侧同时减针，减针方法如图：依次1-4-1、2-2-1、2-1-2，最后余下49针，直接收针后断线。
4. 同样的方法再编织另一袖片。
5. 将两袖片的袖山与衣身的袖隆线边对应缝合，再缝合袖片的侧缝。

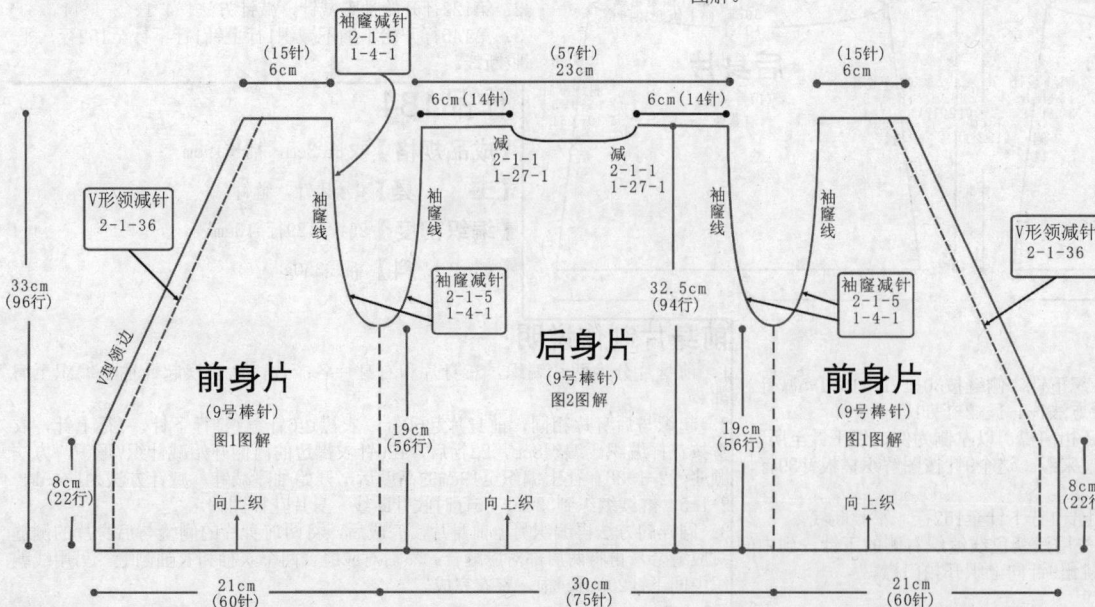

（15针）
6cm

袖隆减针
2-1-5
1-4-1

（57针）
23cm

（15针）
6cm

6cm(14针)　　6cm(14针)

减
2-1-1
1-27-1

减
2-1-1
1-27-1

V形领减针
2-1-36

袖隆线

袖隆线

袖隆线

袖隆线

V形领减针
2-1-36

33cm
(96行)

V型领边

袖隆减针
2-1-5
1-4-1

袖隆减针
2-1-5
1-4-1

32.5cm
(94行)

## 前身片

（9号棒针）

图1图解

## 后身片

（9号棒针）

图2图解

## 前身片

（9号棒针）

图1图解

8cm
(22行)

19cm
(56行)

19cm
(56行)

8cm
(22行)

向上织　　　向上织　　　向上织

21cm
(60针)

30cm
(75针)

21cm
(60针)

## 作品185

【成品规格】衣长38cm，袖长39cm
【工　　具】11号棒针
【编织密度】22针×40行=10cm²
【材　　料】粉色宝宝绒线250g，大红色250g，黑色少许

### 前片

领

沿领口1针对1针挑起所有的针数，织双层领口，再织纽针单罗纹

**纽针单罗纹针**

**符号说明：**

□ = I
O = 加针
Q = 纽针

缝合 8cm 24行
挑84针

30cm 70针
织纽针单罗纹
红色
后片
加4针　插肩加针2-1-18　加4针
粉色
24针
19cm 36行
织间色平针
红色
粉色
起80针
领遥加针 2-2-3 粉色
袖减针 6-1-6 平织18行
插肩 加针2-1-18
织间色平针
粉色 红色
袖减针 6-1-6 平织18行
插肩加针2-1-18
前片
织纽针单罗纹　红色
30cm 70针

4cm 12行
16cm 40行
19cm 36行
10cm 40针
14cm 36行
16cm 40行
4cm 12行

### 编织要点：

圈织。
1. 由领口起80针往下织，前后片各为24针，两袖各为12针，每条径2针共8针。
2. 开始按图示织，在径的两边第1行各加1针，第2行织纽针，形成实心。前片每起始行按2-2-2递加出领窝。
3. 前片织Kitty猫，后片及袖织间色，均按图示。
4. 各片织好后挑织领，双层领边，领织纽针单罗纹，织8cm对折缝合成双领。

---

## 作品186

【成品规格】衣长40.5cm
【工　　具】5号棒针
【编织密度】25针×34行=10cm²
【材　　料】红橙色棉线300，透明扣子7枚

**花样A**

2针1行一花样

**花样B**

8针4行一花样

**花样C**

10针10行一花样

**花样D**

1针2行一花样

**插肩加针方法**

**全下针**

1针1行一花样

**符号说明：**

□ 上针
□ = 下针
中上3针并1针
镂空加针
2-1-3 行-针-次

### 衣片制作说明：

1. 棒针编织法，一片编织。
2. 起74针从上往下织，前10行编织花样A，第11行起，用别针标记出第14、15、24、25、50、51、60、61针，作为4条中心骨，将织片分成右前片、右袖片、后片、左袖片、左前片5部分，在中心骨两侧加针，加针方法见图解，顺序是2-1-24，先将起针的6针和最后的6针收针，两侧再各留6针不织，中间52针一边织，一边挑织加针，方法顺序是2-1-6，编织全下针，编织12行后，不加减针编织，插肩共编织52行，将前后片连起来编织，袖片单独编织。
3. 先织右前片33针，加4针，再织后片76针，再加起4针，再织左前片33针，连起来共150针，不加减针往上编织花样A，编织4行，改织花样B，织60行，改织10行花样C，再织12行花样D，收针断线。

### 衣袖制作说明：

1. 挑起袖片60针，再挑起衣身片加起的4针，圈织全下针，先不加减针编织18行，然后袖底留2针，两侧同时减针，方法是6-1-11，织66行，改为花样A编织10行，收针断线。
2. 同样的方法编织另一衣袖。

### 衣襟制作说明：

沿衣襟边缘挑织花样A，织8行，收针断线。注意衣襟一侧钉扣，另一侧要留相应的扣眼。
装饰花：
起14针，编织全下针，织26行，中间用线扎成蝴蝶结，缝合于衣身后片图示位置。

## 作品187~190

【成品规格】衣长40cm

【工　　具】7~8号毛衣针，缝衣针

【材　　料】灰色、紫色纯羊毛线260g

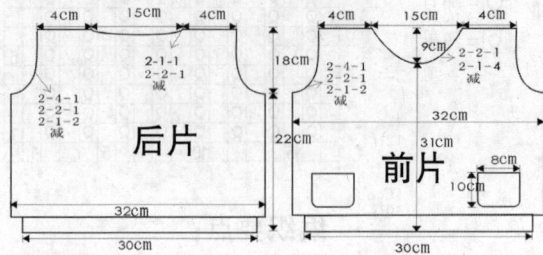

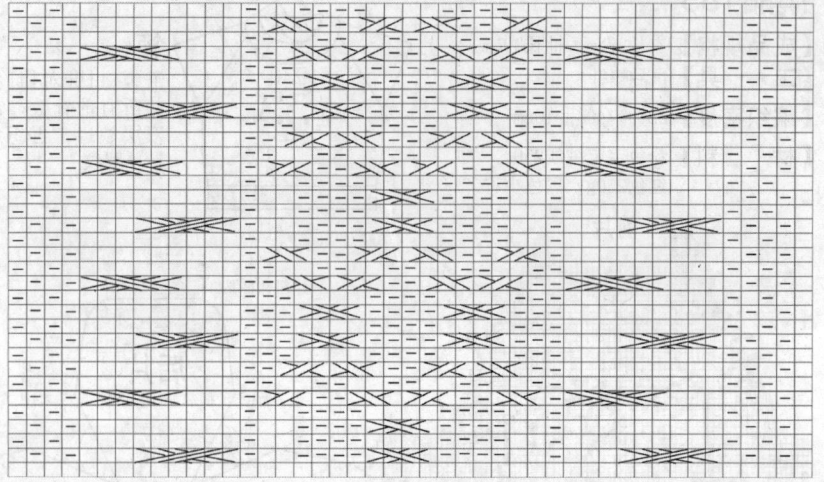

### 编织要点：
单股线编织。单罗纹针织边。前片、后片分别编织完成，缝合挑织单罗纹针织袖窿边、领边后。口袋单独编织，贴前片两侧花样缝实，注意花样连接要细致。

### 符号说明：

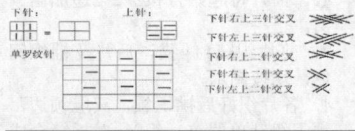

## 作品191、192

【成品规格】衣长34cm，袖长23cm

【工　　具】5~6号毛衣针1副，缝衣针

【编织密度】24针×38行=10cm²

【材　　料】红色纯毛线50g，纽扣4枚

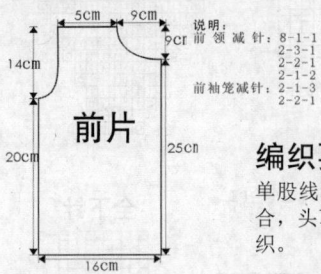

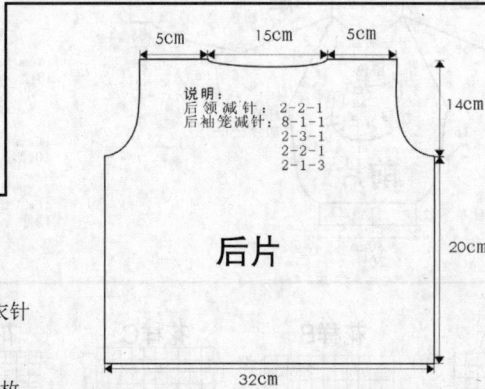

花样图

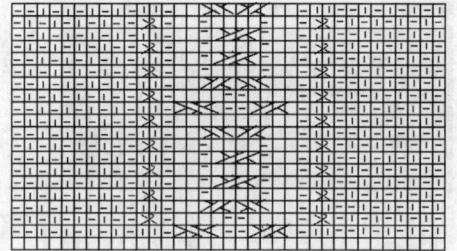

### 符号说明：

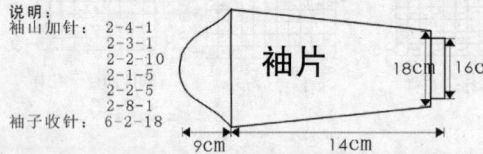

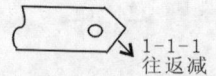

门襟边样图

1-1-1
往返减

### 编织要点：
单股线编织。双罗纹针织织边。从后领中心处向前襟处挑30针织帽子，完成后缝合，头顶处用圆弧过度。下边单独编织完成后挑织前后片。门襟连同前片一起编织。

## 作品193

【成品规格】外衣：衣长34cm，袖长23cm，
背心：衣长34cm

【工　　具】5~6号毛衣针，缝衣针

【材　　料】外衣红色纯毛线350g，背心红色纯
毛线200g，外衣纽扣5枚，背心纽1枚

### 编织要点：
单股线编织。双罗纹针织织边。前片、后片、袖分别织，缝合后从正面挑织领子、背心袖窿边。口袋同前片一起织，完成后另挑针织边、缝合。背心门襟同前片连织。钉好纽扣。

### 符号说明：

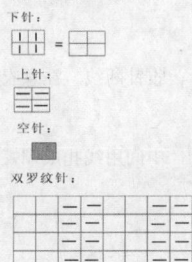

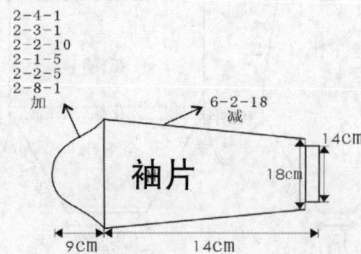

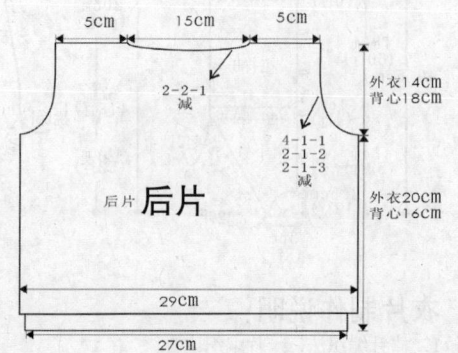

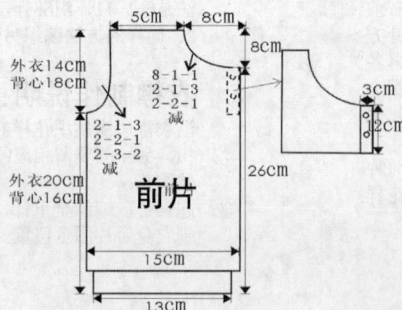

花样图

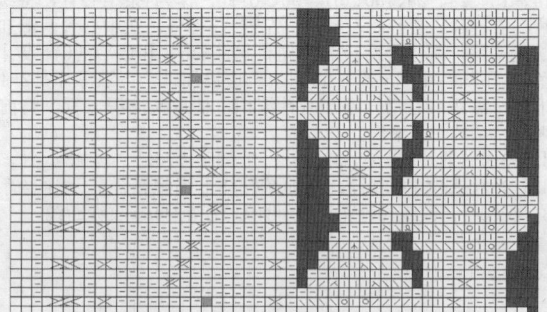